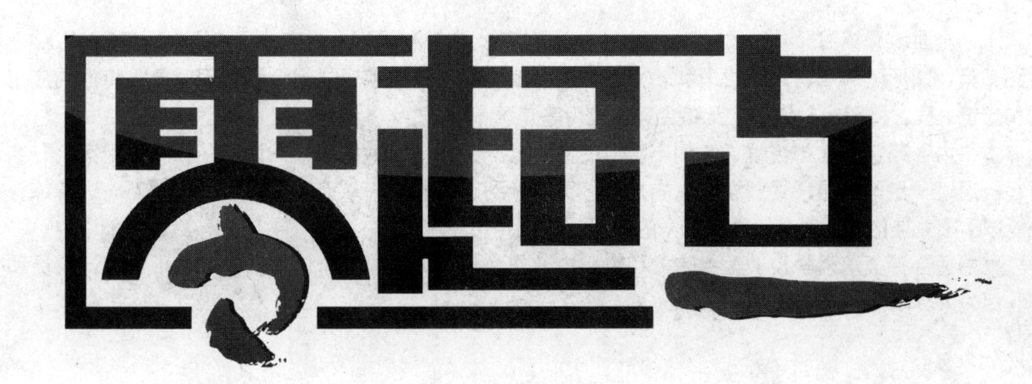

CorelDRAW X4 平面设计培训教程

卓越科技　编著

電子工業出版社
Publishing House of Electronics Industry
北京•BEIJING

内容简介

本书全面地介绍图形绘制软件CorelDRAW X4的基本知识和操作，内容包括初识CorelDRAW X4、基本绘图工具、图形的编辑、颜色管理和填充、文本的编辑、对象的编辑、组合和管理对象、特效的应用、位图和滤镜处理、打印输出作品以及综合实例应用等知识。

本书内容翔实、编排合理、实例丰富、图文并茂，并且创新地将“知识讲解”和“典型案例”结合在一起。通过“步骤引导，图解操作”的方法，真正做到以图析文，从而指导读者一边学习一边演练，很快就能掌握相关操作，同时巩固每课所学的知识。

本书适合各类培训学校、大专院校和中职中专作为相关课程的教材使用，也可供平面设计人员和各行各业相关人员作为参考书使用。

图书在版编目（CIP）数据

CorelDRAW X4平面设计培训教程 / 卓越科技编著. — 北京：电子工业出版社, 2010.7
（零起点）
ISBN 978-7-121-11102-0

Ⅰ. ①C… Ⅱ. ①卓… Ⅲ. ①图形软件，CorelDRAWX4－技术培训－教材 Ⅳ. ①TP391.41

中国版本图书馆CIP数据核字(2010)第111396号

责任编辑：李云静
印　　刷：北京天宇星印刷厂
装　　订：三河市皇庄路通装订厂
出版发行：电子工业出版社
　　　　　北京市海淀区万寿路173信箱　　邮编：100036
开　　本：787×1092　1/16　　印张：19.5　　字数：499千字
印　　次：2010年7月第1次印刷
定　　价：35.00元

凡所购买电子工业出版社图书有缺损问题，请向购买书店调换。若书店售缺，请与本社发行部联系，联系及邮购电话：（010）88254888。

质量投诉请发邮件至zlts@phei.com.cn，盗版侵权举报请发邮件至dbqq@phei.com.cn。

服务热线：（010）88258888。

前　言

CorelDRAW X4是目前最流行的矢量绘图软件之一，其功能强大，使用方便，也是一款集图形设计、印刷排版、文字编辑处理和高品质图形输出为一体的优秀矢量图形软件。该软件在广告设计、海报设计、VI设计、专业绘图、文字效果创意以及网页设计等方面表现非常突出，备受广大设计师的喜爱。

本书定位

本书定位于平面设计初学者，以一个平面设计初学者的学习过程来安排各个知识点，并融入大量操作技巧，让读者能学到最实用的知识，迅速掌握CorelDRAW X4的使用方法。本书特别适合各类培训学校、大专院校、中职中专作为相关课程的教材使用，也可供平面设计人员学习和参考。

本书主要内容

本书共11课，从内容上可分为4部分，各部分主要内容如下。

- **第1部分（第1课）：** 主要讲解CorelDRAW X4软件的基础知识，包括工作界面的介绍、页面设置、辅助工具设计以及视图的调整等。
- **第2部分（第2课至第8课）：** 主要讲解使用CorelDRAW X4提供的功能绘制图形、编辑图形和输入文本等知识。
- **第3部分（第9课至第10课）：** 主要讲解在CorelDRAW X4中，对位图进行调整、使用滤镜为位图添加特效以及打印图形等知识。
- **第4部分（第11课）：** 主要讲解使用CorelDRAW X4制作一个综合案例，在巩固CorelDRAW X4的同时，使读者对软件有一个更加直观的了解。

本书特点

本书从计算机基础教学实际出发，设计了一个“**本课目标+知识讲解+上机练习+疑难解答+课后练习**”的教学结构，每课均按此结构编写。该结构各板块的编写原则如下。

- **本课目标：** 包括本课要点、具体要求和本课导读三个栏目。“本课要点”列出本课的重要知识点，“具体要求”列出对读者的学习建议，“本课导读”描述本课将讲解的内容在全书中的地位以及在实际应用中有何作用。
- **知识讲解：** 为教师授课而设置，其中每个二级标题下分为“知识讲解”和“典型案例”两部分。“知识讲解”讲解本节涉及的知识点，“典型案例”结合“知识讲解”部分的内容设置相应上机示例，对本课重点、难点内容进行深入练习。

- **上机练习：**为课堂实践而设置，包括2～3个上机练习题，并给出各题的最终效果或结果以及操作思路，读者可通过此环节对本课内容进行实际操作。
- **疑难解答：**将本课学习过程中读者可能会遇到的常见问题，以一问一答的形式体现出来，解答读者可能产生的疑问，以便进一步提高。
- **课后练习：**为进一步巩固本课知识而设置，包括选择题、问答题和上机题几种题型，各题目与本课内容密切相关。

其中，“知识讲解”环节中还穿插了“注意”、“说明”和“技巧”等小栏目。“注意”用于提醒读者需要特别关注的知识，“说明”用于对正文知识进行解释或进一步延伸，“技巧”则用于指点捷径。

图书资源文件

对于本书讲解过程中涉及的资源文件（素材文件与效果图等），请访问博文视点公司网站（www.broadview.com.cn）的“资源下载”栏目查找并下载。

本书作者

本书的作者均已从事计算机教学及相关工作多年，拥有丰富的教学经验和实践经验，并已编写出版过多本计算机相关书籍。参与本书编写工作的人员有刘泽兰、唐薇、郭今、傅红英、霍媛媛、罗晓文、韩继业、易翔、鲍志刚、冯梅、王英、彭春燕、万先桥、毛磊、刘万江。我们相信，一流的作者奉献给读者的将是一流的图书。

由于作者水平有限，书中疏漏和不足之处在所难免，恳请广大读者及专家不吝赐教。

目　录

第1课

初识CorelDRAW X4

▼ 本课要点

CorelDRAW X4的基础知识

CorelDRAW X4的基本操作

页面设置

辅助工具的设置

视图调整

▼ 具体要求

了解CorelDRAW X4界面的组成部分

掌握文件的新建、打开、保存、关闭和导入导出等基本操作

掌握CorelDRAW X4页面设置和辅助工具的使用

掌握视图调整和泊坞窗面板的控制

▼ 本课导读

CorelDRAW是一款矢量图形绘制软件，功能强大且界面简洁，能够很好地满足读者的需求。利用CorelDRAW可以轻而易举地设计出专业级的美术作品，下面将进入CorelDRAW的学习之旅。

1.1 CorelDRAW X4的基础知识

在平面设计中，CorelDRAW是一款优秀的矢量图形绘制软件，它可以执行图形设计、页面排版、矢量插图、描摹位图等操作。在学习CorelDRAW X4平面设计之前，首先要了解一些基础知识。

1.1.1 知识讲解

CorelDRAW X4的基础知识包括CorelDRAW X4的应用领域、启动和退出CorelDRAW X4以及CorelDRAW X4的界面窗口，下面将详细介绍这些内容。

1. CorelDRAW X4的应用领域

CorelDRAW广泛应用于VI设计、插画设计、版式设计、平面设计以及网页设计等诸多领域。

VI设计

VI设计（如图1.1所示）是企业形象系统的重要组成部分。企业通过VI设计，对内可以赢得员工的认同感、归属感，加强企业的凝聚力，对外可以树立企业的整体形象，有效地将企业信息传达给受众，从而获得认同。

图1.1　VI设计

插画设计

插画设计作为现代设计的一种重要的视觉传达形式，以其直观的形象性、真实的生活感和美的感染力，在现代设计中占有重要的地位，它广泛应用于文化活动、社会公共事业、商业活动和影视文化等领域，如图1.2所示。

版式设计

通过版式设计可将文字、图形进行合理的排列调整，使整体版面达到和谐、美观的视觉效果。版式设计包括封面设计、书籍装帧、CD设计与画册编排（如图1.3所示）等方面。

平面设计

平面设计是将不同的基本图形，按照一定的规则在平面上组合成的图案。平面设计包括广告设计、海报设计（如图1.4所示）、招贴设计等。

网页设计

网页设计是企业向用户和网民提供信息的一种方式，是企业开展电子商务的基础设施和信息平台，如图1.5所示。

图1.2　插画设计

图1.3　画册编排

图1.4　海报设计

图1.5　网页设计

2. 启动和退出CorelDRAW X4

在计算机中安装好CorelDRAW X4后，如果要使用该程序绘制图形，首先要通过以下几种方法启动程序。

- 单击"开始"→"所有程序"→"CorelDRAW Graphics Suite X4"→"CorelDRAW X4"命令。
- 双击桌面上的CorelDRAW X4快捷方式图标。
- 双击计算机中扩展名为cdr格式的文件。

用户如果暂时不使用该软件，可通过以下几种操作方法退出程序。

- 在CorelDRAW X4界面窗口中单击标题栏中的"关闭"按钮。
- 在菜单栏中单击"文件"→"退出"命令。
- 按下"Alt+F4"组合键退出程序。

3. CorelDRAW X4界面窗口

启动CorelDRAW X4程序后，可以看到CorelDRAW X4的工作界面主要由标题栏、菜单栏、标准工具栏、属性栏、工具箱、标尺、绘图窗口、文档导航器、绘图页面、状态栏、导航器、泊坞窗以及调色板等组成，如图1.6所示。

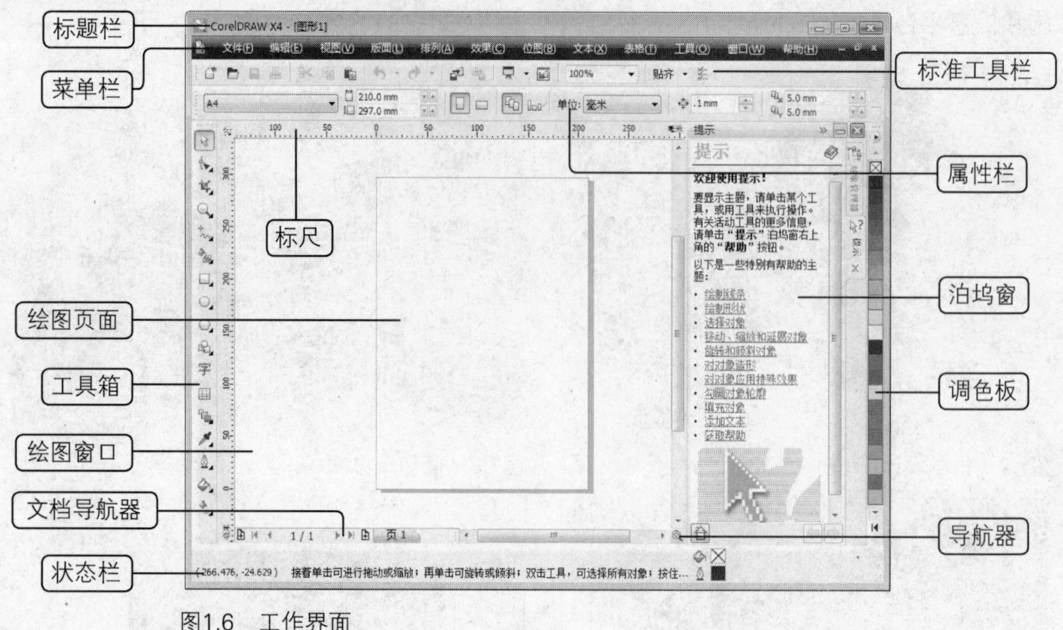

图1.6　工作界面

标题栏

标题栏位于整个窗口的顶部，其左边显示应用程序的名称和当前打开的文件名称，右边显示窗口最小化、窗口最大化和关闭按钮。

菜单栏

菜单栏位于标题栏的下方，它包含了CorelDRAW的大部分命令，通过这些命令，可以对文件进行操作。可将鼠标指针移动到菜单栏上，单击相应的命令，在弹出的子菜单中选择需要的命令，然后在绘图窗口中进行绘制，如图1.7所示。

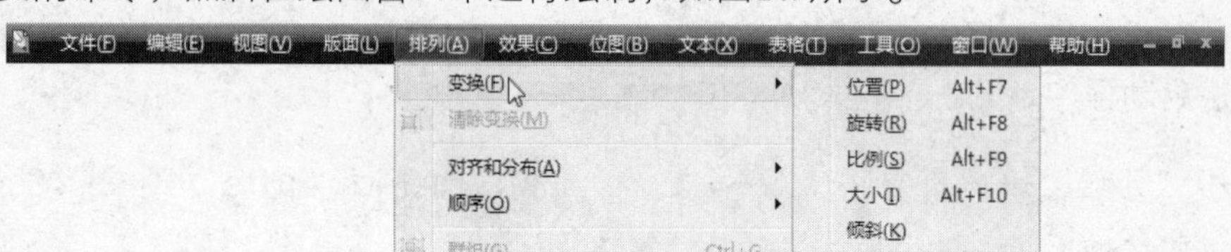

图1.7　菜单栏

标准工具栏

标准工具栏位于菜单栏的下方，它集中了一些常用的功能命令，用户只要将鼠标指针放在某个按钮上，单击鼠标左键即可执行相关的命令。通过对工具栏进行操作，可大大简化操作步骤，从而提高工作效率，如图1.8所示。

图1.8　标准工具栏

属性栏

属性栏是提供控制对象属性的选项，它是一种互动式的面板，可以随着用户选择的工具或对象不同而不同。

注意

将鼠标指针移动到属性栏的左侧，按下鼠标左键不放并拖动属性栏，可将其变为浮动状态，前面的工具栏和菜单栏都可以执行该操作。

标尺

标尺用于帮助用户准确地绘制、定位和缩放图形。它主要由水平标尺、垂直标尺和原点设置3个部分组成（如图1.9所示）。默认情况下，启动CorelDRAW程序后，系统将自动显示标尺，如果要隐藏标尺，可直接在菜单栏中单击“视图”→“标尺”命令，当该命令前的✓消失时，表示隐藏标尺。

工具箱

工具箱的默认位置位于工作界面的最左边，它包含了CorelDRAW X4的所有绘图命令，其中每个按钮都代表一个命令。将鼠标指针移动到某个按钮上，单击鼠标左键，在显示的同系列工具中选择相应的工具，即可执行相关的操作，如图1.10所示。

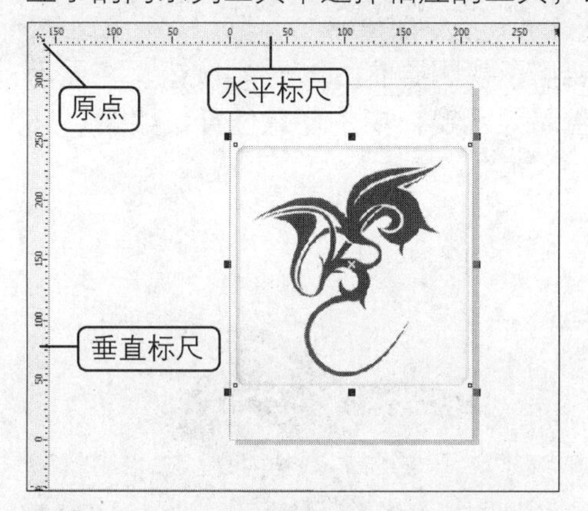

图1.9　标尺

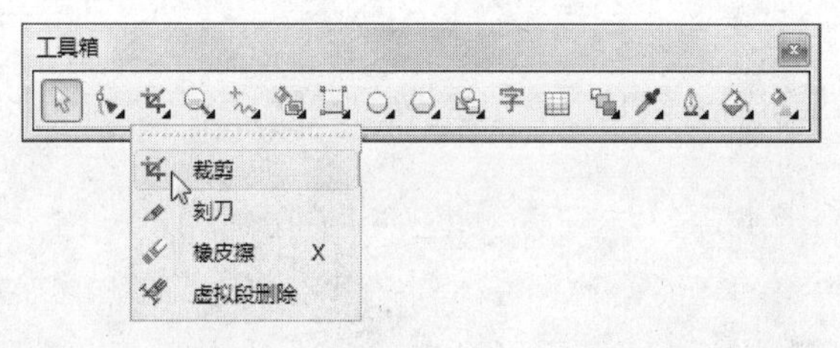

图1.10　工具箱

注意

在工具箱中某工具右下角显示有黑色的小三角时，表示该工具中包含子工具组，单击黑色小三角按钮，可弹出同系列的工具按钮。

绘图窗口和绘图页面

CorelDRAW X4工作界面中的白色部分称为绘图窗口，用户可以在绘图窗口中进行任意绘制或编辑图形。绘图窗口中的矩形区域被称为绘图页面，是进行绘图操作的主要工作区域。只有在绘图页面中的图形才能被打印出来。

文档导航器

CorelDRAW X4可以在一个文档中创建多个页面，并通过文档导航器查看每个页面的情况。文档导航器位于工作界面的左下角，主要用于新建和编辑管理页面等，如图1.11所示。

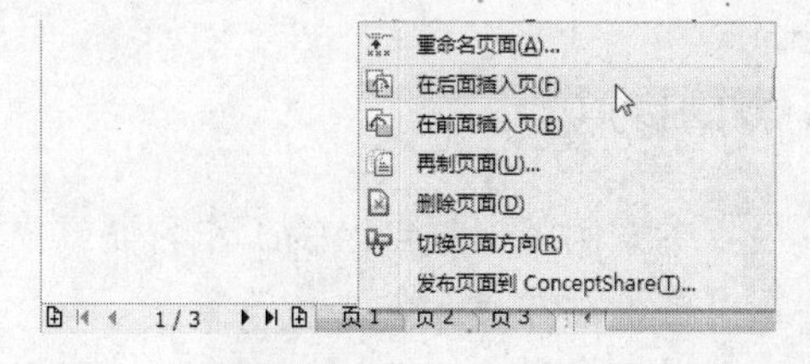

图1.11　文档导航器

状态栏

状态栏位于工作界面的最底端，显示了当前工作状态的相关信息，还可以显示鼠标的当前位置以及相关命令，如图1.12所示。

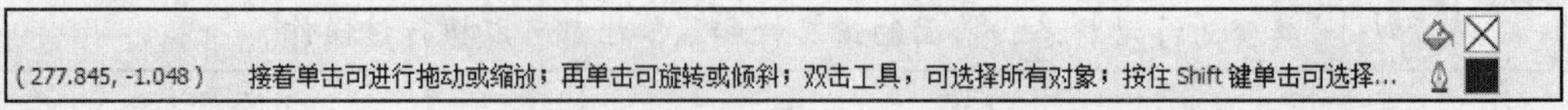

(277.845, -1.048)　接着单击可进行拖动或缩放；再单击可旋转或倾斜；双击工具，可选择所有对象；按住 Shift 键单击可选择…

图1.12　状态栏

调色板

调色板位于工作界面的最右侧，主要用于填充图形和文字的颜色及轮廓颜色。单击调色板下方的◀按钮，可以展开调色板，如图1.13所示。

泊坞窗

默认情况下，泊坞窗位于工作界面的右侧，主要用于方便用户查看或修改参数。在菜单栏中单击“窗口”→“泊坞窗”命令下的子菜单命令，可以弹出相应的泊坞窗，如图1.14所示。

导航器

导航器位于垂直和水平滑动条的交点处，主要用于视图导航。单击🔍按钮，将显示整个页面的缩略图，按住鼠标左键并拖动，可以查看绘图窗口中的任意位置，如图1.15所示。

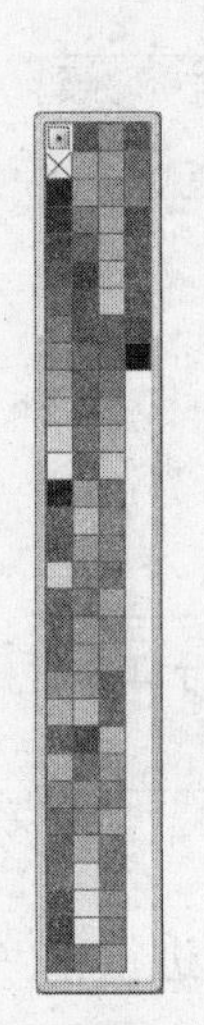

图1.13　展开的调色板

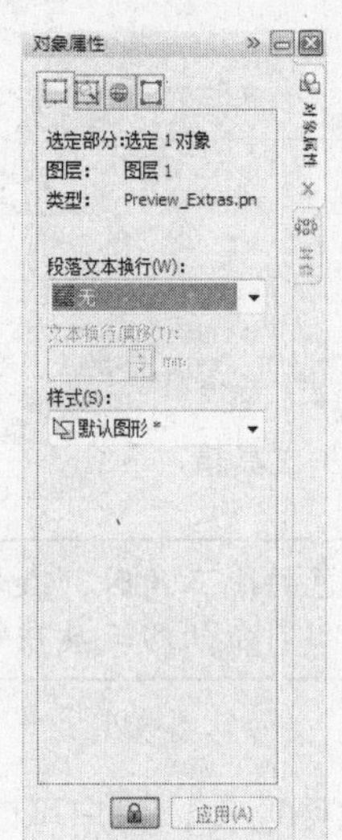

图1.14　泊坞窗

图1.15　导航器

1.1.2　典型案例——自定义工作界面

案例目标

本案例将根据自己的工作习惯或喜好来自定义工作界面，主要练习显示和隐藏一些工具栏，以方便工作。

操作思路：

步骤01　打开CorelDRAW X4程序，并显示常用的工具栏。

步骤02　隐藏状态栏并将泊坞窗变为浮动状态。

操作步骤

其具体操作步骤如下所示。

步骤01 双击桌面上的CorelDRAW X4快捷方式图标，启动CorelDRAW X4程序，打开工作界面，如图1.16所示。

步骤02 在菜单栏中单击“窗口”→“工具栏”→“文本”命令，弹出“文本”工具栏，如图1.17所示，并将其拖动到“标准工具栏”的右侧。

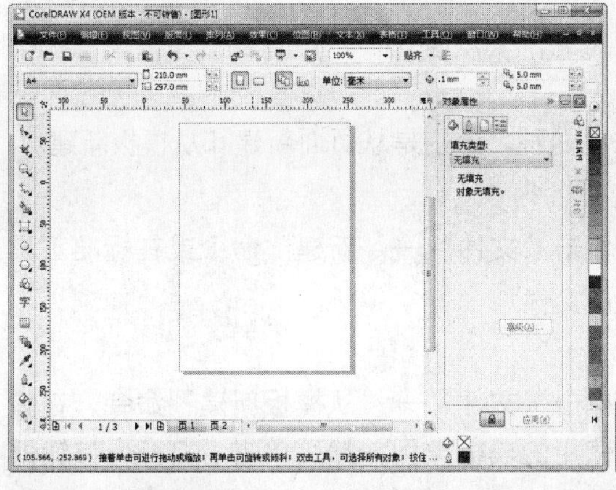

图1.16 工作界面

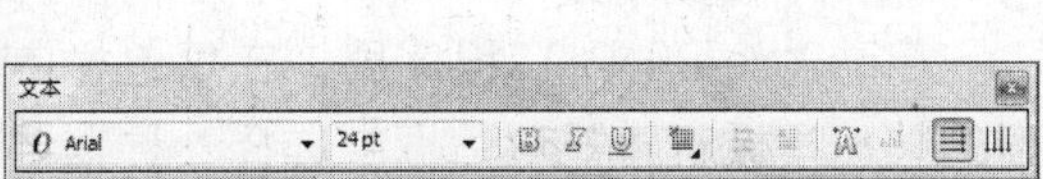

图1.17 “文本”工具栏

步骤03 在菜单栏中单击“窗口”→“工具栏”→“状态栏”命令，当✓图标消失时，隐藏该栏，如图1.18所示。

步骤04 将鼠标指针移动到“泊坞窗”的面板上，按住鼠标左键不放并拖动至适当位置，释放鼠标后即可将泊坞窗变为浮动状态，如图1.19所示。

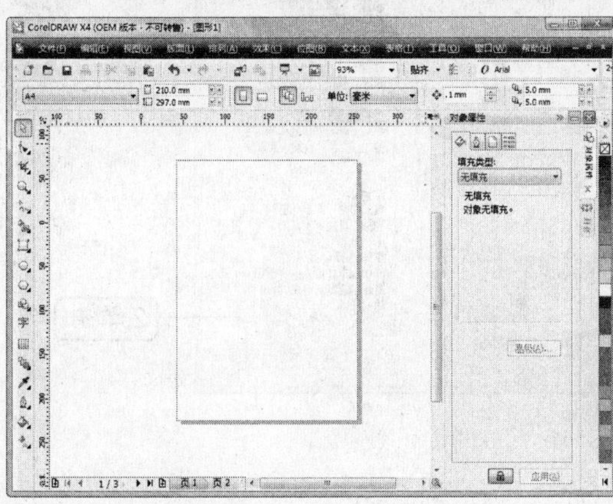

图1.18 隐藏状态栏

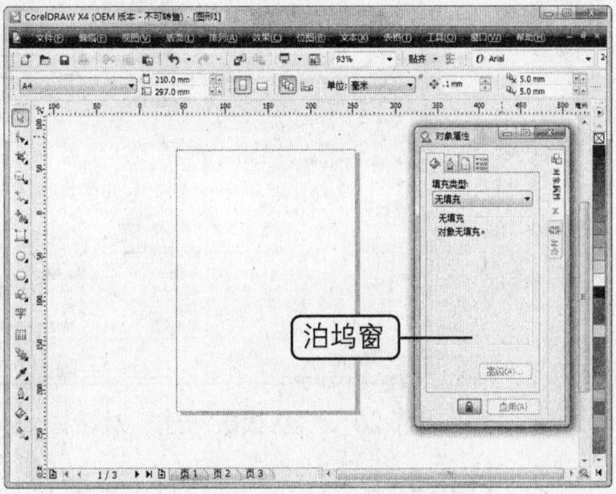

泊坞窗

图1.19 拖动泊坞窗

案例小结

工作界面的调整主要是通过菜单命令来显示需要的内容、隐藏不需要的内容，让工作界面符合个人的工作需求。

1.2 CorelDRAW X4的基本操作

在CorelDRAW X4中，熟练掌握文件的一些基本操作是用户学习图形绘制和编辑的首要任务。

1.2.1 知识讲解

文件的基本操作包括新建文件、打开文件、保存文件、关闭文件和导入导出文件，下面将详细介绍这些内容。

1. 新建文件

在CorelDRAW X4中，新建文件的操作方法有两种，分别是从页面新建和从模板新建。

从页面新建

启动CorelDRAW X4程序后，在菜单栏中单击“文件”→“新建”命令或在标准工具栏中单击“新建”按钮，即可创建一个图形文件。

从模板新建

启动CorelDRAW X4程序后，在菜单栏中单击“文件”→“从模板新建”命令，在弹出的“从模板新建”对话框中选择一种需要使用的模板类型，然后单击“打开”按钮即可创建一个图形文件，如图1.20所示。

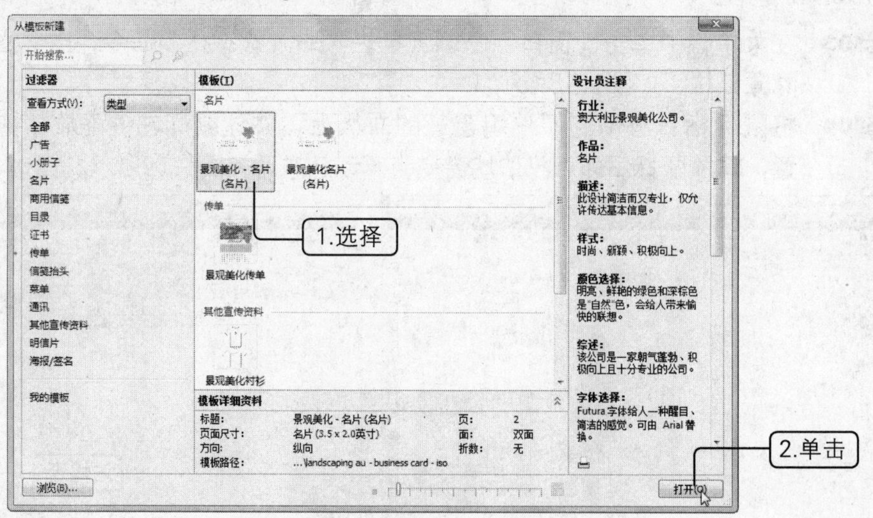

图1.20 “从模板新建”对话框

2. 打开文件

在CorelDRAW X4中，打开已经存在文件的具体操作步骤如下所示。

步骤01 启动程序后，在菜单栏中单击“文件”→“打开”命令或在标准工具栏中单击“打开”按钮，将弹出“打开绘图”对话框。

步骤02 在该对话框中选择文件所在的位置，然后在“文件类型”列表框中选择需要的文件，再单击“打开”按钮，如图1.21所示。

在“打开绘图”对话框中查找到需要的文件后，双击文件的缩略图，可打开文件。如果要同时打开多个文件，可在按住“Ctrl”键或“Shift”键的同时选择多个文件，然后单击“打开”按钮即可。

用户如果要打开最近使用过的文件，可直接在菜单栏中单击“文件”→“打开最近使用过的文件”命令，在弹出的子菜单中选择需要的文件名称，即可打开文件，如图1.22所示。

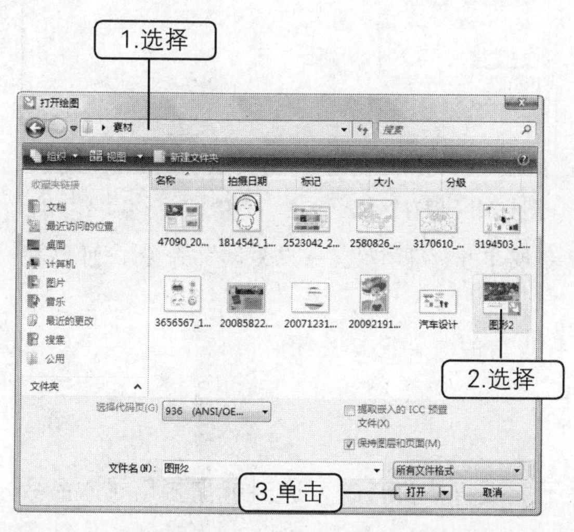

图1.21 “打开绘图”对话框

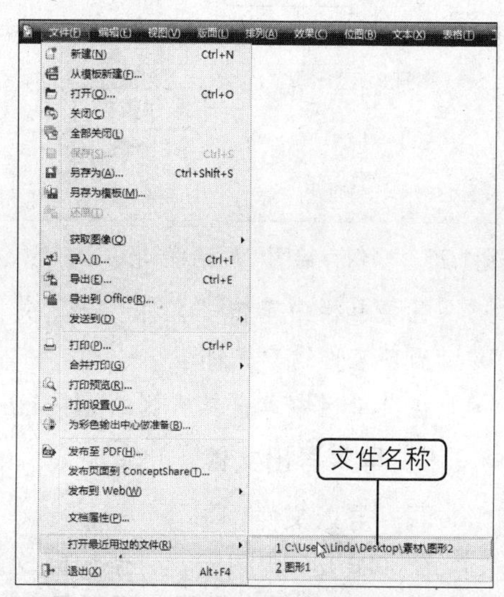

图1.22 打开最近使用过的文件

3. 保存文件

在CorelDRAW X4中修改或编辑好文件后，为了避免文件丢失或用于其他用途，可将其进行保存，具体操作如下所示。

步骤01 修改或编辑好文件后，在菜单栏中单击“文件”→“保存”命令，将弹出“保存绘图”对话框。

步骤02 在该对话框中选择要保存的位置，然后在“文件名”文本框中输入文件名称，在“保存类型”下拉列表框中选择需要保存的文件类型，最后单击“保存”按钮，如图1.23所示。

用户如果想将已经保存的文件另存，可直接在菜单栏中单击“文件”→“另存为”命令，在弹出的“保存绘图”对话框中设置文件的保存路径、名称和类型，然后单击“保存”按钮。

在CorelDRAW X4中可以不对整个文件进行保存，而只保存文件中的某个对象。在文件中使用挑选工具选择需要保存的对象，然后在菜单栏中单击“文件”→“另存为”命令，在弹出的“保存绘图”对话框（如图1.24所示）中勾选“只是选定的”复选框，设置文件的路径、名称和类型，最后单击“保存”按钮。

4. 关闭文件

在CorelDRAW X4中，如果不需要对文件进行操作，则可以将其关闭。关闭文件的操作方法有以下几种。

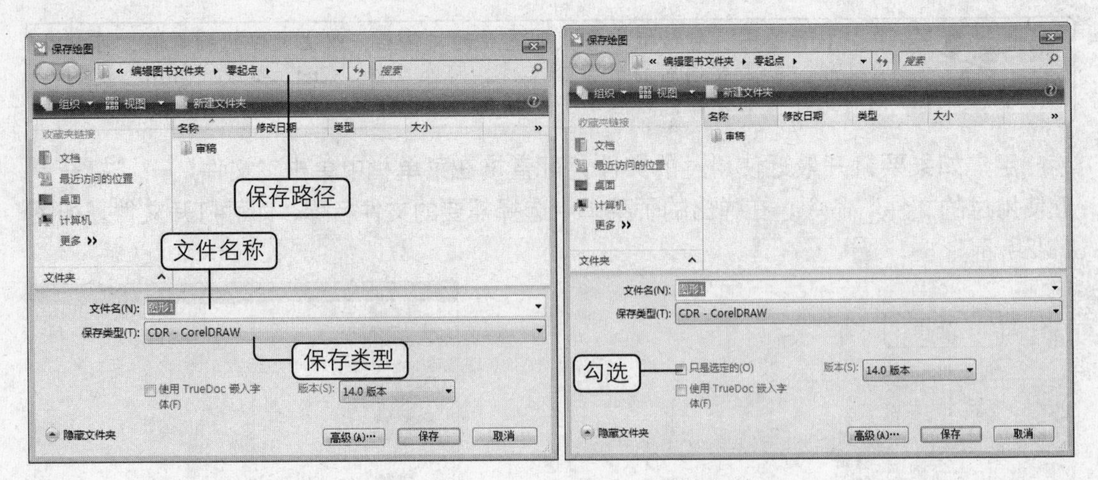

图1.23 “保存绘图”对话框　　　　图1.24 保存区域

- 在菜单栏中单击“文件”→“关闭”命令或单击“窗口”→“关闭”命令，可以将当前文件窗口关闭。
- 在菜单栏中单击其右侧的按钮，即可将当前的文件窗口关闭。

5. 导入导出文件

导入文件

在CorelDRAW X4中，有些格式的文件是不能被直接打开的，这时就需要用导入命令来实现，其具体操作步骤如下所示。

步骤01 在菜单栏中单击“文件”→“导入”命令或在标准工具栏中单击“导入”按钮，将弹出“导入”对话框。

步骤02 在该对话框中选择需要导入的文件，然后单击“导入”按钮，如图1.25所示。

步骤03 将鼠标指针移动到绘图页面中单击，将导入原始大小的图像；按住“Alt”键的同时拖动鼠标，可以任意改变导入图像的长宽比例；直接按住鼠标左键并拖动，则可以自定义导入图像的尺寸大小，但长宽比例不会发生改变，如图1.26所示。

步骤04 完成后释放鼠标，即可导入图像文件，如图1.27所示。

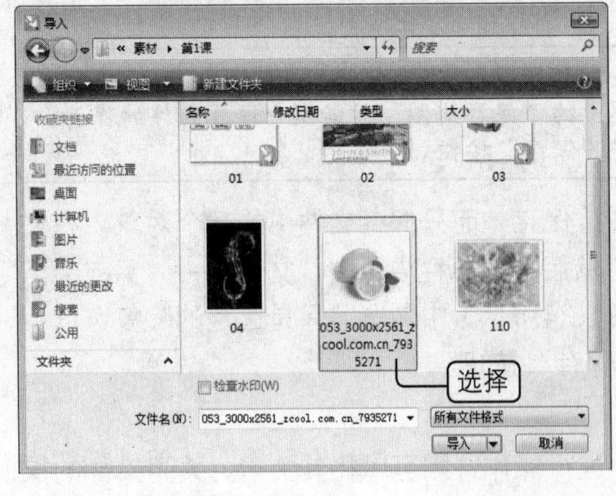

图1.25 “导入”对话框

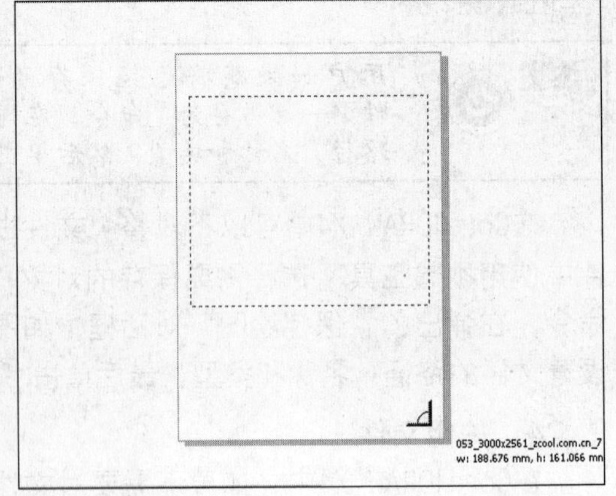

图1.26 拖动鼠标

导出文件

在CorelDRAW X4中可以将绘制的图形文件导出为其他格式，具体操作如下所示。

步骤01 在绘图页面中选择需要导出的对象，然后在菜单栏中单击“文件”→“导出”命令，弹出“导出”对话框。

步骤02 在该对话框中设置导出文件的路径、文件名称和保存类型，然后单击“导出”按钮，如图1.28所示。

图1.27 导入文件

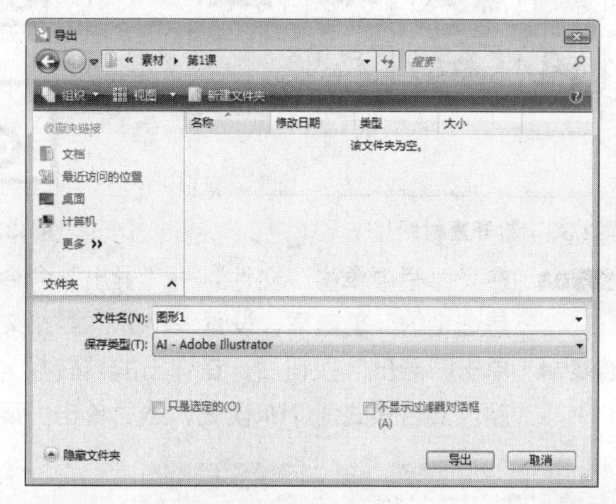

图1.28 “导出”对话框

1.2.2 典型案例——将文件导出为JPG文件

案例目标

本例将介绍如何在图形文件中把选定的对象导出成指定的格式，导出的最终效果如图1.29所示。

素材位置：\素材\第1课\01.cdr

效果图位置：\源文件\第1课\导出文件.jpg

操作思路：

图1.29 最终效果图

步骤01 打开图形文件，然后使用挑选工具选择图形。

步骤02 使用“导出”命令将对象导出为JPG格式。

步骤03 设置导出图像的分辨率和颜色模式。

操作步骤

其具体操作步骤如下所示。

步骤01 在菜单栏中单击“文件”→“打开”命令，在弹出的“打开绘图”对话框中选择“01.cdr”文件，然后单击“打开”按钮，如图1.30所示。

步骤02 在工具箱中单击“挑选工具”按钮，然后在绘图页面中选择要导出的图形，如图1.31所示。

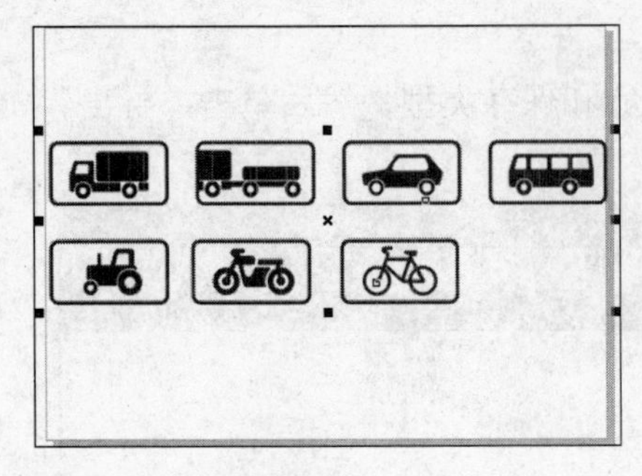

图1.30　打开素材图片

图1.31　选择对象

步骤03 在菜单栏中单击“文件”→“导出”命令，在弹出的“导出”对话框中勾选“只是选定的”复选框，设置保存的位置、文件名和保存类型，如图1.32所示。

步骤04 单击“导出”按钮后，在弹出的“转换为位图”对话框中设置分辨率为300dpi，颜色混合模式为CMYK模式，然后单击“确定”按钮，如图1.33所示。

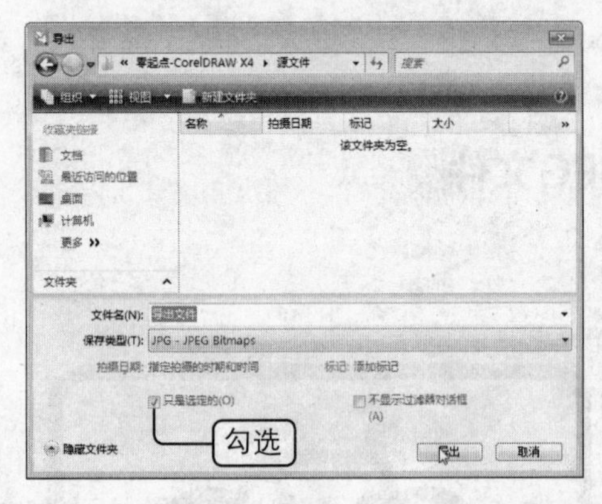

图1.32　“导出”对话框

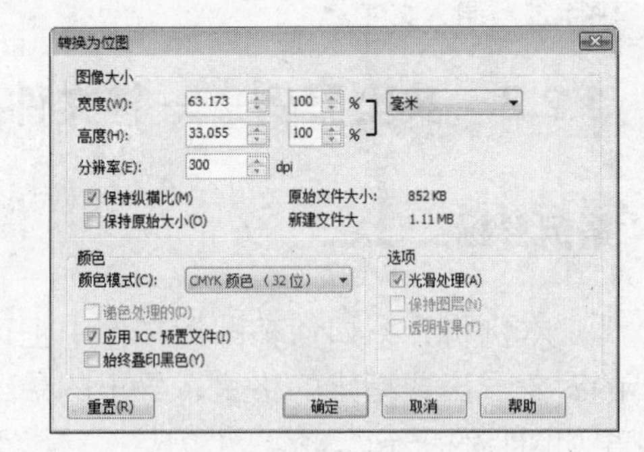

图1.33　“转换为位图”对话框

步骤05 在弹出的“JPEG导出”对话框中单击“确定”按钮，最终效果如图1.34所示。

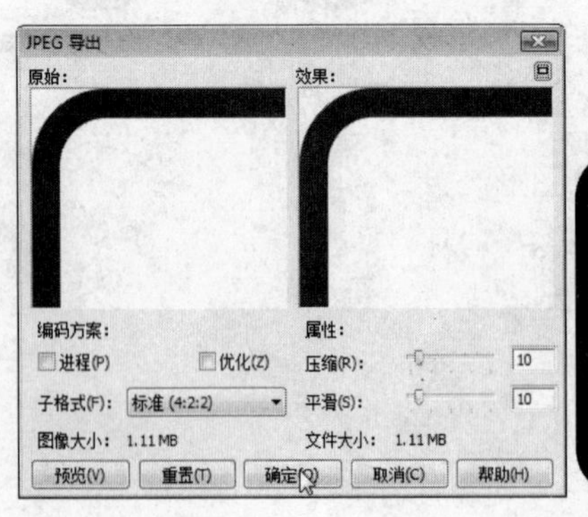

图1.34　“JPEG导出”对话框

案例小结

本例详细介绍了如何导出局部图形，并存储为其他格式的操作。通过对本案例的学习，希望读者在掌握知识点的同时，能举一反三地将文件导出为其他格式。

1.3 页面设置

在编辑CorelDRAW X4文件的过程中，用户可以根据自己的设计要求对页面进行设置。下面将具体讲解这些内容。

1.3.1 知识讲解

页面设置包括设置页面的大小和方向、版面、标签、背景及其他设置等。

1. 设置页面大小和方向

默认情况下，CorelDRAW X4的页面大小为A4，方向为纵向。用户如果要重新设置其大小和方向，可通过以下两种方法实现。

- 在CorelDRAW X4中新建一个文件后，在其属性栏的 A4 下拉列表中选择纸张类型或直接在该选项后的数值框中 210.0 mm 297.0 mm 输入数值，则可以重新定义页面的宽度和高度，并且可以通过单击□或▭按钮，改变绘图页面的方向，属性栏如图1.35所示。

图1.35　属性栏

- 在菜单栏中单击“版面”→“页面设置”命令，在弹出的“选项”对话框中进行设置，完成后单击“确定”按钮，如图1.36所示。

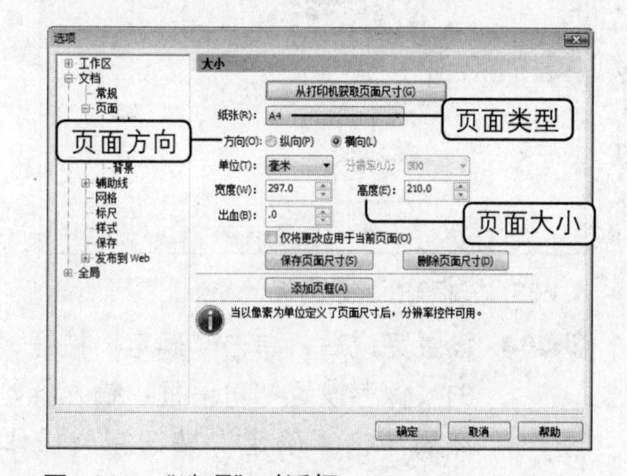

图1.36　“选项”对话框

2. 设置版面

在“选项”对话框中单击“版面”选项，在右侧显示的参数面板中进行设置，其具体操作步骤如下所示。

步骤01 在“选项”对话框中单击“版面”选项，在右侧的“版面”下拉列表中选择需要的版面，在其右侧的预览框中可以查看到所选版面的装订方式和拼版方式。

步骤02 勾选“对开页”复选框，在“起始于”下拉列表框中选择起始页面，然后单击“确定”按钮，如图1.37所示。

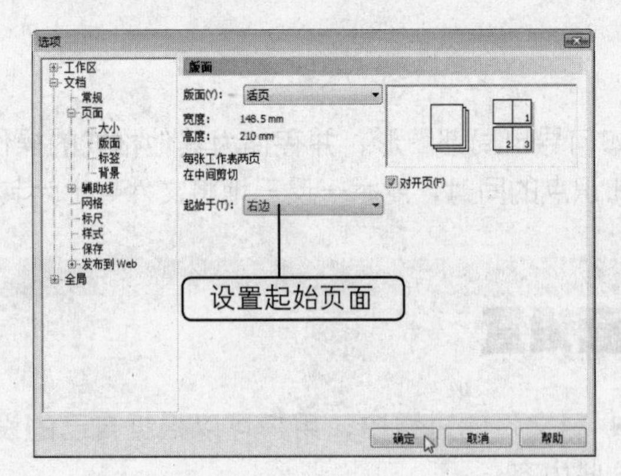

图1.37　设置版面

3. 设置标签

CorelDRAW X4提供了多种标签格式，主要用于商品的商标、封口标记和特殊标记等。在“选项”对话框中单击“标签”选项，在右侧显示的参数面板中可以设置标签，其具体操作步骤如下所示。

步骤01 在“选项”对话框中单击“标签”选项，在右侧的参数面板中选择“标签”单选项，这时下方的标签类型预览框将被激活，并显示标签的样式，如图1.38所示。

步骤02 单击“自定义标签”按钮，在弹出的“自定义标签”对话框中设置标签尺寸、页边距、栏间距和版面，如图1.39所示。

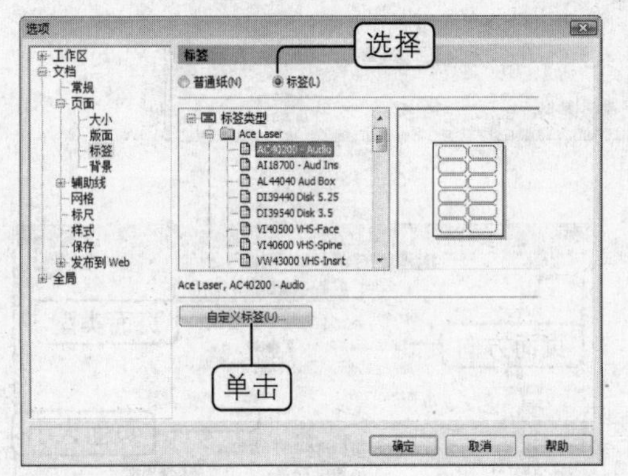

图1.38　“标签”参数面板

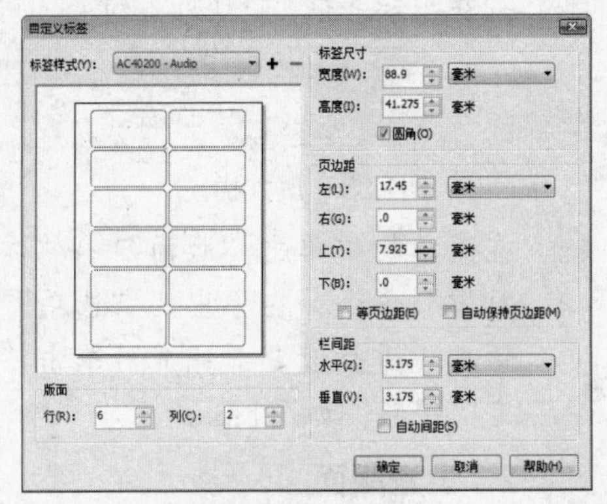

图1.39　自定义标签

步骤03 设置完成后，单击“确定”按钮，在弹出的“保存设置”对话框中输入标签名称，然后单击“确定”按钮完成操作，如图1.40所示。

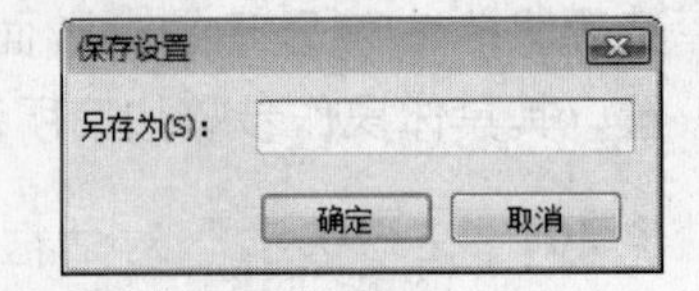

图1.40　保存设置

4. 设置背景

在CorelDRAW X4中，用户可以根据自己的绘图需要将页面背景设置为纯色或是图像。设置页面背景的具体操作步骤如下所示。

步骤01 在弹出的“选项”对话框中单击“背景”选项，在右侧的参数面板中选择“位图”单选项，然后单击“浏览”按钮，如图1.41所示。

在“选项”对话框中选择“无背景”单选项，则页面背景设置为无色，即白色；选择“纯色”单选项，则可在激活的 下拉列表中选择颜色，然后单击“确定”按钮填充颜色。

步骤02 在弹出的“导入”对话框中选择需要作为背景的图片，然后单击“导入”按钮，如图1.42所示。

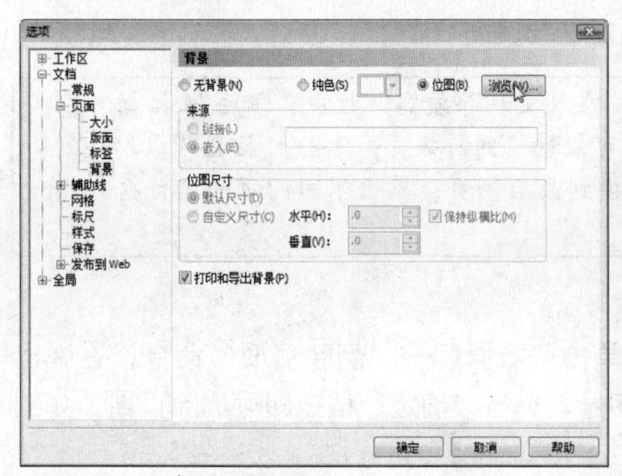

图1.41 “背景”参数面板

图1.42 “导入”对话框

步骤03 在返回的“选项”对话框中选择“嵌入”单选项，然后单击“确定”按钮，导入的背景如图1.43所示。

“选项”对话框中的“位图尺寸”用于设置位图导入后的尺寸；勾选“打印和导出背景”复选框，则页面背景可以被打印和导出，取消勾选该复选框，则页面背景只能被显示而不能被打印和导出。

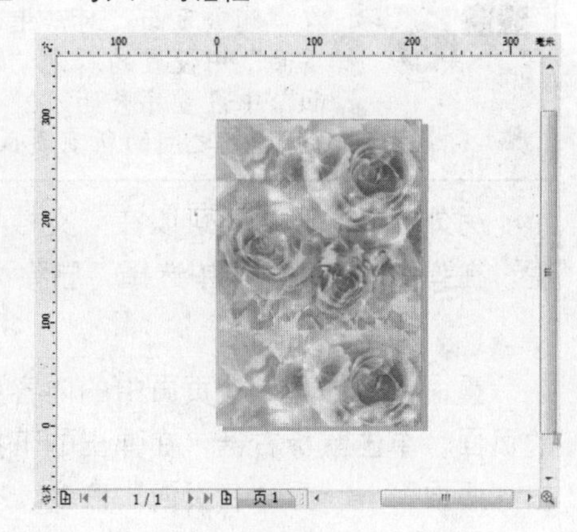

图1.43 添加图像背景

5. 页面的其他设置

在CorelDRAW X4中，页面的其他设置包括页面的添加、删除和重命名等。下面将详细介绍这些内容。

添加页面

在CorelDRAW X4中，一个窗口可以设置多个页面。在菜单栏中单击“版式”→“插入页”命令，在弹出的“插入页面”对话框中可以在任意的位置添加页面，也可以同时添加多个页面，如图1.44所示。

在“文档导航器”栏中选择“页1”选项，然后单击添加页面按钮或单击鼠标右键，在弹出的下拉列表中选择相应的命令，完成新页面的添加，如图1.45所示。

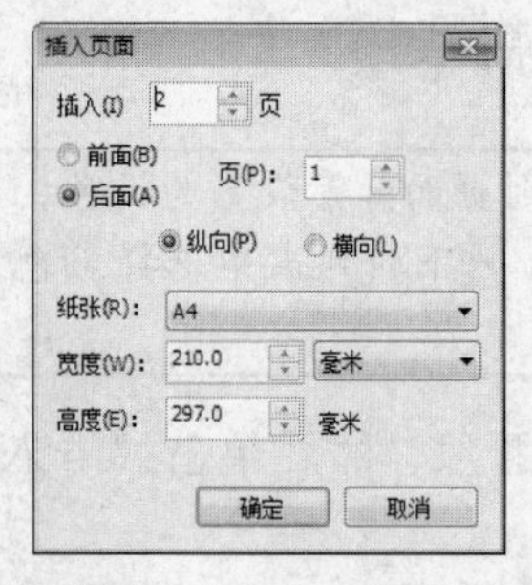

图1.44　“插入页面”对话框

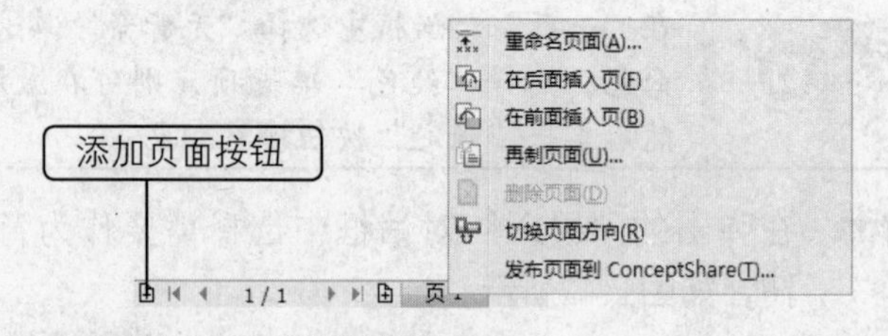

图1.45　文档导航器

当一个窗口中有多个页面时，在“文档导航器”栏中，单击◀按钮可以切换到“页1”；单击◀按钮可以切换到前一页；单击▶按钮可以切换到后一页；单击▶按钮可以切换到最后一页；单击不同的页面名称也可以切换页面。

删除页面

用户如果要删除页面，可在菜单栏中单击“版面”→“删除页面”命令，在弹出的“删除页面”对话框中设置删除页面的序号，单击“确定”按钮即可删除页面，如图1.46所示。

在“删除页面”对话框中勾选“通到页面”复选框，则可以删除从“删除页面”中设置的页到“通到页面”中设置的页的所有页面。如在“删除页面”中设置序号为“2”，勾选“通到页面”并设置序号为“5”，则删除页面2~5之间的所有页面。

另外，删除页面还可以在“文档导航器”栏中选择要删除的页面，然后单击鼠标右键，在弹出的下拉列表中选择“删除页面”命令来删除页面。

重命名页面

重命名页面可以使页面中的内容更加直观，在“文档导航器”栏中选择需要重命名的页面，单击鼠标右键，在弹出的下拉列表中选择“重命名页面”命令或在菜单栏中单击“版面”→“重命名页面”命令，在弹出的“重命名页面”对话框中输入页名，然后单击“确定”按钮即可，如图1.47所示。

再制页面

再制页面是CorelDRAW X4的新增功能，主要用于将指定的页面进行复制。在“文档导航器”栏中选择需要的页面，单击鼠标右键，在弹出的快捷菜单中选择“再制页面”命令或在菜单栏中单击“版面”→“再制页面”命令，然后在弹出的“再制页面”对话框中设置插入位置和复制内容，然后单击“确定”按钮即可，如图1.48所示。

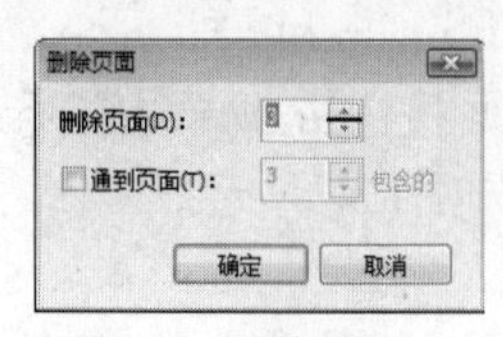

图1.46　删除页面

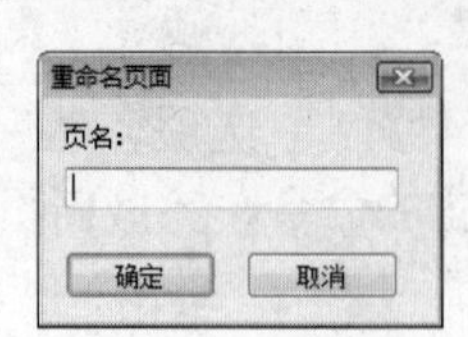

图1.47　重命名页面

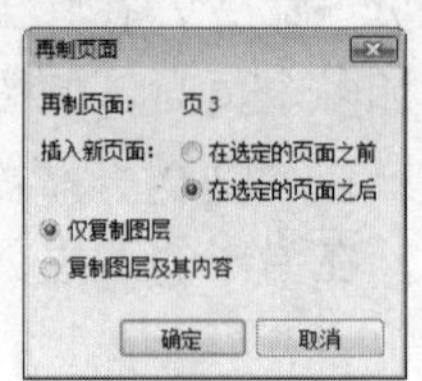

图1.48　再制页面

1.3.2 典型案例——设置对页显示

案例目标

本例详细介绍如何将两个不同的页面显示到同一个页面上，以使用户可以更加直观地查看图形文件中的内容是否协调统一。

素材位置：\素材\第1课\02.cdr

效果图位置：\源文件\第1课\对页显示.cdr

操作思路：

步骤01 打开素材文件“02.cdr”。

步骤02 在“选项”对话框中设置版面。

操作步骤

其具体操作步骤如下所示。

步骤01 在菜单栏中单击“文件”→“打开”命令，在弹出的“打开绘图”对话框中选择“02.cdr”素材文件，然后单击“打开”按钮，打开素材文件，如图1.49所示。

步骤02 在菜单栏中单击“版面”→“页面设置”命令，在弹出的“选项”对话框中单击“版面”选项，然后在右侧的参数面板中勾选“对开页”复选框，在“起始于”下拉列表中选择“左边”，如图1.50所示。

图1.49 打开素材文件

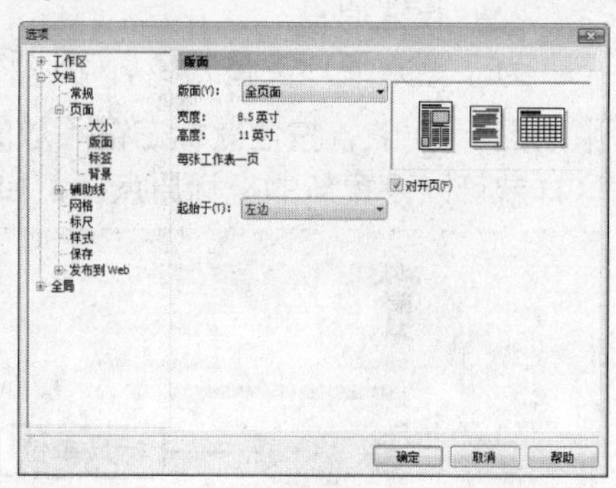

图1.50 “选项”对话框

步骤03 设置完成后，单击“确定”按钮，这时可在绘图窗口中显示文件对页显示的效果，如图1.51所示。

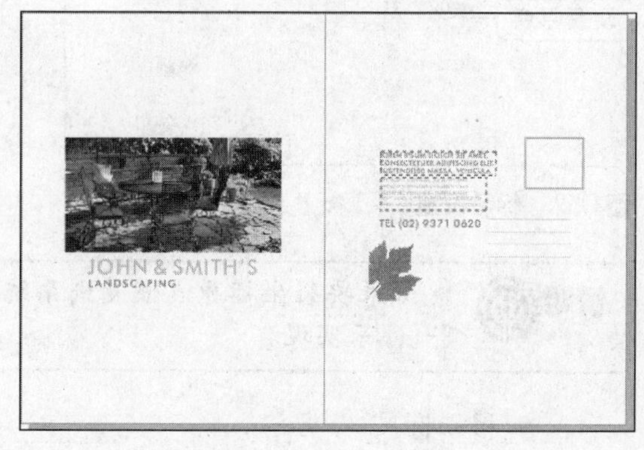

图1.51 对页显示

案例小结

本例主要讲解了如何设置文件的对页显示。如果一个窗口中有多个页面，则不能执行对页显示功能。

1.4 辅助工具的设置

在CorelDRAW X4中提供了多种辅助工具，熟练而适当地运用这些工具可以帮助用户准确地绘制和编排页面中的对象。

1.4.1 知识讲解

标尺、网格、辅助线和自动贴齐功能等都是CorelDRAW X4的辅助工具，下面将详细介绍这些辅助工具的运用。

1. 标尺的使用

标尺工具用于确定对象的位置，使对象对齐。

设置标尺

默认情况下，在绘图窗口的左边和上边都有标尺。如果要显示或隐藏标尺，可直接在菜单栏中单击“视图”→“标尺”命令。

可在菜单栏中单击“视图”→“设置”→“网格与标尺设置”命令，在弹出的“选项”对话框中单击“标尺”选项，在右侧的参数面板中设置标尺单位、原点位置等选项，如图1.52所示。

设置原点

为了更方便地测量对象，可以将鼠标指针移动到水平标尺和垂直标尺相交处的坐标原点图标上，按住鼠标左键不放的同时向绘图区域拖动，到达适当位置后释放鼠标，这样就可以设置新的坐标原点了，如图1.53所示。

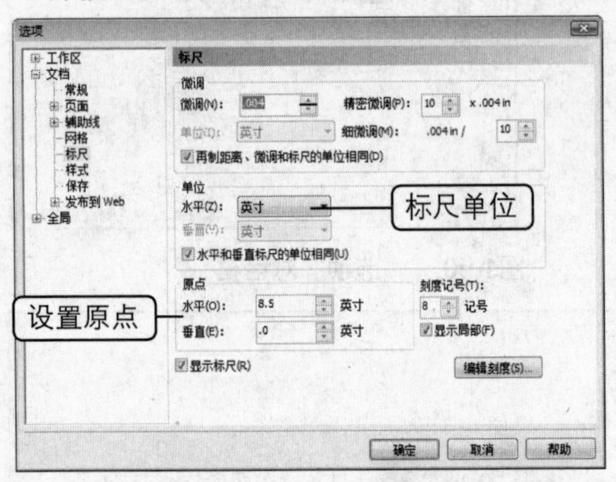

图1.52　标尺设置

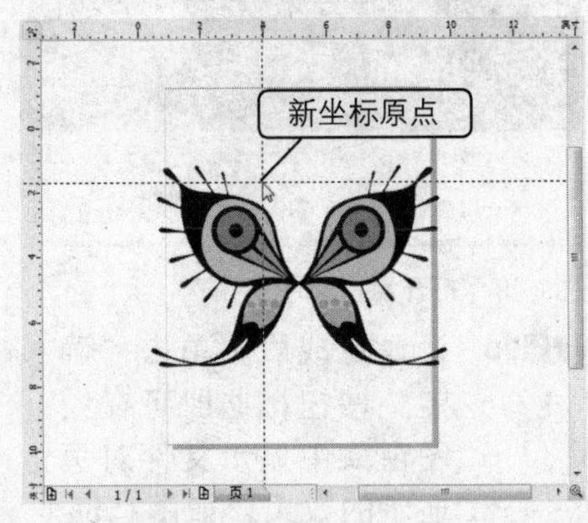

图1.53　设置原点

如果要将坐标原点恢复到系统默认的状态，可直接双击坐标原点图标来实现。

移动标尺

在绘制图形的过程中，如果需要移动标尺对图形进行更加精确的定位，可将鼠标指针移动到坐标原点图标上，按下“Shift”键的同时按住鼠标左键并拖动到绘图窗口的适当位置，释放鼠标后即可完成标尺的移动操作，如图1.54所示。

如果要分别调整水平和垂直标尺，可将鼠标指针移动到水平或垂直标尺上，按住“Shift”键的同时拖动鼠标，即可将水平或垂直标尺拖动到指定的位置上，如图1.55所示。

如果想将标尺还原到原先的位置，只要按住“Shift”键的同时在标尺上双击即可。

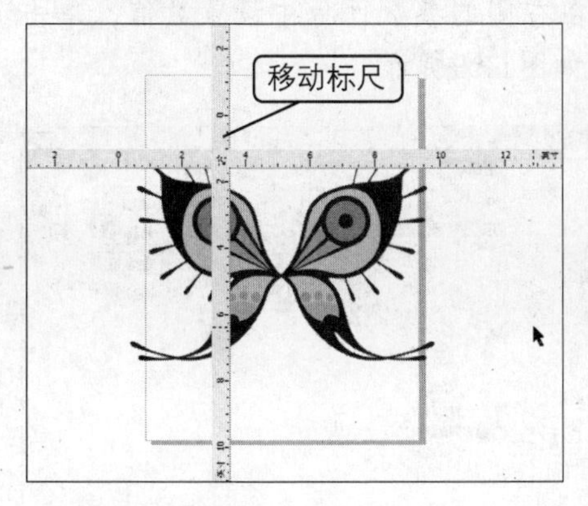

图1.54　移动标尺

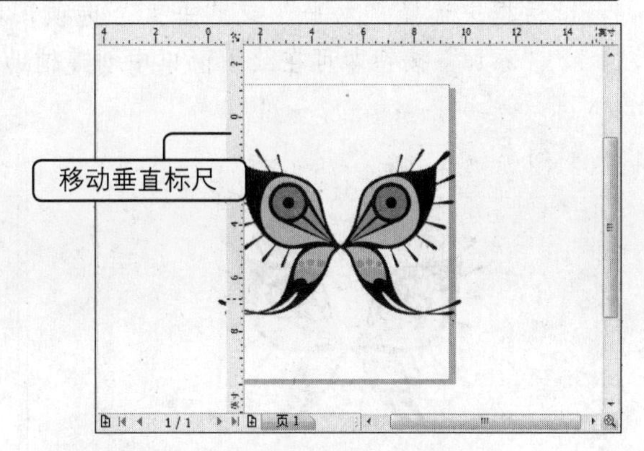

图1.55　移动垂直标尺

2. 网格的使用

网格是由一连串的水平和垂直的细线纵横交叉构成的，主要用于更严格的定位和更精细的制图。

在菜单栏中单击“视图”→“网格”命令，即可显示网格，如图1.56所示。

如果要对网格进行设置，可直接在菜单栏中单击“视图”→“设置”→“网格和标尺设置”命令，在弹出的“选项”对话框中设置网格的频率和间距等选项，如图1.57所示。

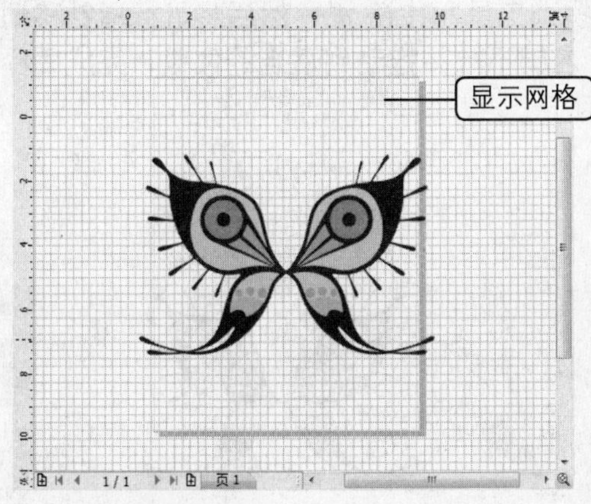

图1.56　显示网格

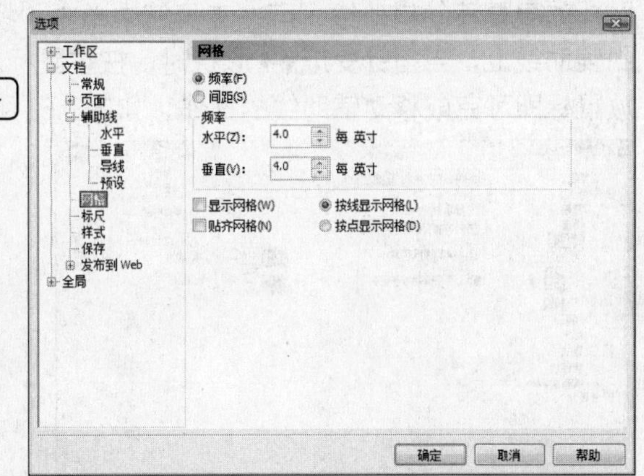

图1.57　设置网格

3. 辅助线的使用

辅助线是添加到页面中帮助用户排列、对齐对象的直线，它主要有水平和垂直两种，可以被放置到页面中的任何位置。

设置辅助线

在CorelDRAW X4中设置辅助线的方法有两种，具体如下所示。

- 在绘图窗口中，将鼠标指针移动到水平标尺或垂直标尺上，按住鼠标左键不放并向页面内的任意位置拖动，释放鼠标后即可创建一条水平或垂直的辅助线，如图1.58所示。
- 在菜单栏中单击“视图”→“设置”→“辅助线设置”命令，在弹出的“选项”对话框中选择“水平”或“垂直”选项，然后在右侧的参数面板中设置数值，单击“添加”按钮即可在绘图窗口中创建辅助线，如图1.59所示。

图1.58 创建辅助线

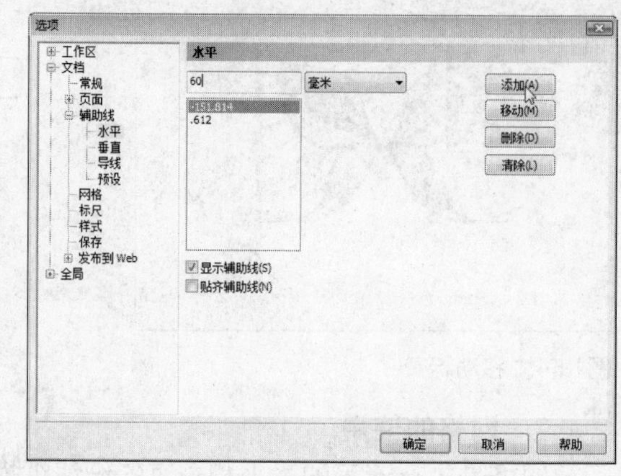

图1.59 “选项”对话框

注意：用户如果要更改辅助线的颜色，可在“选项”对话框中单击“辅助线”选项，在右侧的参数面板中进行设置，如图1.60所示。

移动辅助线

如果要移动辅助线，可在工具箱中单击“挑选工具”按钮，然后将鼠标指针移动到辅助线上，当指针变成↔形状时，按住鼠标左键不放并拖动到适当的位置，完成后释放鼠标即可完成移动辅助线的操作，如图1.61所示。

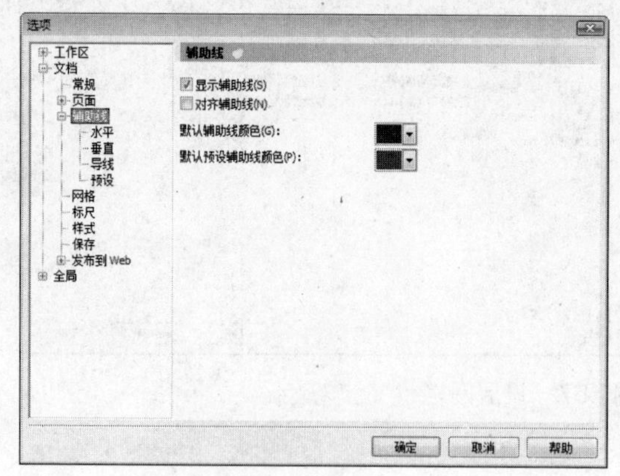

图1.60 设置辅助线的颜色

图1.61 移动辅助线

旋转辅助线

在CorelDRAW X4中，创建好辅助线后，用户可以根据实际需求对辅助线进行旋转操作，其具体操作步骤如下所示。

步骤01 在工具箱中单击“挑选工具”按钮，然后在绘图窗口中单击要旋转的辅助线，这时该辅助线变为红色。

步骤02 再次在变成红色的辅助线上单击，这时辅助线上将显示旋转状态，如图1.62所示。

步骤03 将鼠标指针移动到旋转标志上，当鼠标指针变成形状时，按住鼠标左键不放并移动鼠标，释放鼠标后在空白处单击，即可完成辅助线的旋转操作，如图1.63所示。

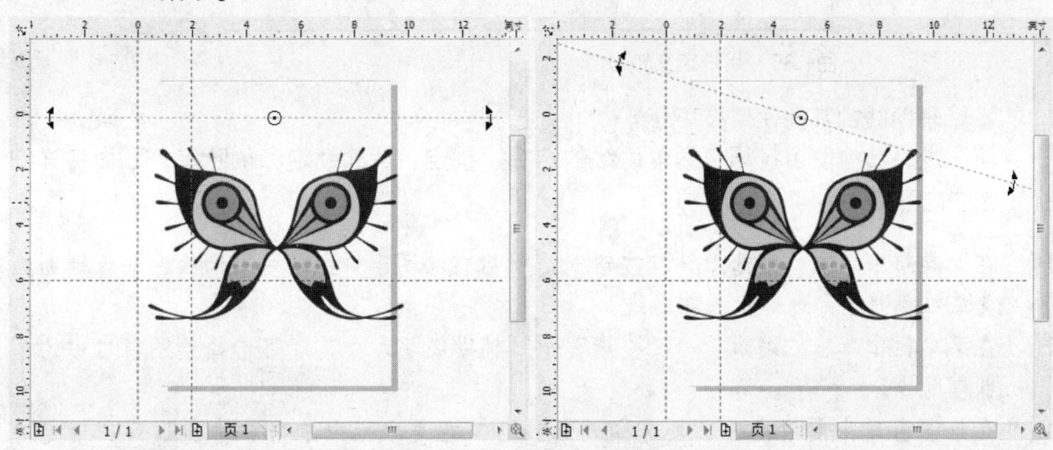

图1.62　显示旋转状态　　图1.63　旋转辅助线

预设辅助线

预设辅助线是指CorelDRAW X4程序中为用户提供的一些辅助线设置样式，其中包括“Corel预设”和“用户定义预设”两种选项。添加预设辅助线的具体操作步骤如下所示。

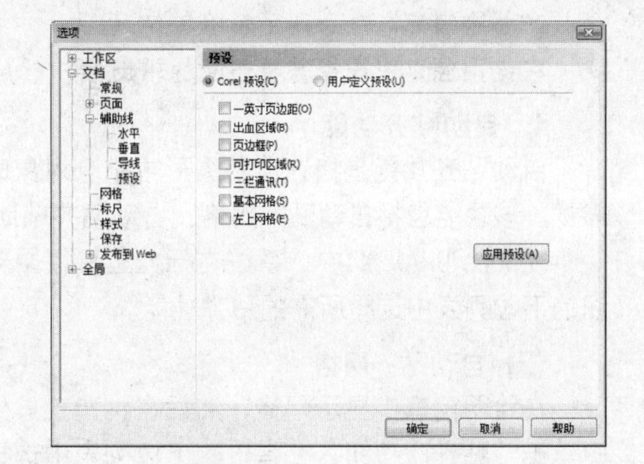

图1.64　预设辅助线

步骤01 在菜单栏中单击“视图”→“设置”→“辅助线”命令，在弹出的“选项”对话框中单击“预设”选项，如图1.64所示。

步骤02 默认情况下，在右侧的参数面板中选择“Corel预设”单选项，并显示各种参数，选择所需的选项后，单击“确定”按钮即可。

注意　在“选项”对话框中选择“用户定义预设”单选项，可在右侧的参数面板中设置辅助线离页面边缘的距离（页边距）、页面垂直分栏（列）和网格设置，如图1.65所示。

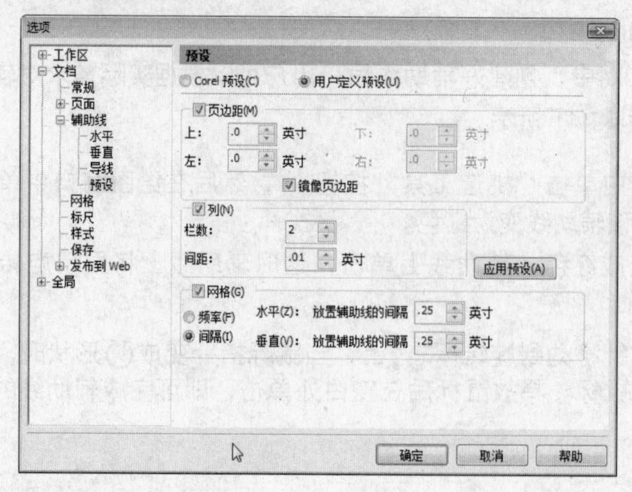

图1.65　用户定义预设

辅助线的其他使用技巧

辅助线的其他使用技巧包括辅助线的选择、锁定、解除锁定和删除等，下面将详细介绍这些内容。

- 在工具箱中单击“挑选工具”按钮，然后在绘图窗口中单击辅助线，当该辅助线变成红色时，则选择单条辅助线。
- 在菜单栏中单击“编辑”→“全选”→“辅助线”命令，即可选择绘图窗口中的全部辅助线。
- 在绘图窗口中使用挑选工具选择辅助线后，在菜单栏中单击“排列”→“锁定对象”命令，即可将辅助线进行锁定。
- 将鼠标指针移动到被锁定的辅助线上，单击鼠标右键，在弹出的快捷菜单中选择“解除锁定”命令即可解除锁定。
- 在绘图窗口中选择需要删除的辅助线，然后按下“Delete”键即可删除辅助线。

4. 自动贴齐功能

自动贴齐功能是指在绘制图形或排列对象时，对象将自动地向网格、辅助线或对象靠拢。该功能包括自动贴齐网格、自动贴齐辅助线、自动贴齐对象和使用动态导线4种。

在CorelDRAW X4中，系统在标准工具栏中新增了一个“贴齐”按钮，用户可在该按钮的下拉列表中选择所需的贴齐功能。

自动贴齐网格

在绘图窗口中显示网格，然后在挑选工具处于无选择状态的情况下，在标准工具栏中单击“贴齐”按钮，在弹出的下拉列表中选择“贴齐网格”命令（或在菜单栏中单击“视图”→“贴齐网格”命令），移动选定的图形对象，这时系统会自动将对象中的节点按网格点对齐，如图1.66所示。

自动贴齐辅助线

为了在绘图过程中对图形进行更加精确的操作，可在绘图窗口中创建辅助线，然后在挑选工具处于无选择状态的情况下，在标准工具栏中单击“贴齐”按钮，在弹出的下拉列表中选择“贴齐辅助线”命令（或在菜单栏中单击“视图”→“贴齐辅助线”命令），移动选定的图形对象，这时图形对象中的节点将向距离最近的辅助线及其交点靠拢对齐，如图1.67所示。

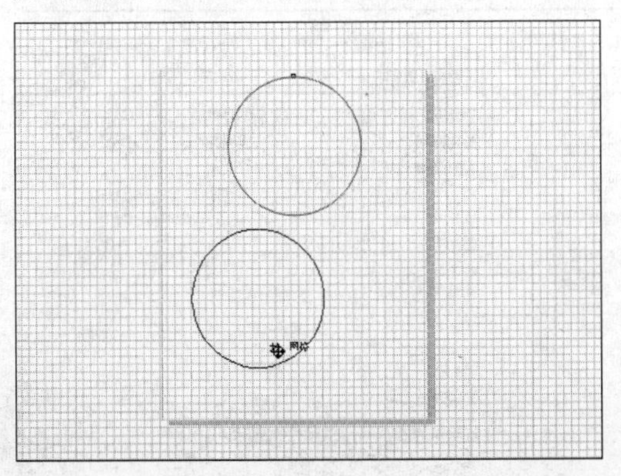

图1.66　贴齐网格

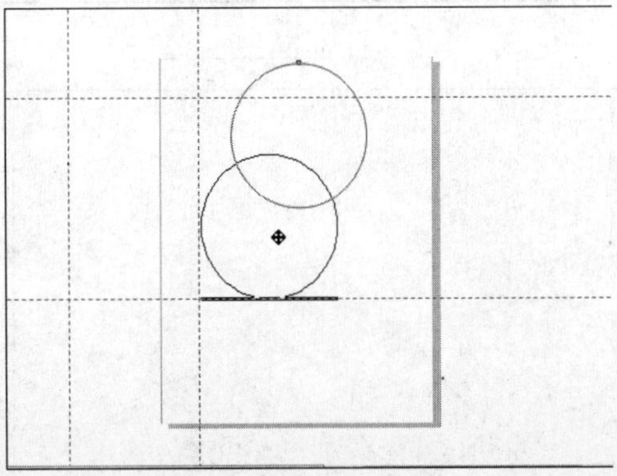

图1.67　贴齐辅助线

自动贴齐对象

自动贴齐对象是在绘图窗口中绘制一个图形对象，然后在挑选工具处于无选择状态的情况下，在标准工具栏中单击“贴齐”按钮，在弹出的下拉列表中选择“贴齐对象”命令（或在菜单栏中单击“视图”→“贴齐对象”命令），移动选定的图形对象，这时系统会自动将对象中的节点与对象的中心、边缘、节点等对齐，如图1.68所示。

如果要对贴齐对象进行设置，可在菜单栏中单击“视图”→“设置”→“贴齐对象设置”命令，在弹出的“选项”对话框中进行设置，然后单击“确定”按钮，如图1.69所示。

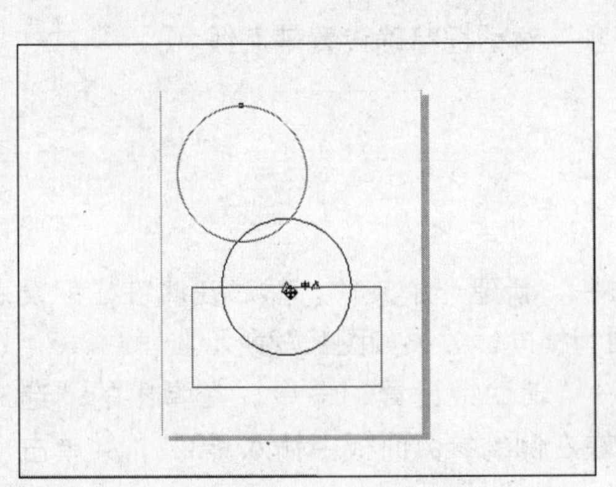

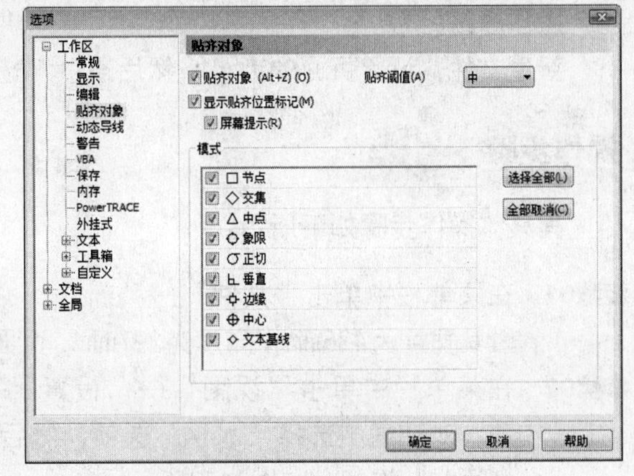

图1.68　贴齐对象

图1.69　设置贴齐对象

使用动态导线

使用动态导线可以帮助用户动态地贴齐对象。在挑选工具处于无选择状态的情况下，在标准工具栏中单击“贴齐”按钮，在弹出的下拉列表中选择“动态导线”命令（或在菜单栏中单击“视图”→“动态导线”命令），移动选定的图形对象，这时系统会自动向某个角度贴齐，如图1.70所示。

如果要对动态导线进行设置，可在菜单栏中单击“视图”→“设置”→“动态导线设置”命令，在弹出的“选项”对话框中进行设置，然后单击“确定”按钮，如图1.71所示。

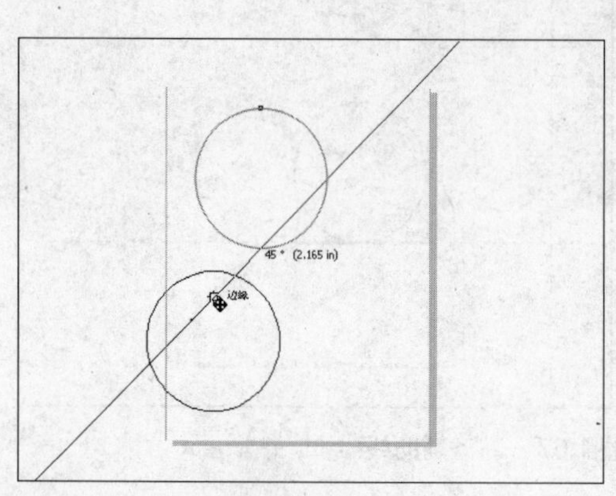

图1.70　动态导线

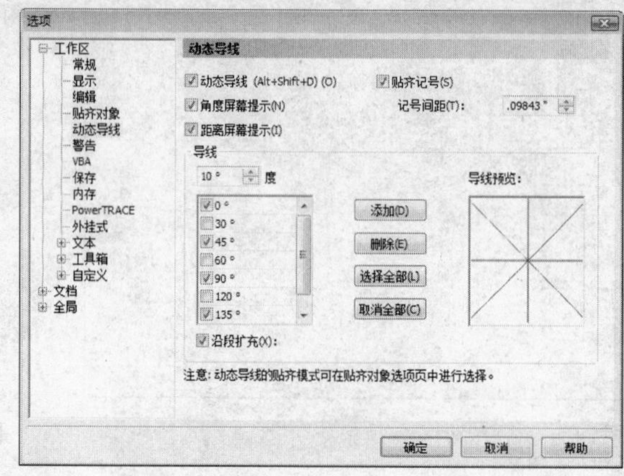

图1.71　设置动态导线

1.4.2　典型案例——为书籍装帧添加辅助线

案例目标

本例将详细介绍如何为一本宽为210mm、高为297mm、厚为10mm的书籍设置辅助线，巩固运用辅助线对书籍尺寸进行划分的方法。

效果图位置：\源文件\第1课\辅助线.cdr

操作思路：

新建文件，设置页面的大小，然后通过“选项”对话框精确设置辅助线。

操作步骤

其具体操作步骤如下所示。

步骤01　在菜单栏中单击“文件”→“新建”命令，新建一个文件，然后在属性栏中设置其宽度为436mm，高度为297mm，页面为横向，效果如图1.72所示。

步骤02　在菜单栏中单击“视图”→“设置”→“辅助线设置”命令，在弹出的“选项”对话框中选择“水平”选项，然后在右侧的参数面板中输入“3”，并单击“添加”按钮，如图1.73所示。

步骤03　在“水平”选项的右侧参数面板中输入“294”，然后单击“添加”按钮，如图1.74所示。

步骤04　在“选项”对话框中选择“垂直”选项，在右侧的参数面板中输入“3”，然后单击“添加”按钮，如图1.75所示。

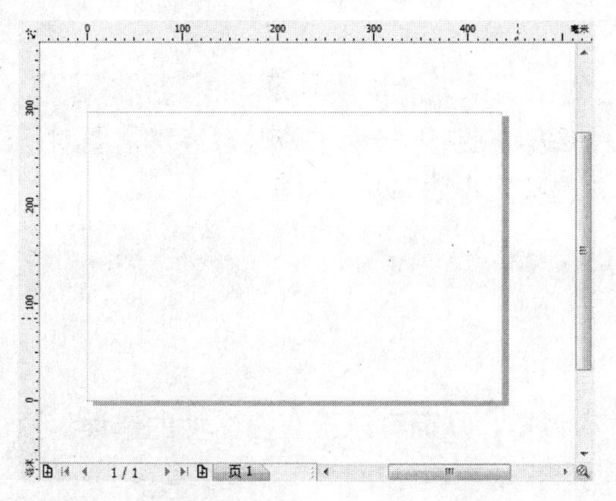

图1.72　新建文件

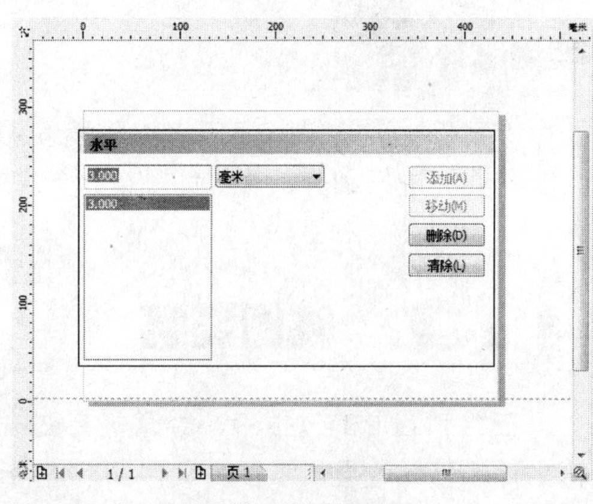

图1.73　添加水平辅助线（一）

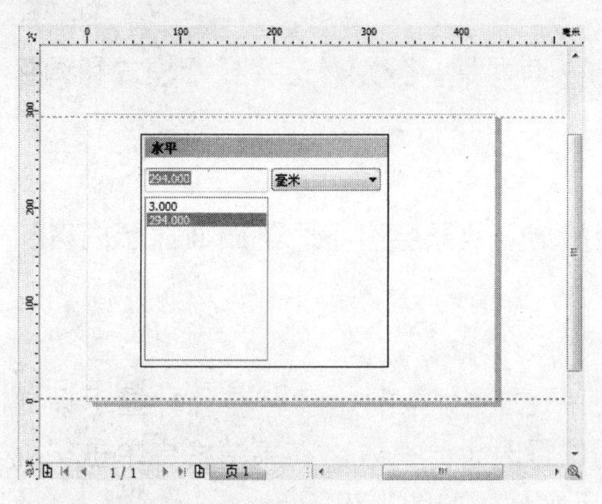

图1.74　添加水平辅助线（二）

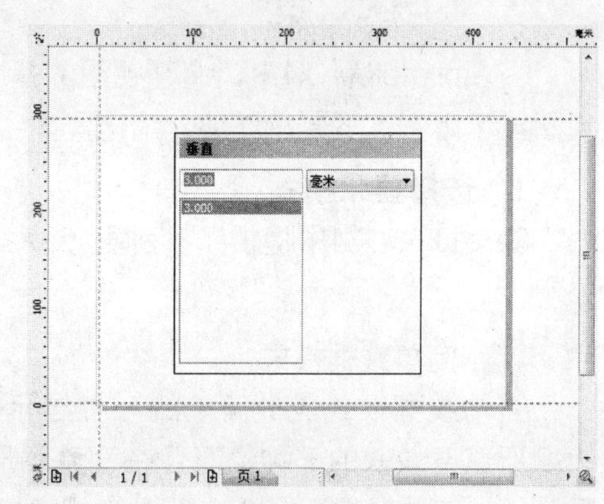

图1.75　添加垂直辅助线（一）

步骤05　在“垂直”选项的右侧参数面板中输入“213”，然后单击“添加”按钮，如图1.76所示。

步骤06　按照同样的方法，设置其他几条垂直方向的辅助线，得到的最终效果如图1.77所示。

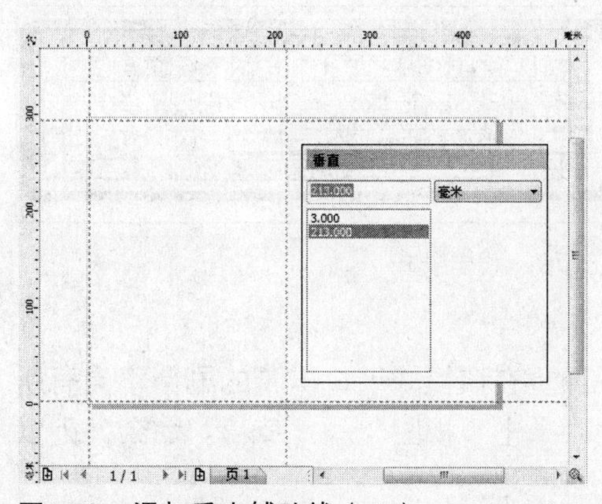

图1.76　添加垂直辅助线（二）

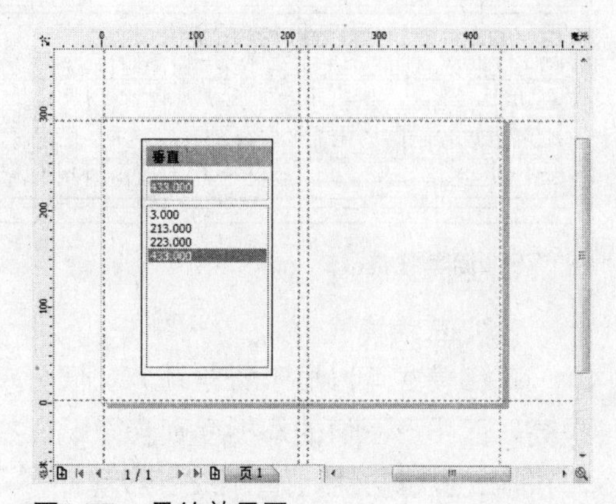

图1.77　最终效果图

案例小结

本案例主要讲解了如何为书籍装帧添加辅助线。在制作一个作品时，经常需要对所绘制的空间进行划分，这样能精确地绘制图形并提高工作效率。

1.5 视图调整

在绘制图形的过程中，经常需要对视图进行调整，从而可以检查出文件的错误，预览文件的整体效果，以及对文件细节进行详细调整，从而提高用户的工作效率。

1.5.1 知识讲解

在CorelDRAW X4中，调整视图的基本操作方法有两种，分别是选择显示模式和调整视图显示比例。下面将详细介绍这些内容。

1. 选择显示模式

CorelDRAW X4中提供了多种显示模式，不同的显示效果会有不同的画面显示内容和外观。

简单线框模式

简单线框模式是最简单的一种显示模式，它只显示对象的轮廓，是几种显示模式中刷新速度最快的一种，而且在调整图形图像的位置时十分有效。在菜单栏中单击“视图”→“简单线框”命令，则以简单线框模式显示文件，如图1.78所示。

线框模式

线框模式只显示单色位图图像，视图中的轮廓图、艺术笔触、阴影等会显示其轮廓，而不显示对象的颜色。这种显示模式是简单线框模式的简化模式，在菜单栏中单击“视图”→“线框”命令，则以线框模式显示文件，如图1.79所示。

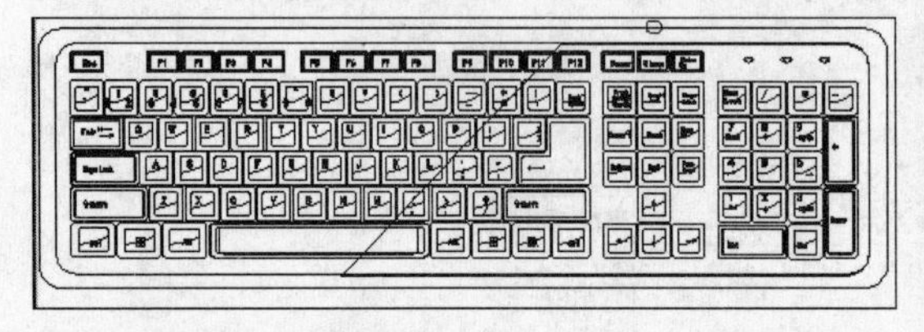

图1.78 简单线框模式

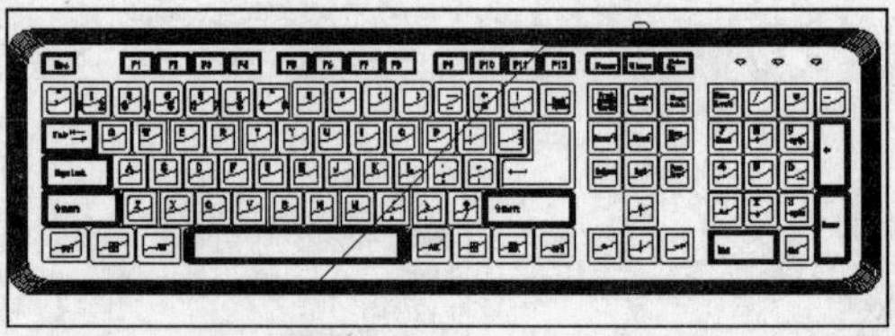

图1.79 线框模式

草稿模式

草稿模式可以显示标准颜色和低分辨率的视图。在该模式下，屏幕的刷新率会有所提高，而图形图像的解析度则会降低。在菜单栏中单击“视图”→“草稿”命令，则以草稿模式显示文件，如图1.80所示。

正常模式

正常模式是以图形的实际情况来显示，可以显示所有的填充色并以高分辨率显示位图图像。在菜单栏中单击“视图”→“正常”命令，则以正常模式显示文件，如图1.81

所示。

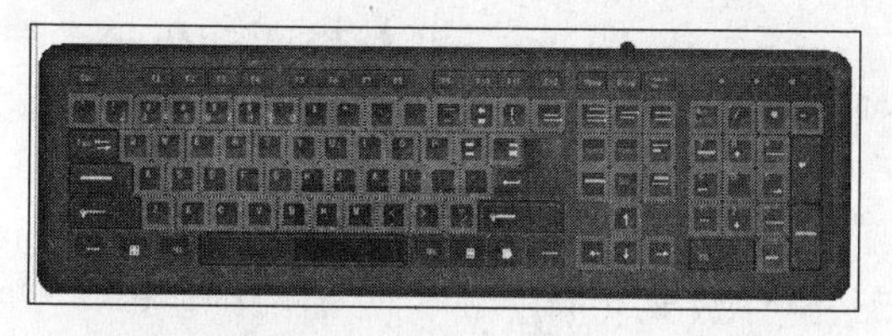

图1.80　草稿模式

图1.81　正常模式

增强模式

增强模式与草稿模式相反。使用该模式可以显示最好的图形效果，使图形轮廓更加光滑、过渡效果更加自然，是最接近实际效果的一种显示模式。在菜单栏中单击“视图”→“增强”命令，则以增强模式显示文件，如图1.82所示。

图1.82　增强模式

在增强模式下，图形图像的解析度比其他的模式高，但屏幕的刷新率会降低。

2. 调整视图显示比例

在CorelDRAW X4中，调整视图显示比例主要通过缩放工具来实现。使用缩放工具可以更方便地对图形的局部进行浏览和编辑。

在菜单栏中单击“窗口”→“工具栏”→“缩放”命令，将弹出“缩放”属性栏，如图1.83所示。其中各参数选项的含义如下。

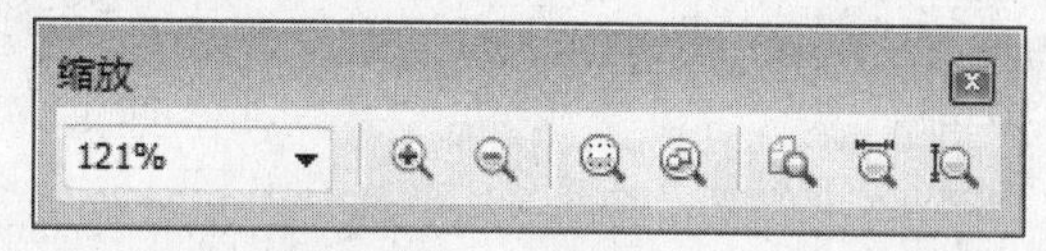

图1.83　缩放

- **放大：** 单击该按钮，使页面放大两倍，单击鼠标右键则缩小为原来的1/2。
- **缩小：** 单击该按钮，将页面缩小至原来的1/2。
- **缩放选定对象：** 在页面中选择某个对象，然后单击该按钮，可将选定的对象最大化地全部显示出来。
- **缩放全部对象：** 单击该按钮，可将全部图形文件显示在绘图窗口中。
- **页面显示：** 单击该按钮，可将页面的宽和高最大化地全部显示出来。
- **按页宽显示：** 单击该按钮，可按页面的宽度显示。
- **按页高显示：** 单击该按钮，可按页面的高度显示。

在CorelDRAW X4中，使用缩放工具缩放视图的方法有以下几种。

- 在工具箱中单击“缩放”按钮，当光标变成放大镜形状时，在页面上单击鼠标左键，即可将页面放大。
- 选择“缩放”按钮后，在页面中按下鼠标左键不放，然后拖动鼠标框选出要放大显示的区域，释放鼠标后即可对局部进行快速的放大观察。
- 选择“缩放”按钮后，在显示的“缩放”属性栏中选择需要的按钮，然后进行缩放操作。

3. 平移视图

视图平移是指在保持视图不被缩放的情况下，将视图向不同方向移动。

在工具箱中单击“手形”按钮，然后将鼠标指针移动到绘图窗口中，按住鼠标左键不放并拖动画面及绘图页面的显示位置，以方便浏览不同位置的画面效果。

另外，在绘图窗口中，单击并拖动边缘的垂直或水平滑动条，也可将视图进行垂直或水平移动。

4. 页面的显示方式

在CorelDRAW X4中，页面的显示方式包括全屏预览、只预览选定对象和页面排序器视图。下面将详细介绍这些内容。

- 全屏预览是指将绘图窗口中显示的内容以全屏幕预览的方式显示出来，绘图窗口以外的任何内容都被隐藏，在菜单栏中单击“视图”→“全屏预览”命令即可实现全屏显示效果，如图1.84所示。
- 只预览选定对象是指在绘图窗口中选择一个或多个对象后，在菜单栏中单击“视图”→“只预览选定对象”命令，这时将对选定的对象进行全屏预览，选择范围以外的任何对象都被隐藏，如图1.85所示。

图1.84　全屏预览

图1.85　只预览选定对象

- 页面排序器视图可以将一个文件所包含的所有页面全部预览。在菜单栏中单击“视图”→“页面排序器视图”命令即可实现预览效果，如图1.86所示。

进入排序器视图后，可通过以下4种方法返回到正常的显示状态。一是在工具箱中单击任意一个工具；二是在菜单栏中单击“视图”→“页面排序器视图”命令，取消选择状态；三是在绘图窗口中双击任意一个图形；四是在属性栏中单击“页面排序器视图”按钮。

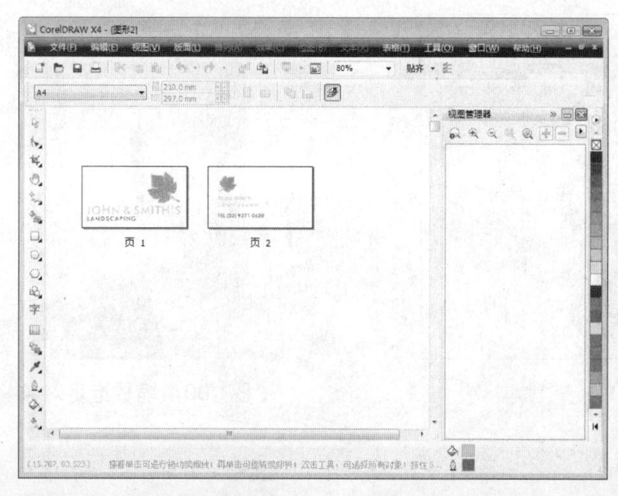

图1.86　页面排序器视图

1.5.2　典型案例——缩放选定区域

本案例将讲解如何在绘图窗口中缩放选定的区域，主要练习挑选工具和缩放选定对象工具的使用方法和技巧。

素材位置：\第1课\素材\03.cdr

操作思路：

步骤01　打开素材图片“03.cdr”，然后使用挑选工具选择对象。

步骤02　使用缩放选定对象工具将其进行缩放。

操作步骤

其具体操作步骤如下所示。

步骤01　在菜单栏中单击“文件”→“打开”命令，在弹出的“打开绘图”对话框中选择“03.cdr”素材图片，然后单击“打开”按钮，打开素材图片，如图1.87所示。

步骤02　在工具箱中单击“挑选工具”按钮，然后在绘图窗口中选择所需的对象，如图1.88所示。

步骤03　在工具箱中单击“缩放”按钮，在显示的属性栏中单击“缩放选定对象”按钮，则可以将所选的图像放大至整个绘图窗口，如图1.89所示。

图1.87　打开素材图片

图1.88　选择对象

图1.89　缩放选定对象

案例小结

本例主要讲解了如何将图形中的区域缩放到整个绘图窗口。该操作在平面设计中用于放大图像中的某个局部对象，以便更好地查看和编辑。

1.6 上机练习

1.6.1 自定义快捷键

本次上机练习将详细讲解如何自定义快捷键，从而提高工作效率。

操作思路：

步骤01 在菜单栏中单击“工具”→“选项”命令，将弹出“选项”对话框。

步骤02 在该对话框中单击“工作区”前的⊞按钮，在弹出的下拉列表中单击“自定义”前的⊞按钮，然后在弹出的下拉列表中选择“命令”选项。

步骤03 在右侧的参数面板中切换到“快捷键”选项卡，在“文件”下拉列表中选择需要自定义快捷键命令所在的位置，如“复制”命令在“编辑”选项中。

步骤04 在“当前快捷键”栏中将原来的快捷键删除，然后在“新快捷键”区域中输入新的快捷键并单击“指定”按钮。

步骤05 完成后，单击“确定”按钮即可自定义快捷键。

1.6.2 设置出血线

本次上机练习讲解在设计制作完成后如何设置出血线。出血是任何超过裁切线或进入书槽的图像，在印刷前设置出血线是必须完成的一个工序。

素材位置：\素材\第1课\04.jpg

效果图位置：\源文件\第1课\出血线.cdr

操作思路：

步骤01 在菜单栏中单击“文件”→“新建”命令，新建文件，然后导入素材图片“04.

jpg”。

步骤02 在工具箱中单击“挑选工具”按钮，选择图片，然后在状态栏中观察页面的高度和宽度，如“宽度: 196.537 高度: 297.064 中心: (98.449, 148.463) 毫米”。

步骤03 在菜单栏中单击“视图”→“设置”→“辅助线设置”命令，在弹出的“选项”对话框中单击“水平”选项，在右侧的参数面板中输入数值“3”，然后单击“添加”按钮，再次输入“297.064”，单击“添加”按钮，这时绘图窗口中将显示两条水平辅助线。

步骤04 在“选项”对话框中单击“垂直”选项，在右侧的参数面板中分别输入数值“3”和“193.537”，这时绘图窗口中将显示两条垂直辅助线，设置出血线前后的对比效果如图1.90所示。

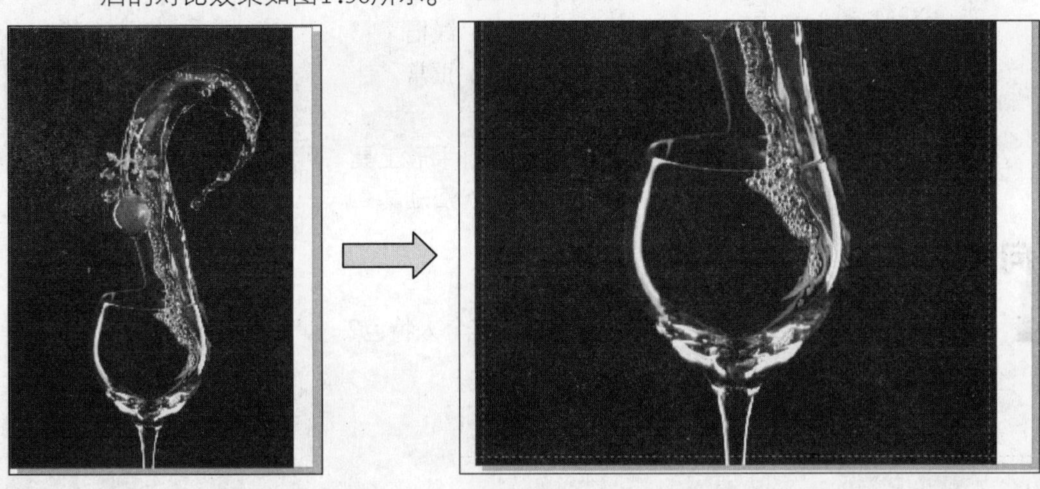

图1.90 设置出血线

1.7 疑难解答

问： 如何给文件添加页面?

答： 在菜单栏中单击“版式”→“插入页”命令，在弹出的“插入页面”对话框中可以在任意的位置添加页面，也可以同时添加多个页面。

问： 在CorelDRAW X4中，可以一次删除页面中的全部辅助线吗?

答： 在菜单栏中单击“编辑”→“全选”→“辅助线”命令，选择所有的辅助线，然后按下“Delete”键即可一次删除全部的辅助线。

问： 在绘制作品的过程中，若遇到停电或电脑出现故障时导致文件丢失的问题，该如何处理?

答： 在菜单栏中单击“工具”→“选项”命令，在弹出的“选项”对话框中单击“工作区”前的⊞按钮，在弹出的下拉列表中选择“保存”选项，然后在右侧的参数面板中设置文件自动备份的时间间隔，完成后单击“确定”按钮，这时系统将自动对文件进行备份。

1.8 课后练习

选择题

1 在CorelDRAW X4中，（ ）用于帮助用户准确地绘制、定位和缩放图形。

A. 标准工具栏　　B. 标尺

C. 属性栏　　D. 菜单栏

2 （ ）显示模式是CorelDRAW中最简单也是显示最快的模式。

A. 简单线框　　B. 线框

C. 草稿　　D. 正常

3 （ ）可以平移视图。

A. 缩放工具　　B. 手形工具

C. 挑选工具　　D. 滑动条

问答题

1 如何自己定义工作界面，使工作界面具有个人特色？

2 如何导入文件？

3 如何从模板中新建文件？

4 怎样设置页面大小和方向？

上机题

1 新建一个文件，然后设置绘图页面的背景色为粉蓝色■。

2 打开“辅助线”文件，然后更改辅助线的颜色。

第2课

基本绘图工具

本课要点

绘制几何图形

绘制线段及曲线

具体要求

掌握基本绘图工具的使用

掌握绘制线段及曲线的方法

本课导读

在CorelDRAW X4中可以轻松地绘制出各种规则和不规则的图形。通过本课的学习，可以掌握基本绘图工具的使用方法和技巧，也可以运用这些工具绘制出更复杂的图形。

2.1 绘制几何图形

基本绘图工具是学习CorelDRAW X4绘制图形的最主要工具，只有熟练掌握基本绘图工具的使用方法，才可以为进一步绘制复杂的图形打下坚实的基础。

2.1.1 知识讲解

基本绘图工具包括矩形工具、椭圆工具、多边形工具、星形工具、螺纹工具、图纸工具和基本形状工具等。下面将详细介绍这些工具的使用方式和技巧。

1. 绘制矩形

在CorelDRAW X4中，“矩形工具组”包括矩形工具和3点矩形工具，主要用于绘制矩形、正方形和圆角矩形。

矩形工具

使用矩形工具绘制矩形的具体操作步骤如下所示。

步骤01 在工具箱中单击“矩形工具”按钮，将鼠标指针移动到绘图窗口中，按下鼠标左键不放并拖动出一个矩形框，如图2.1所示。

步骤02 确定好矩形的大小后，释放鼠标即可得到一个矩形，如图2.2所示。

在绘制矩形时，按住“Ctrl”键的同时按下鼠标左键并拖动，这时绘制的矩形为正方形。

步骤03 如果需要将矩形转换为圆角矩形，则可在绘图窗口中选中矩形后，在属性栏的“边角圆滑度”文本框中输入相应的数值，如图2.3所示。

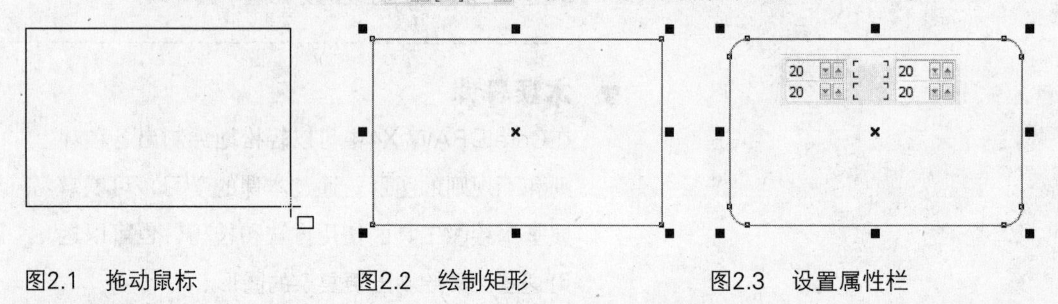

图2.1 拖动鼠标　　图2.2 绘制矩形　　图2.3 设置属性栏

在属性栏中，单击“边角圆滑度”文本框后的“全部圆角”按钮，在任意一个文本框中输入数值，然后按下“Enter”键，则所有的文本框都会自动出现相同的数值。此时，在页面上绘制的矩形都将以设置好的圆角方式显示。

在绘制圆角矩形时，还有另外一种简单、快捷的方法：在使用矩形工具绘制一个矩形后，在工具箱中单击“形状工具”按钮，此时矩形图形周围将显示控制点（如图2.4所示），将鼠标移动到任意一个控制点上，按下鼠标左键并拖动（如图2.5所示），释放鼠标后，即可将矩形编辑成圆角效果，如图2.6所示。

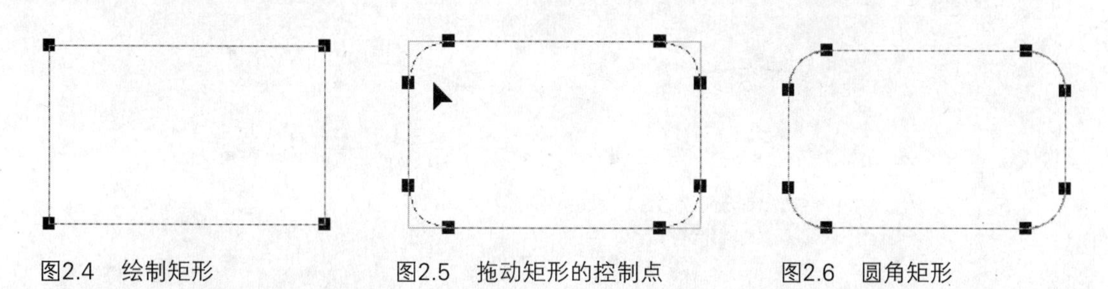

图2.4　绘制矩形　　图2.5　拖动矩形的控制点　　图2.6　圆角矩形

3点矩形工具

3点矩形工具通过创建3个任意的位置点来绘制矩形，其具体操作步骤如下所示。

步骤01　在工具箱中单击“3点矩形工具”按钮，然后在绘图窗口中单击并拖动出任意方向的线段作为矩形的一条边，如图2.7所示。

步骤02　释放鼠标后，再拖动鼠标至适当的位置（如图2.8所示），单击鼠标左键即可绘制出任意长度的矩形，如图2.9所示。

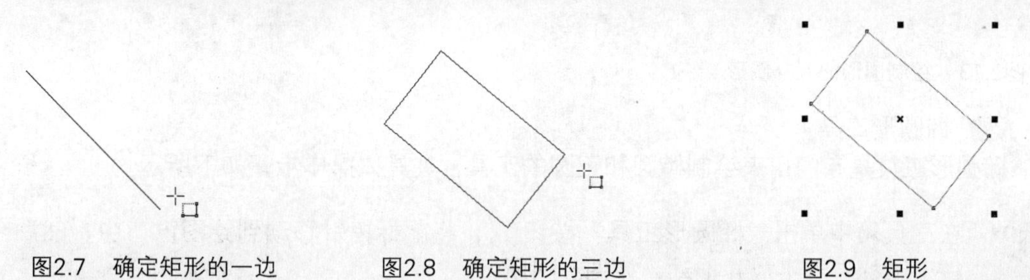

图2.7　确定矩形的一边　　图2.8　确定矩形的三边　　图2.9　矩形

2. 绘制椭圆形

椭圆工具包括椭圆形工具和3点椭圆形工具，主要用于绘制椭圆形、正圆形、扇形和弧形。在工具箱中单击“椭圆形工具”按钮，将显示其属性栏，如图2.10所示。

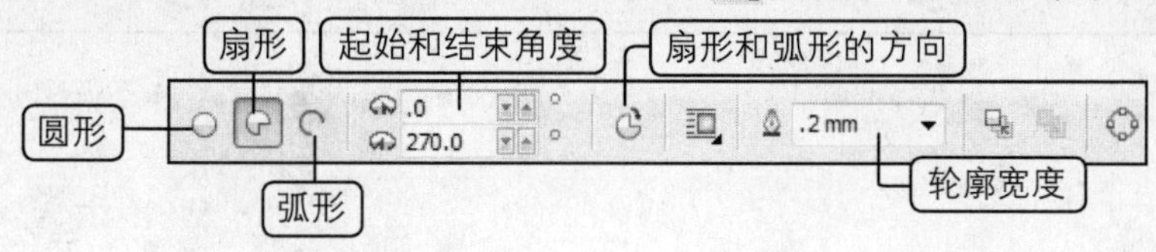

图2.10　属性栏

- 在工具箱中单击“椭圆形工具”按钮后，在绘图窗口中绘制椭圆形，然后在属性栏中单击“扇形”按钮和“弧形”按钮绘制扇形和弧形，如图2.11所示。

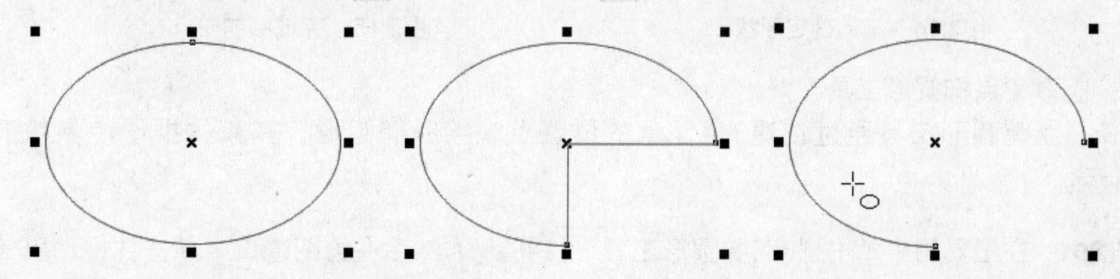

图2.11　运用椭圆形工具绘制图形

- 绘制扇形和弧形时，默认的起始角度为“0”，结束角度为“270”。也可更改角度，更改后的扇形和弧形如图2.12所示。

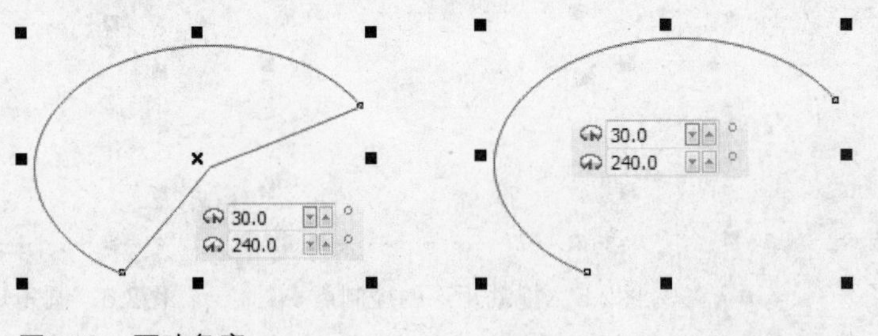

图2.12　更改角度

在绘图窗口中绘制好扇形和弧形后，单击“扇形和弧形的方向”按钮，则可以将绘制的图形变为与之互补的图形，如图2.13所示。

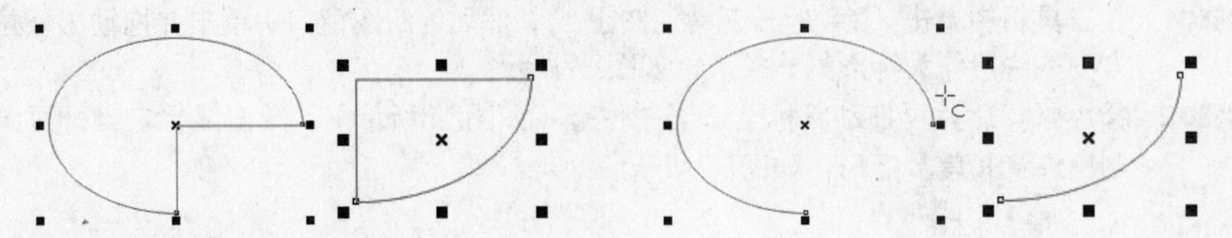

图2.13　绘制图形的互补图形

椭圆形工具

椭圆形工具是专门用来绘制椭圆和正圆的工具，其具体操作步骤如下所示。

步骤01　在工具箱中单击“椭圆形工具”按钮，将鼠标指针移动到绘图窗口中，然后按下鼠标左键不放并拖动，如图2.14所示。

步骤02　确定好椭圆的大小后，释放鼠标即可完成椭圆的绘制，如图2.15所示。

注意　在绘制图形的过程中，按下“Ctrl”键的同时拖动鼠标，可以绘制出正圆图形。

图2.14　拖动确定形状　　　　图2.15　完成绘制

3点椭圆形工具

3点椭圆形工具通过创建3个任意的位置点来绘制椭圆形，其具体操作步骤如下所示。

步骤01　在工具箱中单击“3点椭圆形工具”按钮，然后在绘图窗口中单击并拖动出任意方向的线段作为椭圆的长轴，如图2.16所示。

步骤02　释放鼠标后，再拖动鼠标至适当的位置（如图2.17所示），单击鼠标左键即可绘制出任意角度的椭圆形，如图2.18所示。

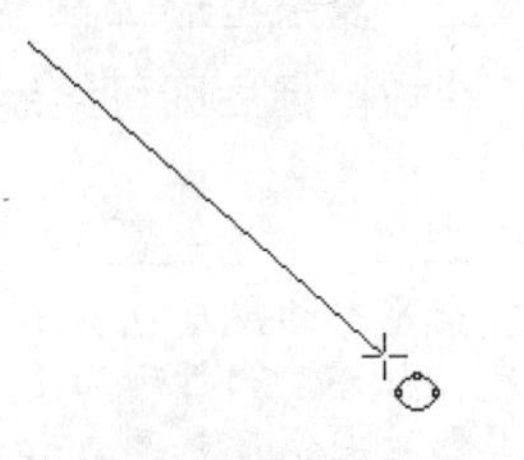

图2.16　确定椭圆的长轴

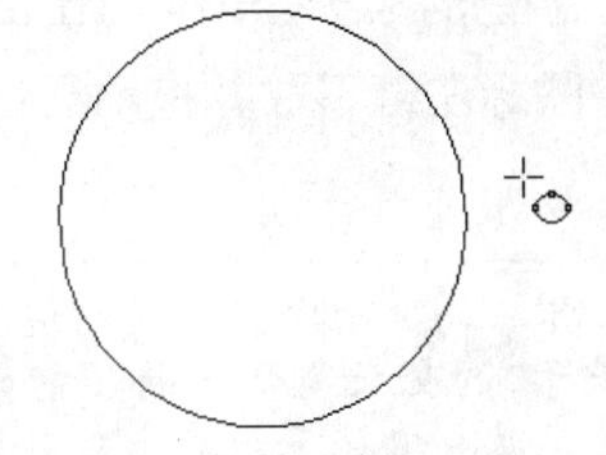

图2.17　确定形状

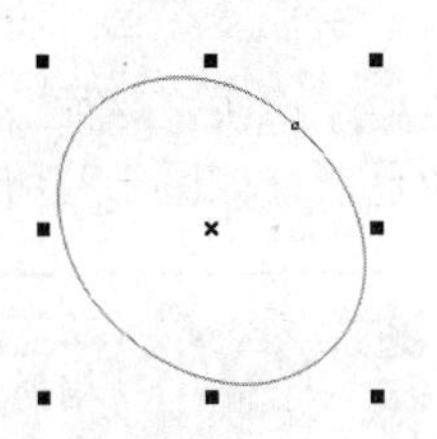

图2.18　完成绘制

3. 绘制多边形

多边形工具是专门用于绘制多边形的工具。在CorelDRAW X4中，设置的边数越大，图形越接近于圆形。在工具箱中单击“多边形工具”按钮，在显示的属性栏中设置边数（如图2.19所示），然后在绘图窗口中单击鼠标左键不放并拖动至适当的位置，释放鼠标后即可绘制多边形，如图2.20所示。

图2.19　属性栏

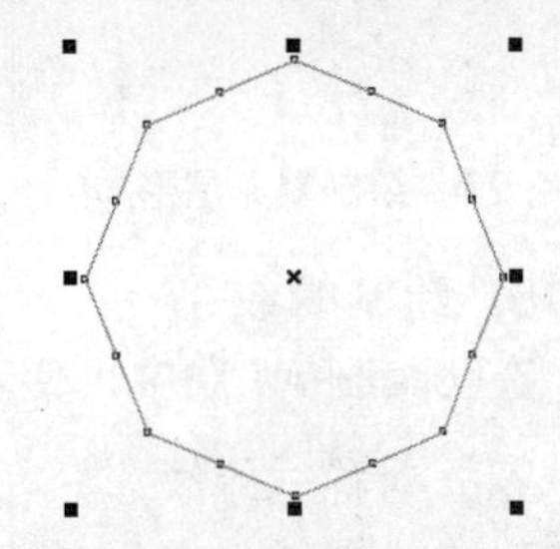

图2.20　绘制八边形

在绘制多边形时按住“Shift”键，可以绘制出一个以中心为起点的多边形；按住“Ctrl”键，可以绘制出一个正多边形；同时按住“Shift”键和“Ctrl”键，则可以绘制出一个以中心点为起点的正多边形。

4. 绘制星形和复杂星形

使用星形工具可以绘制出具有指定边数的星形。在工具箱中单击“星形工具”按钮，然后在绘图窗口中单击鼠标左键不放并拖动至适当的位置，释放鼠标后即可绘制星形，如图2.21所示。

在属性栏中，“多边形、星形和复杂星形的点数或边数”文本框用于控制创建星形的角的个数，“星形和复杂星形的锐度”文本框用于设置星形的尖角程度，值越大，尖角越大，如图2.22所示。

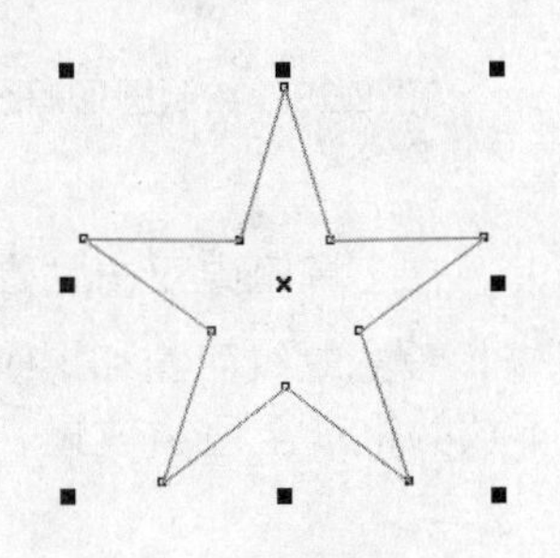

图2.21　绘制星形

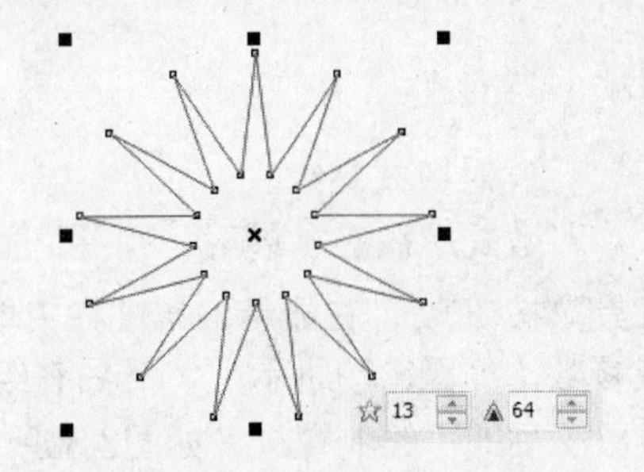

图2.22　更改后的星形

绘制复杂星形的方法和绘制星形的方法一样，在工具箱中单击“复杂星形工具”按钮，然后在绘图窗口中单击鼠标左键不放并拖动至适当位置，释放鼠标后即可绘制复杂星形，如图2.23所示。

在“复杂星形工具”属性栏中，设置的边数不同，复杂星形的锐度也各不相同。端点数低于7的交叉星形，将不能设置尖角度，如图2.24所示为更改点数后的效果。通常情况下，端点数越多，复杂星形的尖锐度越高，如图2.25所示为更改点数和锐度后的效果。

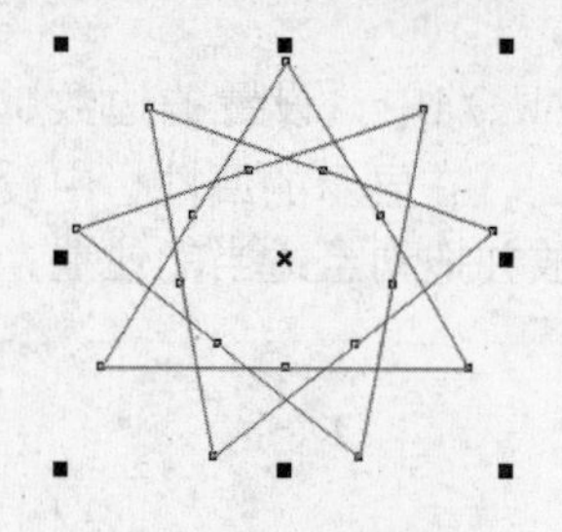

图2.23 绘制复杂星形

图2.24 更改点数

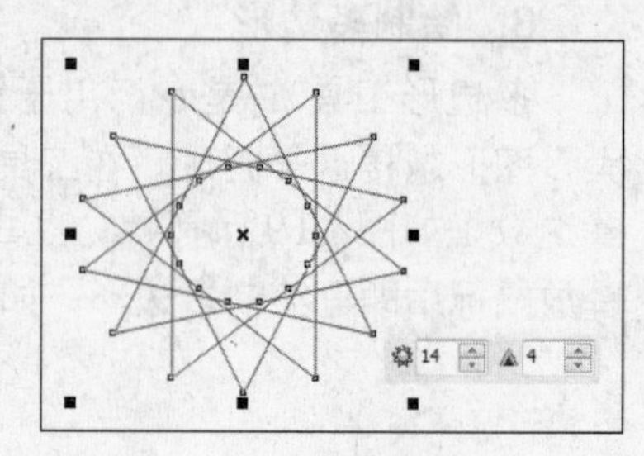

图2.25 更改点数和锐度

5. **绘制螺纹**

在CorelDRAW X4中，使用螺纹工具可以直接绘制出对称式螺纹或对数式螺纹。

对称式螺纹

对称式螺纹均匀扩展，每个螺纹间距都相等。在工具箱中双击“螺纹工具”按钮，在显示的属性栏中单击“对称式螺纹”按钮，设置螺纹的回圈数（如图2.26所示），然后在绘图窗口中单击鼠标左键不放并拖动至适当位置，释放鼠标后即可绘制螺纹，如图2.27所示。

在绘制对称式螺纹时，按住“Ctrl”键，即可绘制出圆形的对称式螺纹，如图2.28所示。

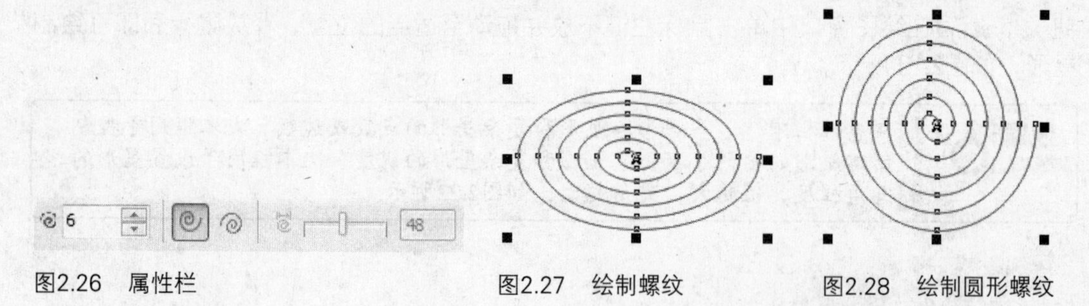

图2.26 属性栏

图2.27 绘制螺纹

图2.28 绘制圆形螺纹

对数式螺纹

对数式螺纹在扩展时，回圈之间的距离从内向外不断增大。在工具箱中双击“螺纹工具”按钮，在显示的属性栏中单击“对数式螺纹”按钮，设置螺纹回圈和螺纹扩展参数（如图2.29所示），然后在绘图窗口中单击鼠标左键不放并拖动至适当位置，释放鼠标后即可绘制螺纹，如图2.30所示。

图2.29　属性栏

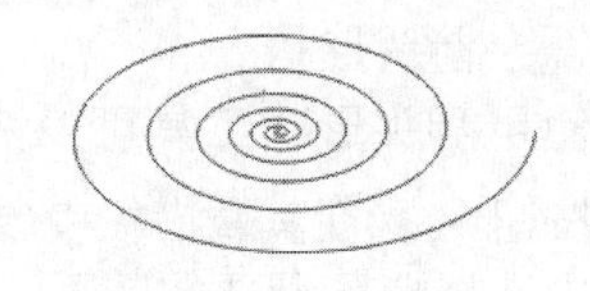

图2.30　绘制螺纹

6. 绘制图纸

使用图纸工具可以自定义行数和列数来绘制网格图形。使用图纸工具可以绘制出网格状的图形。在工具箱中单击“图纸工具”按钮，在显示的属性栏中设置图纸的行数和列数，然后在绘图窗口中单击鼠标左键并拖动到适当位置，如图2.31所示。

注意 在绘制图纸时，按住“Ctrl”键的同时绘制图纸，可绘制出正方形比例的图纸，如图2.32所示。

在CorelDRAW X4中，使用图纸工具绘制的网格是由一组矩形或正方形群组而成的，用户可以取消群组，使其成为独立的矩形或正方形。在绘图窗口中选择绘制好的网格，然后按下“Ctrl+U”组合键可取消群组，如图2.33所示。

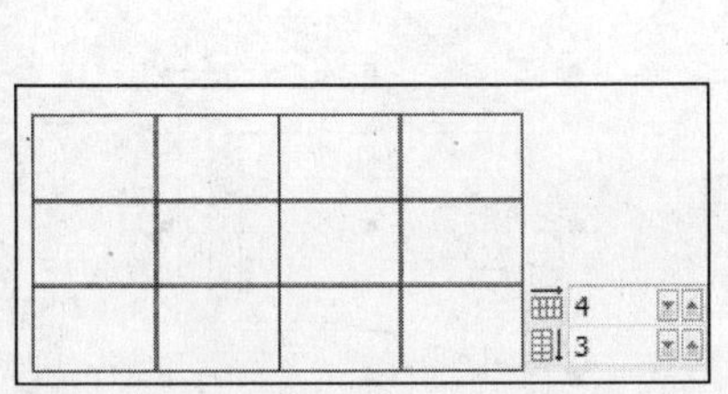

图2.31　绘制图纸

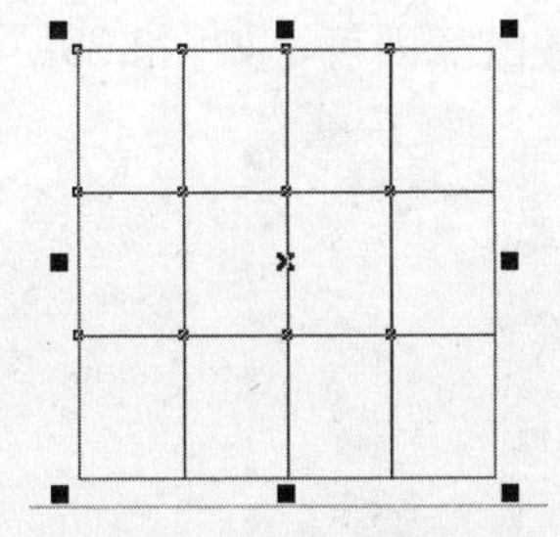

图2.32　绘制正方形图纸

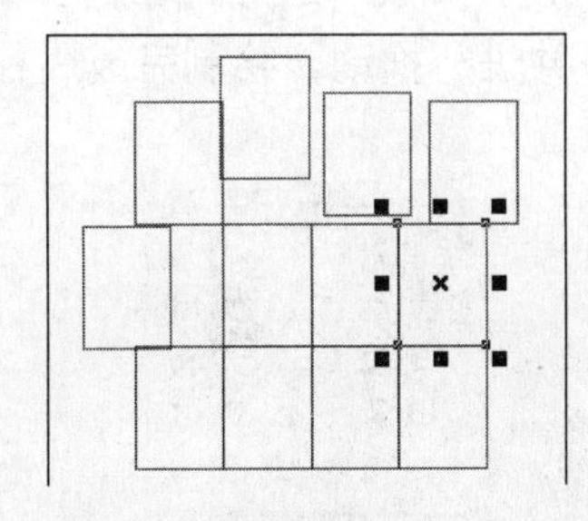

图2.33　取消群组

7. 绘制基本形状

CorelDRAW X4为用户提供了5组基本形状样式，分别是基本形状、箭头形状、流程图形状、标题形状和标注形状。

基本形状

使用基本形状工具可以绘制笑脸、圆柱和心形等图形。在工具箱中单击“基本形状”按钮，在其属性栏中单击“完美形状”按钮，在弹出的“基本形状自选图形”面板中选择自己需要的图形，如图2.34所示，然后在绘图窗口中按住鼠标左键不放并进行拖动，绘制完成后释放鼠标即可，如图2.35所示。

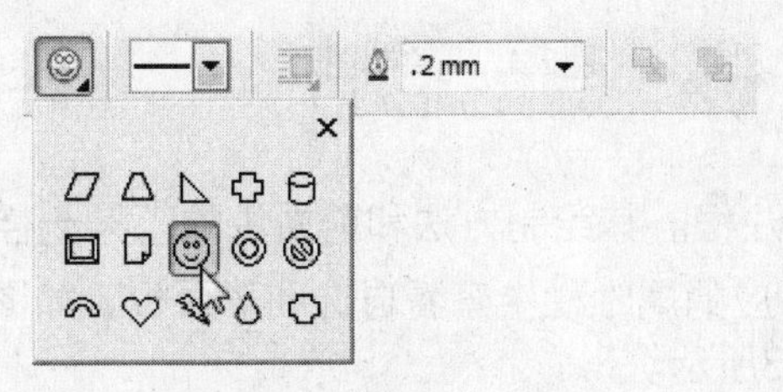

图2.34　自选图形面板

图2.35　绘制图形

箭头形状

使用箭头形状工具可以快速地绘制出多种形状的箭头。在工具箱中单击“箭头形状”按钮，在其属性栏中单击“完美形状”按钮，在弹出的“箭头形状自选图形”面板中选择自己需要的图形，如图2.36所示，然后在绘图窗口中按住鼠标左键不放并进行拖动，绘制完成后释放鼠标即可，如图2.37所示。

图2.36　自选图形面板　　图2.37　绘制图形

流程图形状

使用流程图形状工具可以绘制出各种预设的流程图形状。在工具箱中单击“流程图形状”按钮，在其属性栏中单击“完美形状”按钮，在弹出的“流程图形状自选图形”面板中选择自己需要的图形，如图2.38所示，然后在绘图窗口中按住鼠标左键不放并进行拖动，绘制完成后释放鼠标即可，如图2.39所示。

图2.38　自选图形面板　　图2.39　绘制图形

标题形状

使用标题形状工具可以绘制形状各异的标题形状图形。其绘制方法和前面讲的工具一样，在工具箱中单击“标题形状”按钮，在其对应的属性栏中查看自选图形面板，如图2.40所示，然后在绘图窗口中绘制图形，如图2.41所示。

图2.40　自选图形面板　　图2.41　绘制图形

标注形状

使用标注形状工具可以方便地绘制出标注框。其绘制方法和前面讲的工具一样，在工具箱中单击“标注形状”按钮，在其对应的属性栏中查看自选图形面板，如图2.42所示，然后在绘图窗口中绘制图形，如图2.43所示。

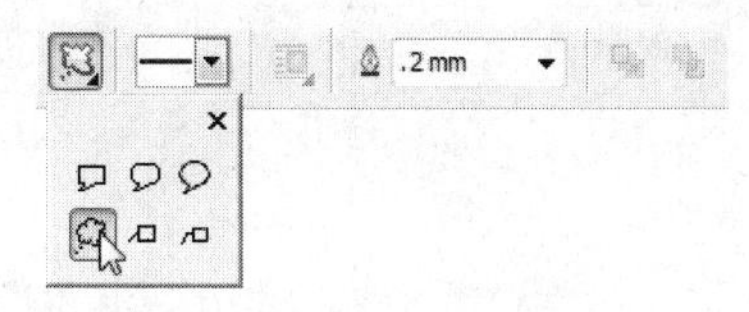

图2.42　自选图形面板

图2.43　绘制图形

2.1.2　典型案例——绘制相框

本案例将绘制相框，主要练习矩形工具、椭圆形工具和基本形状工具等基本绘图工具的使用方法和技巧，最终完成后的效果如图2.44所示。

图2.44　最终效果图

效果图位置：\源文件\第2课\相框.cdr

操作思路：

步骤01　使用矩形工具绘制相框的框架图。

步骤02　使用椭圆形工具和基本形状工具绘制相框的花纹。

> **注意**　本案例中使用的颜色填充、交互式调和以及镜像命令等，将在后面的章节中进行详细介绍。

其具体操作步骤如下所示。

步骤01　在菜单栏中单击“文件”→“新建”命令创建一个新文件，然后在工具箱中单击“矩形工具”按钮，在绘图窗口中绘制矩形，如图2.45所示。

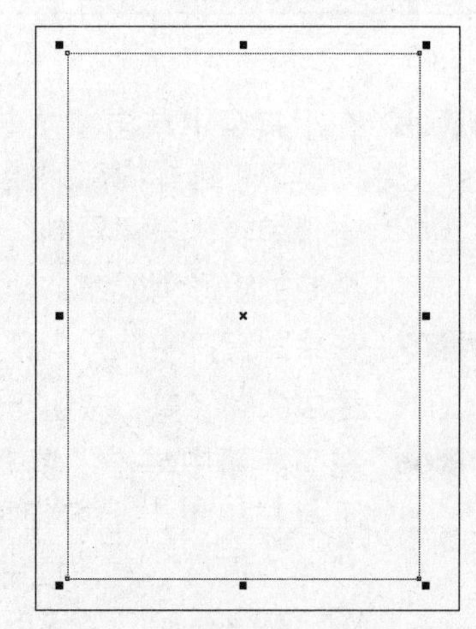

图2.45　绘制矩形

步骤02　在菜单栏中单击“编辑”→“再制”命令，将再制矩形，按下“Shift”键的同时将鼠标指针移动到矩形的对角上，按下鼠标左键并拖动，稍微缩小图形，如图2.46所示。

步骤03　在工具箱中单击“挑选工具”按钮，然后在绘图窗口中选择两个矩形，单击属性栏中的“修剪”按钮，如图2.47所示。

图2.46　再制并缩小矩形

图2.47　修剪矩形

步骤04　在工具箱中单击“填充”按钮 ，在展开的工具栏中单击“均匀填充”命令，在弹出的“均匀填充”对话框中设置“C：0，M：30，Y：45，K：60”，然后单击“确定”按钮，如图2.48所示。

步骤05　在属性栏的“选择轮廓宽度或键入新宽度”下拉列表中选择“无”，然后在绘图窗口的空白处单击，如图2.49所示。

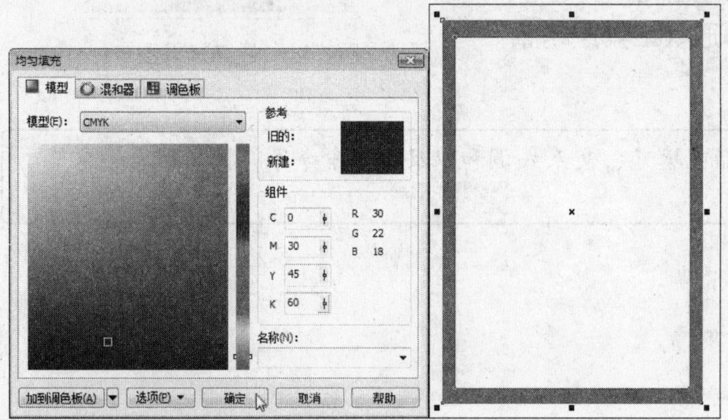

图2.48　填充颜色

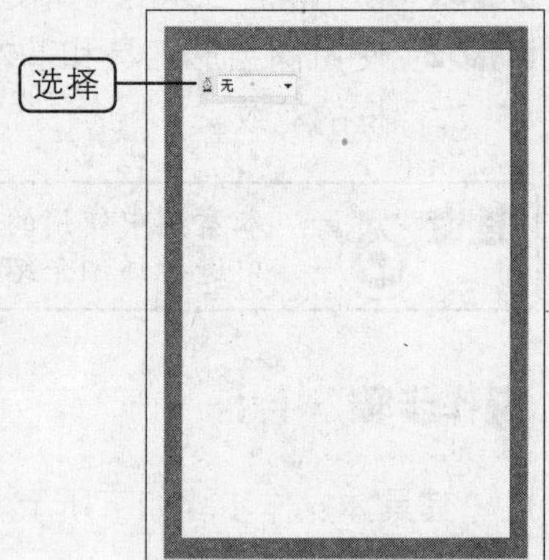

图2.49　设置轮廓宽度

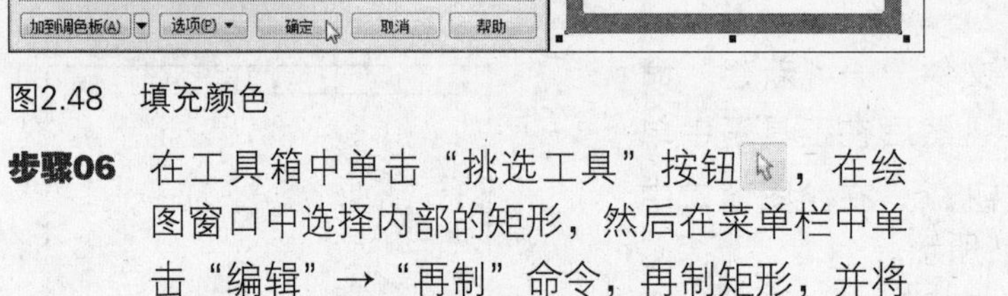

步骤06　在工具箱中单击“挑选工具”按钮 ，在绘图窗口中选择内部的矩形，然后在菜单栏中单击“编辑”→“再制”命令，再制矩形，并将再制的矩形稍微缩小，如图2.50所示。

步骤07　在绘图窗口中选择内部的两个矩形，单击属性栏中的“修剪”按钮 。

步骤08　在工具箱中单击“填充”按钮 ，在展开的工具栏中单击“均匀填充”命令，在弹出的“均匀填充”对话框中设置“C：0，M：60，Y：75，K：20”，然后单击“确定”按钮，如图2.51所示。

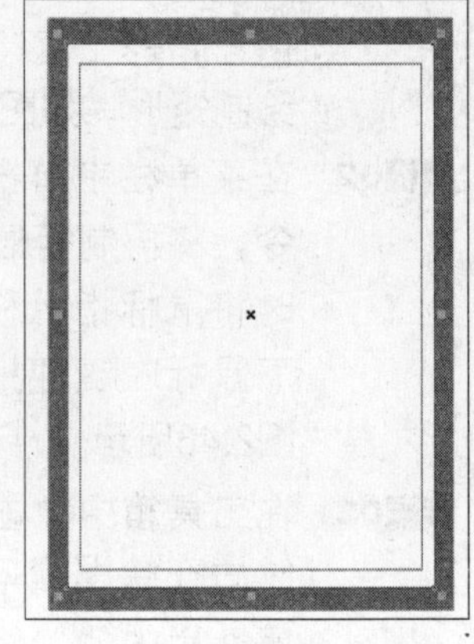

图2.50　再制并缩小矩形

步骤09 在属性栏的“选择轮廓宽度或键入新宽度”下拉列表中选择“无”，然后在绘图窗口的空白处单击。

步骤10 在工具箱中单击“交互式调和”按钮，将绘图窗口中的图形进行调和，调和后的效果如图2.52所示。

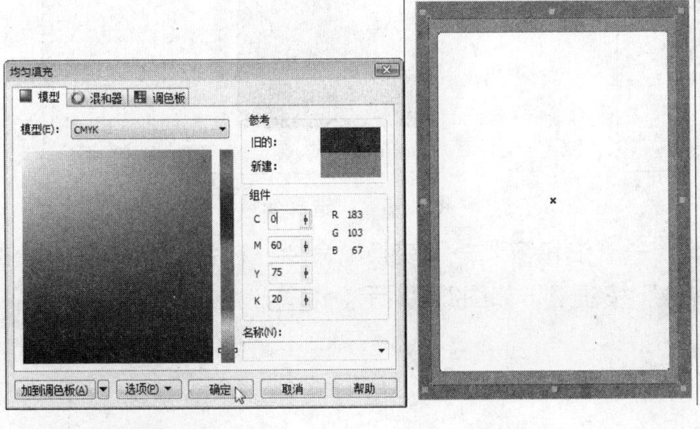

图2.51 填充颜色

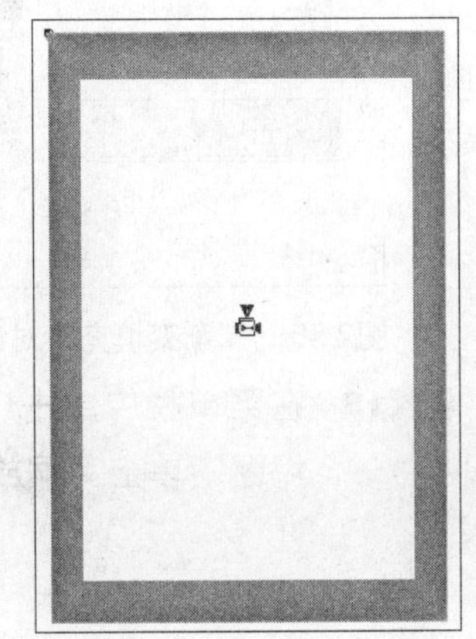

图2.52 调和图形

步骤11 在工具箱中单击“矩形工具”按钮，然后在绘图窗口中绘制矩形图形，如图2.53所示。

步骤12 在属性栏中单击“转换为曲线”按钮，然后在工具箱中单击“形状工具”按钮，拖动图形的节点进行变形，如图2.54所示。

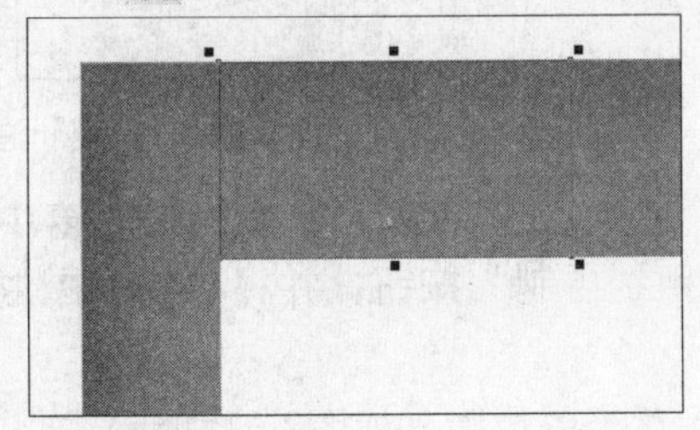

图2.53 绘制矩形

图2.54 更改矩形的形状

步骤13 在工具箱中单击“填充”按钮，在展开的工具栏中单击“渐变填充”命令，在弹出的“渐变填充”对话框中设置角度为“90.0”，选择“自定义”单选项，然后在渐变条上方的彩色轴上双击，添加一个颜色点，如图2.55所示。

步骤14 选择彩色轴上最左端的颜色点，然后单击“其它”按钮，在弹出的“选择颜色”对话框中设置颜色为“C: 0, M: 20, Y: 60, K: 20”，单击“确定”按钮，如图2.56所示。

步骤15 在返回的“渐变填充”对话框中选择添加的颜色点，设置颜色为“C: 0, M: 0, Y: 40, K: 0”，选择最右侧的彩色点，设置颜色为“C: 0, M: 20, Y: 60, K: 20”，然后单击“确定”按钮，效果如图2.57所示。

步骤16 在工具箱中单击“挑选工具”按钮，在其属性栏中设置“选择轮廓宽度或键入新宽度”为“无”，然后在绘图窗口的空白处单击。

步骤17 重复步骤11至步骤16的方法，制作另外一个封闭图形，如图2.58所示。

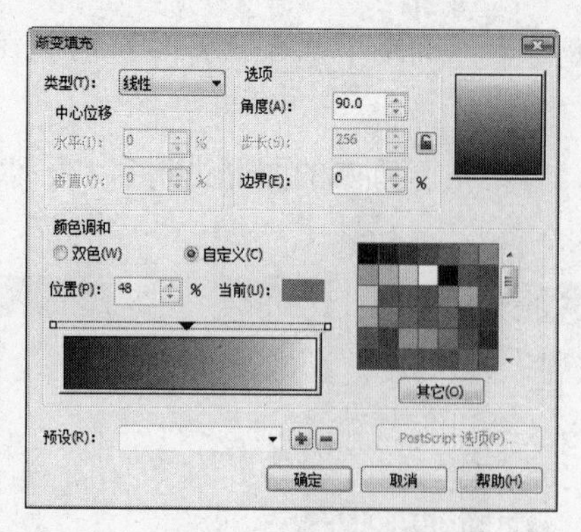

图2.55 “渐变填充”对话框

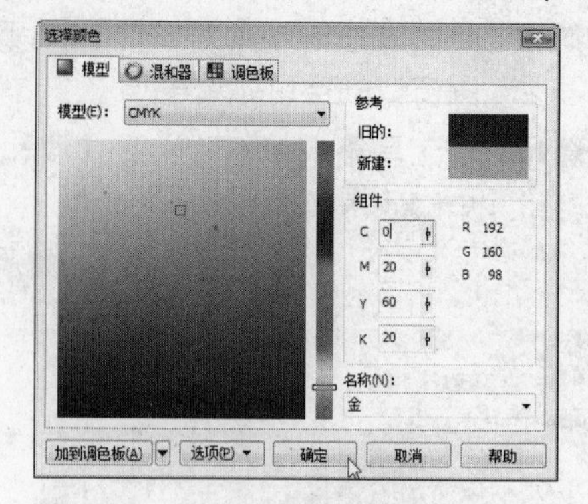

图2.56 “选择颜色”对话框

步骤18 在菜单栏中单击“窗口”→“泊坞窗”→“变换”命令，在弹出的“变换”泊坞窗中单击“缩放和镜像”按钮，如图2.59所示。

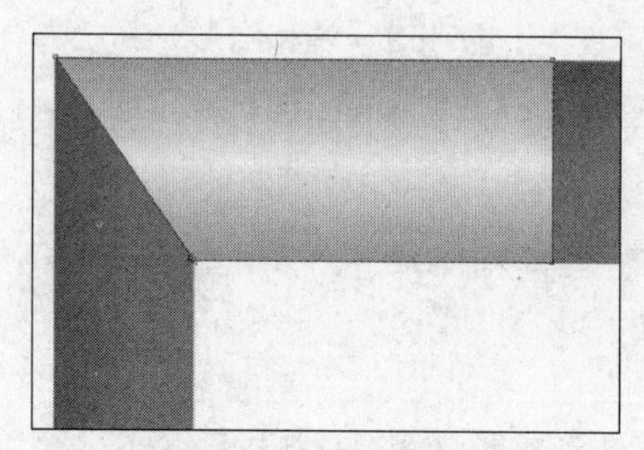

图2.57 填充渐变色

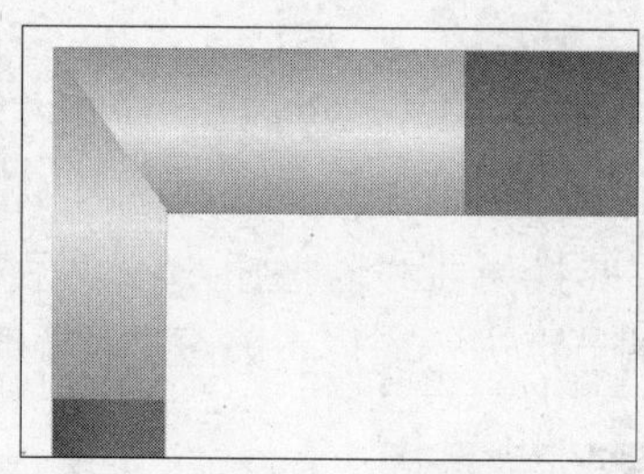

图2.58 绘制另外一个图形

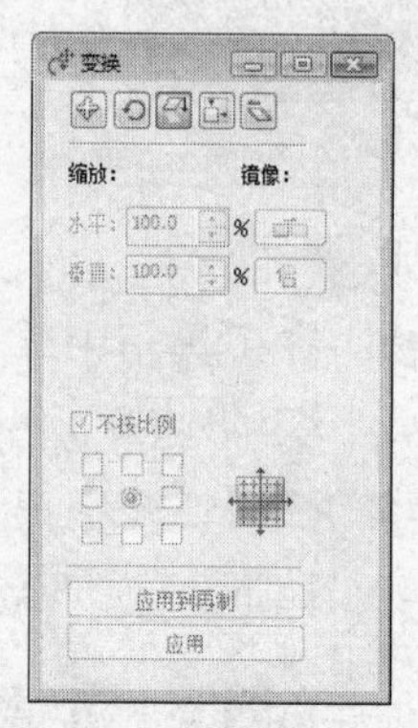

图2.59 “变换”泊坞窗

步骤19 在绘图窗口中使用挑选工具框选两个金色图形，在“变换”泊坞窗中单击“水平镜像”按钮，然后单击“应用到再制”按钮，并将再制的图形移动到适当的位置，如图2.60所示。

步骤20 重复步骤19的方法，将再制的图形移动到适当的位置，如图2.61所示。

在使用“变换”泊坞窗镜像图像时，应根据实际情况选择垂直镜像或水平镜像。

步骤21 在工具箱中单击“矩形工具”按钮，然后在绘图窗口中绘制矩形形状，如图2.62所示。

步骤22 在菜单栏中单击“编辑”→“再制”命令，将再制矩形，按下“Shift”键的同时将矩形稍微缩小，如图2.63所示。

步骤23 在工具箱中单击“挑选工具”按钮，然后在绘图窗口中选择两个矩形，单击属性栏中的“修剪”按钮，对图形进行修剪。

步骤24 在工具箱中单击“填充”按钮，在展开的工具栏中单击“渐变填充”命令，在弹出的“渐变填充”对话框中设置角度为“90.0”，选择“自定义”单选项，然后在渐变条上进行设置，如图2.64所示。

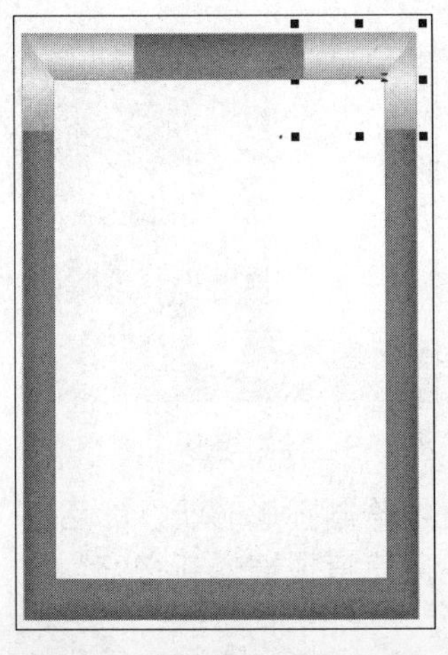

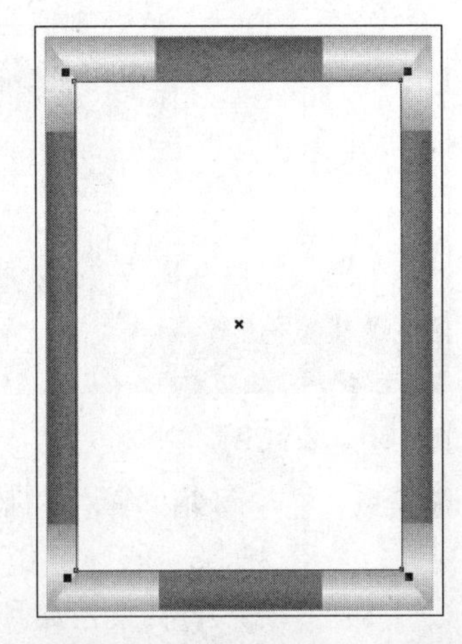

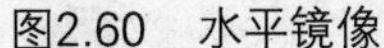

图2.60　水平镜像　　图2.61　再制图形　　图2.62　绘制矩形

步骤25 单击“确定”按钮后，在属性栏中设置“选择轮廓宽度或键入新宽度”为“无”，然后在绘图窗口的空白处单击，效果如图2.65所示。

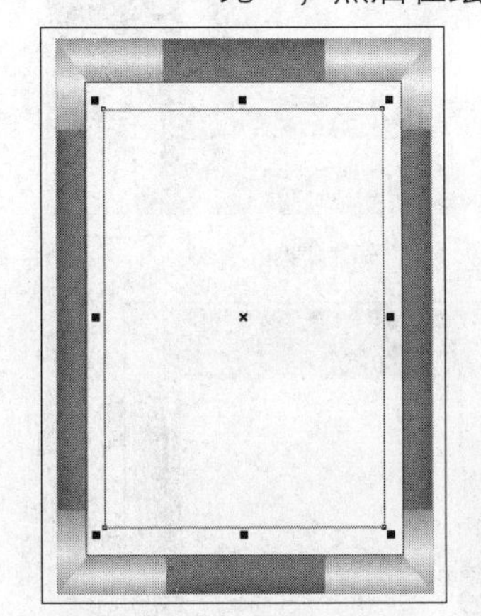

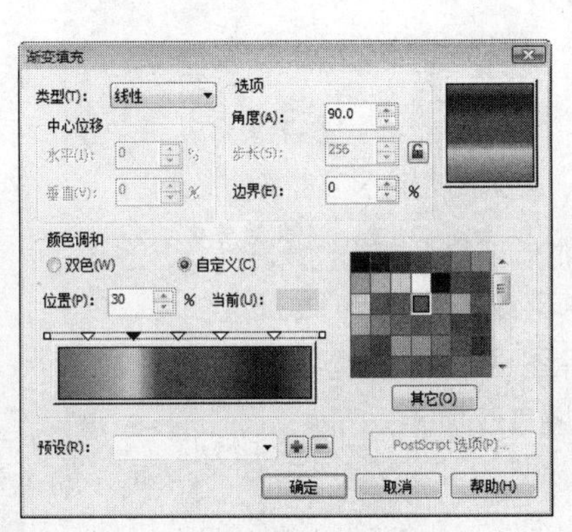

图2.63　再制并缩小矩形　　图2.64　“渐变填充”对话框　　图2.65　设置轮廓

步骤26 在工具箱中单击“矩形工具”按钮，然后在绘图窗口中绘制矩形，并填充为“C：0，M：0，Y：20，K：0”，设置“选择轮廓宽度或键入新宽度”为“无”，效果如图2.66所示。

步骤27 在工具箱中单击“基本形状工具”按钮，在属性栏的“完美形状”下拉列表中选择“心形”形状♡，然后在绘图窗口中进行绘制，并填充为“C：0，M：0，Y：20，K：0”，设置“选择轮廓宽度或键入新宽度”为“无”，效果如图2.67所示。

步骤28 在工具箱中单击“矩形工具”按钮，在绘图窗口中绘制矩形形状，然后填充为“C：0，M：0，Y：20，K：0”，并设置“选择轮廓宽度或键入新宽度”为“无”，效果如图2.68所示。

步骤29 在菜单栏中单击“编辑”→“再制”命令，再制矩形，并将再制的矩形形状移动到适当的位置，如图2.69所示。

步骤30 在工具箱中单击“挑选工具”按钮，在绘图窗口中框选图形，然后在菜单栏中单击“编辑”→“再制”命令，再制图形，在属性栏中设置旋转角度为

"90"，移动到适当的位置，如图2.70所示。

图2.66 绘制矩形

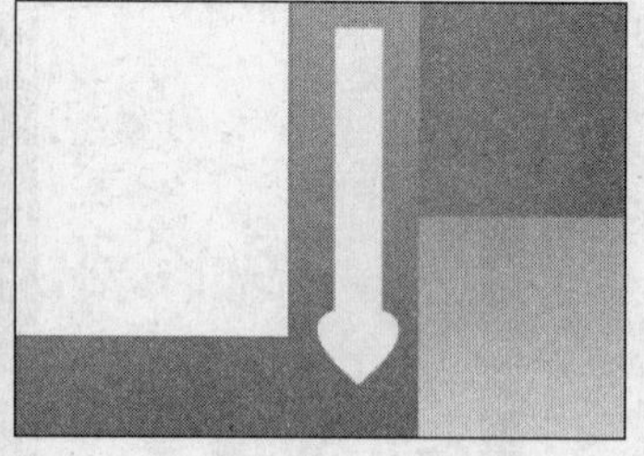

图2.67 绘制心形

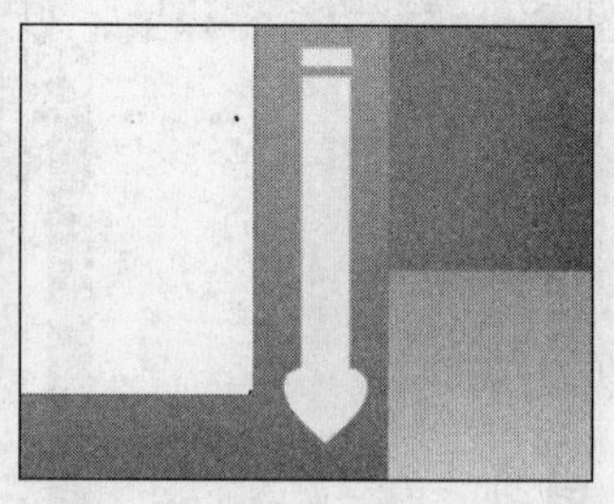

图2.68 绘制矩形

步骤31 在工具箱中单击"椭圆形工具"按钮，在绘图窗口中绘制圆形形状，然后填充为"C：0，M：0，Y：20，K：0"，并设置"选择轮廓宽度或键入新宽度"为"无"，如图2.71所示。

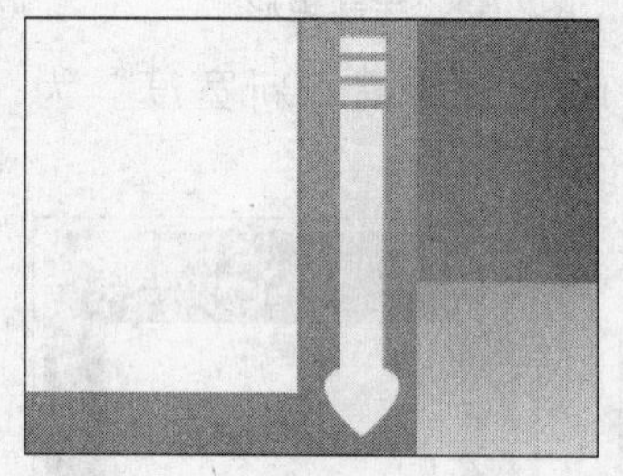

图2.69 再制图形

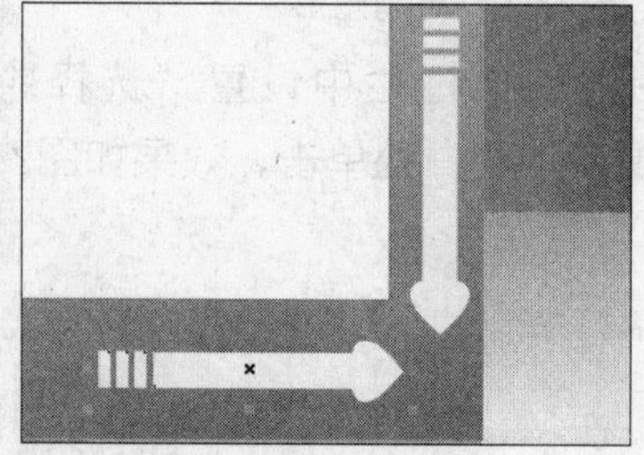

图2.70 再制并旋转图形

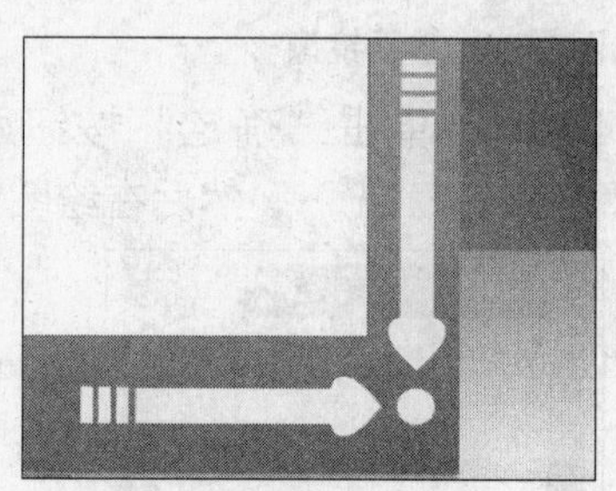

图2.71 绘制圆形

步骤32 在工具箱中单击"挑选工具"按钮，然后设置相框边缘的花纹，按照步骤18至步骤20的方法，将图形进行镜像操作，得到的最终效果如图2.72所示。

案例小结

本案例讲解了如何使用基本绘图工具来进行相框设计。通过对本案例的练习，相信读者在巩固所学的知识外，还对其他一些操作有了一定的了解，这会为后面的学习打下坚实的基础。

图2.72 最终效果图

2.2 绘制线段及曲线

在图形的编辑过程中，线段和曲线的绘制同样是最基本的操作。本节主要介绍如何使用各种曲线工具绘制简单的曲线和图形，以及绘图工具的使用方法和技巧。

2.2.1 知识讲解

绘制线段及曲线一般由手绘工具、贝济埃工具、艺术笔工具、钢笔工具、3点曲线工具、交互式连线工具和度量工具等工具来完成。

1. 使用手绘工具

使用手绘工具可以很方便地绘制直线或曲线，其具体操作方法如下所示。

- 在工具箱中单击“手绘工具”按钮，将鼠标指针移动到绘图窗口中，当指针变成形状时，单击确定起始点，然后移动鼠标至另外一个位置单击，即可完成直线的绘制，如图2.73所示。
- 如果要绘制连续的折线，则可以在已经完成的直线结束点位置上单击，然后将鼠标指针移动到页面的其他位置，单击即可完成连续折线的绘制，如图2.74所示。

绘制直线还有一个便捷的方法，单击鼠标以确定直线的起点，然后在每个转折处双击鼠标，一直到终点再单击鼠标，即可快速完成折线的绘制。

- 在绘图窗口中按住鼠标左键不放并拖动至适当位置，释放鼠标后，即可绘制出一条曲线，如图2.75所示。

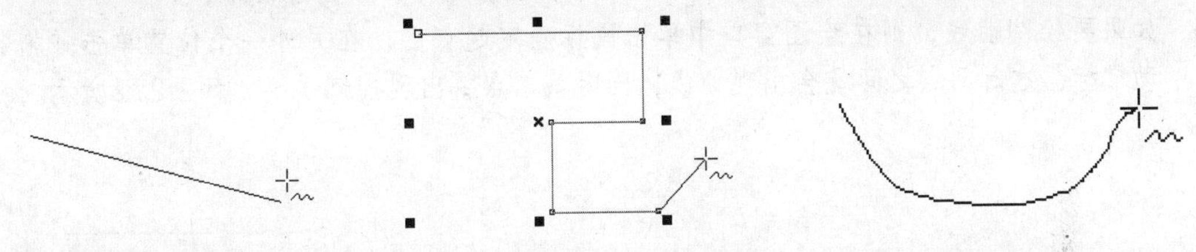

图2.73　绘制直线　　图2.74　绘制折线　　图2.75　绘制曲线

- 拖动鼠标至曲线的起点处，鼠标指针将变成形状，单击鼠标即可绘制封闭的曲线形状，如图2.76所示。

技巧

在绘制好一条开放路径后（如图2.77所示），如果要将其变成封闭路径，则在属性栏中单击“自动闭合曲线”按钮，这时路径的起点和终点之间将自动建立一条直线，如图2.78所示。

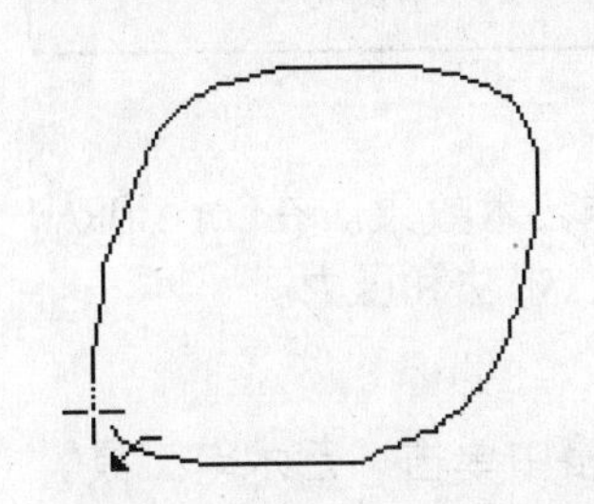

图2.76　封闭路径

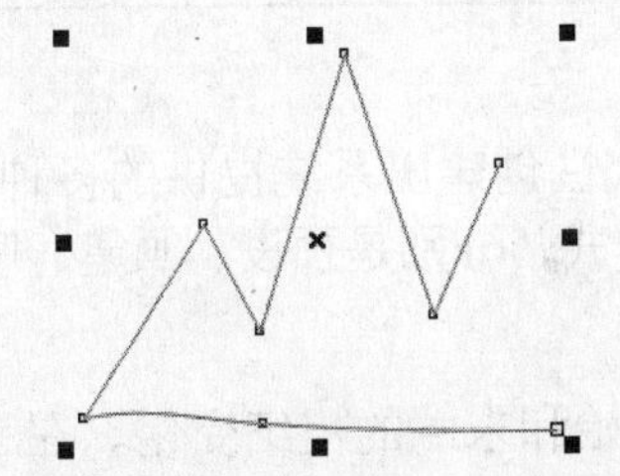

图2.77　开放路径

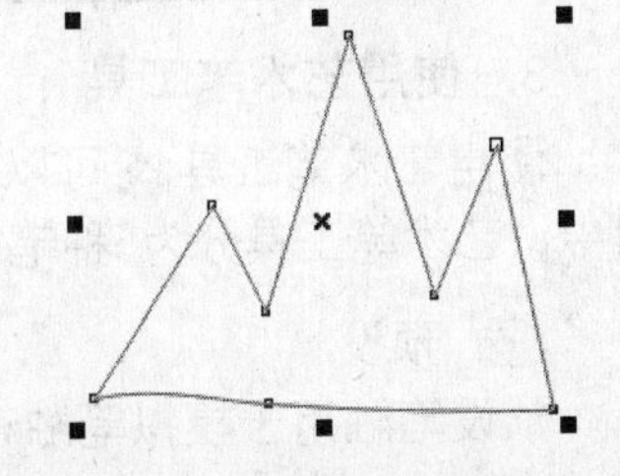

图2.78　自动闭合路径

手绘工具除了绘制简单的直线和曲线外，还可以配合属性栏绘制出各种粗细、线形的直线或箭头。可在工具箱中单击“手绘工具”按钮，在其属性栏中选择起始箭头的形状、轮廓类型和结束箭头形状（如图2.79所示），然后在绘图窗口中进行绘制，如图2.80所示。

图2.79　属性栏

图2.80　绘制箭头形状

2. 使用贝济埃工具

使用贝济埃工具可以绘制平滑、精确的曲线，还可以通过改变节点和控制点的位置来控制曲线的弯曲度，同时也可以绘制直线。

使用贝济埃工具绘制直线和曲线的具体操作方法如下所示。

- 在工具箱中单击“贝济埃工具”按钮，在绘图窗口中单击，确定直线的起始点，然后将鼠标指针移动到另外一个位置上，再次单击确定直线的结束点，则绘制出一条直线，如图2.81所示。
- 如果要绘制折线，只需在绘图窗口中继续单击鼠标即可，如图2.82所示。
- 如果要绘制曲线，则在绘图窗口中单击鼠标确定起点后，在另外一个位置单击并拖动鼠标，这时两点之间就会出现曲线，同时第二点将出现控制手柄，如图2.83所示。

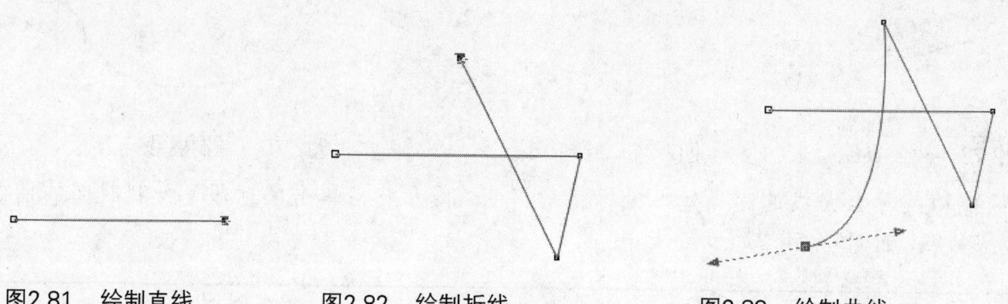

图2.81　绘制直线　　图2.82　绘制折线　　图2.83　绘制曲线

使用贝济埃工具还可以配合属性栏中的“线形样式选择器”、“起始箭头选择器”、“终点箭头选择器”和“线宽”等参数选项绘制图形。

3. 使用艺术笔工具

使用艺术笔工具可以一次性创建出系统提供的多种特殊艺术效果。在CorelDRAW X4中，艺术笔工具分为5种笔触样式，分别是预设、画笔、喷罐、书法和压力。

预设

预设笔触用于模拟笔触在开始和末端的粗细变化。在工具箱中单击“艺术笔工具”按钮，在其属性栏（如图2.84所示）中单击“预设”按钮，然后在绘图窗口中按住鼠标左键并拖动，释放鼠标后即可绘制出所选的笔触样式，如图2.85所示。

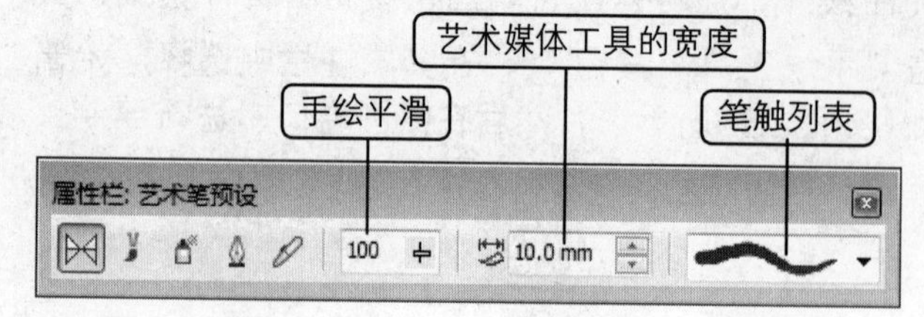

图2.84　属性栏

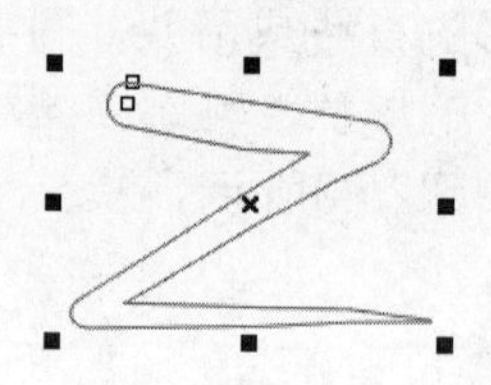

图2.85　绘制形状

在选择“预设”笔触样式后，该属性栏中的参数选项含义如下。

- **手绘平滑**：该选项用于指定线条的平滑程度。
- **艺术媒体工具的宽度**：该选项用于指定笔触的宽度。
- **笔触列表**：在该下拉列表中，可以选择系统提供的笔触样式。

在创建好艺术笔触效果后，还可以给绘制的笔触图形填充图案或颜色，该知识点将在本书的第4课详细介绍。

画笔

画笔笔触用于模拟笔刷绘制的效果。在工具箱中单击“艺术笔工具”按钮，在其属性栏（如图2.86所示）中单击“画笔”按钮，然后在绘图窗口中按住鼠标左键并拖动，释放鼠标后即可绘制出所选的笔触样式，如图2.87所示。

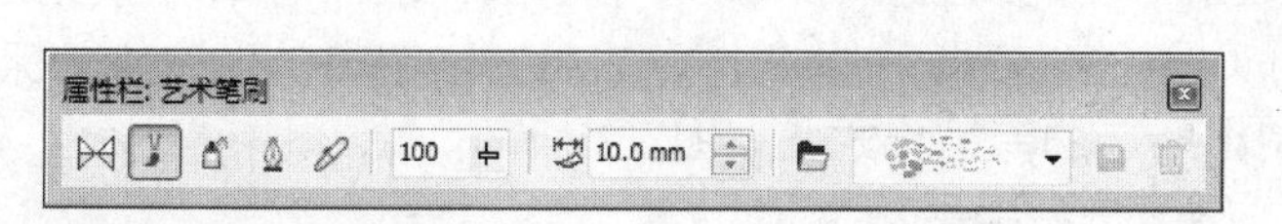

图2.86　笔刷属性栏

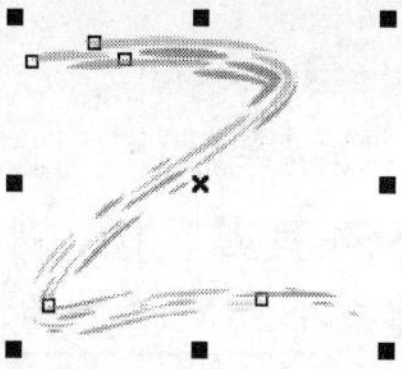

图2.87　绘制形状

在选择“画笔”笔触样式后，该属性栏中的参数选项含义如下所示。

- **浏览**：单击该按钮，在弹出的“浏览文件夹”对话框中可以浏览磁盘中的文件。
- **保存艺术笔触**：自定义笔触后，单击该按钮，在弹出的“另存为”对话框中将该笔触样式保存到笔触列表中。

在CorelDRAW X4中，保存自定义画笔笔触的具体操作步骤如下所示。

步骤01　在工具箱中单击“艺术笔工具”按钮，在其属性栏中单击“画笔”按钮，然后在绘图窗口中选择要保存的图形，如图2.88所示。

步骤02　在属性栏中单击“保存艺术笔触”按钮，将弹出“另存为”对话框，如图2.89所示。

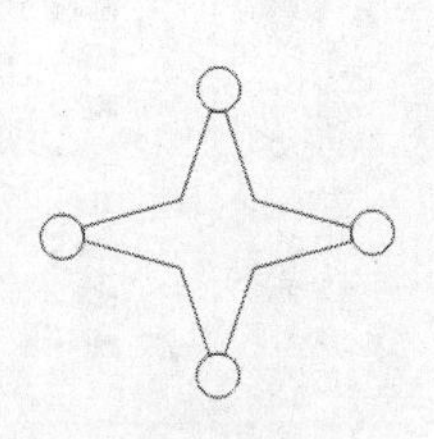

图2.88　图形

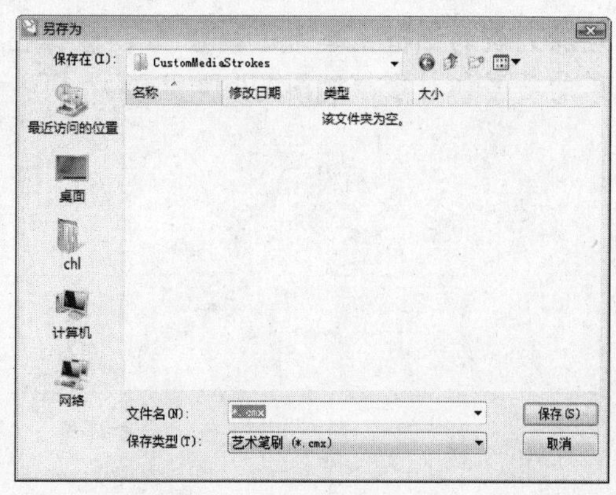

图2.89　“另存为”对话框

步骤03 在该对话框中设置保存的文件名，单击“保存”按钮，即可将绘制的图形保存在“笔触列表”下拉列表中，如图2.90所示。

保存自定义画笔笔触样式后，属性栏中的“删除”按钮 被激活，在“笔触列表”下拉列表中选择笔触样式，然后单击该按钮，在弹出的“确认文件删除”对话框中单击“是”按钮即可将添加的笔触从列表中删除，如图2.91所示。

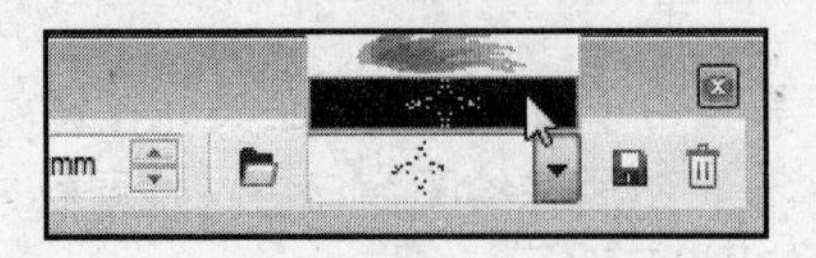

图2.90　笔触列表

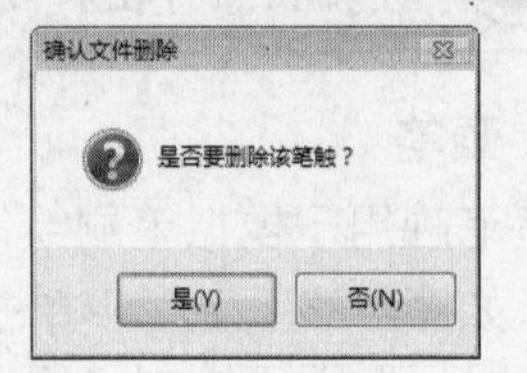

图2.91　删除笔触样式

喷罐

喷罐笔触 可以在线条上创建出丰富的图案。在工具箱中单击“艺术笔工具”按钮 ，在其属性栏（如图2.92所示）中单击“喷罐”按钮 ，然后在绘图窗口中按住鼠标左键并拖动，释放鼠标后即可绘制出所选的笔触样式，如图2.93所示。

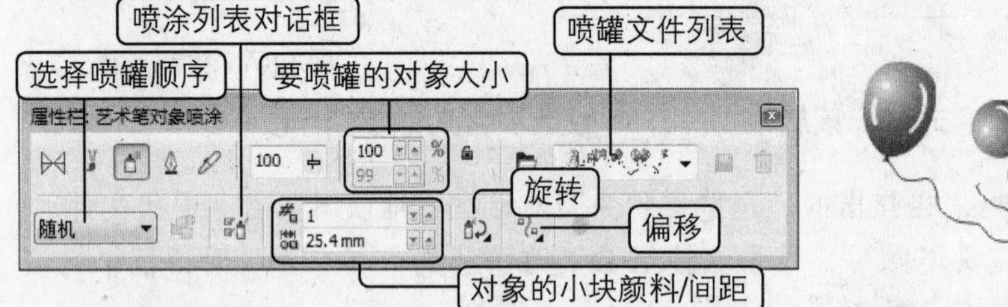

图2.92　喷罐属性栏

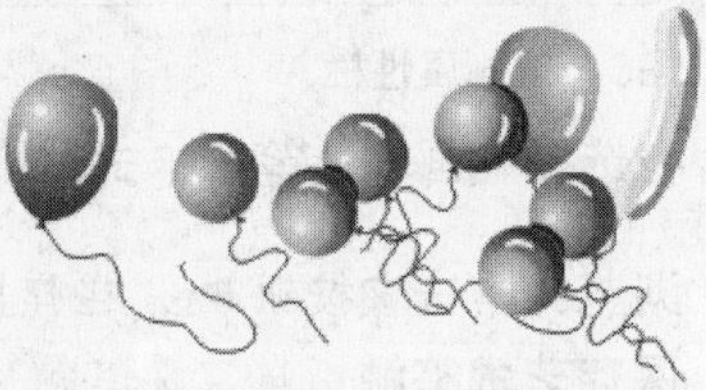

图2.93　绘制图形

在选择“喷罐”笔触样式后，该属性栏中的参数选项含义如下。

- **要喷罐的对象大小：**该选项用于决定喷罐对象的大小。
- **喷罐文件列表：**在该下拉列表中选择系统提供的喷罐笔触样式。
- **选择喷罐顺序：**在该下拉列表中提供了“随机”、“顺序”和“按方向”3个选项，用户可根据需要选择喷罐顺序，如图2.94所示。
- **喷涂列表对话框：**单击该按钮 ，在弹出的“创建播放列表”对话框中设置喷涂对象的顺序和对象，如图2.95所示。

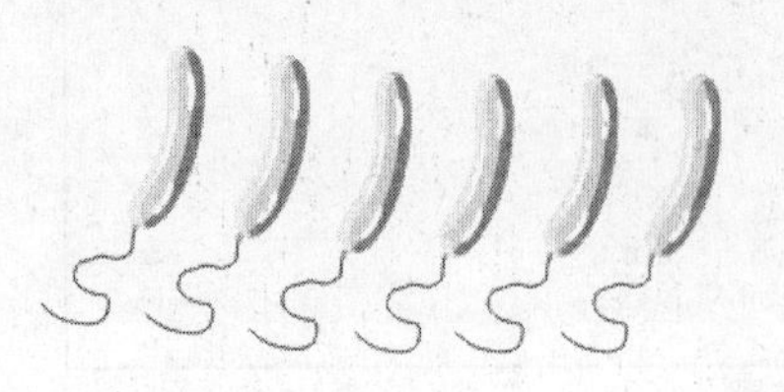

图2.94　按方向喷涂

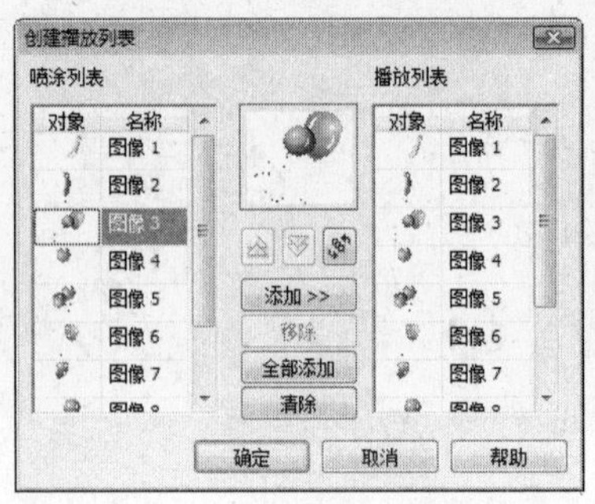

图2.95　“创建播放列表”对话框

- **对象的小块颜料/间距**：该选项用于调整喷罐对象的颜色属性和喷罐样式中各元素之间的距离。
- **旋转**：该选项可以使喷涂对象按一定的角度旋转，如图2.96所示。
- **偏移**：该选项可以使喷涂对象中的各个元素产生位置上的偏移，如图2.97所示。

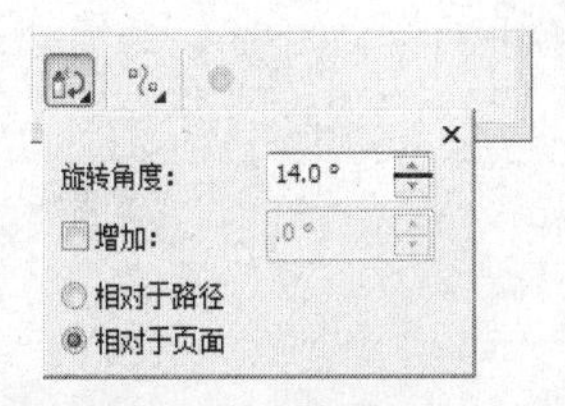

图2.96　旋转参数设置

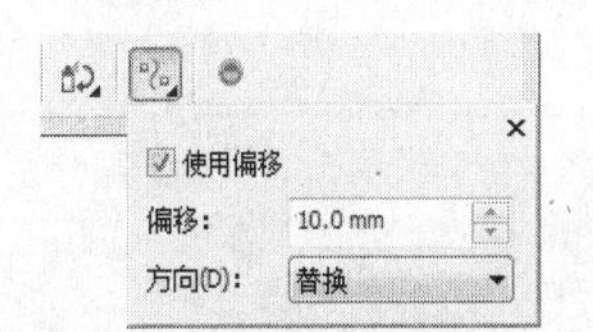

图2.97　偏移参数设置

除了使用图形和文本对象外，还可以导入位图和符号来沿着线条喷涂。

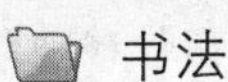 书法

在工具箱中单击“艺术笔工具”按钮，在其属性栏中单击“书法”按钮，然后在绘图窗口中按住鼠标左键并拖动，释放鼠标后即可绘制出所选的笔触样式，如图2.98所示。

在选择“书法”笔触样式后，该属性栏中的“书法角度”可以设置图形笔触的倾斜角度。用户设置的宽度是线条的最大宽度，但线条实际的宽度是由绘制线条和书法角度所设置的角度决定的。

用户如果需要对书法线条进行处理，则可在菜单栏中单击“效果”→“艺术笔”命令，然后在弹出的“艺术笔”泊坞窗中进行设置。

压力

“压力”笔触样式可以绘制出自然的手绘效果。在工具箱中单击“艺术笔工具”按钮，在其属性栏中单击“压力”按钮，然后在绘图窗口中按住鼠标左键并拖动，释放鼠标后即可绘制出所选的笔触样式，如图2.99所示。

图2.98　书法

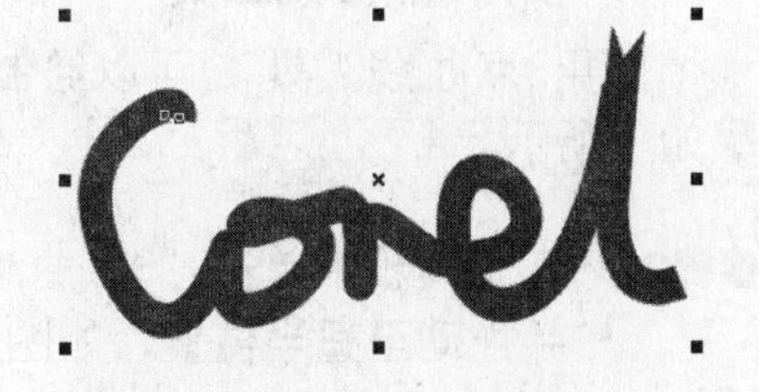

图2.99　压力

4. 使用钢笔工具

钢笔工具可以通过节点和手柄来绘制和勾勒复杂的图形。使用钢笔工具绘制图形的具体操作方法如下所示。

- 在工具箱中单击“钢笔工具”按钮，在绘图窗口中单击确定直线的起始点，然后

在其他位置上单击鼠标确定直线的终止点，即可完成直线的绘制，如图2.100所示。

- 如果要绘制出折线，则继续用鼠标在绘图窗口中的其他位置单击，确定下一个点的位置，绘制完成后双击结束点，即可绘制出折线，如图2.101所示。
- 如果要绘制出曲线，则在确定好起始点后，在绘图窗口中单击确定结束点并拖动鼠标，双击结束点即可绘制出一条曲线，如图2.102所示。

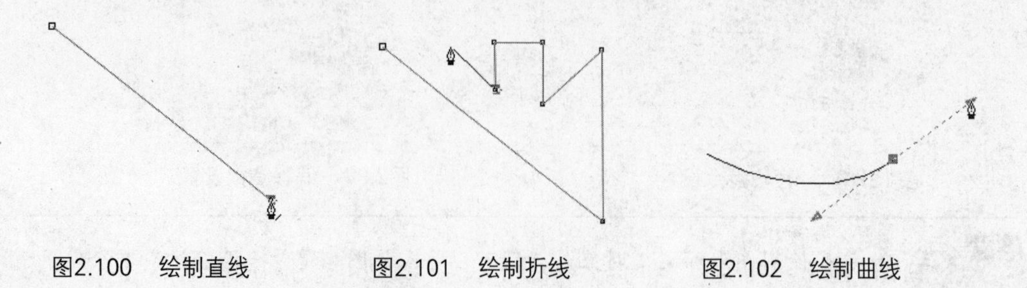

图2.100　绘制直线　　图2.101　绘制折线　　图2.102　绘制曲线

在绘制好一条开放曲线后，如果要将其变成封闭曲线，则将鼠标指针移动到曲线的起始点位置，当指针变成形状时，单击鼠标即可封闭所绘制的曲线。

使用钢笔工具还可以对绘制好的直线或曲线进行编辑，具体操作步骤如下：

绘制好曲线后，将钢笔工具移动到曲线的节点上，当鼠标指针变成形状时，单击即可删除该节点，如图2.103所示；将鼠标指针移动到曲线上，当指针变成形状时，单击即可添加节点，如图2.104所示。

图2.103　删除节点　　图2.104　添加节点

技巧

如果在属性栏中单击按钮，则所绘制的曲线将跟随鼠标的移动而移动，即在移动鼠标的过程中显示生成曲线的形状。

5. 使用3点曲线工具

使用3点曲线工具可以绘制出各种样式的弧线或近似圆弧的曲线，其具体操作步骤如下所示。

步骤01 在工具箱中单击“3点曲线工具”按钮，然后在绘图窗口中按住鼠标左键不放并拖动至适当位置，如图2.105所示。

步骤02 确定好方向后释放鼠标，然后继续向曲线要弯曲的方向拖动鼠标，再次单击鼠标即可完成曲线的绘制，如图2.106所示。

6. 使用折线工具

使用折线工具可以创建出多个节点连接成的折线。在工具箱中单击“折线工具”按钮，在绘图窗口中依次单击鼠标，完成后双击鼠标即可完成折线的绘制，如图2.107所示。

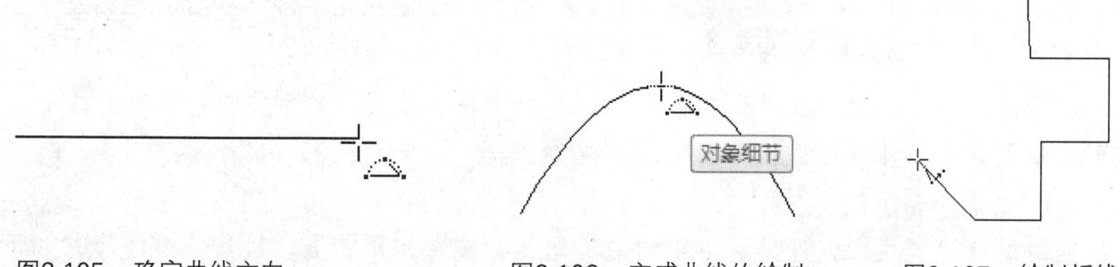

图2.105 确定曲线方向　　图2.106 完成曲线的绘制　　图2.107 绘制折线

7. 使用交互式连线工具

使用交互式连线工具可以在两个图形之间创建连线。可在工具箱中单击“连接器”按钮，在显示的属性栏中了解各参数选项的含义，如图2.108所示。

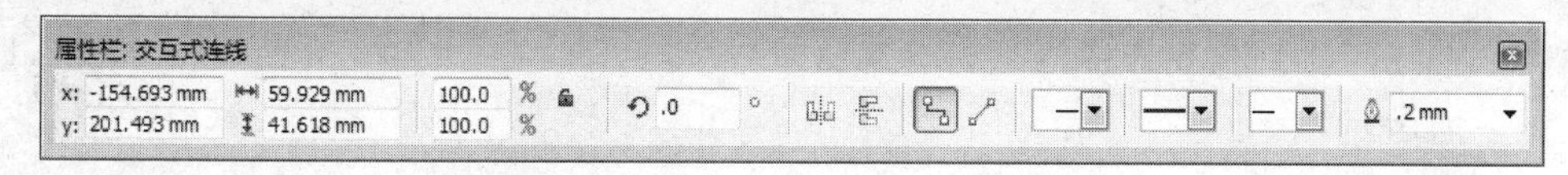

图2.108 “交互式连线”属性栏

- **成角连接器**：该选项是由多条线段组成角度连接后，再将对象进行连接，如图2.109所示。
- **直线连接器**：该选项是将对象进行直接连接，如图2.110所示。

图2.109 成角连接　　图2.110 直接连接

使用交互式连线工具的具体操作步骤如下所示。

步骤01 在工具箱中单击“连接器”按钮，然后在其属性栏中单击“成角连接器”按钮。

步骤02 在绘图窗口中单击鼠标，确定连线的起始点，然后按住鼠标左键不放并向目标位置拖动，释放鼠标后即可完成连线的绘制。

8. 使用度量工具

度量工具可以为所绘制的图形提供精确的标注值。在工具箱中单击“度量工具”按钮，将显示其属性栏，如图2.111所示。

图2.111　“尺度或标注”属性栏

在显示的属性栏中可以发现该工具包含6种标注度量工具，分别是自动度量工具、垂直度量工具、水平度量工具、倾斜度量工具、标注工具和角度量工具。

自动度量工具

自动度量工具可以快速地标注出对象的垂直距离和水平距离，其具体操作步骤如下所示。

步骤01 在工具箱中单击“度量工具”按钮，在其属性栏中单击“自动度量工具”按钮。

步骤02 在需要标注的对象上单击确定标注的起点，然后移动鼠标至需要标注的地方，单击确定终点，如图2.112所示。

步骤03 移动鼠标到需要放置标注文本的位置后单击，即可完成标注的绘制，如图2.113所示。

垂直和水平度量工具

垂直和水平度量工具在操作上和自动度量工具相同，这里就不再介绍了，用户可以自行练习，如图2.114所示。

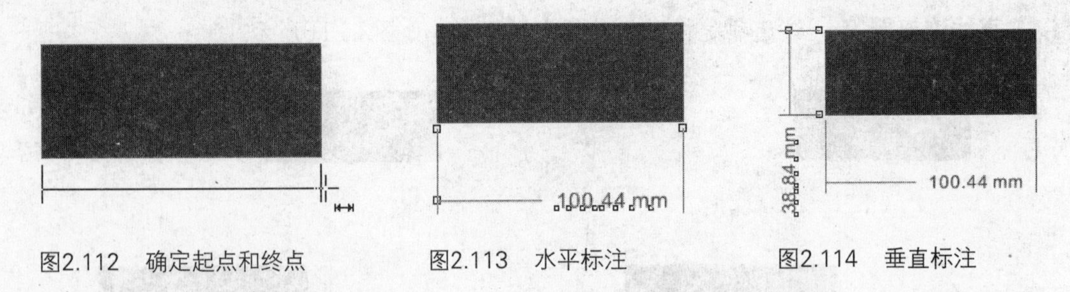

图2.112　确定起点和终点　　图2.113　水平标注　　图2.114　垂直标注

倾斜度量工具

倾斜度量工具主要用于为对象倾斜距离添加标注，该工具的操作方法和自动度量工具的操作方法一样，这里就不再介绍了。倾斜度量工具的标注效果如图2.115所示。

在使用倾斜度量工具时，按下“Ctrl”键，可以为对象添加水平或垂直标志。

标注工具

标注工具可以快速地为对象添加注释，其具体操作步骤如下所示。

步骤01 在工具箱中单击“度量工具”按钮，然后在属性栏中单击“标注工具”按钮。

步骤02 将鼠标指针移动到需要添加注释的对象上，单击并确定注释引出的位置，如图2.116所示。

步骤03 将鼠标指针移动至直线终点处后双击或单击两次鼠标，这时将进入文本编辑状态，出现光标，如图2.117所示。

步骤04 在光标处输入注释文字，得到的效果如图2.118所示。

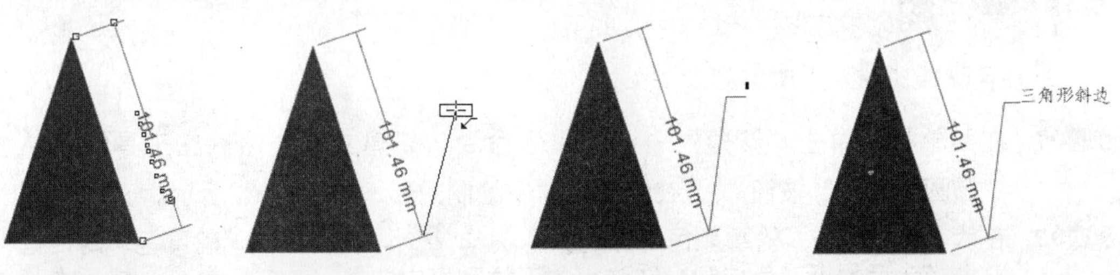

图2.115 倾斜标注 图2.116 引出注释位置 图2.117 出现光标 图2.118 输入文字

角度量工具

角度量工具可以准确地测量出所定位的角度，其具体操作步骤如下所示。

步骤01 在工具箱中单击“度量工具”按钮，然后在属性栏中单击“角度量工具”按钮。

步骤02 在绘图窗口中需要标注的位置单击，确定一条边的起始点，然后将鼠标指针移动到另外的位置，单击则形成角度的其中一边，如图2.119所示。

步骤03 移动鼠标指针，定位好角度后，单击鼠标，形成角度，再次单击鼠标，系统将自动添加角度标注，如图2.120所示。

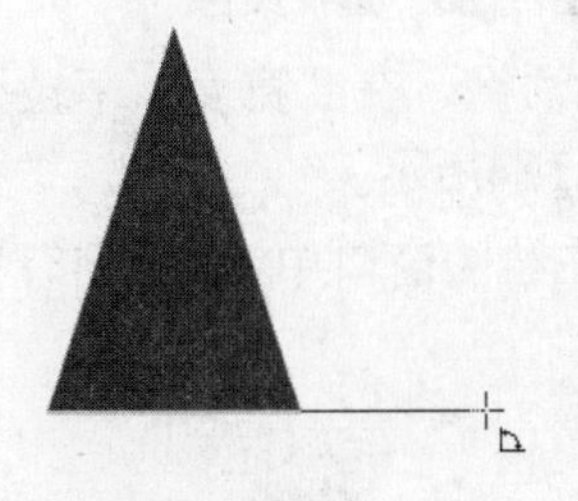

图2.119 确定角的一边

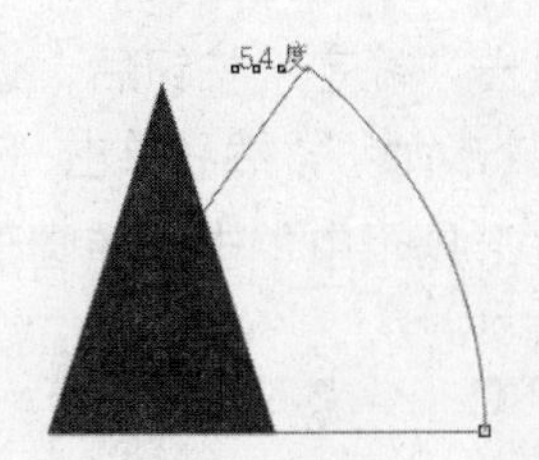

图2.120 角度标注

2.2.2 典型案例——绘制鱼缸

案例目标

本例将介绍绘制鱼缸的方法，主要练习椭圆形工具、形状工具、贝济埃工具和艺术笔工具的使用方法和技巧。制作完成后的最终效果如图2.121所示。

效果图位置：\源文件\第2课\鱼缸.cdr

操作思路：

步骤01 使用椭圆形工具、形状工具和贝济埃工具绘制鱼缸。

图2.121

步骤02 使用艺术笔工具绘制水草、浮萍、石头、金鱼和气泡。

其具体操作步骤如下所示。

步骤01 在菜单栏中单击“新建”→“文件”命令，新建文件，然后在工具箱中单击“椭圆形工具”按钮，在绘图窗口中绘制图形，如图2.122所示。

步骤02 在状态栏中双击“轮廓颜色”后的颜色块，在弹出的“轮廓笔”对话框中单击颜色后的小三角按钮，在弹出的下拉列表中选择“其它”命令，然后在弹出的“选择颜色”对话框中设置“C：97，M：66，Y：99，K：1”，如图2.123所示。

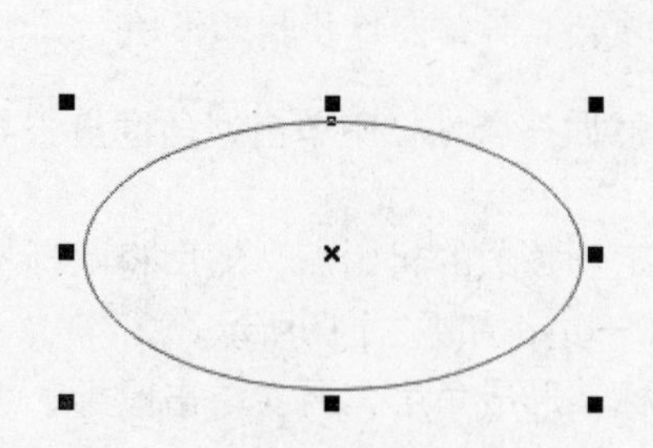

图2.122　绘制椭圆

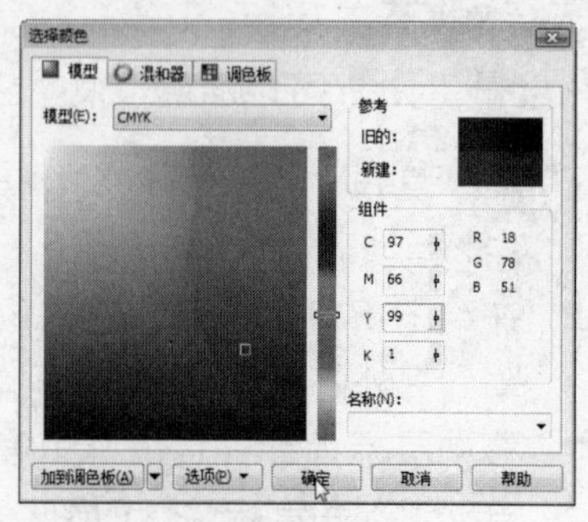

图2.123　选择颜色

步骤03 单击“确定”按钮后，返回到“轮廓笔”对话框，在“宽度”下拉列表中选择“1.5mm”，然后单击“确定”按钮，如图2.124所示。

步骤04 在工具箱中单击“椭圆形工具”按钮，在绘图窗口中绘制圆形，如图2.125所示。

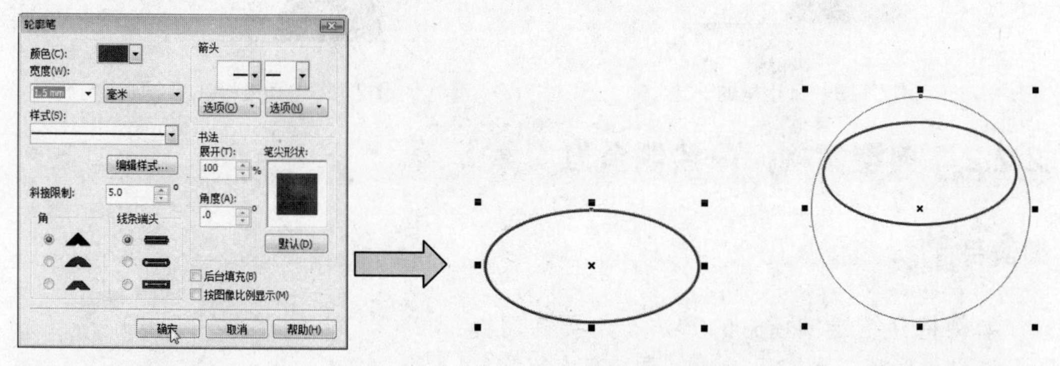

图2.124　设置轮廓

图2.125　绘制圆形

步骤05 将鼠标指针移动到圆形的中点，当指针变成形状时，移动圆形，然后将鼠标指针移动到控制框的右下角位置，按住鼠标左键并拖动至适当位置，如图2.126所示。

步骤06 释放鼠标后，在属性栏中单击“弧形”按钮，效果如图2.127所示。

步骤07 在工具箱中单击“形状工具”按钮，然后在绘图窗口中移动弧形的两个端点，更改形状，如图2.128所示。

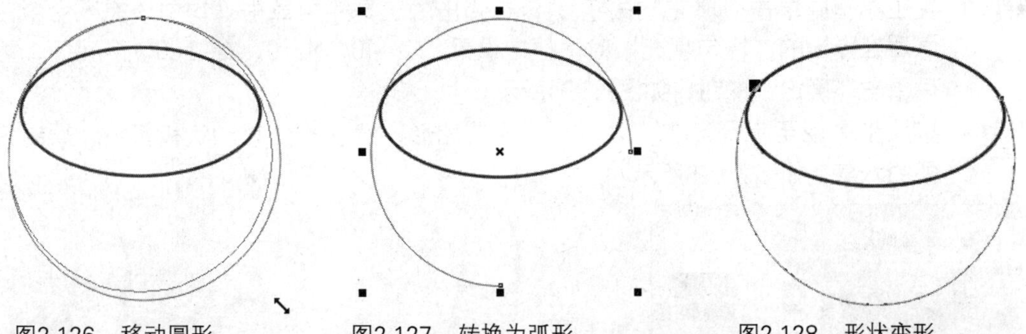

图2.126　移动圆形　　图2.127　转换为弧形　　图2.128　形状变形

步骤08 在工具箱中单击“贝济埃工具”按钮，然后在绘图窗口中确定起始点，并进行多次单击，绘制的图形如图2.129所示。

步骤09 在工具箱中单击“挑选工具”按钮，在其属性栏中设置“选择轮廓宽度或键入新宽度”为“2mm”，效果如图2.130所示。

步骤10 在工具箱中单击“艺术笔工具”按钮，在其属性栏中单击“预设”按钮，设置“手绘平滑”为“53”，艺术笔工具宽度为“8mm”，然后在绘图窗口中绘制形状，即水草，如图2.131所示。

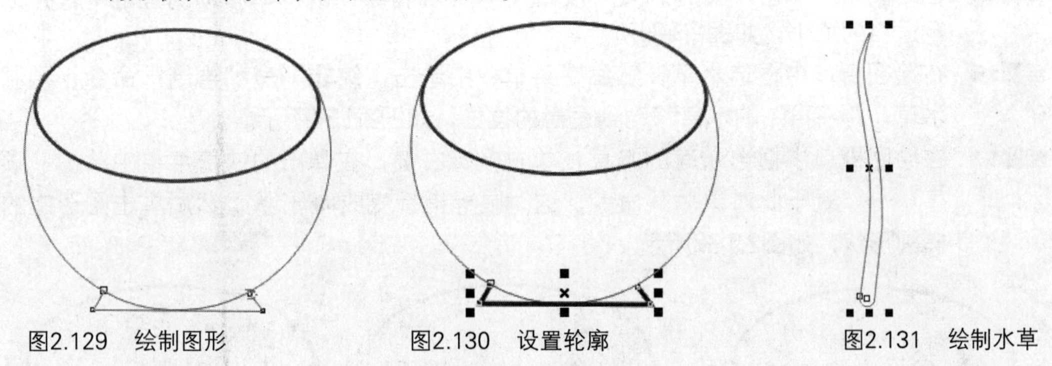

图2.129　绘制图形　　图2.130　设置轮廓　　图2.131　绘制水草

步骤11 在“调色板”区域中单击“绿”图标，然后在状态栏中双击“轮廓颜色”后的颜色块，在弹出的“轮廓笔”对话框中设置“宽度”为“无”，然后单击“确定”按钮，如图2.132所示。

步骤12 在菜单栏中单击“编辑”→“再制”命令，再制水草，并移动所再制的水草，然后在工具箱中单击“形状工具”按钮，之后在绘图窗口中改变水草的形状，如图2.133所示。

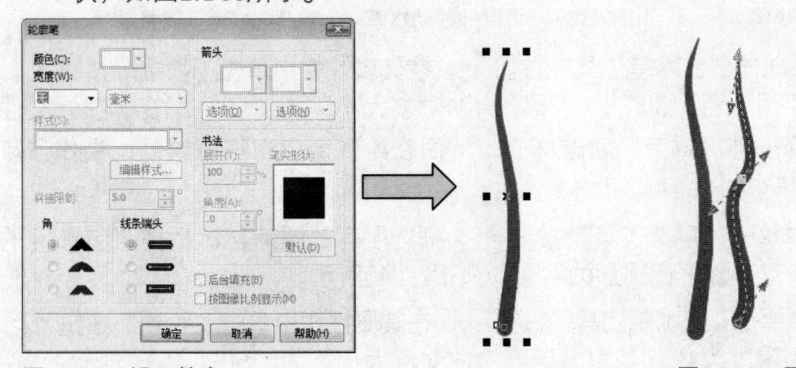

图2.132　设置轮廓　　图2.133　再制并改变水草的形状

步骤13 在工具箱中单击“填充”按钮，在弹出的工具栏中单击“均匀填充”命令，之后在弹出的“均匀填充”对话框中设置“C：40，M：0，Y：100，K：0”，然后单击“确定”按钮，如图2.134所示。

步骤14 按照步骤12至步骤13的方法，再次再制图形，然后改变其形状和颜色，绘制另外的水草，如图2.135所示。

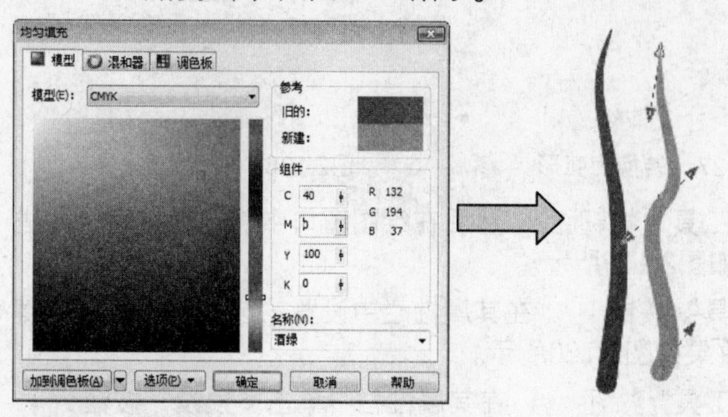

图2.134 填充颜色

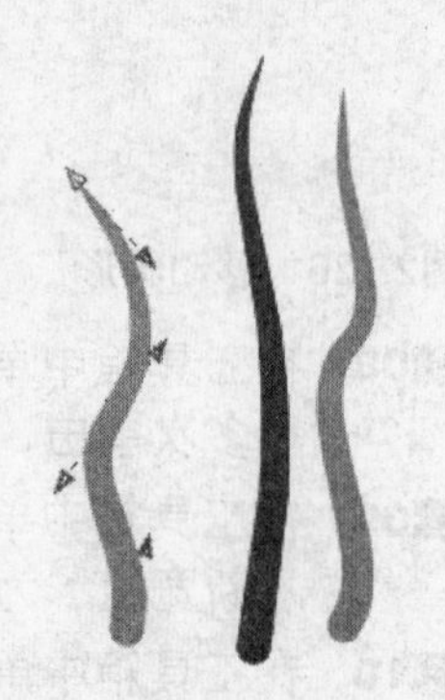

图2.135 绘制另外的水草

步骤15 在工具箱中单击“挑选工具”按钮，然后将绘制的水草移动到鱼缸中，并进行适当的缩小，如图2.136所示。

步骤16 在绘图窗口中框选水草，然后在菜单栏中单击“编辑”→“再制”命令，再制水草，并将再制的水草移动到适当的位置，如图2.137所示。

步骤17 在绘图窗口中框选所有的水草，单击鼠标右键，在弹出的快捷菜单中单击“顺序”→“置于此对象后”命令，这时鼠标指针变成➡形状，然后单击图形中的椭圆形状，如图2.138所示。

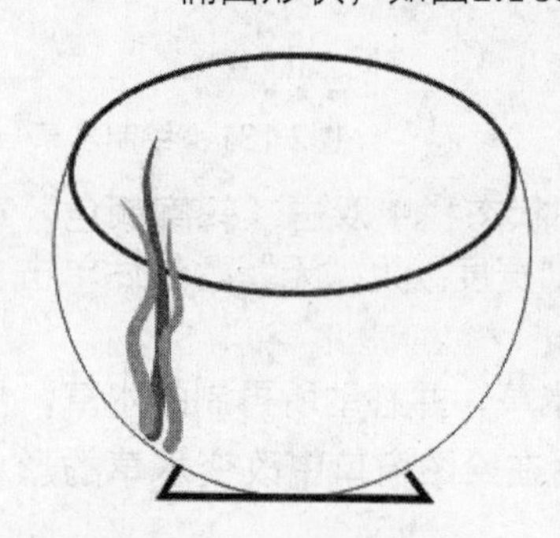

图2.136 移动并缩小水草

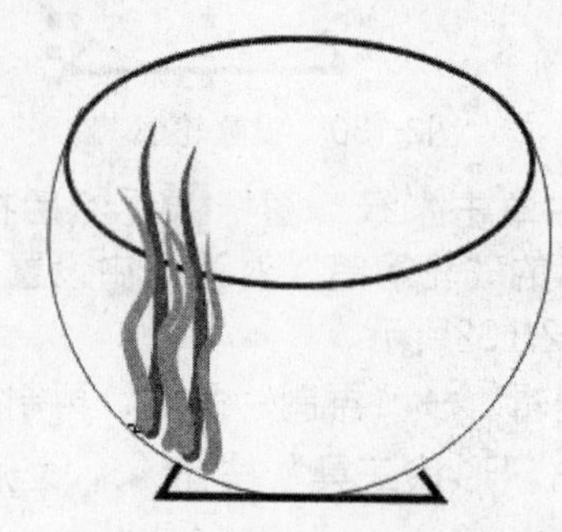

图2.137 再制并移动水草

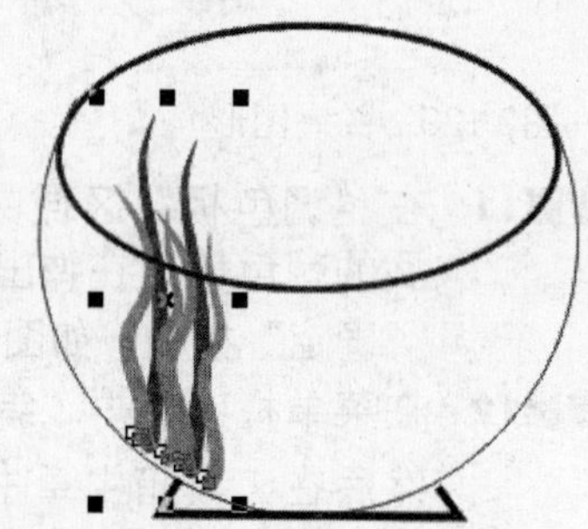

图2.138 调整顺序

步骤18 在工具箱中单击“艺术笔工具”按钮，在其属性栏中单击“喷罐”按钮，设置“手绘平滑”为“30”，“要喷涂的对象大小”为“50”，在“喷涂文件列表”中选择一种“浮萍”喷罐样式，然后在绘图窗口中进行绘制，制作浮萍，如图2.139所示。

步骤19 在工具箱中单击“挑选工具”按钮，框选所有的浮萍，然后按照步骤17的操作方法，将浮萍置于椭圆形的后面，如图2.140所示。

步骤20 在工具箱中单击“艺术笔工具”按钮，在其属性栏中单击“喷罐”按钮，设置“手绘平滑”为“30”，“要喷涂的对象大小”为“50”，在“喷涂文件列表”中选择“石头”喷罐样式，然后在绘图窗口中进行绘制，制作石头，如图2.141所示。

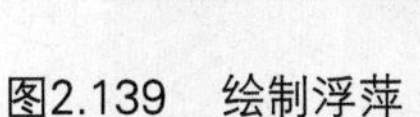

图2.139　绘制浮萍

图2.140　调整顺序

图2.141　绘制石头

步骤21　在工具箱中单击“艺术笔工具”按钮，在其属性栏中单击“喷罐”按钮，设置“手绘平滑”为“30”，“要喷涂的对象大小”为“85”，在“喷涂文件列表”中选择“金鱼”喷罐样式，然后在绘图窗口中进行绘制，制作金鱼，如图2.142所示。

绘制金鱼时，按住鼠标左键并拖动的位置不宜过长，这样可以绘制出单独的一条金鱼。

步骤22　在工具箱中单击“挑选工具”按钮，然后将绘制的金鱼移动到鱼缸内，如图2.143所示。

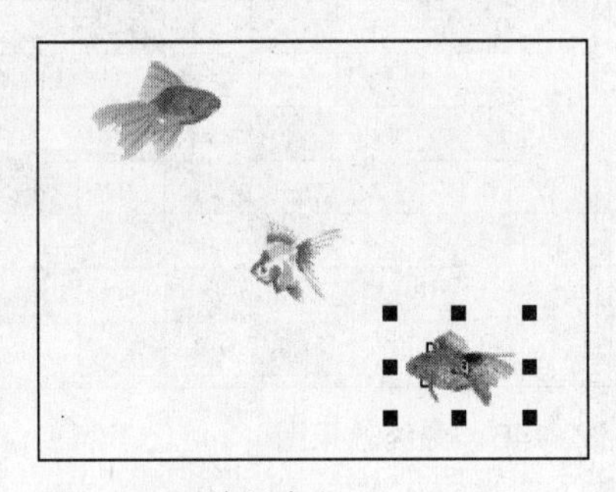

图2.142　绘制金鱼

图2.143　移动金鱼

步骤23　使用“艺术笔工具”按钮，在其属性栏中单击“喷罐”按钮，在“喷涂文件列表”中选择“金鱼”喷罐样式，然后在绘图窗口中绘制金鱼气泡，如图2.144所示。

绘制金鱼气泡时，用户可以在绘图窗口中的其他位置进行多次绘制，鼠标拖动的位置不宜过长，绘制出的图形有金鱼或气泡，将金鱼图形进行删除。

步骤24　在工具箱中单击“挑选工具”按钮，将金鱼气泡进行复制，然后移动到鱼缸内，得到的最终效果如图2.145所示。

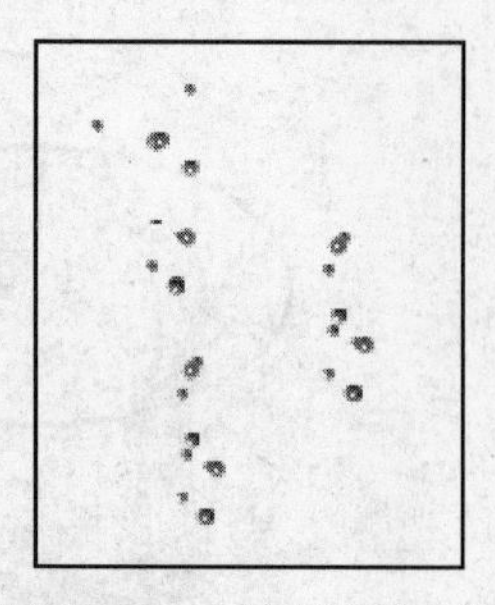

图2.144　绘制气泡

图2.145　最终效果图

案例小结

本案例讲解了如何使用贝济埃工具和画笔工具等绘制图形，以及怎样使用“填充”命令等。对于本案例中未练习到的知识，用户可根据“知识讲解”部分自行练习。

2.3 上机练习

2.3.1　绘制课程表

本次上机练习将结合本课所学的图纸工具来绘制课程表（如图2.146所示），主要练习图纸工具、文字工具、“再制”命令、贝济埃工具和“填充”命令的使用方法和技巧。

效果图位置：\源文件\第2课\课程表.cdr

操作思路：

午别 / 课程 / 星期		星期一	星期二	星期三	星期四	星期五	星期六	星期日
上午		化学	生物	语文	高数	计算机		
		地理	高数	政治	语文			
		政治	语文	生物	计算机	历史		
		计算机	政治	体育	政治	化学		
下午		高数	历史		生物	语文		
		历史	计算机	政治	化学	体育		
		生物		高数	地理			

图2.146　最终效果图

步骤01　新建文件，然后将绘图页面显示为横向。

步骤02　使用“图纸工具”按钮绘制网格，然后单击鼠标右键，在弹出的快捷菜单中选择“取消群组”命令。

步骤03　使用“贝济埃工具”按钮在第一个格子中绘制斜线。

步骤04　选择“挑选工具”按钮，按下“Shift”键的同时选择第一列的第2~5个格子，然后在属性栏中单击“焊接”按钮。

步骤05　选择第一列中的第6~8个格子，然后单击“焊接”按钮。

步骤06　使用“文字工具”按钮字输入文字并设置文字的大小、字形和颜色。

步骤07　使用“再制”命令，对文字进行再制并修改文字的内容。

步骤08　使用“挑选工具”按钮在网格中同时选择多个网格，然后在“调色板”中单击“30%黑”。

2.3.2 标注尺寸

本次上机练习将为绘制好的建筑平面图添加标注，主要练习度量工具的使用方法和技巧。最终效果如图2.147所示。

素材位置：\素材\第2课\01.cdr

效果图位置：\源文件\第2课\平面图.cdr

操作思路：

步骤01 打开素材图片“01.cdr”。

步骤02 在工具箱中单击“度量工具”按钮，在显示的属性栏中单击“自动度量工具”按钮，然后在图形中添加标注。

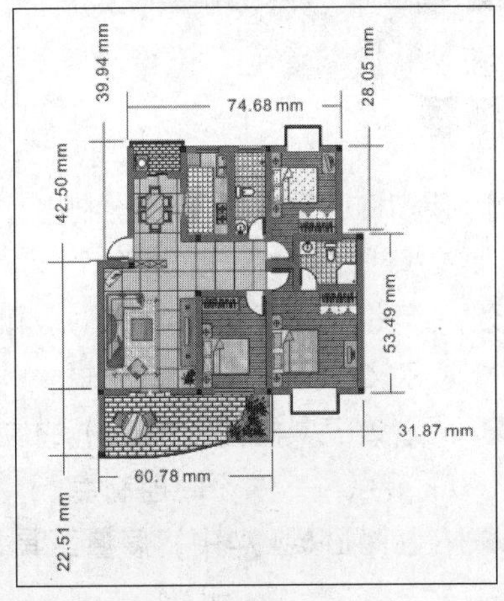

图2.147 最终效果图

2.4 疑难解答

问：在CorelDRAW X4中，如何快捷地创建与页面同样大小的矩形?

答：在工具箱中直接双击“矩形工具”按钮，即可快速创建与页面同样大小的矩形。

问：在CorelDRAW X4中，什么是智能绘图工具?

答：使用智能绘图工具绘制手绘笔触，可对手绘笔触进行识别，并转换为基本形状。如绘制的矩形和椭圆将被转换为原始CorelDRAW对象；梯形和平行四边形将被转换为“完美形状”对象；而线条、三角形、方形、菱形、圆形和箭头将被转换为曲线对象。在工具箱中单击“智能填充工具”按钮，在展开的工具栏中选择“智能绘图”按钮，将显示其属性栏，如图2.148所示，其中各参数选项的含义如下。

图2.148 “智能绘图工具”属性栏

- **形状识别等级：**用于设置识别绘图形状的等级。
- **智能平滑等级：**用于设置绘制图形时的平滑等级。
- **轮廓宽度：**为绘制的曲线设置轮廓宽度，或定义默认的轮廓宽度。

2.5 课后练习

选择题

1 使用椭圆形工具可以绘制出（ ）形状。

A. 椭圆　　B. 扇形　　C. 弧形　　D. 圆形

2 使用螺纹工具可以绘制（ ）和（ ）两种螺纹。

A. 对数式　　B. 单一式　　C. 对称式　　D. 旋转式

3 贝济埃工具通过改变（ ）的位置来控制曲线的弯曲度，同时也可以绘制直线。

A. 节点　　B. 控制点　　C. 中点　　D. 交叉点

4 在CorelDRAW X4中，度量工具包含了（ ）种标注工具。

A. 3　　B. 4　　C. 5　　D. 6

问答题

1 简述绘制圆角矩形有哪两种方法。

2 简述如何自定义画笔笔触样式。

3 如何使用自动度量工具为图形添加标注?

上机题

1 使用箭头形状、流程图形状工具绘制流程图，如图2.149所示。

效果图位置：\源文件\第2课\流程图.cdr

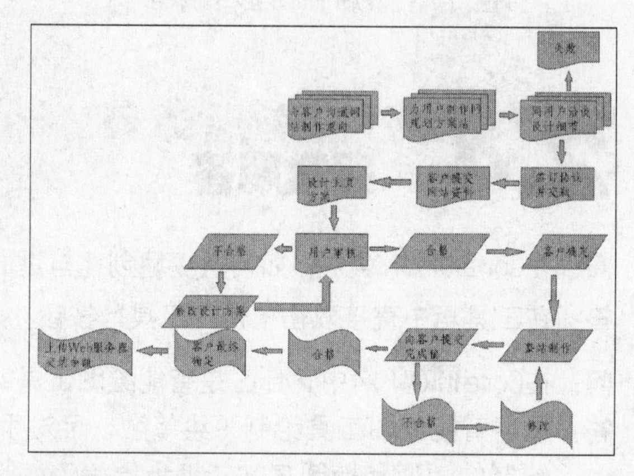

图2.149　流程图

- 根据内容拟好流程图中各层的关系。
- 使用流程图形状工具和箭头形状工具绘制流程图。
- 使用文字填充添加文字，并为绘制的图形填充颜色。

2 使用矩形工具、基本形状工具和折线工具，绘制出网络图标效果，如图2.150所示。

效果图位置：\源文件\第2课\网络图标.cdr

- 使用矩形工具绘制图标的框架，轮廓线的宽度为2.0mm。
- 使用“再制”命令再制出6个框架，并进行排列。
- 使用基本形状工具、折线工具等绘制图标。

图2.150　网络图标

第3课

图形的编辑

本课要点

编辑曲线对象
修饰图形
对象的造形
编辑轮廓线
裁剪、切割和擦除对象

具体要求

掌握编辑曲线对象的方法
掌握修饰图形工具的使用方法和技巧
掌握对象的造形方法
掌握轮廓线的编辑
掌握裁剪、切割、擦除对象的方法

本课导读

本课主要讲述CorelDRAW X4的图形基本编辑和图形形状编辑功能。用户可以通过对多个图形进行修饰、造形或设置轮廓线，从而绘制出丰富多彩的图形。这些功能在操作上非常简单，容易掌握，在平面设计上这是非常重要的内容，希望读者能很好地掌握这些知识。

3.1 编辑曲线对象

在CorelDRAW X4中，曲线绘制完成后，需要对其进行编辑，这样才能精确地调整图形，使其满足用户的需求。

3.1.1 知识讲解

编辑曲线对象包括添加和删除节点、更改节点的属性以及闭合和断开曲线等。

1. 添加和删除节点

在CorelDRAW X4中，为曲线添加节点的操作方法有以下几种，下面将进行详细介绍。

使用形状工具添加节点

在绘图窗口中使用绘图工具绘制任意一个图形（如图3.1所示），在属性栏中单击“转换为曲线”按钮，然后在工具箱中单击“形状工具”按钮，在图形上需要添加节点的位置单击（如图3.2所示），在属性栏中单击“添加节点”按钮，即可添加新的节点，如图3.3所示。

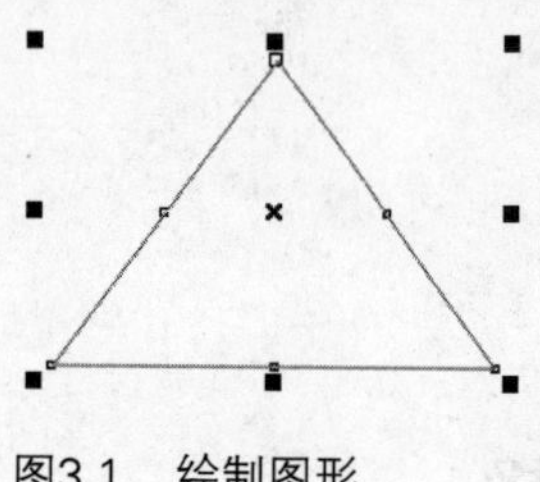

图3.1 绘制图形

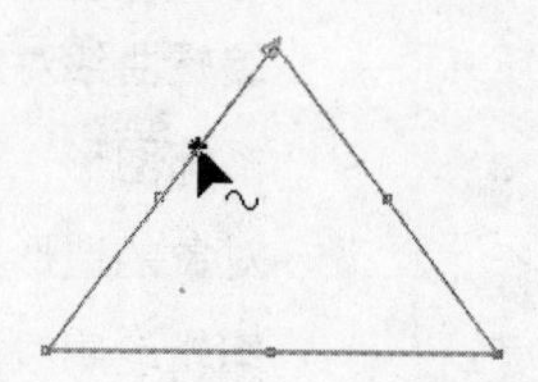

图3.2 单击节点位置

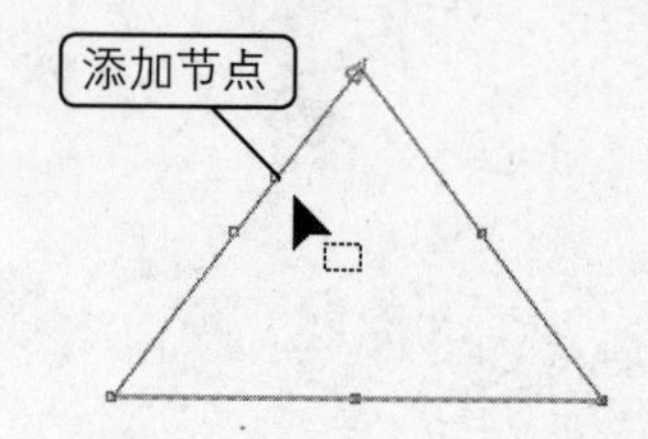

图3.3 添加节点（一）

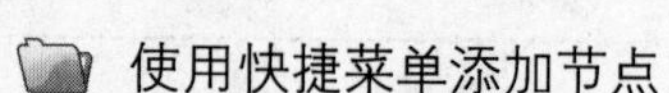

使用快捷菜单添加节点

在绘图窗口中使用绘图工具绘制任意一个图形（如图3.1所示），在属性栏中单击“转换为曲线”按钮，然后在工具箱中单击“形状工具”按钮，在图形上需要添加节点的位置单击鼠标右键，在弹出的快捷菜单中选择“添加”命令，即可添加新的节点，如图3.4所示。

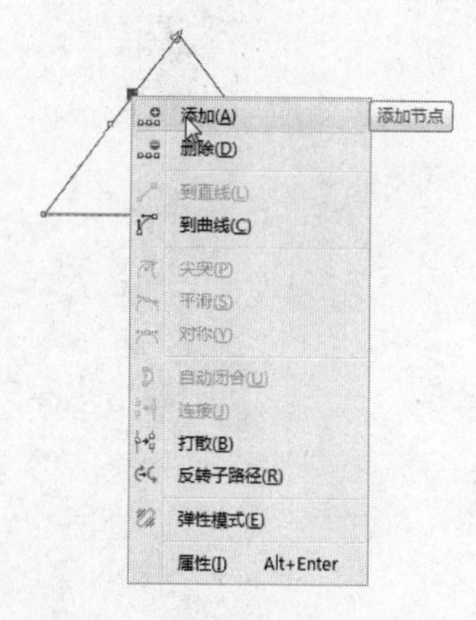

图3.4 添加节点（二）

直接添加节点

在绘图窗口中绘制好图形后，按下“Ctrl+Q”组合键将对象转换为曲线，然后在工具箱中单击“形状工具”按钮，在需要添加节点的位置双击鼠标左键，即可添加新的节点。

在实际操作中，删除节点的操作方法也有多种，具体如下所示。

- 在绘图窗口中，使用形状工具单击或框选出要删除的节点，然后在属性栏中单击“删除节点”按钮，即可删除节点。
- 在绘图窗口中，直接使用形状工具双击要删除的节点，即可删除节点。

- 在绘图窗口中使用形状工具选取节点后，单击鼠标右键，在弹出的快捷菜单中选择“删除”命令，即可删除节点。
- 在绘图窗口中使用形状工具选取节点后，按下“Delete”键即可删除该节点。

2. 直线和曲线的转换

在CorelDRAW X4中，直线和曲线之间是可以相互转换的。下面将具体介绍如何转换。

将曲线转换为直线

在工具箱中使用绘图工具绘制任意一个图形，在其属性栏中单击“转换为曲线”按钮，或使用绘制曲线的工具在绘图窗口中绘制曲线（如图3.5所示），然后在工具箱中单击“形状工具”按钮，在图形中选取其中一个节点，单击属性栏中的“转换曲线为直线”按钮，即可将曲线转换为直线，如图3.6所示。

将直线转换为曲线

在前面的示例基础上使用形状工具选取其中一个节点，然后在工具箱中单击“转换直线为曲线”按钮，这时该线条上将出现两个控制点，拖动其中一个控制点，可以调整曲线的弯曲度，如图3.7所示。

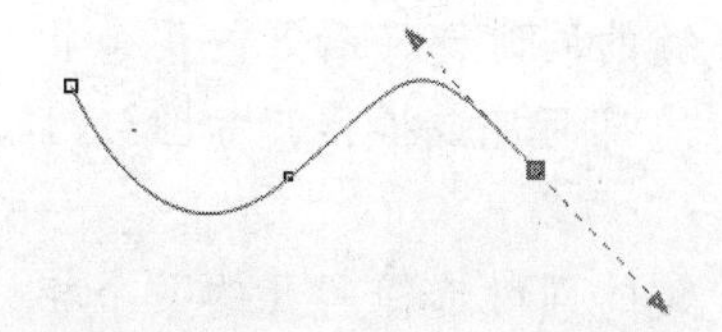

图3.5　绘制曲线

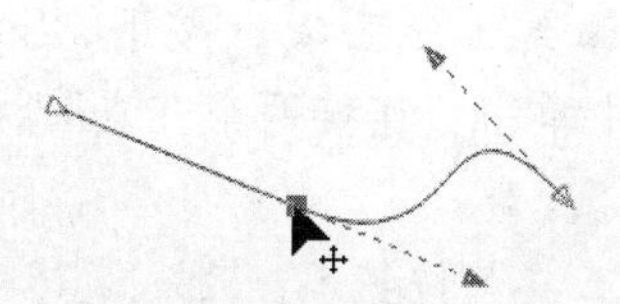

图3.6　曲线转换为直线

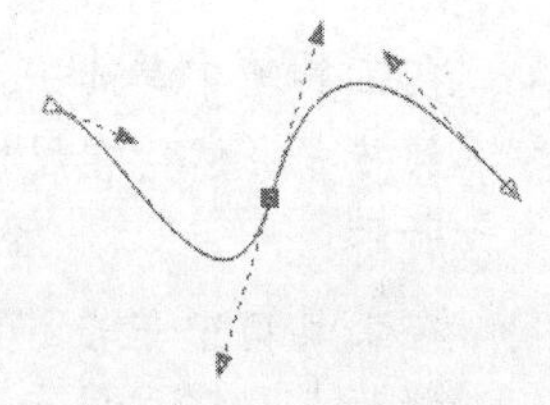

图3.7　直线转换为曲线

3. 更改节点的属性

在编辑曲线时，用户还可以根据需要更改节点的属性。曲线中的节点可以更改为尖突节点、平滑节点和对称节点，下面将详细介绍这些内容。

尖突节点

尖突节点两边的控制点都是相对独立的，当调整其中一个控制点的位置时，另一个控制点将不会发生改变，其具体操作步骤如下：

在绘图窗口中使用绘制曲线的工具绘制曲线，在工具箱中单击“形状工具”按钮，在图形中选择任意一个节点，然后在属性栏中单击“使节点成为尖突”按钮，拖动其中一个控制点，则另外一个控制点将不发生改变，如图3.8所示。

平滑节点

在绘图窗口中将绘制的图形转换为曲线后，得到的节点以及在曲线上新增的节点都是平滑节点。平滑节点两边的控制点是相互关联的，当调整其中一个控制点的位置时，另一个控制点也随之发生改变，如图3.9所示。

如果要将尖突节点转换为平滑节点，则在图形上选取节点后，在属性栏中单击“平滑节点”按钮即可。

对称节点

对称节点是指在平滑节点的特征基础上，使各个控制线的长度一致，从而使平滑节点两边的曲线率相等。

在绘图窗口中绘制图形，在属性栏中单击“转换为曲线”按钮，然后在工具箱中单击“形状工具”按钮，在曲线上双击鼠标，则添加一个新的节点，在属性栏中单击“生成对称节点”按钮，拖动控制点，效果如图3.10所示。

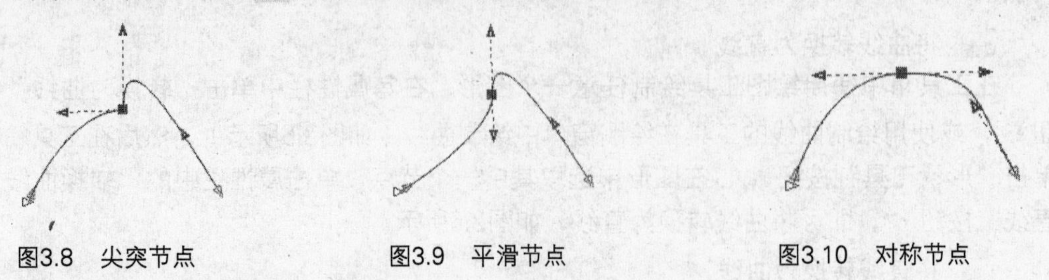

图3.8　尖突节点　　图3.9　平滑节点　　图3.10　对称节点

4. 闭合和断开曲线

在CorelDRAW X4中，闭合曲线是将同一对象上断开的两个相邻的节点连接成一个节点，从而使不封闭的图形成为封闭图形。闭合图形的操作方法有以下两种。

- 在工具箱中单击“形状工具”按钮，按下“Shift”键的同时选择断开的两个相邻节点，然后在属性栏中单击“连接两个节点”按钮，即可完成操作，如图3.11所示。
- 在工具箱中单击“形状工具”按钮，按下“Shift”键的同时选择断开的两个相邻节点，然后单击鼠标右键，在弹出的快捷菜单中选择“连接”命令，即可完成操作，如图3.12所示。

图3.11　闭合曲线　　图3.12　快捷菜单

断开曲线是将曲线上的一个节点分离为两个节点，从而断开曲线的连接，使图形由封闭状态转为不封闭状态。断开图形的操作方法有以下两种。

- 在工具箱中单击“形状工具”按钮，在图形上选取要断开的节点，然后在属性栏中单击“断开曲线”按钮，移动其中一个节点，即可将原来的节点分离为两个独立的节点，如图3.13所示。
- 在工具箱中单击“形状工具”按钮，在图形上选取要断开的节点，然后单击鼠标右键，在弹出的快捷菜单中选择“打散”命令，移动其中一个节点，即可将原来的节点分离为两个独立的节点。

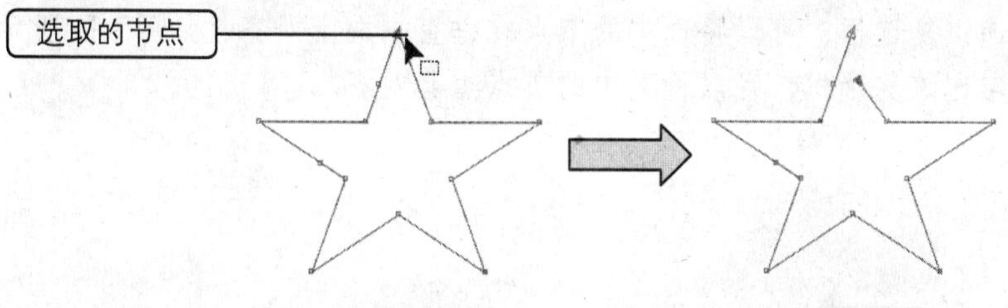

图3.13　断开曲线

5. 编辑节点

在CorelDRAW X4中，用户还可以通过形状工具对曲线的节点进行编辑，从而改变曲线的形状。编辑节点包括缩放、旋转与倾斜以及对齐节点。

缩放节点

在工具箱中单击“形状工具”按钮，然后在绘图窗口中选中需要缩放的节点，在属性栏中单击“延展与缩放节点”按钮，这时在节点的四周将出现8个缩放控制点。

将鼠标指针放置在控制框的控制点上时，拖动鼠标则可以成比例缩放所选择的节点；如果将鼠标指针放置在控制框的4条边的控制点上并拖动，则可以在水平或垂直方向上缩放选中的节点。

旋转与倾斜

在工具箱中单击“形状工具”按钮，然后在绘图窗口中选中需要旋转和倾斜的节点，在属性栏中单击“旋转与倾斜节点”按钮，这时在节点的四周将出现控制点，如图3.14所示。将鼠标指针放置在控制框的控制点上，拖动鼠标即可旋转节点（如图3.15所示）；将鼠标指针放置在控制框4条边的节点上，拖动鼠标即可在水平或垂直方向上倾斜节点，如图3.16所示。

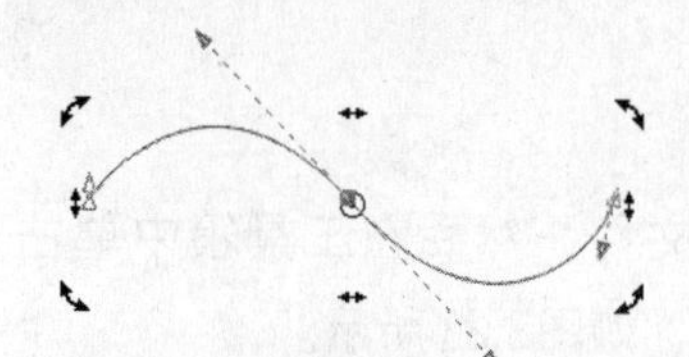

图3.14　显示控制点

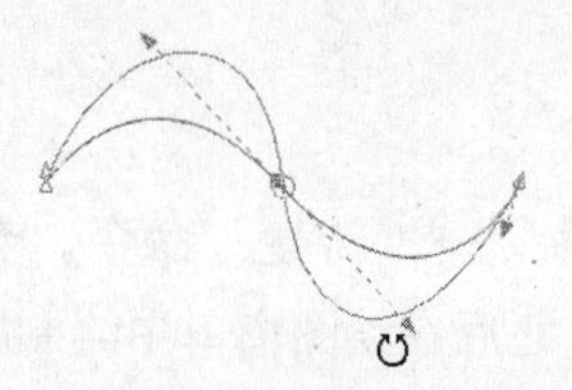

图3.15　旋转节点

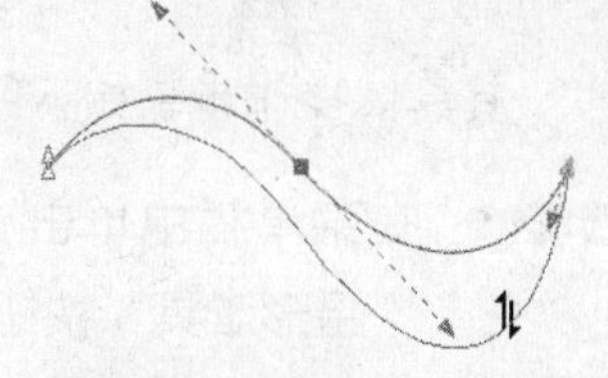

图3.16　倾斜节点

对齐节点

使用“对齐节点”命令可以将两个以上的节点进行水平、垂直方向对齐，还可以将选中的两个节点重叠对齐，以创作出特殊的图形效果。在绘图窗口中使用形状工具框选要对齐的节点，在属性栏中单击“对齐节点”按钮，将弹出“节点对齐”对话框，如图3.17所示。

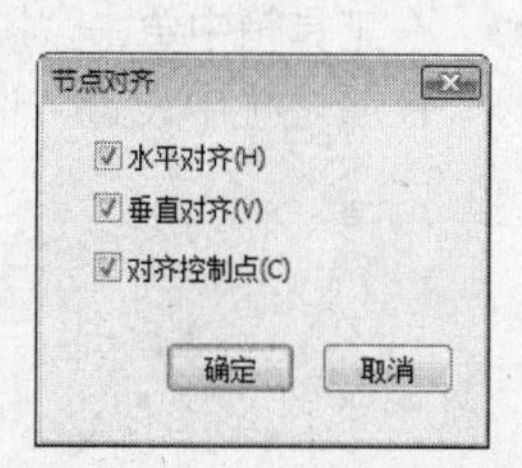

图3.17　“节点对齐”对话框

在“节点对齐”对话框中，各参数选项的含义如下。

- **水平对齐**：勾选该复选框，可以将选中的节点在水平方向上对齐，如图3.18所示。
- **垂直对齐**：勾选该复选框，可以将选中的节点在垂直方向上对齐，如图3.19所示。
- **对齐控制点**：勾选该复选框，可以将选中的节点重叠对齐。

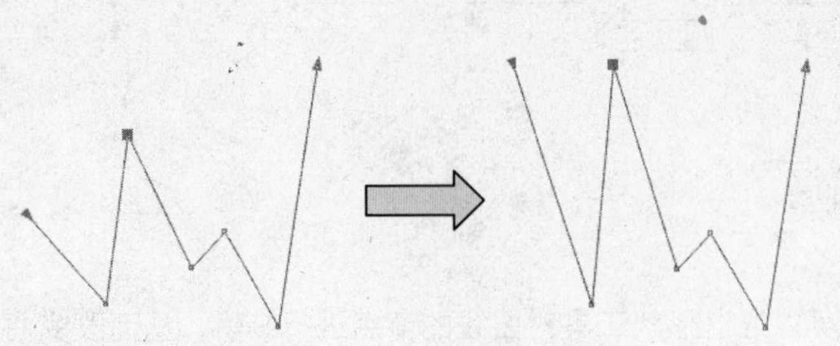

图3.18　水平对齐节点

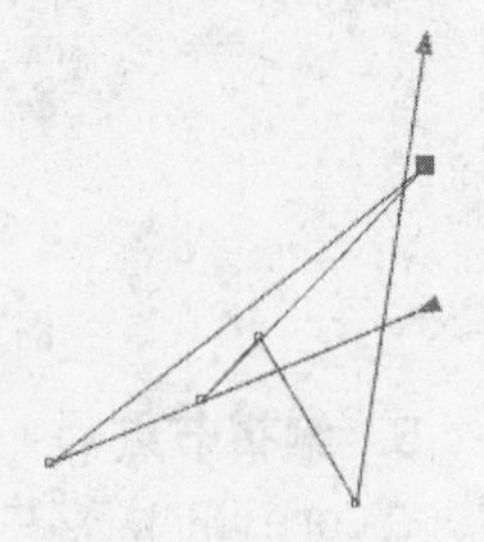

图3.19　垂直对齐节点

3.1.2　典型案例——绘制星星

案例目标

本案例将介绍如何绘制星星，主要练习星形工具、贝济埃工具、挑选工具和形状工具的使用方法和技巧。制作完成后的最终效果如图3.20所示。

图3.20

效果图位置：\源文件\第3课\星星.cdr

操作思路：

步骤01　使用星形工具、贝济埃工具等绘制图形。

步骤02　使用形状工具调整图形中不平滑的曲线。

操作步骤

其具体操作步骤如下所示。

步骤01　在菜单栏中单击“文件”→“新建”命令，新建文件，然后在工具箱中单击“星形工具”按钮，之后在绘图窗口中绘制图形，如图3.21所示。

步骤02　在其属性栏中单击“转换为曲线”按钮，然后在工具箱中单击“形状工具”按钮，将图形中的节点进行移动，如图3.22所示。

步骤03　在工具箱中单击“挑选工具”按钮，然后在“调色板”中单击“浅橘红”图标，在属性栏中设置“选择轮廓宽度或键入新宽度”为“无”，效果如图3.23所示。

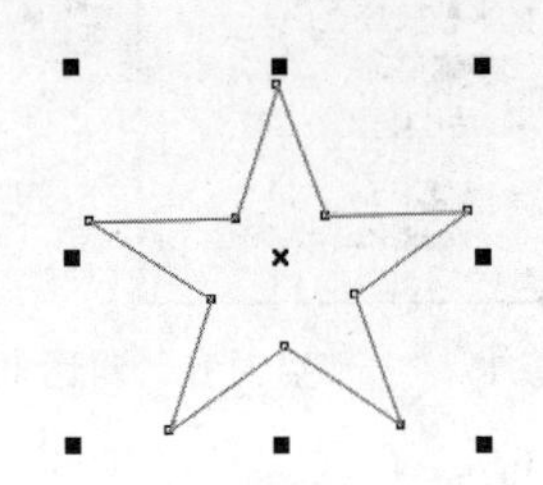

图3.21　绘制图形

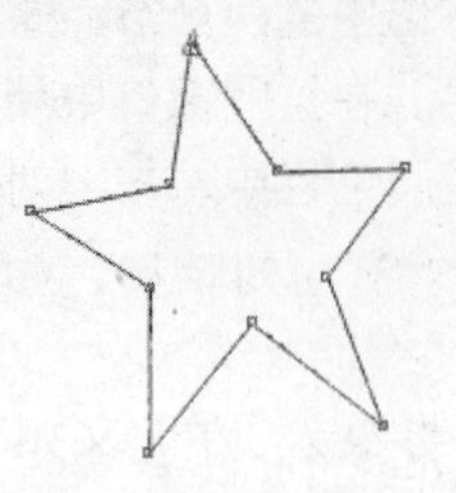

图3.22　移动节点

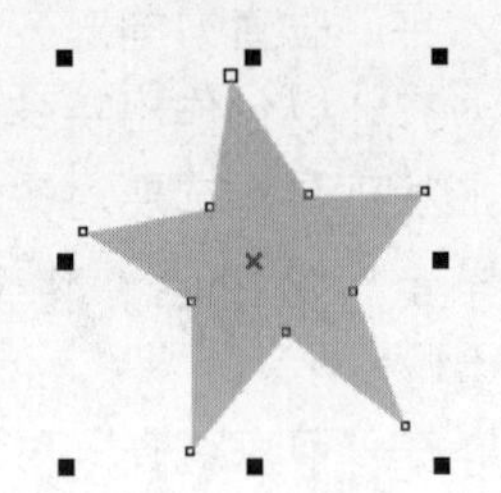

图3.23　填充颜色

步骤04 在工具箱中单击“贝济埃工具”按钮，在绘图窗口中绘制形状，如图3.24所示。

步骤05 在工具箱中单击“挑选工具”按钮，在“调色板”中单击“沙黄”图标，在属性栏中设置“选择轮廓宽度或键入新宽度”为“无”，效果如图3.25所示。

步骤06 在工具箱中单击“贝济埃工具”按钮，在绘图窗口中绘制形状，如图3.26所示。

图3.24　绘制形状

图3.25　填充颜色

图3.26　绘制形状

步骤07 在工具箱中单击“形状工具”按钮，在绘图窗口中移动图形的节点，如图3.27所示。

步骤08 在工具箱中单击“挑选工具”按钮，在“调色板”中单击“沙黄”图标，在属性栏中设置“选择轮廓宽度或键入新宽度”为“无”，效果如图3.28所示。

步骤09 按照步骤6至步骤8的方法，绘制形状并填充颜色、轮廓，效果如图3.29所示。

图3.27　调整节点

图3.28　填充颜色

图3.29　绘制形状并填充

步骤10 使用“贝济埃工具”按钮绘制形状，然后使用“形状工具”按钮进行变形，并填充为“渐粉”，设置轮廓为“无”，制作高光部分，效果如图3.30所示。

步骤11 在工具箱中单击“挑选工具”按钮，框选绘制的所有图形，然后在菜单栏中单击“编辑”→“再制”命令，再制图形，将再制的图形拖动到适当位置并缩小，如图3.31所示。

步骤12 在空白处单击，将鼠标指针移动到再制图形的正面，然后在“调色板”中单击“绿松石”图标，效果如图3.32所示。

图3.30　高光部分

图3.31　再制并缩小图形

图3.32　填充颜色

步骤13 按照步骤12的操作方法，将星星的侧面填充为“朦胧绿”，效果如图3.33所示。

步骤14 按照步骤11至步骤12的操作方法，再制一个图形，并将正面填充为“蓝紫”，侧面填充为“复活节紫”，效果如图3.34所示。

步骤15 在工具箱中单击“贝济埃工具”按钮，然后在绘图窗口中多次单击，绘制图形，如图3.35所示。

图3.33 填充颜色

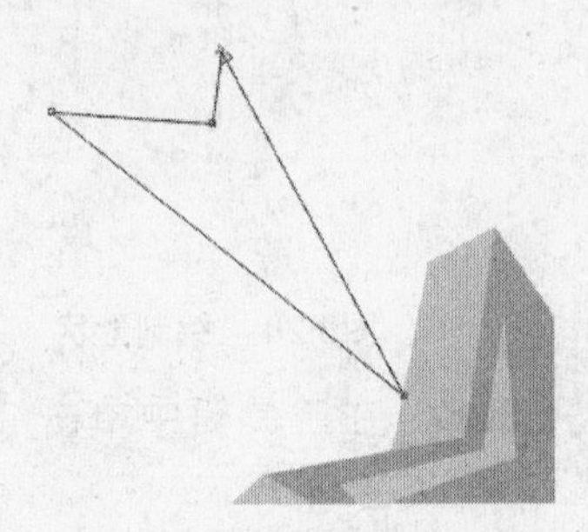

图3.34 再制图形

图3.35 绘制图形

步骤16 在工具箱中单击“形状工具”按钮，在需要添加节点的位置单击，然后在属性栏中单击“转换直线为曲线”按钮，这时图形会出现控制点，如图3.36所示。

步骤17 将鼠标指针移动到控制点上，按住鼠标左键不放并拖动，如图3.37所示。

步骤18 按照步骤16至步骤17的操作方法，将所绘制的图形进行变形，如图3.38所示。

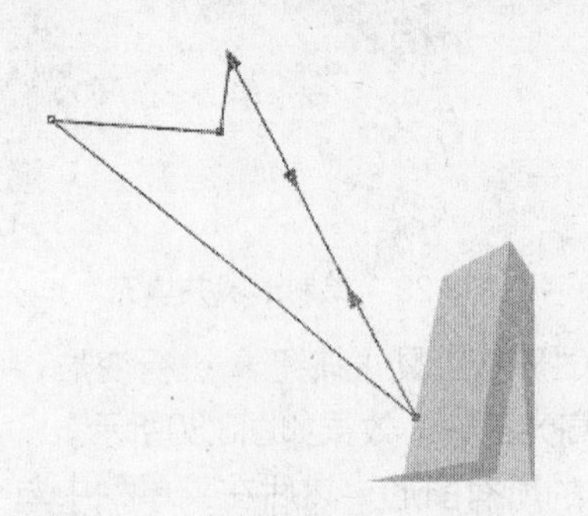

图3.36 出现控制点

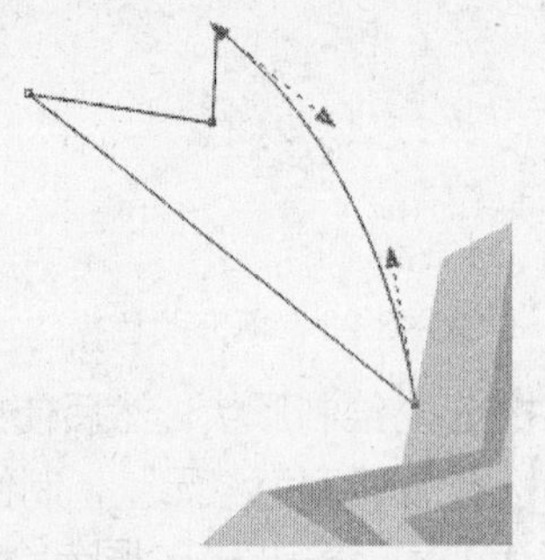

图3.37 拖动控制点

图3.38 变形图形

步骤19 在工具箱中单击“挑选工具”按钮，在“调色板”中单击“绿松石”图标，然后设置“选择轮廓宽度或键入新宽度”为“无”，效果如图3.39所示。

步骤20 在菜单栏中单击“编辑”→“再制”命令，再制图形，然后将再制的图形进行移动，如图3.40所示。

步骤21 在工具箱中单击“形状工具”按钮，单击刚再制的图形，然后拖动其控制点进行变形，如图3.41所示。

步骤22 在“调色板”中单击“蓝紫”图标，在工具箱中单击“挑选工具”按钮，然后在空白处单击，效果如图3.42所示。

步骤23 按照步骤20至步骤22的操作方法，绘制另外一个图形，得到的最终效果如图3.43所示。

图3.39　填充颜色

图3.40　再制并移动图形

图3.41　变形图形

图3.42　填充颜色

图3.43　最终效果图

案例小结

本案例主要讲解了如何利用形状工具调整和编辑曲线，形状工具不但可以添加和删除节点，还可以对曲线进行调整。对于本案例中未练习到的知识，用户可根据“知识讲解”部分自行练习。

3.2　修饰图形

图形绘制完成后，需要对其进行编辑，这样才能精确地调整图形，从而使图形达到用户的需求。

3.2.1　知识讲解

在CorelDRAW X4中，修饰图形的工具主要有涂抹笔刷工具、粗糙笔刷工具、自由变换工具和橡皮擦工具。下面将详细介绍前3种工具。

1. 涂抹笔刷工具

使用涂抹笔刷工具可以创建出更为复杂的曲线图形。在工具箱中单击“形状工具”按钮，在展开的工具栏中单击“涂抹笔刷工具”按钮，将显示如图3.44所示的属性栏，其中各参数选项的含义如下。

- **笔尖大小**：在该数值框中输入数值，可以设置涂抹笔刷的宽度。

图3.44 "涂抹笔刷"属性栏

- **在效果中添加水分浓度**：该选项用于设置涂抹笔刷的力度，只须按下按钮，即可转换为使用已经连接好的压感笔模式。
- **为斜移设置输入固定值**：该选项用于设置涂抹笔刷、模拟压感笔的倾斜角度。
- **为关系设置输入固定值**：该选项用于设置涂抹笔刷、模拟压感笔的笔尖方位角。

在CorelDRAW X4中，使用涂抹笔刷工具的具体操作步骤如下所示。

步骤01 使用"多边形工具"按钮在绘图窗口中绘制图形，如图3.45所示，并填充为"绿"，然后在属性栏中单击"转换为曲线"按钮。

步骤02 在工具箱中单击"挑选工具"按钮，然后在绘图窗口中选择需要处理的图形。

步骤03 在工具箱中单击"形状工具"按钮，在展开的工具栏中单击"涂抹笔刷工具"按钮，然后将鼠标指针移动到图形上，按下鼠标左键不放并拖动，即可涂抹拖动路径上的图形，如图3.46所示。

涂抹笔刷工具只适用于曲线对象，当所要涂抹的对象不是曲线对象时，系统将弹出"转换为曲线"对话框（如图3.47所示），单击"确定"按钮即可将对象转换为曲线。

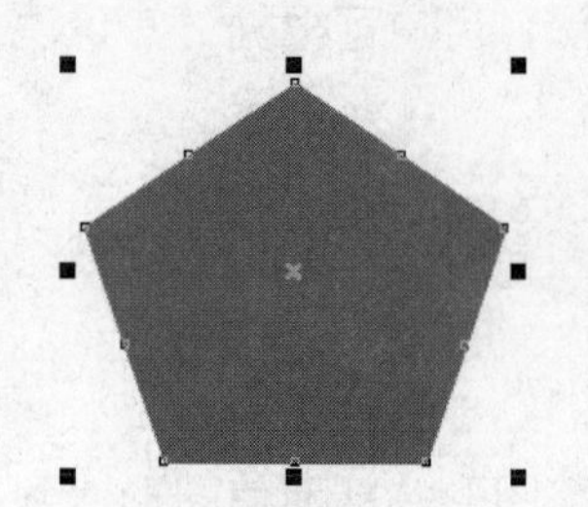

图3.45 绘制图形

图3.46 涂抹图形

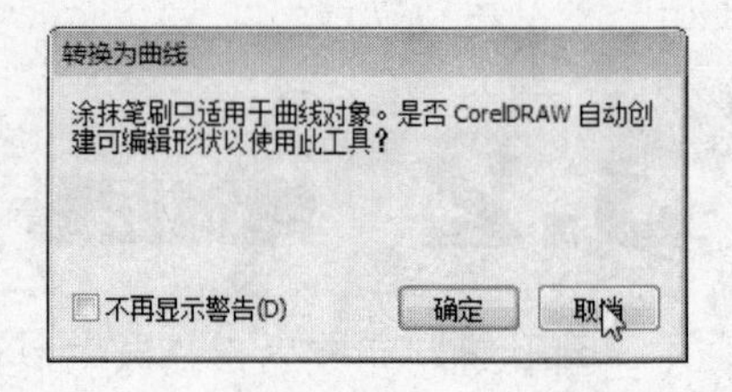

图3.47 "转换为曲线"对话框

2. 粗糙笔刷工具

使用粗糙笔刷工具可以改变矢量图形对象中曲线的平滑度，从而产生粗糙边缘的变形效果。在工具箱中单击"形状工具"按钮，在展开的工具栏中单击"粗糙笔刷工具"按钮，所显示的属性栏和"涂抹笔刷"的属性栏类似，不同的是要在"尖突方向"下拉列表中设置笔尖方位角，在"为关系输入固定值"数值框中设置笔尖方位角的角度，如图3.48所示。

在CorelDRAW X4中，使用粗糙笔刷工具的具体操作步骤如下所示。

步骤01 使用"多边形工具"按钮在绘图窗口中绘制图形，并填充为"绿"，然后在属性栏中单击"转换为曲线"按钮。

步骤02 在工具箱中单击“挑选工具”按钮，然后在绘图窗口中选择需要处理的图形。

步骤03 在工具箱中单击“形状工具”按钮，在展开的工具栏中单击“粗糙笔刷工具”按钮，然后将鼠标指针移动到图形上，按下鼠标左键不放并拖动，即可涂抹拖动路径上的图形，如图3.49所示。

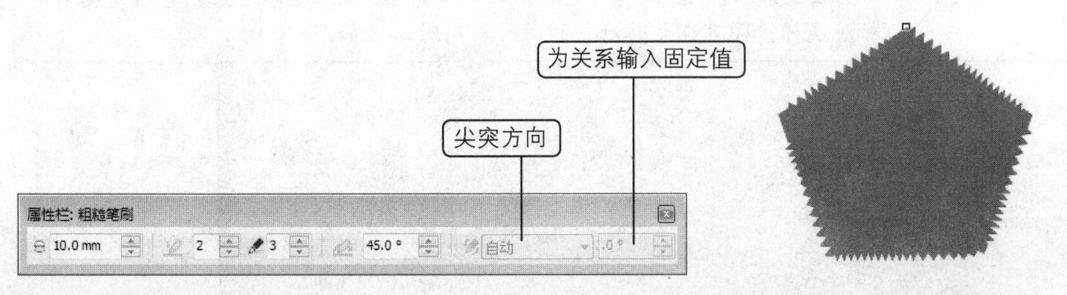

图3.48 “粗糙笔刷”属性栏

图3.49 绘制粗糙边缘

粗糙笔刷工具只适用于曲线对象，当所要涂抹的对象不是曲线对象时，系统将弹出“转换为曲线”对话框，单击“确定”按钮即可将对象转换为曲线。

3. 自由变换工具

使用自由变换工具可以将对象进行自由旋转、自由角度镜像、自由调节和自由扭曲。在工具箱中单击“形状工具”按钮，在展开的工具栏中单击“自由变换工具”按钮，将显示如图3.50所示的属性栏，其中各参数选项的含义如下。

图3.50 “自由变形工具”属性栏

- **自由旋转工具**：单击该按钮，可以将对象进行任意角度的旋转。
- **自由角度镜像工具**：单击该按钮，可以将对象按自由角度镜像。
- **自由调节工具**：单击该按钮，可以将对象进行任意的缩放。
- **自由扭曲工具**：单击该按钮，可以任意扭曲对象。
- **应用到再制**：单击该按钮，可以在旋转、镜像、调节和扭曲对象的同时再制对象，并将以上几种修饰效果应用到再制的对象上。
- **相对于对象**：单击该按钮，在后面的文本框中输入数值，则可以将对象移动到指定的位置。

自由旋转工具

自由旋转工具可以将对象按任意角度旋转，也可以指定旋转中心旋转。使用自由旋转工具的具体操作步骤如下所示。

步骤01 使用“挑选工具”按钮在绘图窗口中选择需要处理的图形，如图3.51所示。

步骤02 在工具箱中单击“形状工具”按钮，在展开的工具栏中单击“自由变换工具”按钮，在其属性栏中单击“自由旋转工具”按钮，然后将鼠标指针移动到图形上，按下鼠标左键不放并拖动，调整至适当角度后释放鼠标，即可进行自由旋转，如图3.52所示。

> **技巧** 在绘图窗口中选择对象后，在工具箱中单击“形状工具”按钮，在展开的下拉列表中单击“自由变换工具”按钮，然后在属性栏中单击“自由旋转”按钮和“应用到再制”按钮，拖动对象至适当角度后释放鼠标，即可在旋转对象的同时再制对象，如图3.53所示。

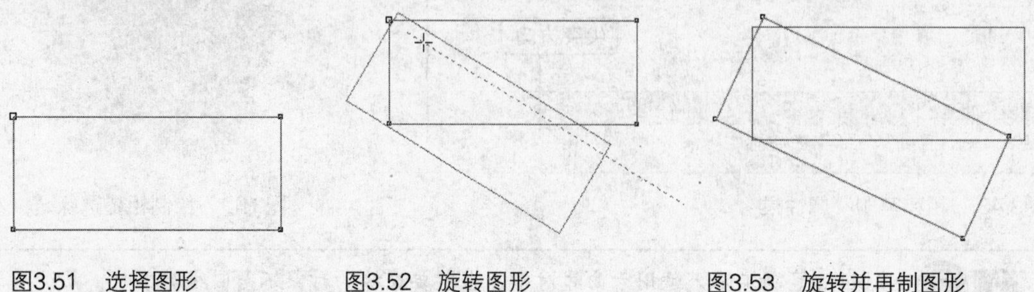

图3.51 选择图形　　图3.52 旋转图形　　图3.53 旋转并再制图形

自由角度镜像工具

自由角度镜像工具可以将对象按任意角度镜像，也可以在镜像对象的同时复制对象。使用自由角度镜像工具的具体操作步骤如下所示。

步骤01 使用“挑选工具”按钮在绘图窗口中选择需要处理的图形，如图3.54所示。

步骤02 在工具箱中单击“形状工具”按钮，在展开的工具栏中单击“自由变换工具”按钮，在其属性栏中单击“自由角度镜像工具”按钮，然后将鼠标指针移动到图形上，按下鼠标左键不放并拖动，调整至适当角度后释放鼠标，即可进行自由角度镜像，如图3.55所示。

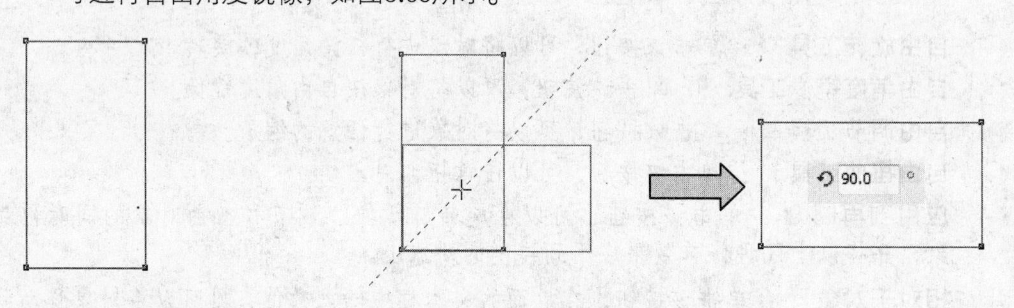

图3.54 选择图形　　图3.55 自由角度镜像图形

自由调节工具

自由调节工具可以将对象放大或缩小，也可以在调节对象的同时复制对象。使用自由调节工具的具体操作步骤如下所示。

步骤01 使用“挑选工具”按钮在绘图窗口中选择需要处理的图形，如图3.56所示。

步骤02 在工具箱中单击“形状工具”按钮，在展开的工具栏中单击“自由变换工具”按钮，在其属性栏中单击“自由调节工具”按钮，然后将鼠标指针移动到图形上，按下鼠标左键不放并拖动，调整至适当角度后释放鼠标，即可进行自由放大或缩小，如图3.57所示。

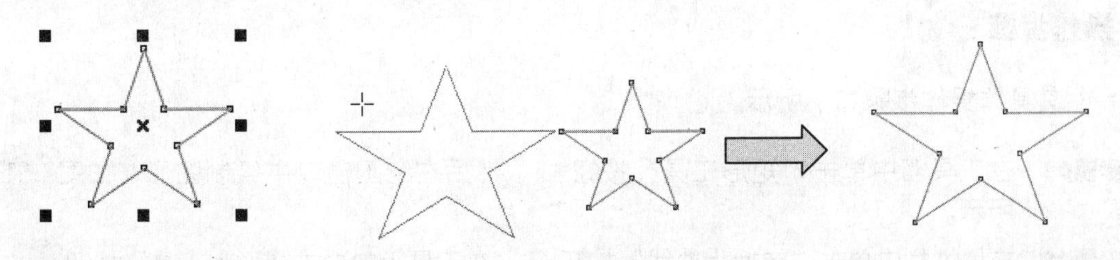

图3.56　选择图形　　图3.57　自由调节图形

自由扭曲工具

自由扭曲工具可以将对象进行任意扭曲，也可以在扭曲对象的同时再制对象。使用自由扭曲工具的具体操作步骤如下所示。

步骤01　使用“挑选工具”按钮在绘图窗口中选择需要处理的图形，如图3.58所示。

步骤02　在工具箱中单击“形状工具”按钮，在展开的工具栏中单击“自由变换工具”按钮，在其属性栏中单击“自由扭曲工具”按钮，然后将鼠标指针移动到图形上，按下鼠标左键不放并拖动，调整至适当角度后释放鼠标，即可扭曲图形，如图3.59所示。

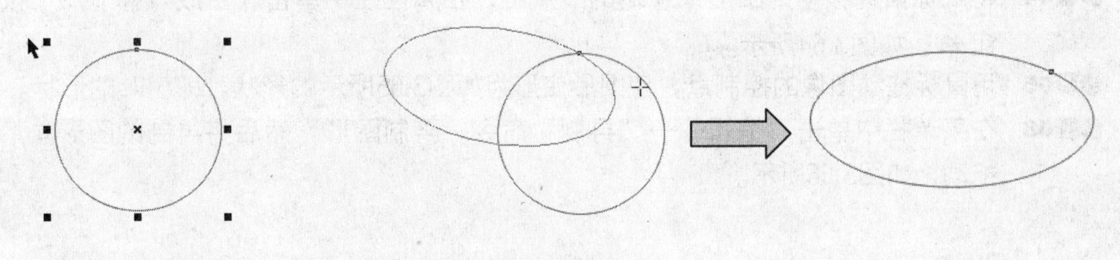

图3.58　选择图形　　图3.59　自由扭曲图形

3.2.2　典型案例——绘制树叶

案例目标

本案例将详细介绍如何绘制树叶，主要练习矩形工具、形状工具、挑选工具和粗糙笔刷工具的使用方法和技巧。制作完成后的最终效果如图3.60所示。

图3.60　最终效果图

效果图位置：\源文件\第3课\树叶.cdr

操作思路：

步骤01　使用矩形工具创建图形，转换为曲线后进行调整。

步骤02　再制图形，然后绘制矩形图形，并执行后减前命令。

步骤03　填充颜色，使用粗糙笔刷工具绘制边缘。

步骤04 绘制矩形，并填充颜色，然后调整其形状。

步骤05 使用“再制”命令、“镜像”命令绘制其他部分。

操作步骤

其具体操作步骤如下所示。

步骤01 在工具箱中单击“矩形工具”按钮，然后在绘图窗口中绘制图形，如图3.61所示。

步骤02 在属性栏中单击“转换为曲线”按钮，在工具箱中单击“形状工具”按钮，然后在绘图窗口中移动图形的节点，如图3.62所示。

步骤03 框选图形，在属性栏中单击“转换直线为曲线”按钮，然后将鼠标指针移动到图形最底端的节点上，双击鼠标，删除节点，如图3.63所示。

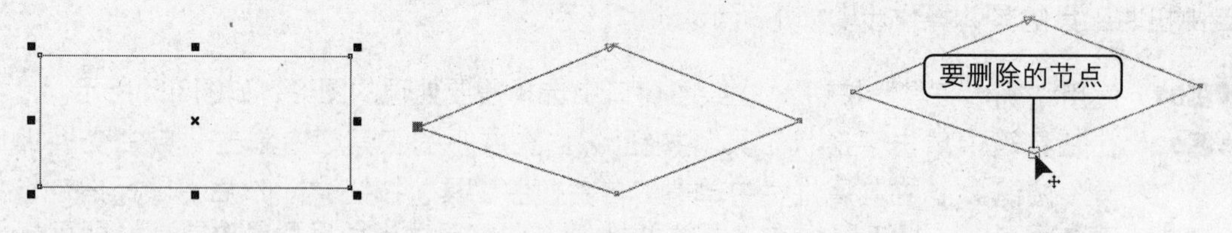

图3.61　绘制矩形　　图3.62　移动节点　　图3.63　删除节点

步骤04 将鼠标指针移动到图形最顶端的节点上，在属性栏中单击“生成对称节点”按钮，如图3.64所示。

步骤05 用鼠标拖动图像的控制点，使图形变形为如图3.65所示的形状，即树叶的形状。

步骤06 在菜单栏中单击“编辑”→“再制”命令，再制图形，然后将再制的图形向下拖动，如图3.66所示。

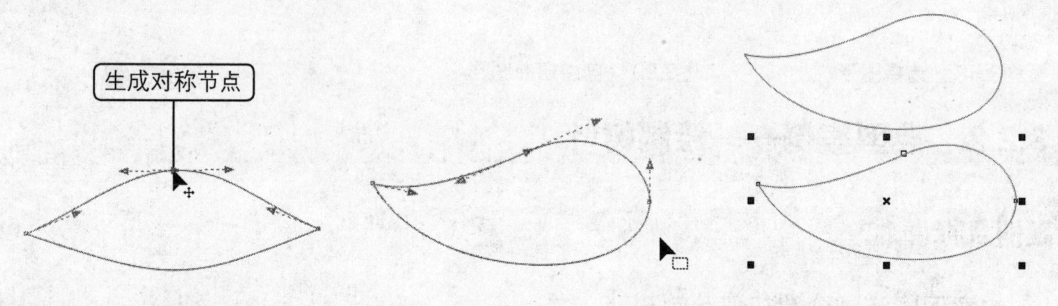

图3.64　更改节点属性　　图3.65　变形图形　　图3.66　再制图形

步骤07 在工具箱中单击“矩形工具”按钮，在绘图窗口中绘制图形，如图3.67所示，然后在属性栏中单击“转换为曲线”按钮。

步骤08 框选矩形最上方的两个节点，在属性栏中单击“转换直线为曲线”按钮，然后使用鼠标拖动控制点，效果如图3.68所示。

步骤09 在工具箱中单击“挑选工具”按钮，在绘图窗口中框选再制的图形和矩形，然后在属性栏中单击“移除前面对象”按钮，效果如图3.69所示。

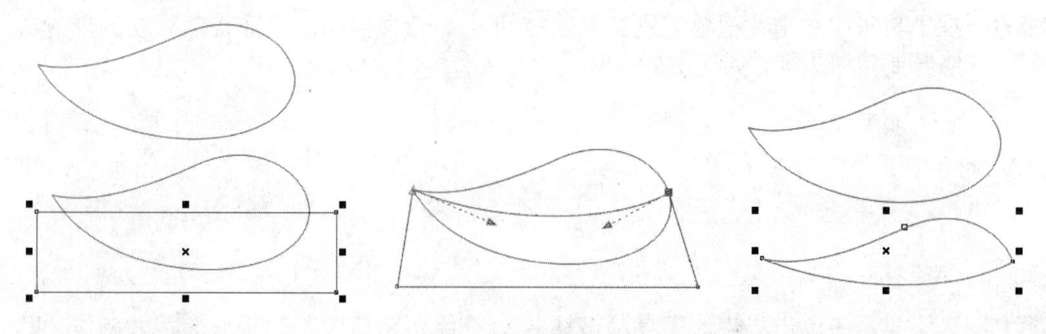

图3.67　绘制矩形　　图3.68　拖动控制点　　图3.69　移除前面的对象

步骤10　在“调色板”中单击“月光绿”图标，然后在属性栏的“选择轮廓宽度或键入新宽度”下拉列表中选择“无”，效果如图3.70所示。

步骤11　选择“树叶的形状”图形，在“调色板”中单击“酒绿”图标，然后在属性栏的“选择轮廓宽度或键入新宽度”下拉列表中选择“无”，效果如图3.71所示。

步骤12　使用“挑选工具”按钮选择再制的那个图形，拖动到“树叶的形状”图形上，如图3.72所示。

图3.70　填充颜色（一）　　图3.71　填充颜色（二）　　图3.72　移动图形

步骤13　在工具箱中单击“形状工具”按钮，在展开的工具栏中单击“粗糙笔刷工具”按钮，在属性栏中设置“笔尖大小”为“5.00mm”，“使用笔压控制尖突频率”为“1”，“在效果中添加水分浓度”为“0”，“使用笔斜移”为“50.0”，如图3.73所示。

步骤14　选择“树叶的形状”图形，将鼠标指针移动到图形边缘上，当指针变成⊙形状时，按住鼠标左键不放并拖动至适当位置后，释放鼠标即可绘制粗糙的边缘，如图3.74所示。

图3.73　“粗糙笔刷”属性栏　　图3.74　制作粗糙边缘

步骤15　选择“树叶的形状”图形，在工具箱中单击“橡皮擦工具”按钮，在属性栏中设置“橡皮擦厚度”为“3.00mm”，然后在“树叶的形状”图形中按住鼠标左键不放并拖动，擦除上方的粗糙边缘，如图3.75所示。

步骤16 在工具箱中单击“粗糙笔刷工具”按钮，选择再制的图形，然后在图形的边缘绘制粗糙边缘，如图3.76所示。

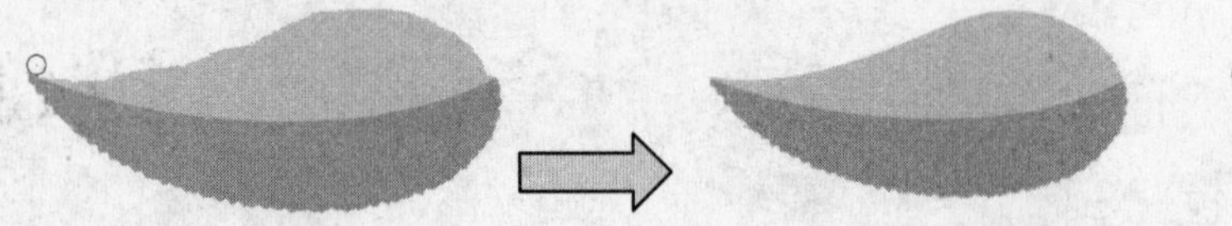

图3.75 擦除图形

图3.76 制作粗糙边缘

步骤17 在工具箱中单击“矩形工具”按钮，在绘图窗口中绘制矩形形状，制作“叶脉”，如图3.77所示，然后在“调色板”中单击“春绿”图标，在属性栏中单击“转换为曲线”按钮。

步骤18 在工具箱中单击“形状工具”按钮，框选矩形的所有节点，在属性栏中单击“转换直线为曲线”按钮，然后使用鼠标拖动图形的控制点，效果如图3.78所示。

步骤19 将鼠标指针移动到变形矩形的右端，在轮廓线上双击鼠标左键，将添加一个节点，拖动节点的控制点，改变图形，如图3.79所示。

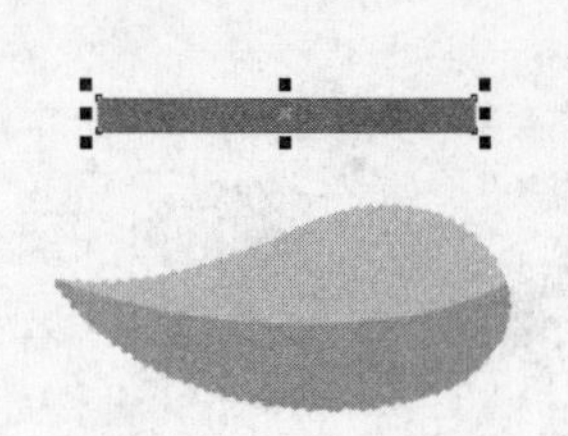

图3.77 绘制矩形并填充

图3.78 拖动控制点

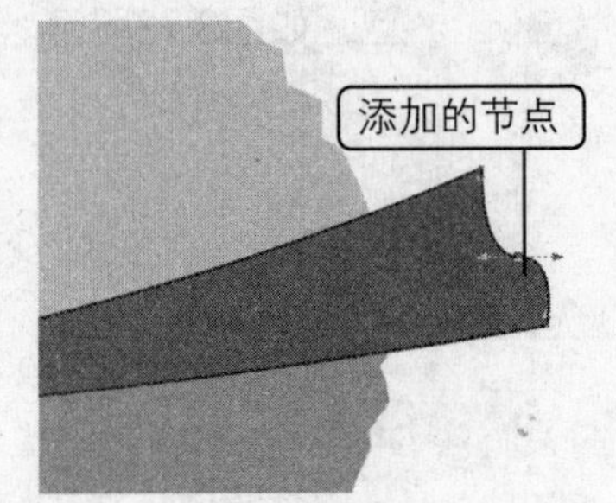

图3.79 添加节点并拖动

步骤20 在工具箱中单击“挑选工具”按钮，在属性栏的“选择轮廓宽度或键入新宽度”下拉列表中选择“无”选项，效果如图3.80所示。

步骤21 选择“叶脉”图形，在菜单栏中单击“编辑”→“再制”命令，将再制图形“小叶脉”，再次单击图形，然后将鼠标指针移动到对角上，当指针变成形状时，按住鼠标左键不放并拖动，旋转图形，如图3.81所示。

步骤22 将鼠标指针在空白处单击，再次选择图形，然后将鼠标指针移动到对角上，当指针变成形状时，按住鼠标左键不放并拖动，缩小图形，如图3.82所示。

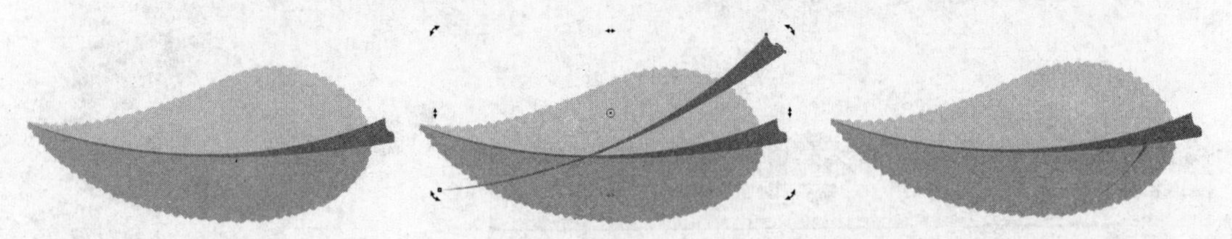

图3.80 设置轮廓线　　图3.81 再制并旋转图形　　图3.82 缩小图形

步骤23 在菜单栏中单击“编辑”→“再制”命令，再制图形，并进行适当的缩小，如图3.83所示。

步骤24 按照步骤21的操作方法，再制多个图形，移动至适当位置后缩小，如图3.84所示。

步骤25 使用挑选工具框选所有的“小叶脉”图形，如图3.85所示，在菜单栏中单击“窗口”→“泊坞窗”→“变换”命令，将弹出“变换”泊坞窗。

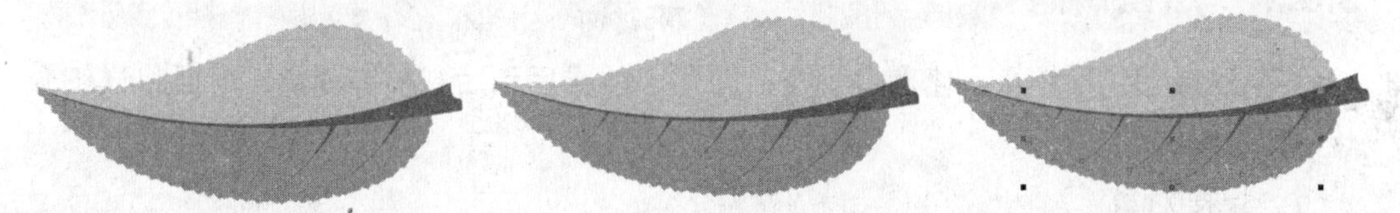

图3.83 再制并缩小图形　　图3.84 再制并缩小其他图形　　图3.85 框选图形

步骤26 在“变换”泊坞窗中单击“缩放和镜像”按钮，在参数选项区域中单击“垂直镜像”按钮，然后单击“应用到再制”按钮，这时图形中的小叶脉将再制并垂直翻转，如图3.86所示。

步骤27 使用挑选工具将再制的小叶脉移动到树叶的另一个位置上，如图3.87所示。

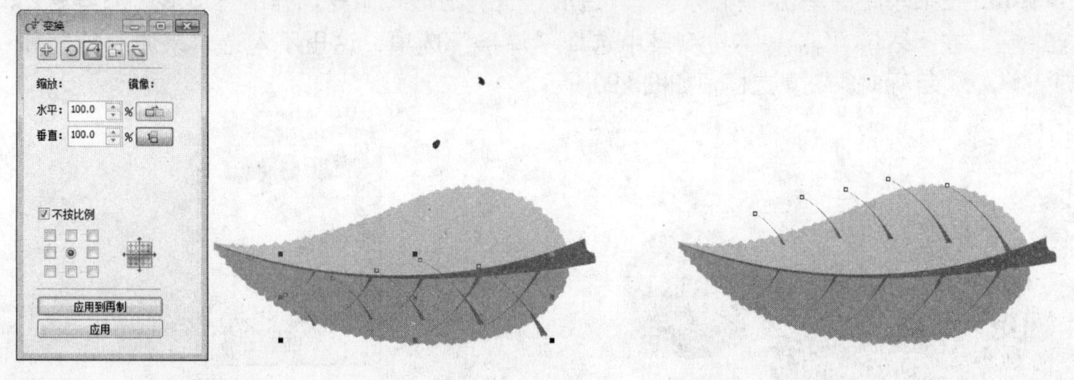

图3.86 垂直镜像图形　　图3.87 移动图形

步骤28 在空白处单击，依次选择小叶脉，并移动到适当的位置，得到的最终效果如图3.88所示。

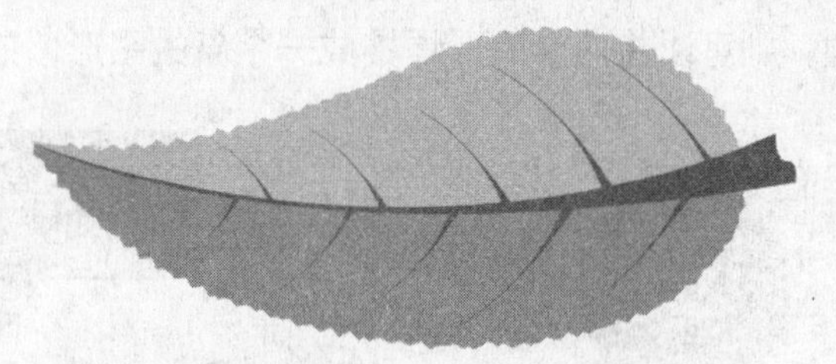

图3.88 最终效果图

案例小结

本案例主要讲解了如何使用矩形工具、粗糙笔刷工具等绘制图形，并使用形状工具对边缘进行调整。其他未练习到的知识，用户可通过“知识讲解”部分自行练习。

3.3 对象的造形

CorelDRAW X4提供了多种造形功能，通过这些功能可以很方便地创建出更复杂、更丰富的图形效果。

3.3.1 知识讲解

对象的造形包括焊接、修剪、相交、简化、前减后和后减前等功能，下面将详细介绍这些内容。

1. 焊接对象

使用焊接功能可以对多个单一对象、组合图形对象、线条等进行焊接或交叉，从而创建具有单一轮廓的独立对象。

在CorelDRAW X4中，使用“焊接”功能的具体操作步骤如下所示。

步骤01 使用挑选工具在绘图窗口中选择需要焊接的对象（矩形），如图3.89所示。

步骤02 在菜单栏中单击“排列”→“造形”→“造形”命令，弹出“造形”泊坞窗，在焊接下拉列表中选择“焊接”选项，这里不勾选“来源对象”和“目标对象”复选框，如图3.90所示。

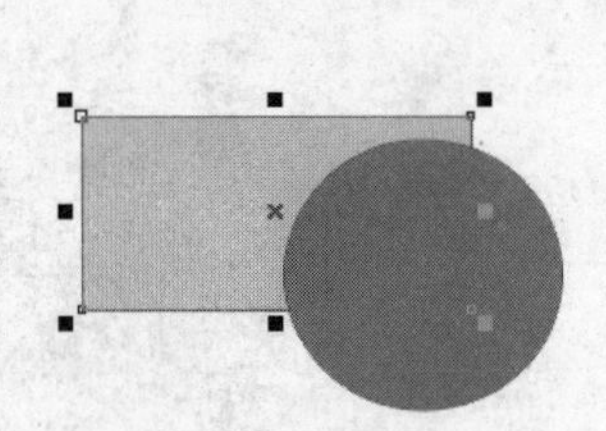

图3.89 选择图形

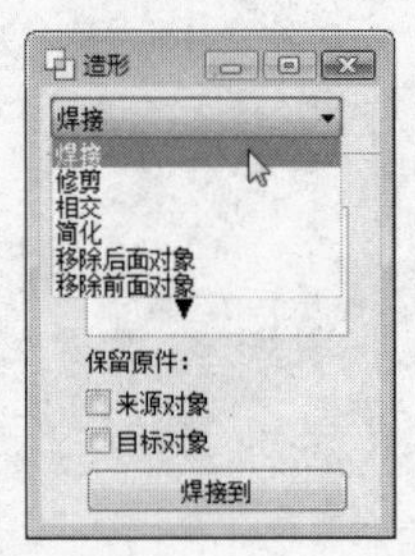

图3.90 “造形”泊坞窗

步骤03 在“造形”泊坞窗中单击“焊接到”按钮，鼠标指针变成形状，然后将鼠标指针移动到目标对象（圆形）上，如图3.91所示。

步骤04 单击鼠标左键，则可以将两个图形焊接成一个新的图形，效果如图3.92所示。

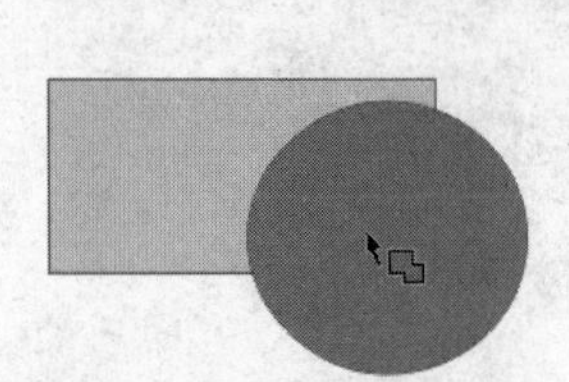

图3.91 选择目标对象

图3.92 焊接对象

使用挑选工具选择对象（来源对象）后，在“造形”泊坞窗中勾选“来源对象”复选框，取消勾选“目标对象”复选框，则在焊接时保留来源对象，如图3.93所示；勾选“目标对象”复选框，取消勾选“来源对象”复选框，则在焊接时保留目标对象（即后面单击的对象），如图3.94所示；如果同时勾选“来源对象”和“目标对象”复选框，则在焊接时保留来源对象和目标对象，如图3.95所示。

在焊接对象时，还可以使用挑选工具在绘图窗口中框选焊接的所有对象，然后在菜单栏中单击“排列”→“造形”→“焊接”命令或在属性栏中单击“焊接”按钮，则可以将所选择的图形对象进行焊接。

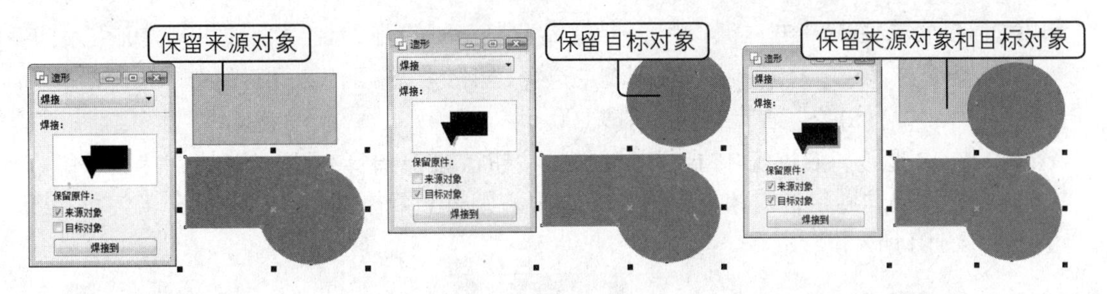

图3.93 保留来源对象　　图3.94 保留目标对象　　图3.95 保留来源对象和目标对象

2. 修剪对象

使用修剪功能可以清除被修剪对象与其他对象的相交部分，从而创建形状不规则的对象，其具体操作步骤如下所示。

步骤01 使用挑选工具在绘图窗口中选择需要修剪的对象（矩形），如图3.96所示。

步骤02 在菜单栏中单击“窗口”→“泊坞窗”→“造形”命令，弹出“造形”泊坞窗，在焊接下拉列表中选择“修剪”选项，这里不勾选“来源对象”和“目标对象”复选框，如图3.97所示。

步骤03 在“造形”泊坞窗中单击“修剪”按钮，鼠标指针变成形状，然后将鼠标指针移动到目标对象（圆形）上单击，则清除矩形和圆形之间的相交部分，效果如图3.98所示。

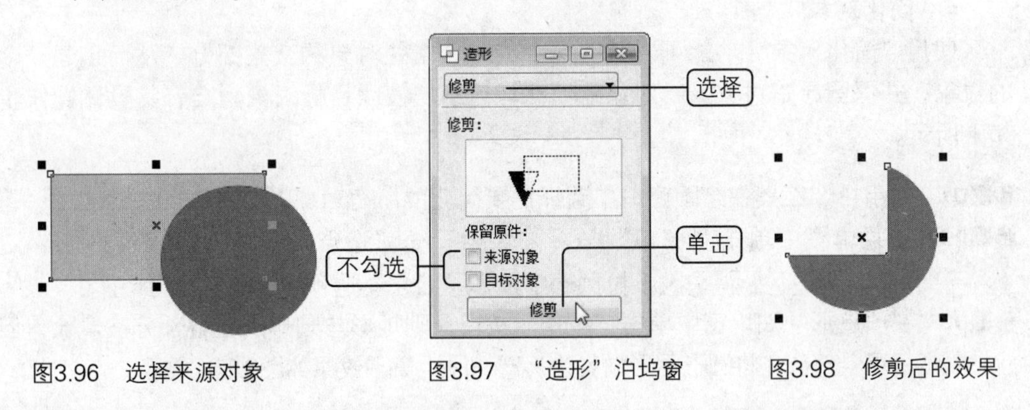

图3.96 选择来源对象　　图3.97 “造形”泊坞窗　　图3.98 修剪后的效果

> **说明** 在“造形”泊坞窗中，可以根据“来源对象”和“目标对象”复选框，修剪出不同的图形效果（与“焊接”功能类似，这里就不详细介绍了）。

使用挑选工具在绘图窗口中首先选择的对象为“来源对象”，后选择的对象为被修剪的对象（目标对象），然后在菜单栏中单击“排列”→“造形”→“修剪”命令或在属性栏中单击“修剪”按钮，即可直接应用修剪功能。

3. 相交对象

使用“相交对象”功能可以创建出两个或多个对象重叠的交集部分，其具体操作步骤如下所示。

步骤01 使用挑选工具在绘图窗口中选择需要相交的对象（矩形），如图3.99所示。

步骤02 在菜单栏中单击“窗口”→“泊坞窗”→“造形”命令，弹出“造形”泊坞窗，在焊接下拉列表中选择“相交”选项，这里不勾选“来源对象”和“目标对象”复选框，如图3.100所示。

步骤03 在“造形”泊坞窗中单击“相交”按钮，鼠标指针变成形状，然后将鼠标指针移动到目标对象（圆形）上单击，则得到两个图形的相交部分，效果如图3.101所示。

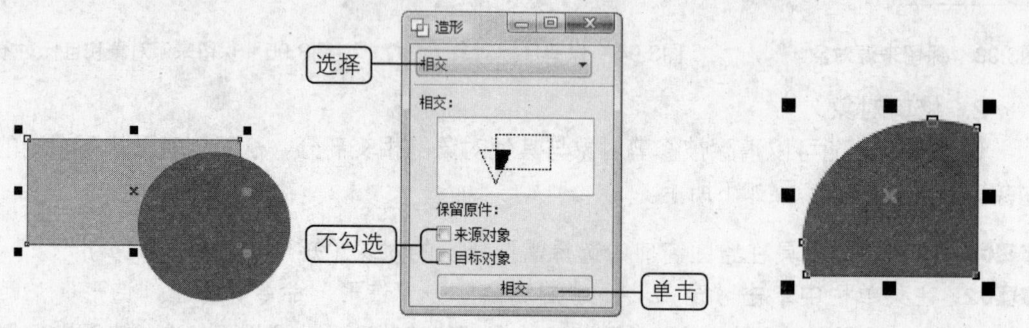

图3.99　选择来源对象　　　图3.100　“造形”泊坞窗　　　图3.101　相交后的效果

使用挑选工具在绘图窗口中首先选择的对象为“来源对象”，后选择的对象为被修剪的对象（目标对象），然后在菜单栏中单击“排列”→“造形”→“相交”命令或在属性栏中单击“相交”按钮，即可直接应用该功能。

4. 简化对象

使用“简化对象”功能可以减去两个或多个重叠对象的交集部分，从而创建一个新的对象，并保留原始对象，新对象的填充与轮廓属性以目标对象为准，其具体操作步骤如下所示。

步骤01 使用挑选工具在绘图窗口中选择需要简化的所有对象，如图3.102所示。

步骤02 在菜单栏中单击“窗口”→“泊坞窗”→“造形”命令，弹出“造形”泊坞窗，在焊接下拉列表中选择“简化”选项，如图3.103所示。

步骤03 在“造形”泊坞窗中单击“应用”按钮，则矩形与圆形的重叠部分被清除，但保留剩余部分，将圆形图形向旁边移动一段距离，效果如图3.104所示。

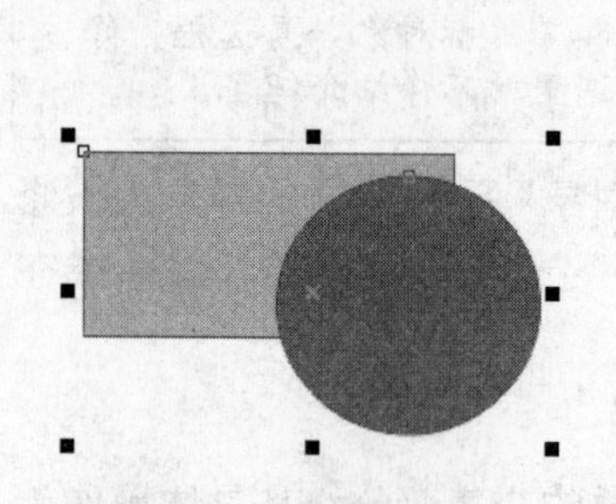

图3.102　选择所有对象

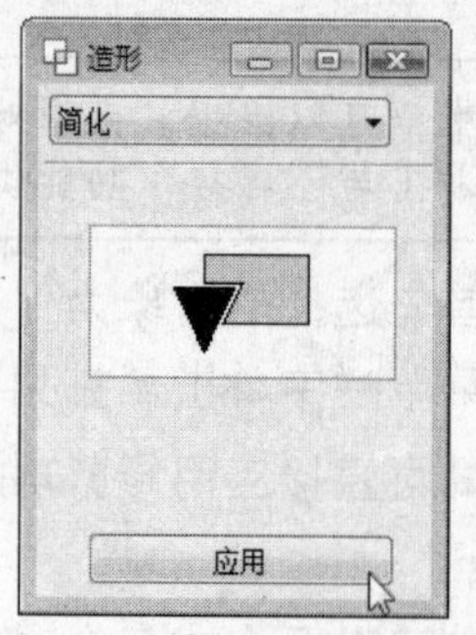

图3.103　“造形”泊坞窗

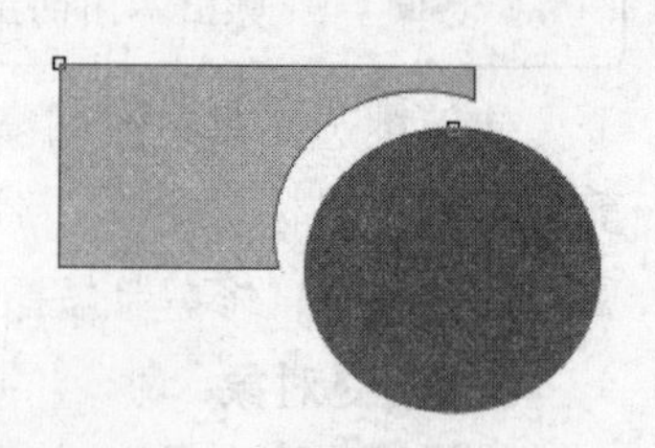

图3.104　简化后的效果

注意 执行“简化对象”命令后，群组对象会被自动解散群组。用户在选取图形对象时，应使用挑选工具进行框选。

5. 前减后对象与后减前对象

前减后对象

前减后对象时将减去后面的对象，并减去前后对象的重叠区域，仅保留前面对象的非重叠区域。执行前减后操作的具体方法有以下几种。

- 使用挑选工具选择所有的对象，然后在属性栏中单击“移除后面对象”按钮，不仅可以减去后面的图形对象，还可以减去前、后相交的重叠部分，而仅保留前面图形对象的剩余部分。
- 使用挑选工具选择所有的对象，在菜单栏中单击“窗口”→“泊坞窗”→“造形”命令，在弹出的“造形”泊坞窗中选择“移除后面对象”选项，然后单击“应用”按钮。
- 使用挑选工具选择所有的对象，然后在菜单栏中单击“排列”→“造形”→“移除后面对象”命令即可执行前减后操作。

后减前对象

后减前对象时将减去前面的对象，并减去前后对象的重叠区域，仅保留后面对象的非重叠区域。执行后减前操作的具体方法有以下几种。

- 使用挑选工具选择所有的对象，然后在属性栏中单击“移除前面对象”按钮，不仅可以减去前面的图形对象，还可以减去前、后相交的重叠部分，而仅保留后面图形对象的剩余部分。
- 使用挑选工具选择所有的对象，在菜单栏中单击“窗口”→“泊坞窗”→“造形”命令，在弹出的“造形”泊坞窗中选择“移除前面对象”选项，然后单击“应用”按钮。
- 使用挑选工具选择所有的对象，然后在菜单栏中单击“排列”→“造形”→“移除前面对象”命令即可执行前减后操作。

使用挑选工具选择所有的对象后，在属性栏中单击“创建围绕选定对象的新对象”按钮，可以创建出两个图形合成一个图形的轮廓图。

3.3.2 典型案例——手绘雨伞

案例目标

本案例将手绘雨伞，主要练习椭圆形工具、挑选工具、贝济埃工具、形状工具、“后减前”按钮和“转换直线为曲线”等工具的使用方法和技巧。制作完成后的最终效果如图3.105所示。

图3.105　最终效果图

效果图位置：\源文件\第3课\雨伞.cdr

操作思路：

步骤01　使用椭圆形工具、“后减前”按钮等绘制雨伞的形状。

步骤02 使用贝济埃工具、形状工具等绘制图形。

步骤03 使用贝济埃工具、形状工具、挑选工具等绘制伞帽、伞柄和伞勾。

操作步骤

其具体操作步骤如下所示。

步骤01 在工具箱中单击“椭圆形工具”按钮，在绘图窗口中按下“Ctrl”键，然后按下鼠标左键并拖动，绘制圆形，如图3.106所示。

步骤02 在“调色板”中单击“蓝光紫”图标，如图3.107所示。

步骤03 在菜单栏中单击“编辑”→“再制”命令，再制图形，将再制的图形填充为“调色板”中的蓝色，然后移动到适当的位置，如图3.108所示。

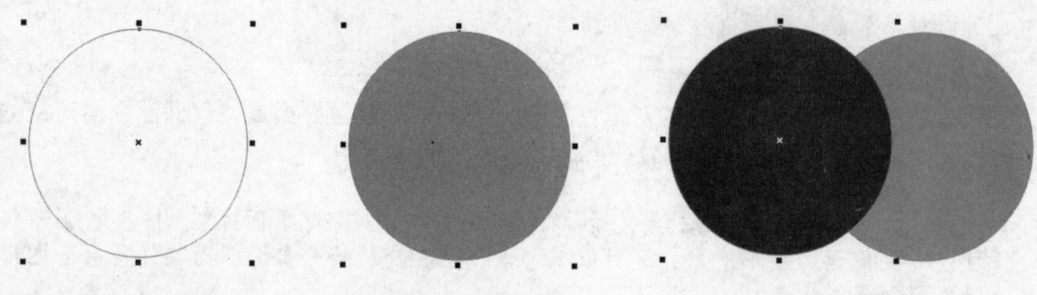

图3.106　绘制圆形　　图3.107　填充颜色　　图3.108　再制并填充颜色

步骤04 按照步骤3的方法，再制图形，并分别填充为“青色”和“绿色”，然后移动到适当的位置，如图3.109所示。

步骤05 在工具箱中单击“挑选工具”按钮，框选所有图形，然后在属性栏中单击“移除前面对象”按钮，即可绘制出雨伞的形状，如图3.110所示。

步骤06 在工具箱中单击“形状工具”按钮，然后在图形中选择一个节点，在属性栏中单击“使节点成为尖突”按钮，拖动控制点改变雨伞的形状，如图3.111所示。

图3.109　再制并移动图形　　图3.110　移除前面的对象　　图3.111　更改节点属性

步骤07 在工具箱中单击“填充”按钮，在展开的工具栏中单击“渐变填充”命令，然后在弹出的“渐变填充”对话框中，在“从”右侧的颜色块下拉列表中选择“深碧蓝”，在“到”右侧的颜色块下拉列表中选择“粉蓝”，如图3.112

所示。

步骤08 设置完成后单击“确定”按钮，效果如图3.113所示。

步骤09 在工具箱中单击“贝济埃工具”按钮，然后在绘图窗口中绘制三角形，如图3.114所示。

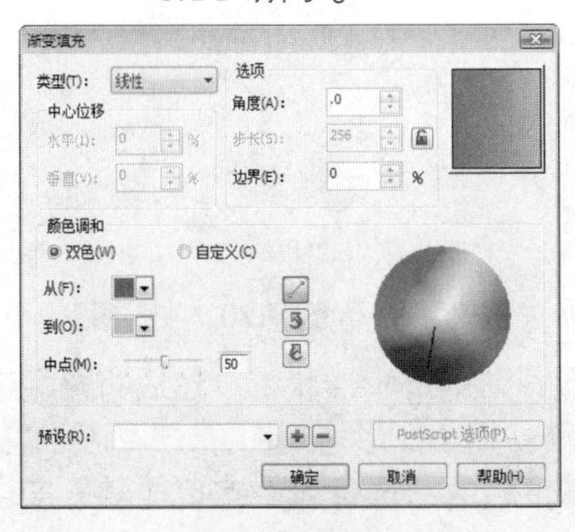

图3.112 “渐变填充”对话框　　图3.113 填充渐变色　　图3.114 绘制三角形

步骤10 在工具箱中单击“形状工具”按钮，分别选择三角形的3个节点，然后在属性栏中单击“转换直线为曲线”按钮，如图3.115所示。

步骤11 将鼠标指针移动到三角形的控制点上，然后按住鼠标并拖动，变形后的效果如图3.116所示。

步骤12 在工具箱中单击“填充”按钮，在展开的工具栏中单击“渐变填充”命令，然后在弹出的“渐变填充”对话框中，在“从”右侧的颜色块下拉列表中选择“白色”，在“到”右侧的颜色块下拉列表中选择“10%黑”，如图3.117所示。

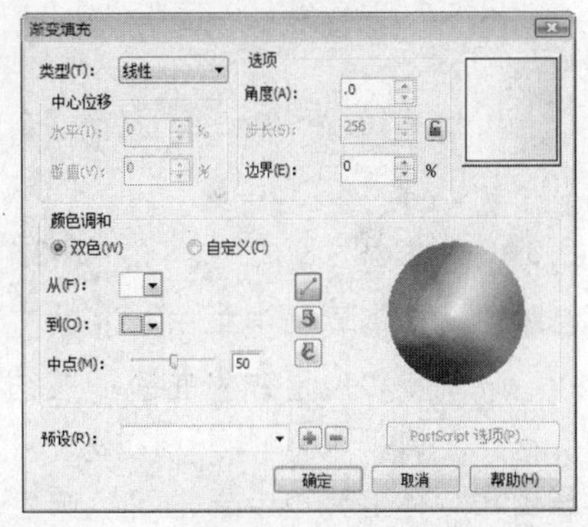

图3.115 将直线转换为曲线　　图3.116 变形后的效果　　图3.117 “渐变填充”对话框

步骤13 设置完成后单击“确定”按钮，然后在工具箱中单击“挑选工具”按钮，在属性栏的“选择轮廓宽度或键入新宽度”下拉列表中选择“无”选项，效果如图3.118所示。

步骤14 在工具箱中单击“贝济埃工具”按钮，然后在绘图窗口中绘制图形，如图3.119所示。

步骤15 在工具箱中单击“形状工具”按钮，分别选择图形的3个节点，然后在属性栏中单击“转换直线为曲线”按钮，拖动控制点改变图形的形状，如图3.120所示。

图3.118　渐变填充

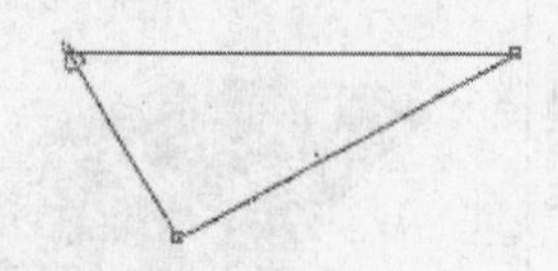

图3.119　绘制图形

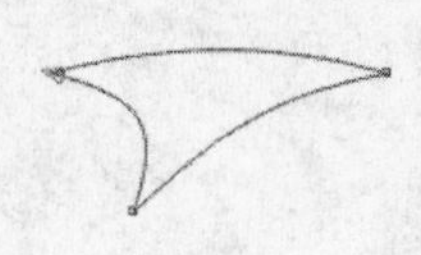

图3.120　变形图形

步骤16　在工具箱中单击“挑选工具”按钮，将图形移动到雨伞形状上，然后将鼠标指针移动到图形的对角上，按下鼠标左键并拖动，缩小图形，如图3.121所示。

步骤17　在“调色板”中单击“白色”图标，然后在属性栏的“选择轮廓宽度或键入新宽度”下拉列表中选择“无”选项，效果如图3.122所示。

步骤18　在工具箱中单击“贝济埃工具”按钮，然后在绘图窗口中绘制图形，制作伞帽，如图3.123所示。

图3.121　缩小图形　　图3.122　填充颜色　　图3.123　绘制图形

步骤19　在工具箱中单击“形状工具”按钮，选择图形的每个节点，在属性栏中单击“转换直线为曲线”按钮，然后按住鼠标拖动图形的控制点，调整图形的形状，如图3.124所示。

步骤20　在工具箱中单击“挑选工具”按钮，将图形移动到雨伞的适当位置，然后将鼠标指针移动到图形的对角上，按下鼠标左键并拖动，缩小图形，再次单击图形，则旋转图形，并放置到适当的位置，如图3.125所示。

步骤21　在“调色板”中单击“靛蓝”图标，然后在属性栏的“选择轮廓宽度或键入新宽度”下拉列表中选择“无”选项，效果如图3.126所示。

步骤22　在工具箱中单击“椭圆形工具”按钮，然后在绘图窗口中按下“Ctrl”键，之后按下鼠标左键并拖动，绘制正圆，如图3.127所示。

步骤23　在“调色板”中单击“深碧蓝”图标，然后在属性栏的“选择轮廓宽度或键入新宽度”下拉列表中选择“无”选项，之后缩小图形，效果如图3.128所示。

步骤24　在菜单栏中单击“编辑”→“再制”命令，再制图形，并将再制的图形移动到适当的位置，然后再按下“Ctrl+D”组合键再制两次，并移动到适当的位置，效果如图3.129所示。

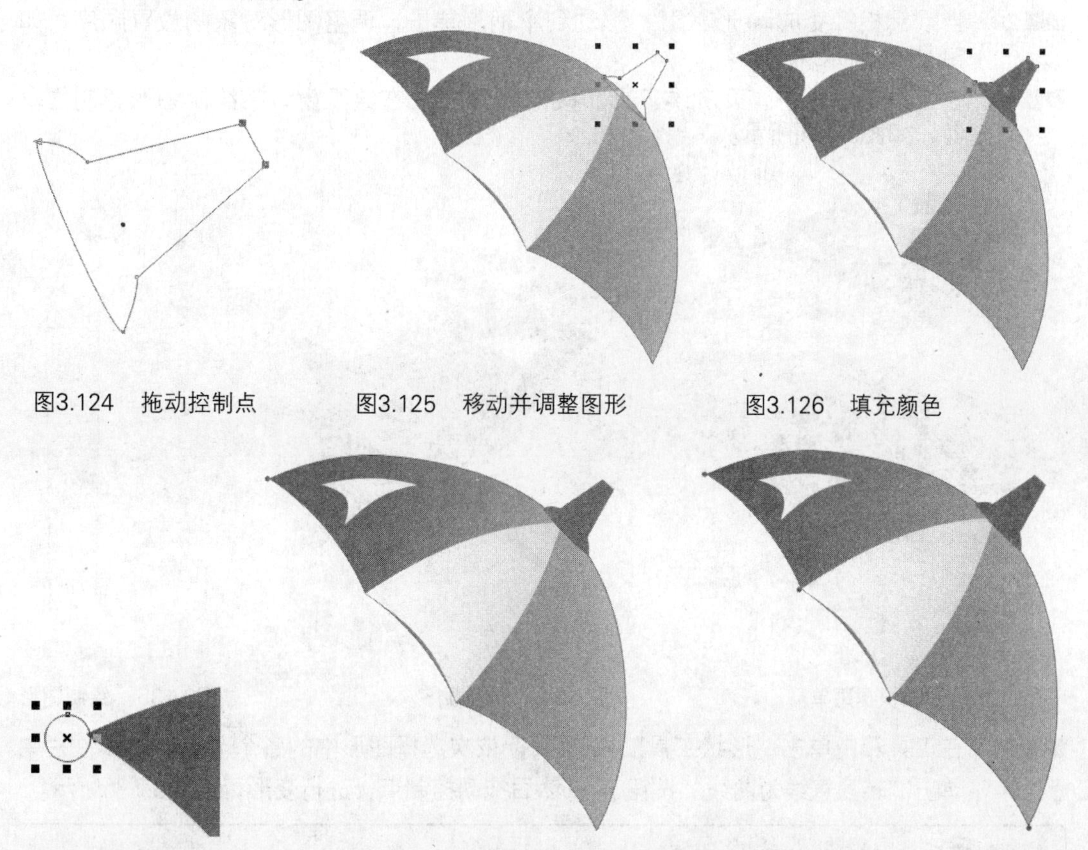

图3.124　拖动控制点　　图3.125　移动并调整图形　　图3.126　填充颜色

图3.127　绘制图形　　图3.128　填充颜色　　图3.129　再制图形

步骤25　在工具箱中单击“贝济埃工具”按钮，然后在绘图窗口中绘制图形，制作伞柄，如图3.130所示。

步骤26　在工具箱中单击“挑选工具”按钮，将绘制的图形移动到雨伞的位置，然后进行适当的缩放，如图3.131所示。

步骤27　在“调色板”中单击“靛蓝”图标，然后在属性栏的“选择轮廓宽度或键入新宽度”下拉列表中选择“无”选项，效果如图3.132所示。

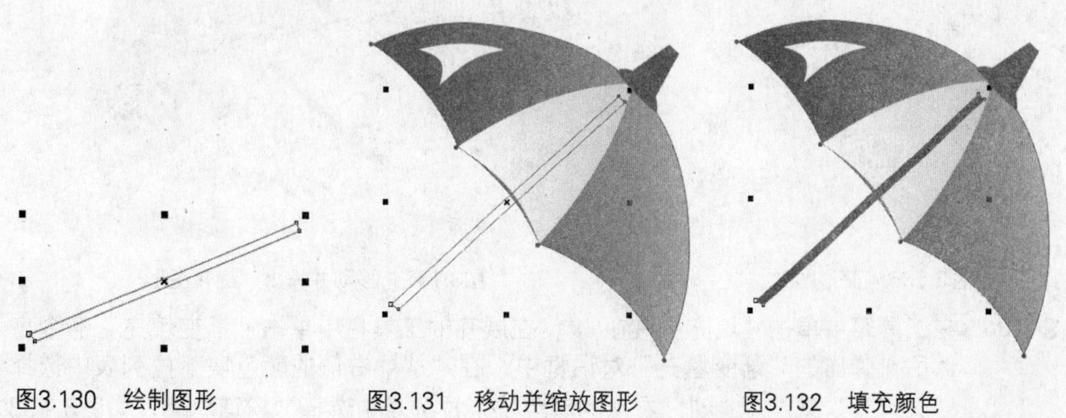

图3.130　绘制图形　　图3.131　移动并缩放图形　　图3.132　填充颜色

步骤28 在绘图窗口中选择除伞柄外的所有图形，然后单击鼠标右键，在弹出的快捷菜单中选择“顺序”→“置于此对象前”命令，如图3.133所示。

步骤29 当鼠标指针变成➡形状时，移动到伞柄上单击，调整图形对象的放置顺序，如图3.134所示。

步骤30 在工具箱中单击“贝济埃工具”按钮，然后在绘图窗口中绘制图形，制作伞勾，如图3.135所示。

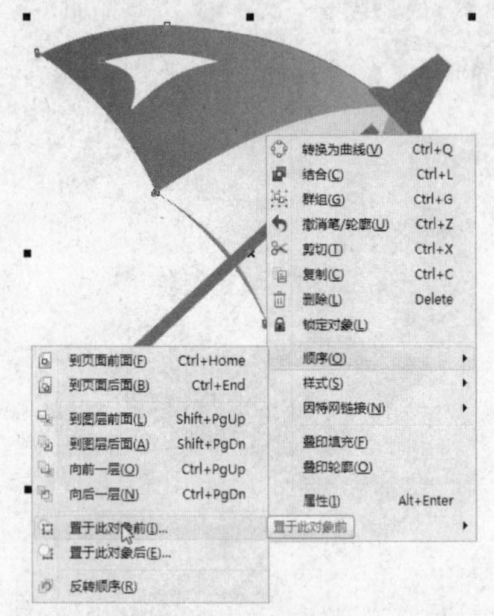

图3.133 右键快捷菜单

图3.134 调整顺序

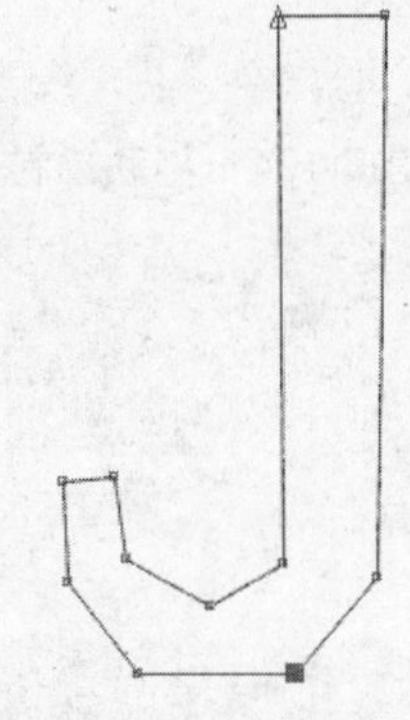

图3.135 绘制图形

步骤31 在工具箱中单击“形状工具”按钮，依次选择图形中的各个节点，在属性栏中单击“转换直线为曲线”按钮，然后拖动控制点，进行变形，如图3.136所示。

说明 在变形图形时，可以根据需要将节点转换为对称节点或删除部分节点。

步骤32 在工具箱中单击“挑选工具”按钮，将绘制的伞勾移动到适当的位置，并进行缩小和旋转，如图3.137所示。

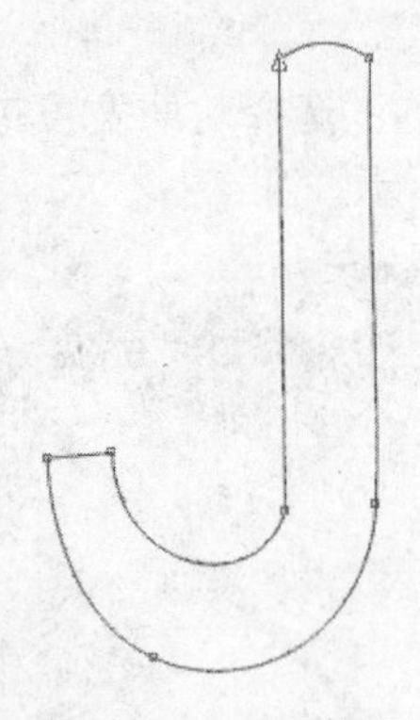

图3.136 变形图形

图3.137 移动并缩小、旋转图形

步骤33 在工具箱中单击“填充”按钮，在展开的工具栏中单击“渐变填充”命令，然后在弹出的“渐变填充”对话框中，在“从”右侧的颜色块下拉列表中选择“深碧蓝”■，在“到”右侧的颜色块下拉列表中选择“粉蓝”■，如图3.138

所示。

步骤34 设置完成后，单击“确定”按钮，得到的最终效果如图3.139所示。

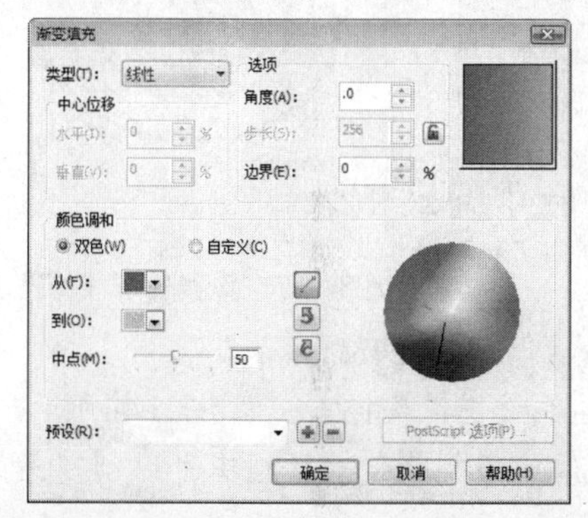

图3.138 “渐变填充”对话框

图3.139 最终效果图

案例小结

本案例主要讲解了对象后减前的具体应用，其中涉及了贝济埃工具、形状工具、椭圆形工具、直线和曲线的转换、节点的属性转换等。通过对本案例的学习，相信读者会对这些工具的使用有了更进一步的了解。

3.4 编辑轮廓线

默认情况下，在绘图窗口中绘制图形时，图形都自带有轮廓线。用户可以根据自己的需求对轮廓线进行编辑。

3.4.1 知识讲解

轮廓线的编辑，即在“轮廓笔”对话框中设置轮廓的颜色、宽度和样式，清除轮廓线、复制轮廓属性以及编辑箭头等的相关知识。下面将详细介绍这些内容。

1. “轮廓笔”对话框

在绘图窗口中选择一个图形，在工具箱中单击“轮廓”按钮，在展开的工具栏中单击“轮廓笔”命令，将弹出“轮廓笔”对话框（如图3.140所示），其中各参数选项的含义如下。

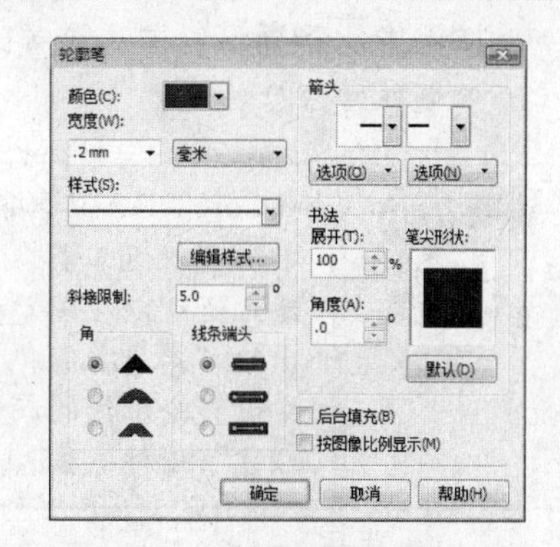

图3.140 “轮廓笔”对话框

- **颜色**：在该选项右侧的颜色块中单击小三角按钮，可在弹出的下拉列表中设置轮廓线的颜色，效果如图3.141所示。
- **宽度**：可在该选项区域的 .2 mm 下拉列表中选择预设的轮廓线宽度，或直接输入数值自定义宽度；在 毫米 下拉列表中选择轮廓线的度量单位，如图3.142所示。

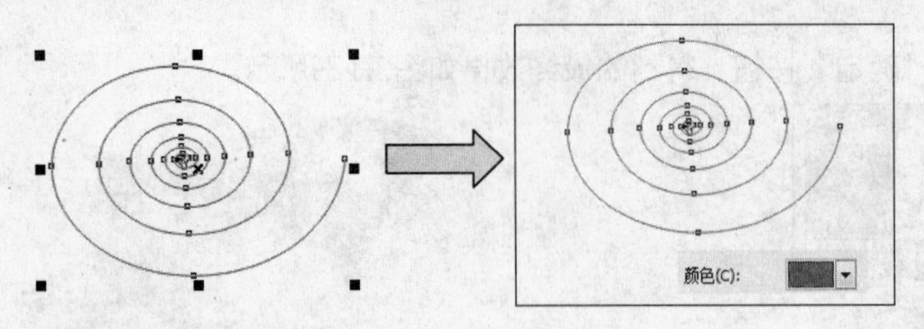

图3.141　设置轮廓线的颜色

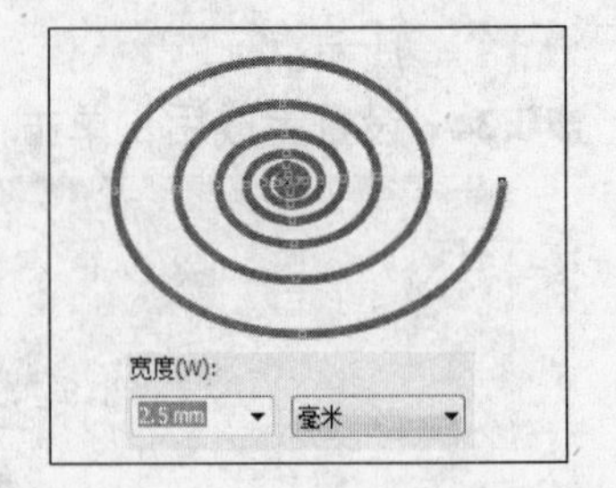

图3.142　设置轮廓线的宽度

- **样式**：在该选项的下拉列表中设置轮廓线的样式，如图3.143所示。
- **箭头**：在该选项区域中可以为所选择的未封闭曲线设置箭头样式，如图3.144所示。
- **编辑样式**：单击编辑样式...按钮，在弹出的“编辑线条样式”对话框中可以创建新的线条样式，如图3.145所示。

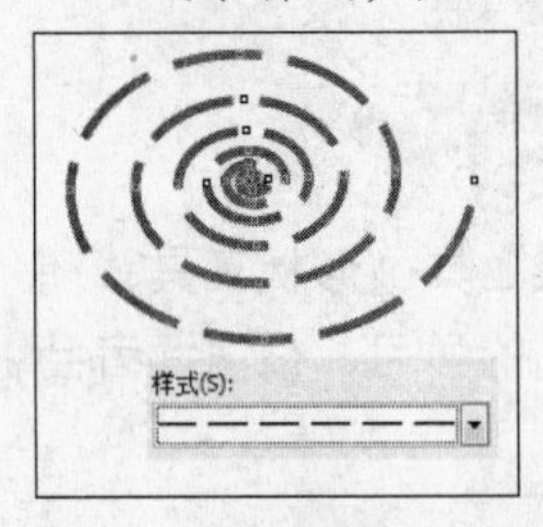

图3.143　设置轮廓线样式

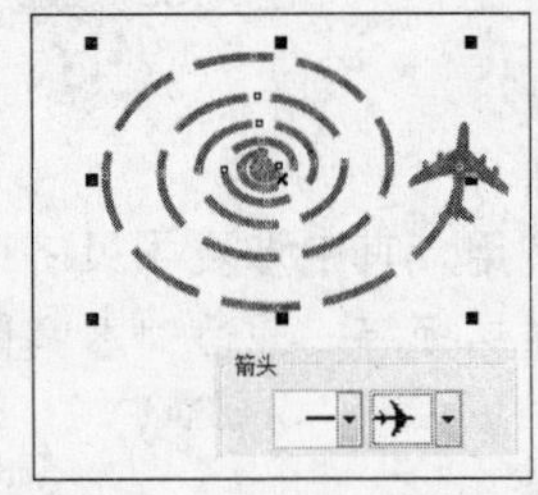

图3.144　设置箭头样式

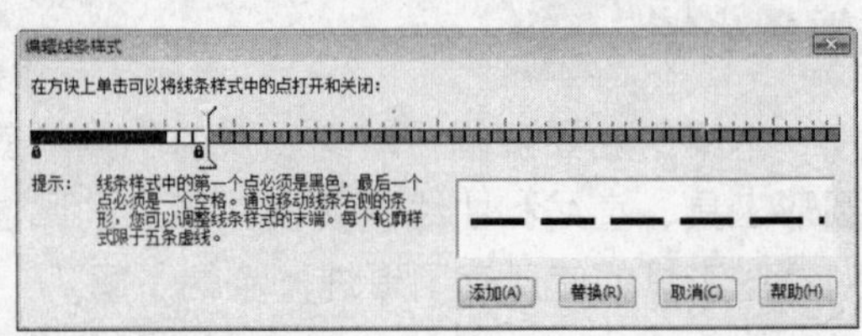

图3.145　编辑线条样式

- **角**：在该选项区域中可以为轮廓线设置所需的拐角样式，即“书法”选项区域中的笔尖形状。
- **线条端头**：在该选项区域中，可以为轮廓线设置所需的端头样式。
- **书法**：在该选项区域中，创建书法轮廓，其中“展开”用于更改笔尖宽度，“角度”用于更改画笔的绘图方向。
- **后台填充**：勾选该复选框，则在图形边缘外进行轮廓填充，不影响图形内部的画面。
- **按图像比例显示**：勾选该复选框，则在对象放大或缩小的过程中，轮廓也同样按比例调整其宽度。

在CorelDRAW X4中，用户可以在绘图窗口中选择图形，然后在工具箱中单击“挑选工具”按钮，在其属性栏中设置轮廓线的箭头、样式和宽度；还可以在菜单栏中单击“窗口”→“泊坞窗”→“属性”命令，在弹出的“对象属性”泊坞窗中切换到“轮廓”选项卡，然后在参数面板中设置轮廓线的颜色、宽度、样式和箭头等；也可在状态栏中双击“轮廓颜色”图标，在弹出的“轮廓笔”对话框中进行设置。

2. 移除轮廓线

在CorelDRAW X4中，有时需要将图形的轮廓线进行移除，使其成为无轮廓线的图形。清除轮廓线的操作方法有以下几种。

- 在绘图窗口中选择要移除的轮廓图形，然后在“调色板”中单击“无色”色块☒。
- 使用挑选工具在绘图窗口中选择要移除的轮廓图形，然后在属性栏的“选择轮廓宽度或键入新宽度”下拉列表中选择“无”选项。

- 在绘图窗口中选择要移除的轮廓图形，然后在工具箱中单击“轮廓”按钮，在展开的工具栏中单击“无”命令。

3. 复制轮廓属性

在CorelDRAW X4中，将设置好的轮廓属性应用于其他多个图形，可以提高用户的工作效率。复制轮廓属性有如下两种方式。

使用鼠标复制轮廓属性

使用鼠标复制轮廓属性的具体操作步骤如下所示。

步骤01 在工具箱中单击“基本形状”按钮，在绘图窗口中绘制两个图形，即“心形”和“水滴”，然后在“调色板”中单击“红”图标，效果如图3.146所示。

步骤02 选择“心形”图形，在工具箱中单击“轮廓”按钮，在展开的工具栏中单击“轮廓笔”命令，然后在弹出的“轮廓笔”对话框中设置颜色为“绿”，宽度为“3.0mm”，样式为“虚线”，如图3.147所示。

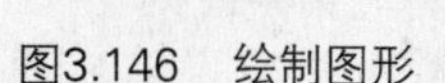

图3.146 绘制图形

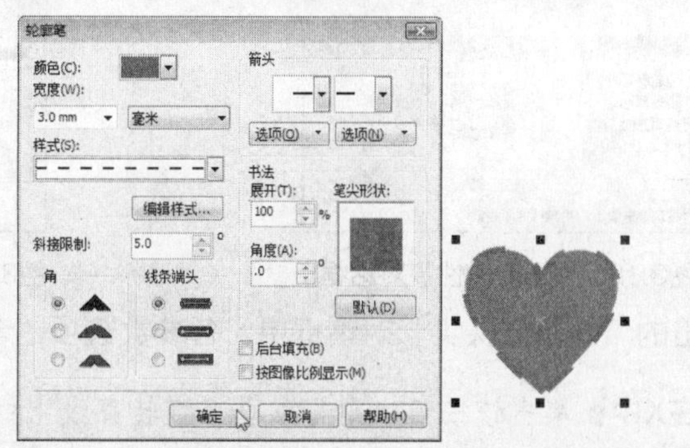

图3.147 设置轮廓

步骤03 设置完成后单击“确定”按钮，然后在“心形”图形上单击鼠标右键不放，拖动至“水滴”图形的轮廓上，如图3.148所示。

步骤04 当鼠标指针变成⊕形状时，在弹出的快捷菜单中选择“复制轮廓”命令，即可将“心形”的轮廓属性复制到“水滴”的轮廓上，如图3.149所示。

图3.148 右键拖动

图3.149 复制轮廓属性

使用“复制属性”对话框复制轮廓属性

使用“复制属性”对话框复制轮廓属性的具体操作步骤如下所示。

步骤01 在绘图窗口中绘制“心形”和“水滴”，并为“心形”图形对象设置轮廓属性。

步骤02 在工具箱中单击“挑选工具”按钮，选择需要复制轮廓属性的图形，即水滴。

步骤03 在菜单栏中单击“编辑”→“复制属性自”命令，在弹出的“复制属性”对话框中勾选“轮廓笔”和“轮廓色”复选框，如图3.150所示。

步骤04 单击“确定”按钮，鼠标指针变成➡形状，用鼠标左键单击要复制轮廓属性的图形，即可复制轮廓属性。

4. 编辑箭头

在CorelDRAW X4中，只有未封闭的曲线才能设置箭头。在工具箱中单击“轮廓”按钮，在展开的工具栏中选择“轮廓笔”命令，然后在弹出的“轮廓笔”对话框中设置开放路径起始点和结束点需要的箭头样式。单击“箭头”选项区域下的“选项”按钮，在弹出的下拉列表中选择“新建”命令，之后在弹出的“编辑箭头尖”对话框（如图3.151所示）中可以对箭头的形状和大小进行编辑。

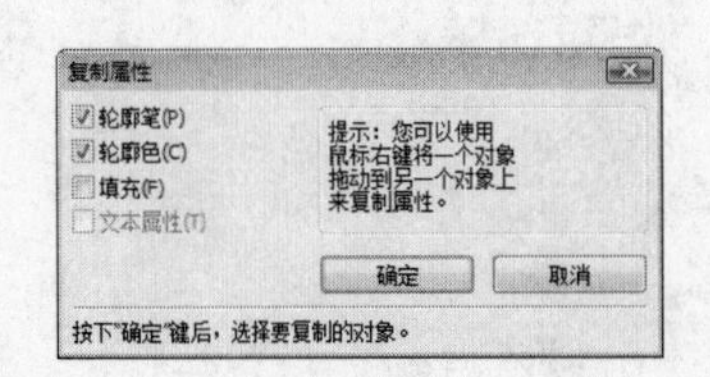

图3.150 “复制属性”对话框

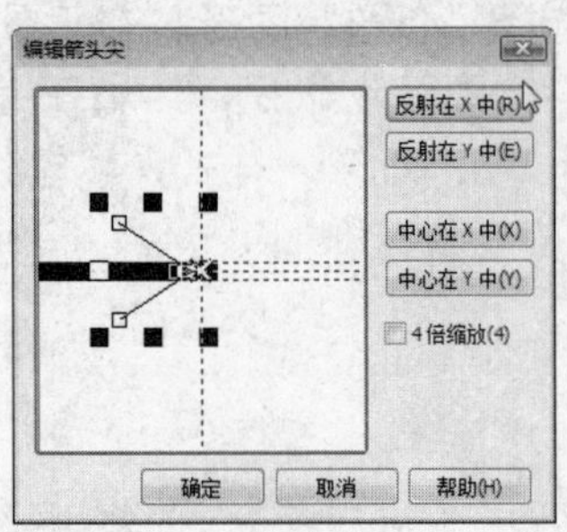

图3.151 “编辑箭头尖”对话框

在弹出的“编辑箭头尖”对话框中，各参数选项的含义如下。

- **反射在X中：**单击该按钮，则可以垂直翻转直线上的箭头。
- **反射在Y 中：**单击该按钮，则可以水平翻转直线上的箭头。
- **中心在X中：**单击该按钮，则可以将箭头垂直居中于直线上。
- **中心在Y中：**单击该按钮，则可以将箭头水平居中于直线上。

5. 转换轮廓线

在CorelDRAW X4中，轮廓可以成为一个独立于原始对象填充的未填充闭合对象。在绘图窗口中选择图形，然后在菜单栏中单击“排列”→“将轮廓转换为对象”命令，或按下“Ctrl+Shift+Q”组合键即可转换轮廓线，如图3.152所示。

图3.152 转换轮廓线

3.4.2 典型案例——制作个性图形

案例目标

图3.153 最终效果图

本例介绍如何制作一个个性图形，主要练习如何断开曲线和使用“轮廓笔”对话框制作效果，最终效果如图3.153所示。

效果图位置：\源文件\第3课\个性图形.cdr

操作思路：

步骤01 使用“星形工具”绘制图形并断开。

步骤02 使用“轮廓笔”对话框设置图形的轮廓。

操作步骤

其具体操作步骤如下所示。

步骤01 在工具箱中单击“星形工具”按钮，在绘图窗口中绘制图形，如图3.154所示，然后在属性栏中单击“转换为曲线”按钮。

步骤02 在工具箱中单击“形状工具”按钮，在绘制的图形中选择一个点，然后在属性栏中单击“断开曲线”按钮，移动曲线的控制点，断开曲线，如图3.155所示。

步骤03 在工具箱中单击“轮廓”按钮，在展开的工具栏中单击“轮廓笔”命令，将弹出“轮廓笔”对话框。

步骤04 在“颜色”右侧的颜色块下拉列表中选择“绿松石”图标，在“宽度”下拉列表中选择“10.0mm”，在“箭头”选项中选择起始点为“ ”，如图3.156所示。

步骤05 设置完成后单击“确定”按钮，得到的最终效果如图3.153所示。

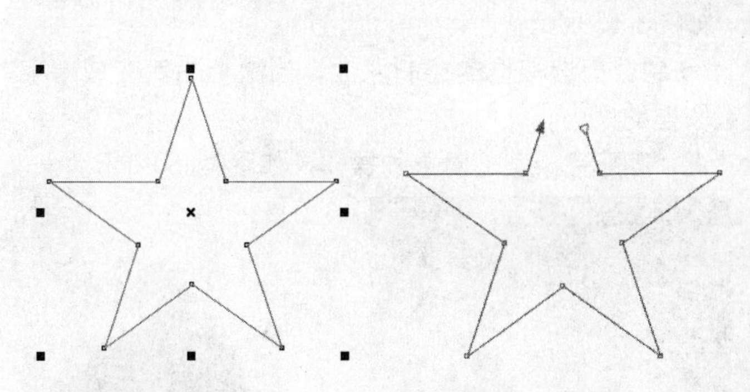

图3.154 绘制图形　　图3.155 断开曲线

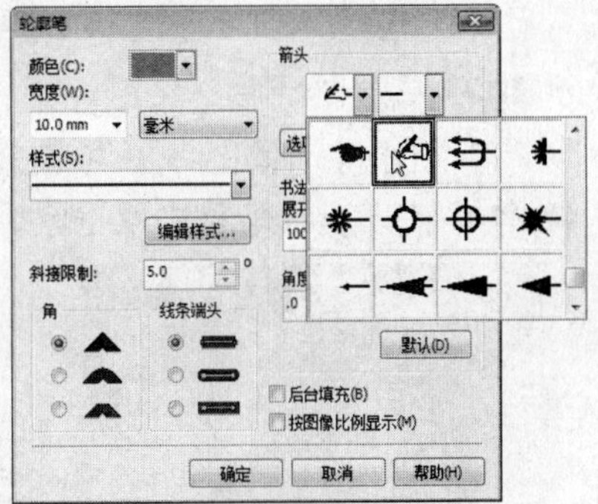

图3.156 设置轮廓线

案例小结

本案例讲解了如何使用“轮廓笔”对话框来制作图形的轮廓线，这样可以快速地制作出具有不同效果的轮廓效果。对于其中未练习到的知识，用户可根据“知识讲解”部分自行练习。

3.5 裁剪、切割和擦除对象

本节将介绍裁剪、切割、删除等工具的使用方法，相信读者在掌握这些工具的使用方法和技巧后，能够提高工作效率。

3.5.1 知识讲解

下面将具体介绍裁剪对象、切割对象、擦除对象和删除虚拟段的操作方法和技巧。

1. 裁剪对象

使用裁剪工具可以对绘图窗口中的矢量图形、位图图像及文本对象的大小进行裁剪。在工具箱中单击“裁剪工具”按钮，将显示其属性栏（如图3.157所示），其中各参数选项的含义如下。

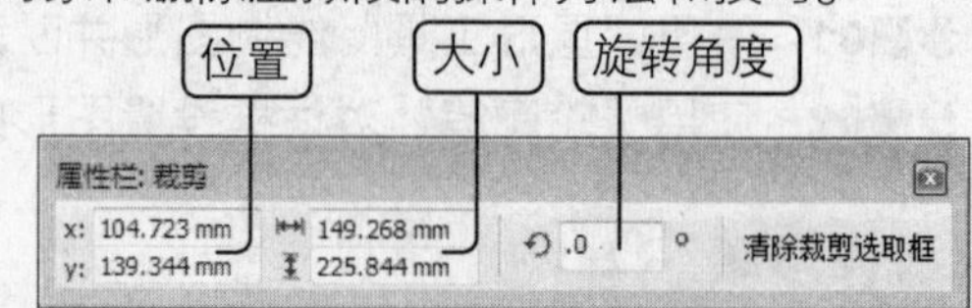

图3.157 “裁剪”属性栏

- **位置：**在X和Y文本框中输入数值，可以指定裁剪框在绘图窗口中的位置。
- **大小：**在和文本框中输入数值，可以设置裁剪框的宽度和高度。
- **旋转角度：**在该文本框中输入数值，可以对裁剪框的角度进行旋转。
- **清除裁剪选取框：**单击清除裁剪选取框按钮，可以删除绘图窗口中的裁剪框。

在CorelDRAW X4中，使用裁剪工具的具体操作方法如下。

步骤01 在菜单栏中单击“文件”→“导入”命令，在弹出的“导入”对话框中选择所需的素材图片“01.jpg”，单击“导入”按钮导入素材图片，如图3.158所示。

步骤02 在工具箱中单击“裁剪工具”按钮，在绘图窗口的图像上按住鼠标左键并拖动，创建一个裁剪选取框，如图3.159所示。

步骤03 释放鼠标后，将鼠标指针移动到裁剪选取框的控制点上，当鼠标指针变成十字形时，拖动控制点可调整选取框的大小。

步骤04 在裁剪选取框内双击鼠标左键，即可完成裁剪对象的操作，如图3.160所示。

图3.158 导入素材

图3.159 框选区域

图3.160 裁剪对象

2. 切割对象

图3.161　刻刀属性栏

使用刻刀工具可以将一个对象分成几个部分。在工具箱中单击“裁剪工具”按钮，在展开的工具栏中单击“刻刀工具”按钮，将显示其属性栏（如图3.161所示），其中各参数选项的含义如下。

- **保留为一个对象**：单击该按钮，可以使分割后的对象成为一个整体。
- **剪切时自动闭合**：单击该按钮，可以将一个对象分割成两个独立的对象。
- 同时单击这两个按钮，则不会分割对象，而是连成一个整体。

使用刻刀工具可以快速裁剪路径或图形，其具体操作步骤如下所示。

步骤01 在工具箱中单击“矩形工具”按钮，在绘图窗口中绘制图形，然后在“调色板”中单击“10%黑”图标。

步骤02 在工具箱中单击“刻刀工具”按钮，在其属性栏中单击“剪切时自动闭合”按钮，然后将鼠标指针移动到图形上需要分割的位置（起始点），当鼠标指针变成形状时，单击鼠标左键，如图3.162所示。

步骤03 将鼠标指针移动到图形上的第二个分割点位置（结束点），这时两点之间将出现一条裁剪线，如图3.163所示。

步骤04 在工具箱中单击“挑选工具”按钮，选择分割后的对象，并按住鼠标左键拖动，释放鼠标后得到的效果如图3.164所示。

图3.162　单击分割起始点

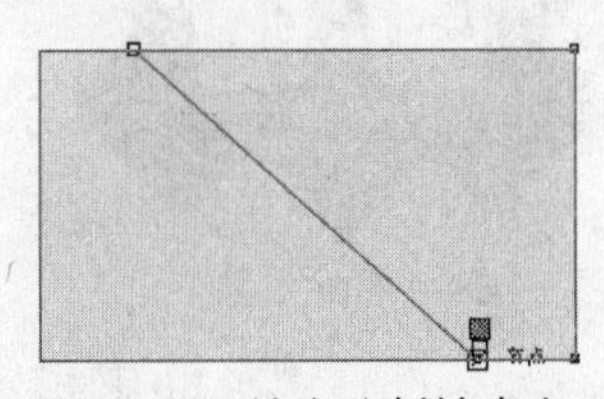
图3.163　单击分割结束点

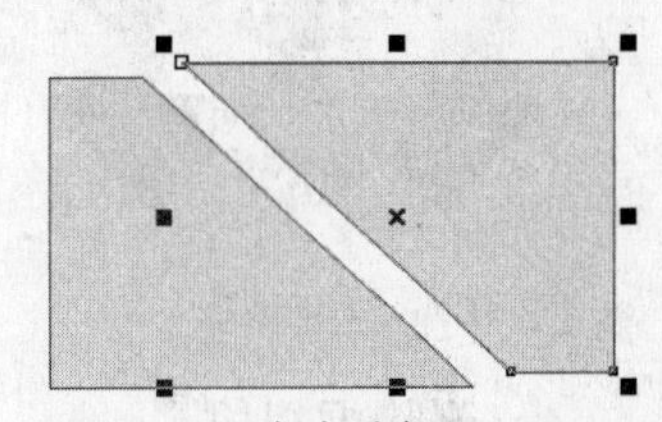
图3.164　移动对象

使用刻刀工具除了可对图形进行直线分割外，还可以进行曲线分割。将鼠标指针移动到图形需要分割的位置（起始点），当鼠标指针变成形状时，按住鼠标左键不放并拖动至第二个分割点位置（结束点），释放鼠标后即可绘制一个曲线分割图形，如图3.165所示。

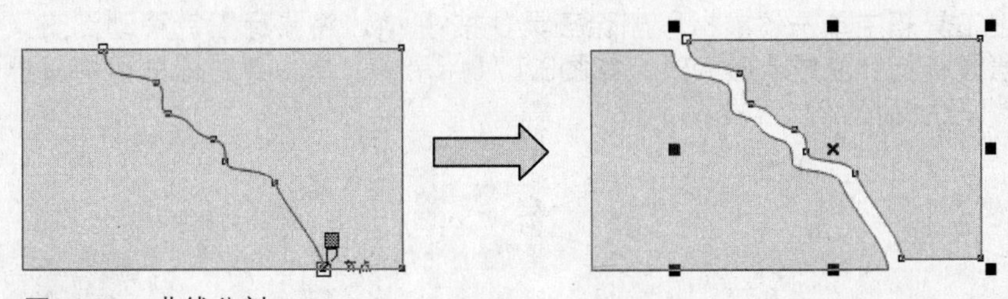
图3.165　曲线分割

3. 擦除对象

使用橡皮擦工具可以改变或分割所选择的对象或路径，而不必使用形状工具。在工具箱中单击“裁剪工具”按钮，在展开的工具栏中单击“橡皮擦工具”按钮，将显示其属性栏（如图3.166所示），其中各参数选项的含义如下。

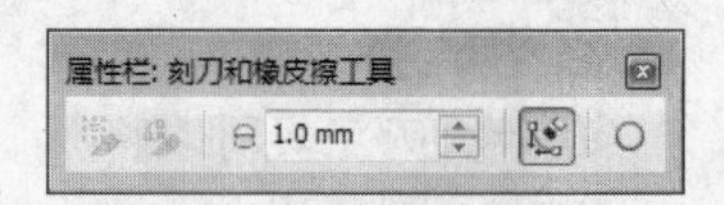

图3.166　橡皮擦属性栏

- **橡皮擦厚度：** 在该数值框中输入数值，可以设置橡皮擦工具的宽度。
- **擦除时自动减少：** 单击该按钮，在擦除图形时，可以自动平滑被擦除后的图形边缘。
- **圆形/方形：** 单击该按钮，可以切换橡皮擦工具的形状。

在CorelDRAW X4中，使用橡皮擦工具的具体操作步骤如下所示。

步骤01 打开素材图片“02.cdr”，在工具箱中单击“挑选工具”按钮，然后在绘图窗口中选择需要处理的图形，如图3.167所示。

步骤02 在工具箱中单击“裁剪工具”按钮，在展开的工具栏中单击“橡皮擦工具”按钮，然后将鼠标指针移动到图形上，按下鼠标左键不放并拖动，即可删除拖动路径上的图形，如图3.168所示。

步骤03 对象被分割后，会自动成为封闭图形，擦除后的图形对象与原图形对象具有相同的属性，效果如图3.169所示。

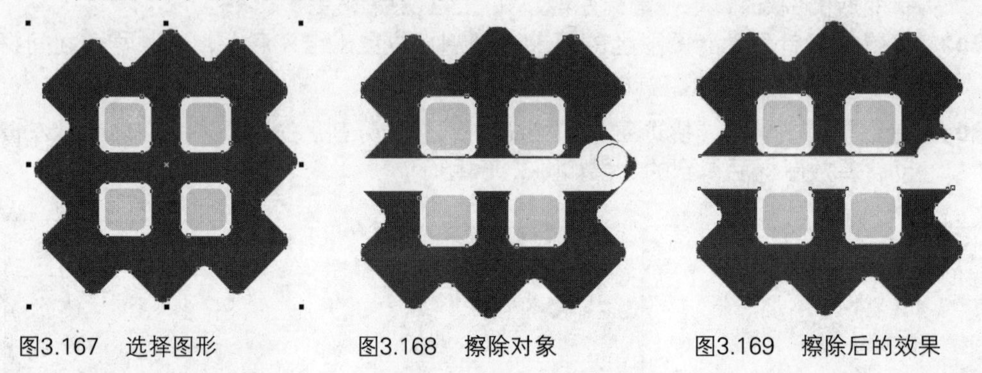

图3.167　选择图形　　图3.168　擦除对象　　图3.169　擦除后的效果

4. 删除虚拟段

使用“虚拟段删除工具”可以删除相交对象中的两个交叉点之间的线段，从而产生新的图形形状，其具体操作步骤如下所示。

步骤01 在工具箱中单击“复杂星形工具”按钮，在绘图窗口中绘制图形，如图3.170所示。

步骤02 在工具箱中单击“虚拟段删除工具”按钮，将鼠标指针移动到交叉线段处，当鼠标指针变成形状时（如图3.171所示），单击此线段即可将其删除，如图3.172所示。

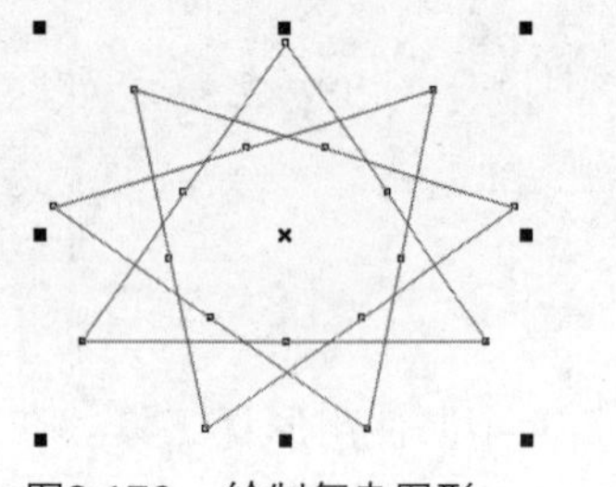

图3.170　绘制复杂图形

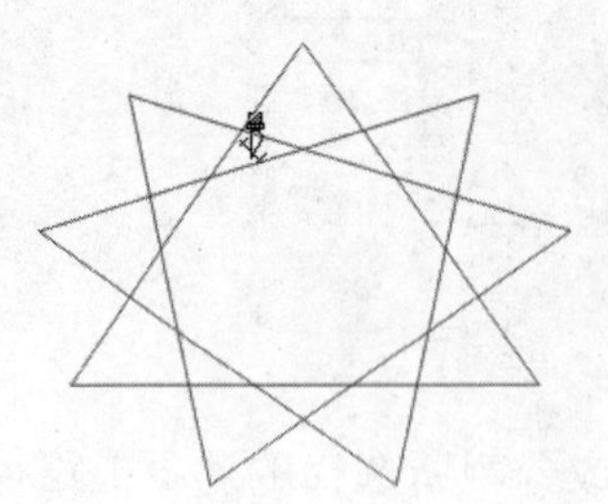

图3.171　移动鼠标

图3.172　删除虚拟线

步骤03 如果要删除多条虚拟段，可以在要删除的对象周围拖动出一个虚线框（如图3.173所示），框选住的对象即要删除的对象，释放鼠标后即可删除虚拟段，如图3.174所示。

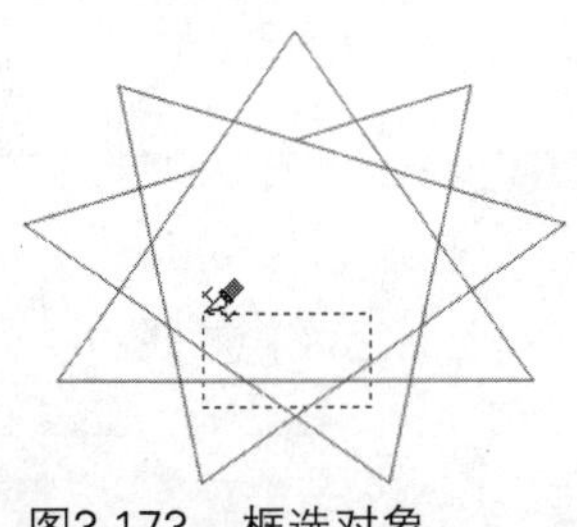
图3.173 框选对象

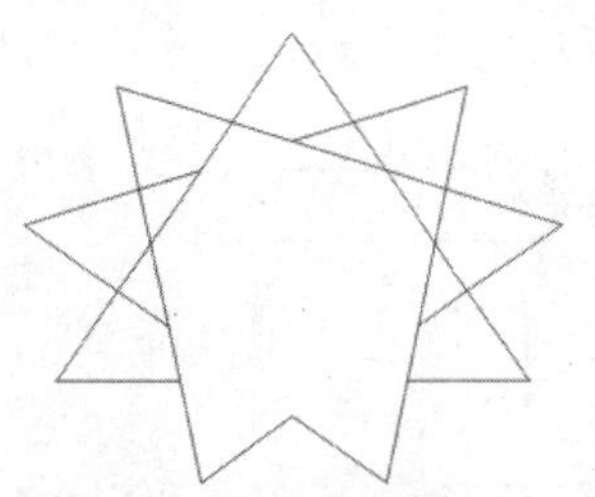
图3.174 删除虚拟段

3.5.2 典型案例——修剪“囍”字

案例目标

本案例将详细介绍修剪“囍”字的方法，主要练习矩形形状工具和虚拟段删除工具的使用方法和技巧。制作完成后的最终效果如图3.175所示。

图3.175 最终效果图

效果图位置：\源文件\第3课\修剪文字.cdr

操作思路：

步骤01 使用“矩形工具”绘制“囍”字的形状。

步骤02 使用“虚拟段删除工具”修剪文字。

操作步骤

其具体操作步骤如下所示。

步骤01 在菜单栏中单击“文件”→“新建”命令，新建文件，然后在工具箱中单击“矩形工具”按钮□，在绘图窗口中绘制矩形，如图3.176所示。

步骤02 在菜单栏中单击“编辑”→“再制”命令，再制矩形，并移动到适当的位置，如图3.177所示。

步骤03 按照步骤1至步骤2的操作方法，绘制、再制矩形，并移动到适当的位置，如图3.178所示。

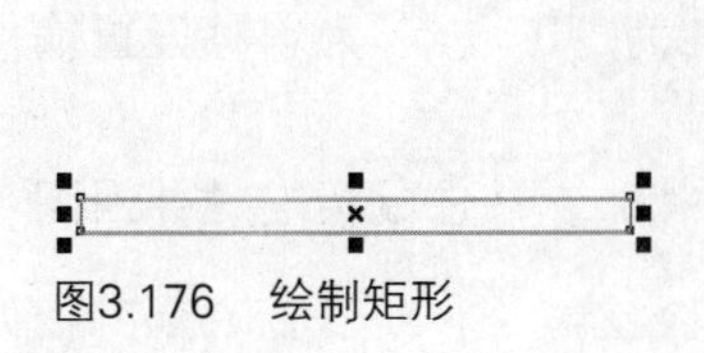
图3.176 绘制矩形

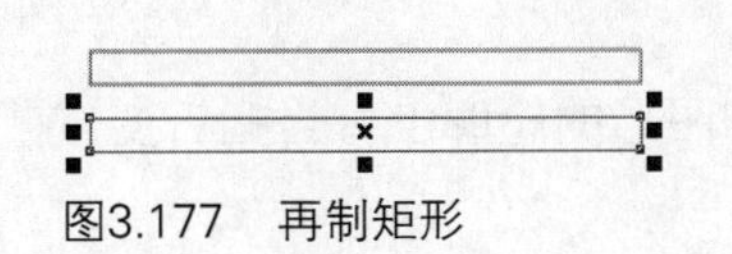
图3.177 再制矩形

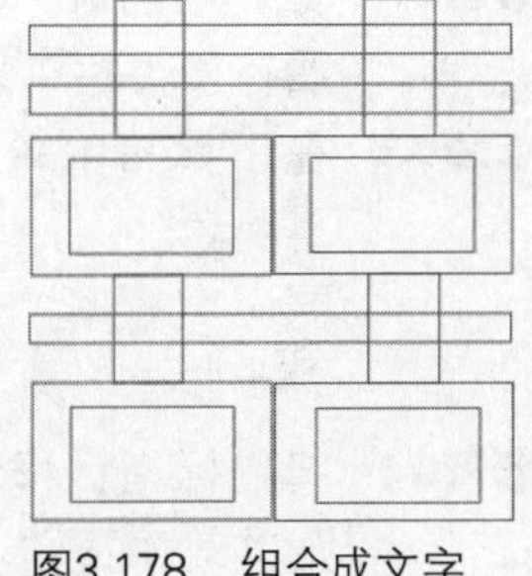
图3.178 组合成文字

步骤04 在工具箱中单击“虚拟段删除工具”按钮，在绘图窗口中框选要删除的对象，如图3.179所示。

步骤05 释放鼠标后即可删除框选的对象，如图3.180所示。

步骤06 连续使用虚拟段删除工具删除对象，得到的最终效果如图3.181所示。

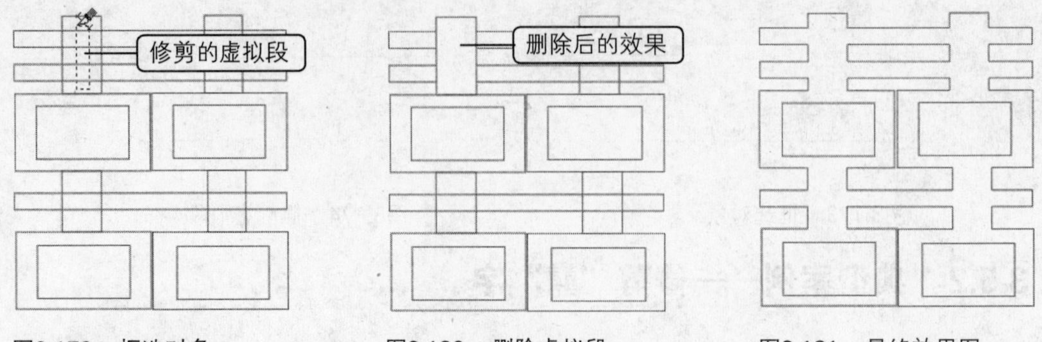

图3.179　框选对象　　图3.180　删除虚拟段　　图3.181　最终效果图

案例小结

本例讲解了虚拟段删除工具的使用方法和技巧。通过练习可掌握如何框选或单击要删除的虚拟段，从而使图形连贯起来。

3.6 上机练习

3.6.1 绘制锯齿

本次上机练习将绘制树的锯齿效果，主要练习椭圆形工具、形状工具、挑选工具和粗糙笔刷工具的使用方法和技巧，最终效果如图3.182所示。

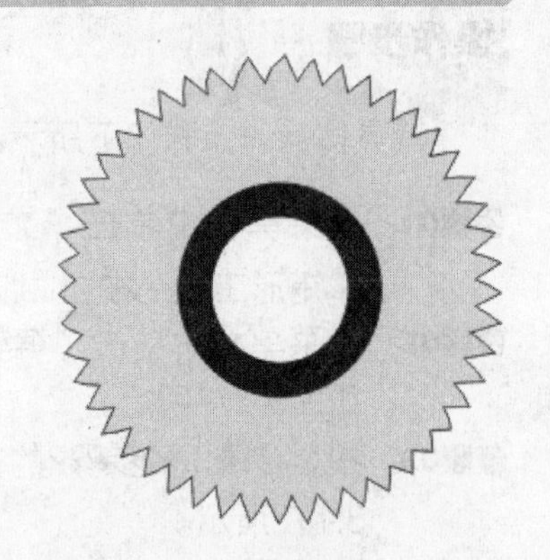

图3.182　绘制锯齿

效果图位置：\源文件\第3课\锯齿.cdr

操作思路：

步骤01 在菜单栏中单击“文件”→“新建”命令，新建文件，然后在工具箱中单击“椭圆形工具”按钮，在绘图窗口中绘制图形。

步骤02 在“调色板”中单击“10%黑”图标，然后在属性栏中单击“转换为曲线”按钮。

步骤03 在工具箱中单击“形状工具”按钮，在展开的工具栏中单击“粗糙笔刷工具”按钮，然后在其属性栏中设置“笔尖大小”为“20mm”，“使用笔压控制尖突频率”为“2”，“在效果中添加水分浓度”为“0”，“为斜移设置输入固定值”为“45”。

步骤04 将鼠标指针移动到图形的轮廓上，当指针变成形状时，按住鼠标左键并沿图形的轮廓拖动。

步骤05 释放鼠标后，即可看到图形粗糙的边缘。

步骤06 在工具箱中单击“形状工具”按钮，然后对图形中的部分锯齿形状效果进行删除、添加节点的操作，并移动节点的位置。

步骤07 在工具箱中单击“椭圆形工具”按钮，在绘图窗口中绘制图形。

步骤08 在“调色板”中单击“黑”图标，然后再使用“椭圆形工具”绘制图形，并填充为“白色”。

步骤09 在工具箱中单击“挑选工具”按钮，然后在绘图窗口中框选所有的图形，在菜单栏中单击“排列”→“对齐和分布”→“水平居中对齐”/“垂直居中对齐”命令，即可得到最终效果图。

3.6.2 绘制编织效果

本次上机练习将绘制编织效果，主要练习“修剪对象”的使用方法和技巧，以使所绘制的图形产生交错的效果，最终效果如图3.183所示。

效果图位置：\源文件\第3课\编织.cdr

操作思路：

图3.183 绘制编织效果

步骤01 在菜单栏中单击“文件”→“新建”命令，新建文件，然后将鼠标指针移动到“标尺”上，拖曳出辅助线。

步骤02 在工具箱中单击“矩形工具”按钮，在绘图窗口中绘制水平方向上的矩形，然后在“调色板”中单击“绿松石”图标，并在属性栏中设置“选择轮廓宽度或键入新宽度”为“无”。

步骤03 在菜单栏中单击“编辑”→“再制”命令，再制矩形，并将再制的矩形向下拖动至适当的位置，然后按下“Ctrl+D”组合键进行连续再制。

步骤04 按照前面的方法，绘制垂直方向上的矩形，并填充为“海绿”，设置“选择轮廓宽度或键入新宽度”为“无”，然后进行连续再制。

步骤05 按下“Shift”键的同时，使用挑选工具单击水平方向上的（偶数的）矩形，然后在“调色板”中单击“春绿”图标。

步骤06 运用前面同样的方法，将垂直方向上的（偶数的）矩形填充为“酒绿”。

步骤07 在菜单栏中单击“窗口”→“泊坞窗”→“造形”命令，在弹出的“造形”泊坞窗中选择“修剪”选项，然后在按下“Shift”键的同时依次选择水平方向的“绿松石”颜色的矩形。

步骤08 在“造形”泊坞窗中勾选“来源对象”复选框，然后单击“修剪”按钮，当鼠标指针变成形状时，在按下“Shift”键的同时依次选择垂直方向上的“海绿”颜色的矩形，释放“Shift”键后即可修剪图形。

步骤09 利用前面同样的方法，修剪水平方向上“春绿”颜色的矩形和垂直方向上“酒绿”颜色的矩形。

3.7 疑难解答

问： 为绘制好的矩形制作粗糙边缘效果，为什么粗糙笔刷工具不起作用？

答： 这是因为粗糙笔刷只适用于曲线对象。在绘制矩形图形时，在其属性栏中单击“转换为曲线”按钮，或直接使用粗糙笔刷工具涂抹对象时，在弹出的“转换为曲线”对话框中，单击“确定”按钮，然后按住鼠标左键不放并拖动，释放鼠标后即可制作粗糙边缘效果。

问： 使用“修剪”命令修剪对象时，如何保留来源对象？

答： 使用挑选工具选择对象（来源对象）后，在菜单栏中单击“窗口”→“泊坞窗”→“造形”命令，在弹出的“造形”泊坞窗中选择“修剪”选项，勾选“来源对象”复选框，取消勾选“目标对象”复选框，则在修剪对象时保留来源对象。

问： 在填充有颜色的图形中，删除虚拟段时，为什么图形的颜色也会跟着消失？

答： 这是因为在CorelDRAW X4中，删除虚拟段后，封闭的图形会变成未封闭的图形。默认情况下，系统不填充未封闭的图形。但如果要保留颜色，则在菜单栏中单击“工具”→“选项”命令，在弹出的“选项”对话框中单击“常规”选项，在右侧的参数面板中勾选“填充开放式曲线”复选框，然后单击“确定”按钮即可。

3.8 课后练习

选择题

1 使用（ ）工具可以改变矢量图形对象中曲线的平滑度，从而产生粗糙边缘的效果。

A. 裁剪　　B. 涂抹　　C. 粗糙笔刷　　D. 切割

2 使用自由变换工具可以自由地执行（ ）功能。

A. 自由旋转　　B. 自由角度镜像　　C. 自由调节　　D. 自由扭曲

3 使用（ ）可以改变或分割所选择的对象或路径，而不必使用“形状工具”。

A. 裁剪工具　　B. 橡皮擦工具　　C. 切割工具　　D. 虚拟段删除工具

问答题

1 在CorelDRAW X4中，为图形添加节点的操作方法有哪些？

2 简述如何焊接图形对象。

3 简述前减后对象和后减前对象的区别。

上机题

1 使用螺纹工具、椭圆形工具、贝济埃工具、形状工具、挑选工具和“轮廓笔”对话框，绘制玫瑰图形，如图3.184所示。

效果图位置：\源文件\第3课\玫瑰.cdr

操作思路：

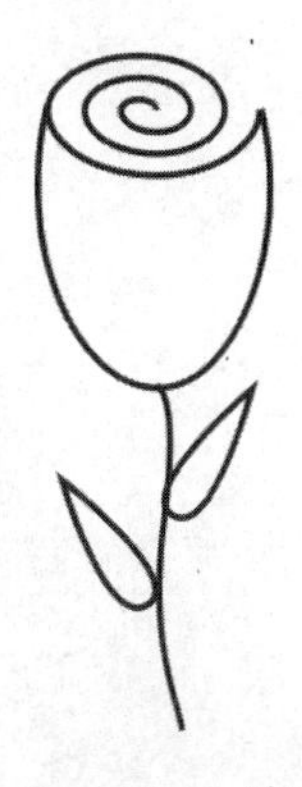

图3.184　绘制玫瑰

步骤01 使用“螺纹工具”按钮绘制“对称螺纹”，螺纹回圈为“3”。

步骤02 使用“椭圆形工具”按钮在绘图窗口中绘制弧形。

步骤03 使用“贝济埃工具”按钮绘制花杆，然后使用“椭圆形工具”按钮绘制椭圆。

步骤04 将绘制的椭圆转换为曲线，使用“形状工具”按钮双击椭圆左右两边的节点，删除节点，然后拖动椭圆顶端节点的控制点，制作叶子。

步骤05 再制叶子，然后进行水平镜像。

步骤06 使用“挑选工具”按钮框选绘制的所有图像，在工具箱中单击“轮廓”按钮，在展开的工具栏中单击“轮廓笔”命令，然后在弹出的“轮廓笔”对话框中设置颜色为“黑色”，宽度为“2.00mm”。

2 使用椭圆形工具、矩形工具、形状工具、挑选工具等绘制树，如图3.185所示。

效果图位置：\源文件\第3课\树.cdr

操作思路：

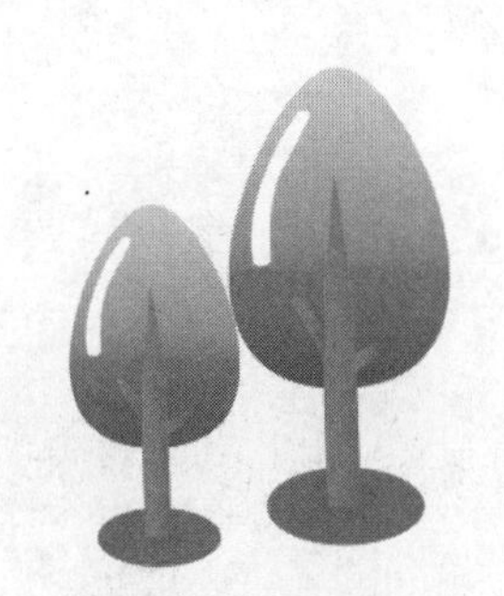

图3.185　绘制树

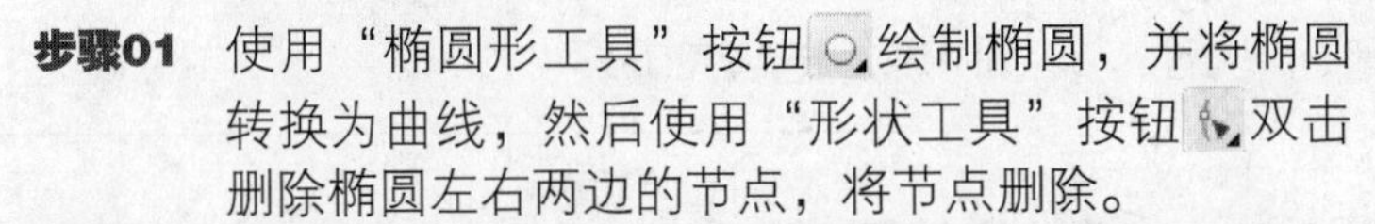

步骤01 使用“椭圆形工具”按钮绘制椭圆，并将椭圆转换为曲线，然后使用“形状工具”按钮双击删除椭圆左右两边的节点，将节点删除。

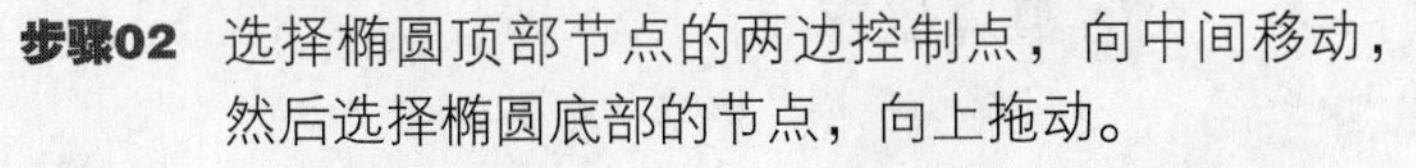

步骤02 选择椭圆顶部节点的两边控制点，向中间移动，然后选择椭圆底部的节点，向上拖动。

步骤03 在工具箱中单击“填充”按钮，在展开的工具栏中单击“渐变填充”命令，在弹出的“渐变填充”对话框中设置角度为“-90”，“从”为“朦胧绿”，“到”为“绿”，中点为“70”，移除轮廓。

步骤04 使用“矩形工具”按钮绘制矩形（制作树干），转换为曲线，然后使用形状工具删除矩形右上角的节点。

步骤05 框选矩形的其余3个节点，单击属性栏中的“转换直线为曲线”按钮，然后进行变形操作。

步骤06 打开“渐变填充”对话框，设置“从”为“砖红”，“到”为“宝石红”，中点为“50”，填充变形的矩形后，移除轮廓。

步骤07 使用“贝济埃工具”按钮绘制两个图形（制作树杈），然后直接复制所有属性（与复制轮廓的方法一样）。

步骤08 使用“椭圆形工具”按钮绘制图形，填充为“宝石红”，然后单击鼠标右键，在弹出的下拉列表中选择“顺序”→“置于此对象后”命令，在绘图窗口的“树干”图形中单击，调整顺序。

步骤09 使用“挑选工具”按钮选择所有的图形，在菜单栏中单击“编辑”→“再制”命令，再制图形，并将再制的图形进行缩小。

第4课

颜色管理和填充

本课要点

颜色模式
调色板的设置
颜色填充
使用交互式填充工具

具体要求

了解颜色模式概念
掌握调色板的设置
掌握填充工具的使用方法
掌握交互式填充工具的使用方法

本课导读

色彩是人们视觉中重要的内容，一件成功的作品关键在于色彩的运用。本课主要讲解为图形对象应用颜色的各种填充效果，其中包括均匀填充、渐变填充、图样填充、底纹填充、交互式填充和网状填充工具等。通过本课的学习，相信读者对颜色管理和填充等方面的知识会有一定的了解。读者可运用所学的知识，制作出丰富多彩的作品。

4.1 颜色模式

在CorelDRAW X4中提供了多种颜色模式，用户可以根据作品的用途不同，而选择适合自己需求的颜色模式。

4.1.1 知识讲解

默认情况下，常用的颜色模式有CMYK颜色模式、RGB颜色模式、Lab颜色模式、黑白颜色模式和灰度颜色模式，下面将具体介绍这些内容。

1. CMYK颜色模式

CMYK颜色模式是一种印刷模式，它是由C（青色）、M（洋红）、Y（黄色）和K（黑色）这4种颜色组成的。该模式表现的是光线照射到物体上，经物体吸收一部分颜色后反射而产生的色彩。

2. RGB颜色模式

RGB颜色模式是一种最基本、使用最广泛的颜色模式，它是由R（红色）、G（绿色）和B（蓝色）这3种颜色叠加产生的其他颜色。其中每个颜色都有256种不同亮度值，因此彼此叠加就有1670万种颜色了。

3. Lab颜色模式

Lab颜色模式是国际照明委员会发布的色彩模式。它是由一个明度通道和另外两个代表颜色范围的通道a、通道b组成。其中，通道a包括的颜色是从深绿色（低明度值）到灰色（中明度值）再到红色（高明度值）；通道b包括的颜色是从亮蓝色（低明度值）到灰色（中明度值）再到黄色（高明度值）。

4. 黑白颜色模式

黑白颜色模式之间没有中间层次，只有黑色和白色两种颜色值。常见的黑色模式转换有3种。一是将图像中灰度值大于50%的所有像素全变成黑色，灰度值小于50%的所有像素全变成白色；二是将灰色变为黑白相间的几何图案；三是转换后产生颗粒状效果。

5. 灰度颜色模式

灰度颜色模式使用亮度来定义颜色，颜色值的定义范围为0~255。它没有任何彩色信息，主要应用于作品的黑彩印刷。

4.1.2 典型案例——颜色模式的相互转换

本案例主要练习颜色模式之间的转换。需要注意的是，转换颜色模式是在“均匀填充”对话框中实现的。

操作思路：

步骤01 打开“均匀填充”对话框。

步骤02 执行颜色模式转换。

其具体操作步骤如下所示。

步骤01 在绘图窗口中选择已经填充了颜色的图形，在工具箱中单击“填充”按钮，在展开的工具栏中单击“均匀填充”命令，将弹出“均匀填充”对话框，如图4.1所示。

步骤02 在该对话框中可以看出图形填充的颜色模式为CMYK模式，在“模型”下拉列表中选择“灰度”选项，则显示灰度模式的数值，如图4.2所示。

步骤03 设置完成后，单击“确定”按钮即可将CMYK颜色模式转换为灰色颜色模式。

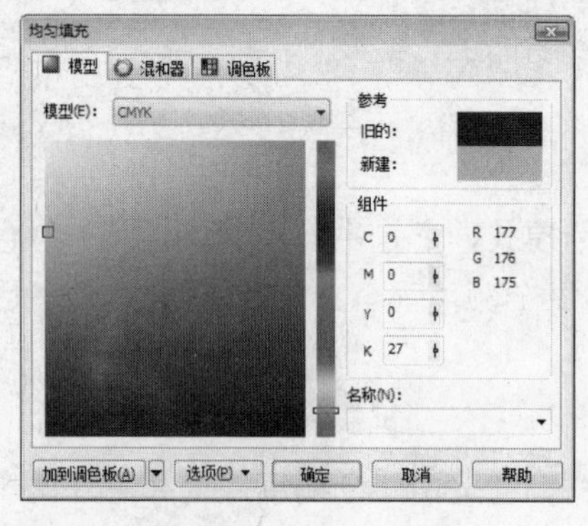

图4.1　CMYK模式

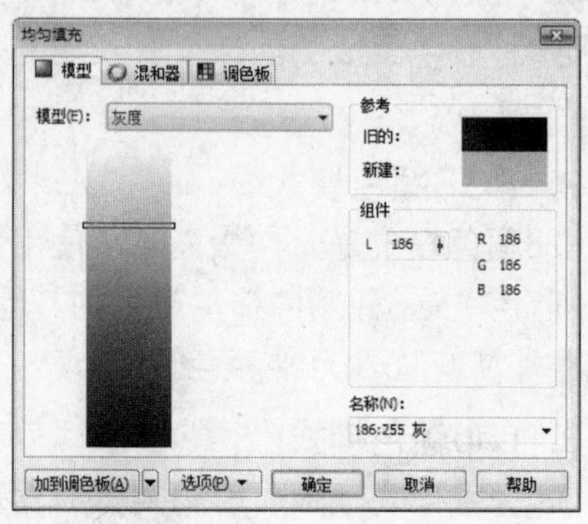

图4.2　灰度模式

案例小结

本例讲解了如何转换颜色模式，在“均匀填充”对话框的“模型”下拉列表中可以选择其他的颜色模式，这里就不详细介绍了。希望读者能举一反三，根据自己的需要灵活转换颜色模式。

4.2 调色板的设置

可在“调色板”中选择填充图形和轮廓的颜色的纯色集合。启动CorelDRAW X4程序后，在工作界面的右侧将显示调色板。

4.2.1 知识讲解

在CorelDRAW X4中，设置调色板包括选择调色板、使用调色板浏览器、使用颜色样式等。下面将详细介绍这些内容。

1. 选择调色板

在CorelDRAW X4中预设了多种颜色模式的调色板，用户可以根据需要选择不同的颜色模式。在菜单栏中单击“窗口”→“调色板”命令，在弹出的子菜单中选择需要的颜色模式调板（如图4.3所示），选定后，调色板将会出现在工作界面的右侧，如图4.4所示。

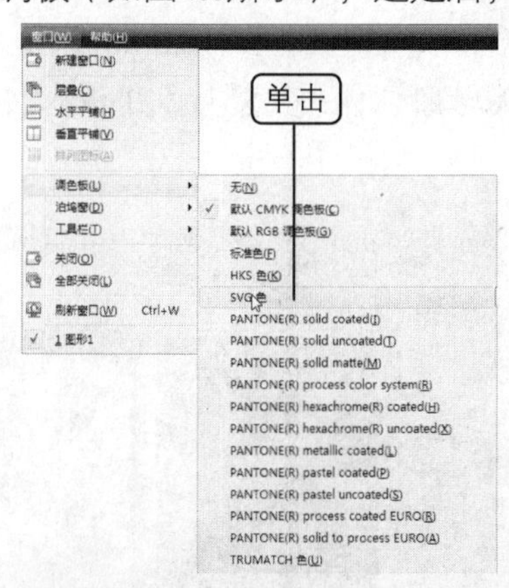

图4.3　菜单命令

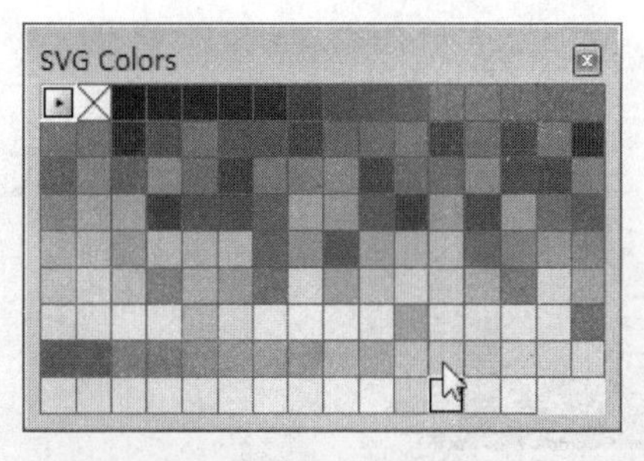

图4.4　显示调色板

系统默认的调色板为CMYK模式。

2. 使用调色板浏览器

在菜单栏中单击“窗口”→“泊坞窗”→“调色板浏览器”命令，将弹出“调色板浏览器”泊坞窗（如图4.5所示），在该泊坞窗中用户可以选择系统自带的调色板或自定义调色板。

图4.5　调色板浏览器

在弹出的“调色板浏览器”泊坞窗中各选项的含义如下。

- **创建一个新的空白调色板**：单击该按钮，在弹出的“保存调色板为”对话框中设置存储路径、文件名等，即可创建一个空白调色板。
- **使用选定的对象创建一个新调色板**：在绘图窗口中选择一个具有颜色的对象，单击该按钮，在弹出的“保存调色板为”对话框中设置存储路径、文件名等，即可将选定的颜色创建为调色板。
- **使用文档创建一个新调色板**：打开一个文档，单击该按钮，在弹出的“保存调色板为”对话框中设置存储路径、文件名等，即可通过该文档创建调色板。
- **打开调色板编辑器**：单击该按钮，可在弹出的“调色板编辑器”对话框中编辑颜色、添加颜色、删除颜色等。
- **打开调色板**：单击该按钮，在弹出的“打开调色板”对话框可以打开存储在路径中的调色板。

3. 使用颜色样式

在菜单栏中单击“窗口”→“泊坞窗”→“颜色样式”命令，将弹出“颜色样式”泊坞窗（如图4.6所示），其中各参数选项的含义如下。

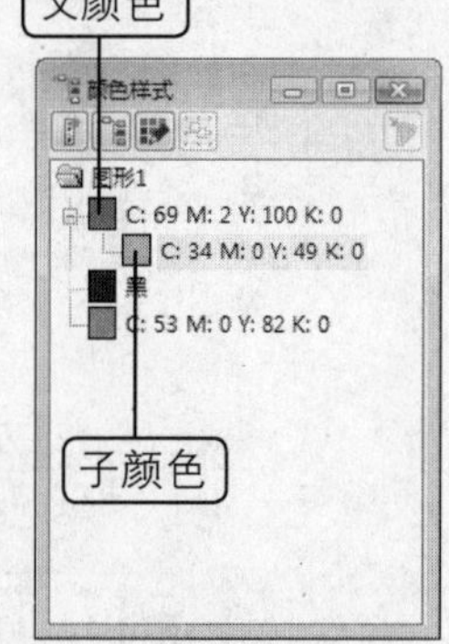

图4.6　颜色样式

- **新建颜色样式**：单击该按钮，可在弹出的“新建颜色样式”对话框中设置新的颜色，如图4.7所示。

- **创建子颜色**：创建好新颜色后，后面的按钮将被激活。单击该按钮，可在弹出的“创建新的子颜色”对话框中对子颜色的饱和度、亮度及颜色进行设置，如图4.8所示。
- **编辑颜色样式**：单击该按钮，可在弹出的“编辑颜色样式”对话框中编辑父颜色和子颜色，如图4.9所示。

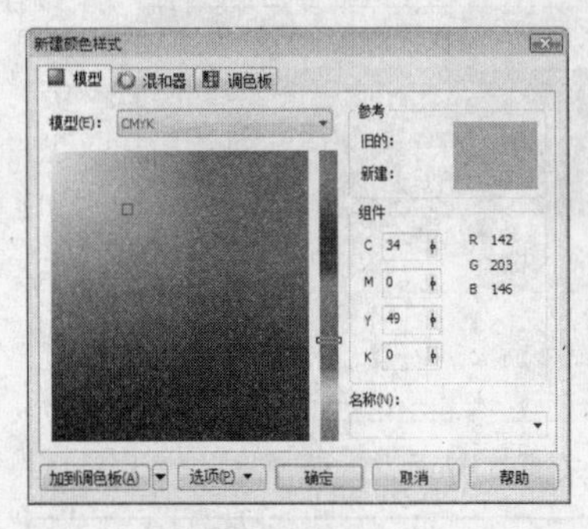

图4.7 新建颜色样式

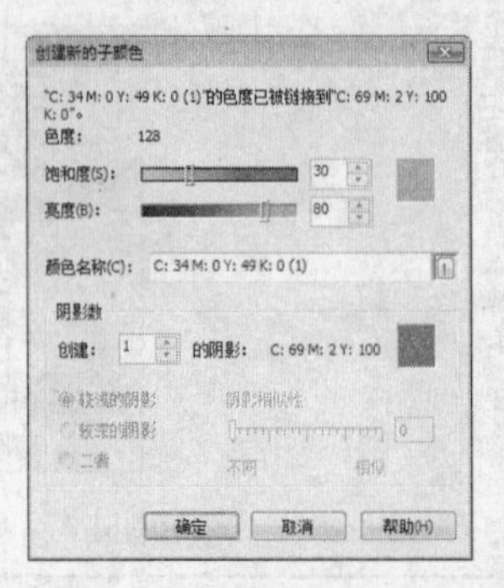

图4.8 创建子颜色

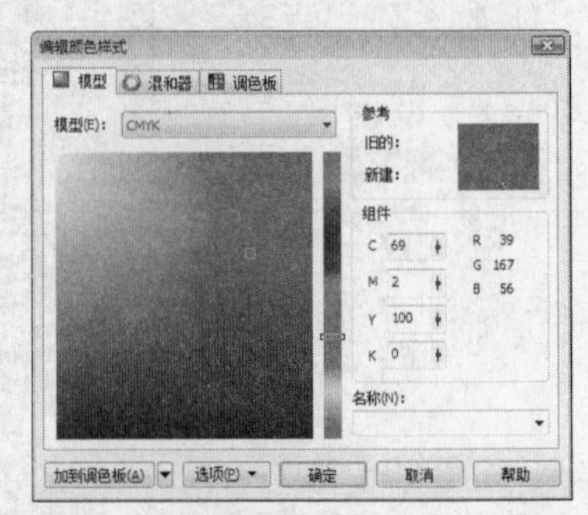

图4.9 编辑颜色样式

- **自动创建颜色样式**：在绘图窗口中绘制图形后，将激活该按钮。单击该按钮，可在弹出的“自动创建颜色样式”对话框（如图4.10所示）中进行设置，或直接将父颜色或子颜色拖动到图形上，释放鼠标即可填充颜色。
- **将选择的颜色转换为专色**：单击该按钮，可以将所选择的颜色转换为专色，如图4.11所示。

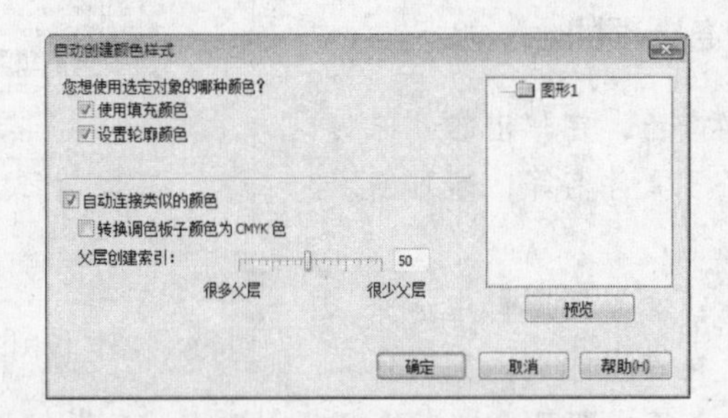

图4.10 自动创建颜色样式

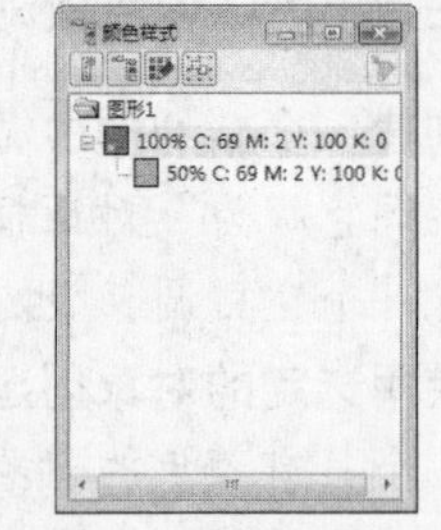

图4.11 转换为专色

用户如果要应用颜色样式，则可以在绘图窗口中选择一个对象，在“颜色样式”泊坞窗中双击要应用的样式命令，或直接将“颜色样式”泊坞窗中的颜色拖动至对象上，释放鼠标后即可应用该颜色样式，如图4.12所示。

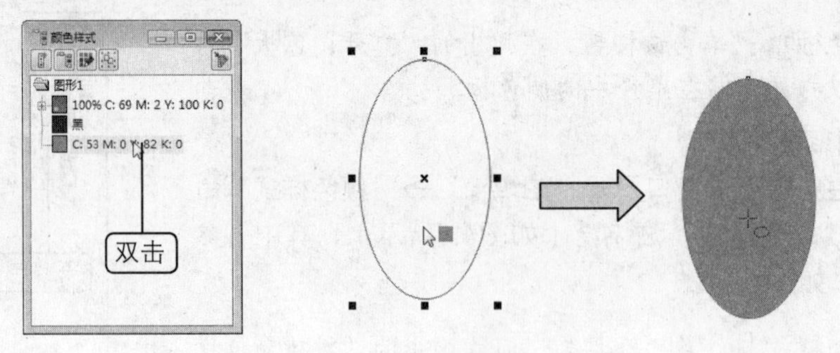

图4.12 应用颜色样式

4.2.2 典型案例——自定义调色板

案例目标

本案例将详细介绍如何创建和编辑自定义调色板，主要练习“调色板浏览器”泊坞窗中“调色板编辑器”对话框的使用方法和技巧。

操作思路：

使用“调色板编辑器”创建调色板，然后编辑调色板。

其具体操作步骤如下所示。

步骤01 在菜单栏中单击“窗口”→“泊坞窗”→“调色板浏览器”命令，在弹出的“调色板浏览器”泊坞窗中单击“打开调色板编辑器”按钮，如图4.13所示。

步骤02 在弹出的“调色板编辑器”对话框中单击“新建调色板”按钮，然后在弹出的“新建调色板”对话框中输入文件名，之后单击“保存”按钮，如图4.14所示。

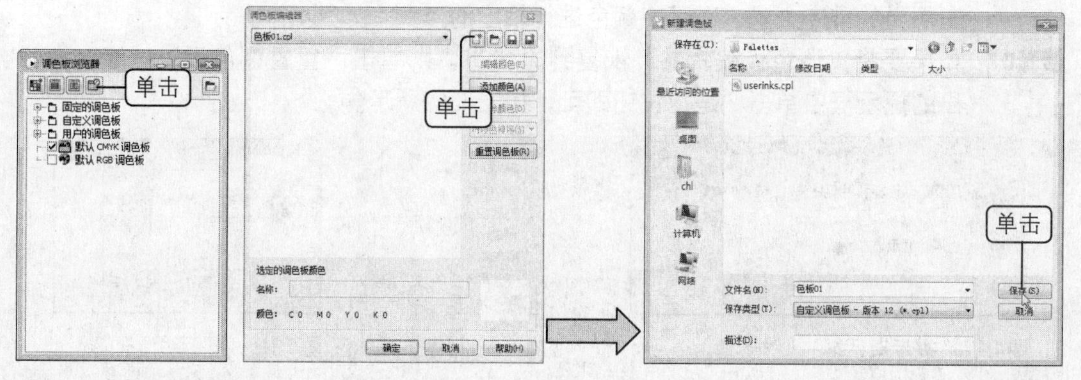

图4.13 调色板编辑器 图4.14 新建调色板

步骤03 在返回的“调色板编辑器”对话框中单击“添加颜色”按钮，在弹出的“选择颜色”对话框中自定义一种颜色，然后单击“加到调色板”按钮，设置完成后单击“关闭”按钮，如图4.15所示。

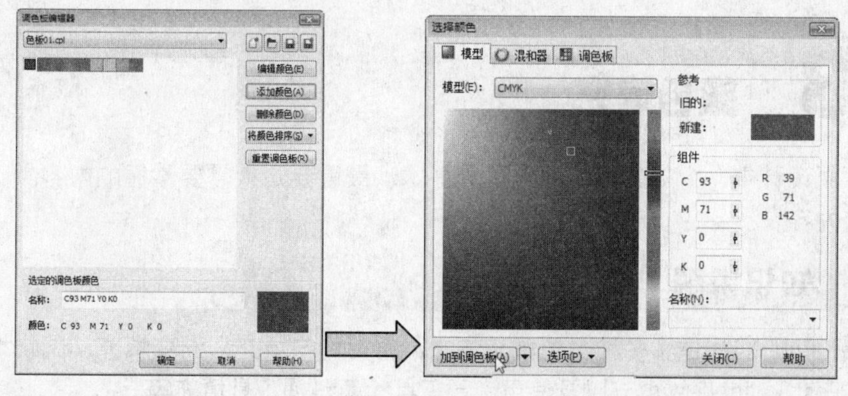

图4.15 添加颜色

步骤04 在“调色板编辑器”对话框中选择一个不满意的颜色，单击“编辑颜色”按钮，在弹出的“选择颜色”对话框中自定义一种颜色，然后单击“确定”按钮，即可更改颜色，如图4.16所示。

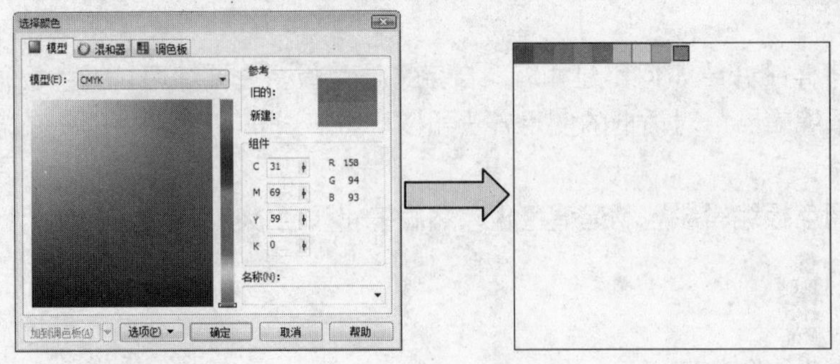

图4.16　编辑颜色

步骤05 如果要删除某个颜色，则在“调色板编辑器”对话框中选择要删除的颜色，单击“删除颜色”按钮，在弹出的提示框中单击“是”按钮即可，如图4.17所示。

步骤06 如果要将颜色进行排序，则单击“将颜色排序”按钮，在弹出的下拉列表中单击需要的排序方式，即可将颜色进行相应的排列，如图4.18所示。

步骤07 如果要将“调色板编辑器”恢复到原状态，则单击“重置调色板”按钮，在弹出的提示框中单击“是”按钮即可，如图4.19所示。

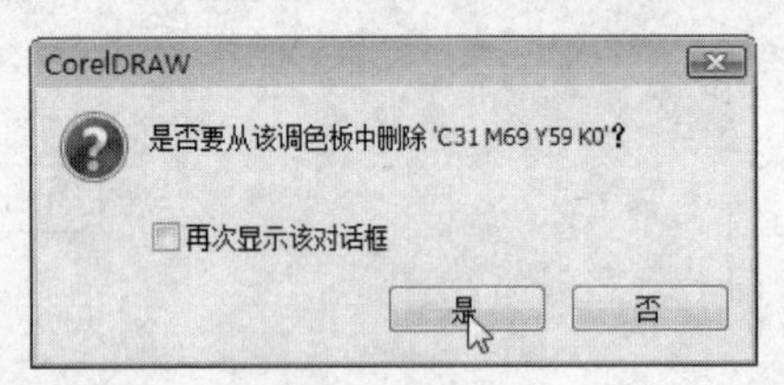

图4.17　提示对话框

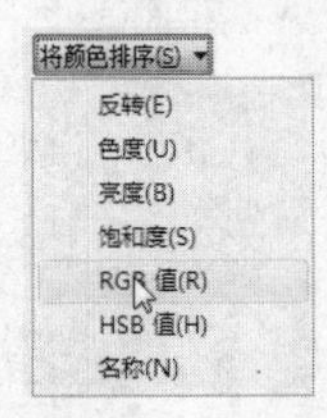

图4.18　排序方式

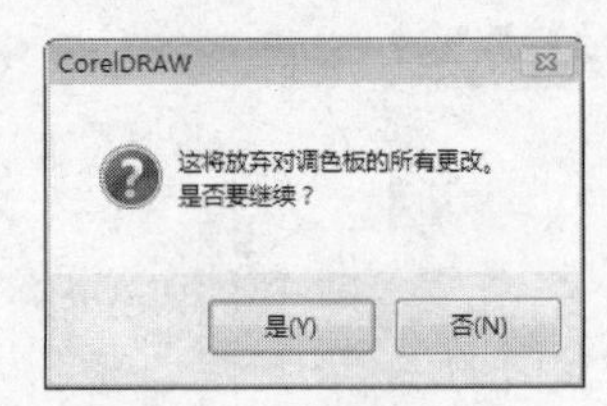

图4.19　提示对话框

案例小结

本案例主要讲解了如何使用“调色板编辑器”自定义调色板。通过对本节的学习，相信读者对调色板的有关知识有了一定的了解，这会为以后的平面设计打下良好的基础。

4.3 颜色填充

在平面设计中，为对象填充颜色是最基本、最重要、最需要掌握的内容。下面具体介绍这些内容。

4.3.1 知识讲解

CorelDRAW X4提供了多种颜色填充方式，包括均匀填充、渐变填充、图样填充、底纹填充、PostScript底纹填充以及使用滴管工具和颜料桶工具填充等。

1. 均匀填充

如果在调色板中没有当前所需要的颜色，则可以在“均匀填充”对话框中进行选择。在工具箱中单击“填充”按钮，在展开的工具栏中单击“均匀填充”命令，将弹出“均匀填充”对话框。在该对话框中提供了3种调色模式，即“模型”模式、“混合器”模式和“调色板”模式。

“模型”模式

在“均匀填充”对话框中单击“模型”选项卡，切换到“模型”模式，如图4.20所示。在该模式中可以选择需要的颜色模式，在颜色框中选择颜色，或在“组件”选项区域中输入数值设置填充色，然后单击“确定”按钮即可填充颜色。

在“均匀填充”对话框中设置好颜色后，单击“加到调色板”按钮，可以将设置好的颜色添加到调色板中。

“混合器”模式

在“均匀填充”对话框中单击“混合器”选项卡，切换到“混合器”模式，如图4.21所示。在该模式中可以选择需要的颜色模式，然后通过拖动混合器滑动杆选择颜色，或在颜色表中选择所需要的颜色，设置完成后单击“确定”按钮。

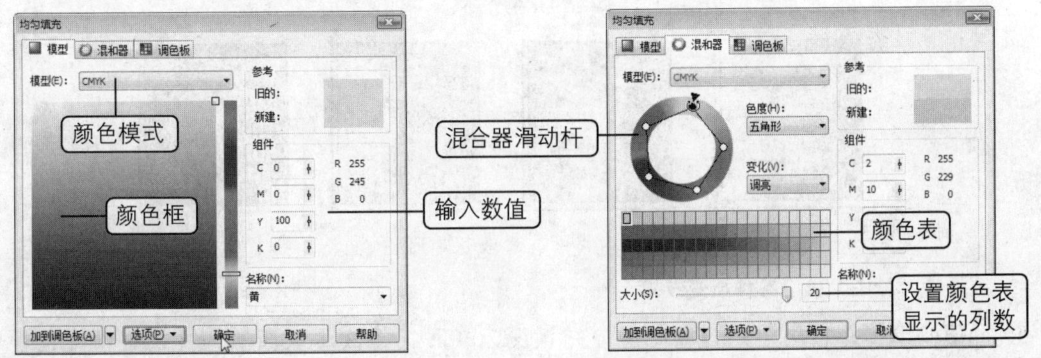

图4.20 “模型”模式

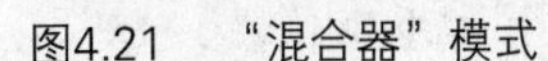

图4.21 “混合器”模式

“调色板”模式

在“均匀填充”对话框中单击“调色板”选项，切换到“调色板”模式，如图4.22所示。在该模式中可以选择系统提供的调色板类型，拖动纵向颜色条中的矩形滑动块，在左侧的颜色框中显示该区域的颜色，然后拖动“淡色”选项的滑块或在文本框中输入数值，可以调整所选颜色的浓淡，设置完成后单击“确定”按钮即可。

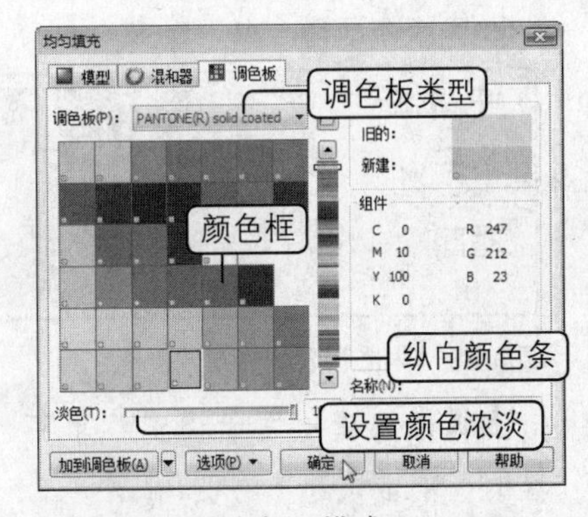

图4.22 “调色板”模式

在“调色板”模式中，“组件”选项区域用于显示当前所选颜色的参数值，但不能进行编辑。

2. 渐变填充

渐变填充可以为对象增加两种或两种以上颜色的平滑渐进色彩效果。渐变填充包含了4种类型，分别为线性渐变、射线渐变、圆锥渐变和方角渐变。

在工具箱中单击“填充”按钮，在展开的工具栏中单击“渐变填充”命令，将弹出“渐变填充”对话框（如图4.23所示），其中各参数选项的含义如下。

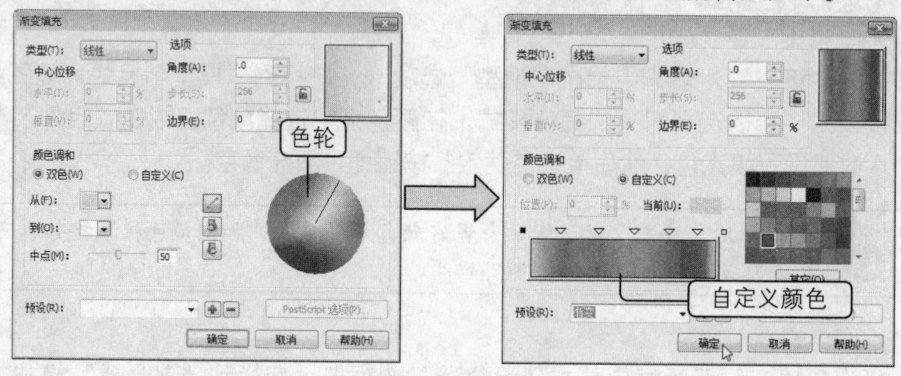

图4.23 “渐变填充”对话框

- **类型**：在该下拉列表中包含了4种用于渐变填充的方式，依次为“线性”、“射线”、“圆锥”和“方角”，如图4.24所示。

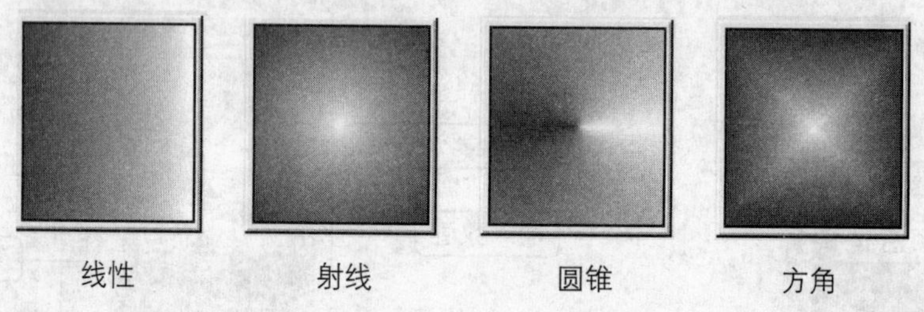

图4.24 各种渐变效果

- **中心位移**：使用射线、圆锥和方角渐变方式时，将激活该选项，可设置渐变色彩中心点的水平和垂直位置，如图4.25所示。
- **角度**：该选项用于设置渐变颜色的角度，在数值框中输入数值，或直接在预览窗口中按住鼠标左键不放并拖动，鼠标停留的位置则是新设置的渐变角度，如图4.26所示。

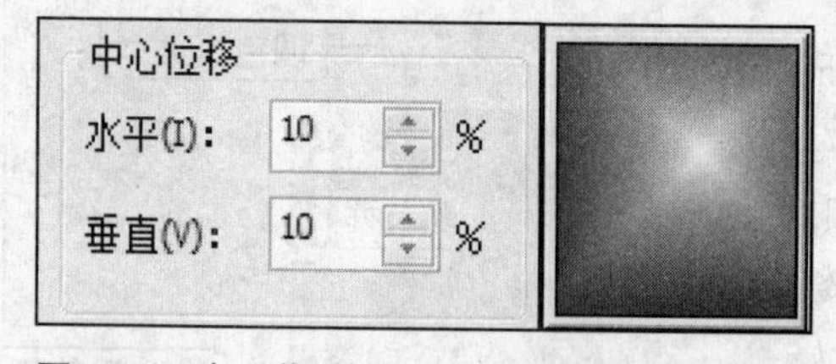

图4.25 中心位移

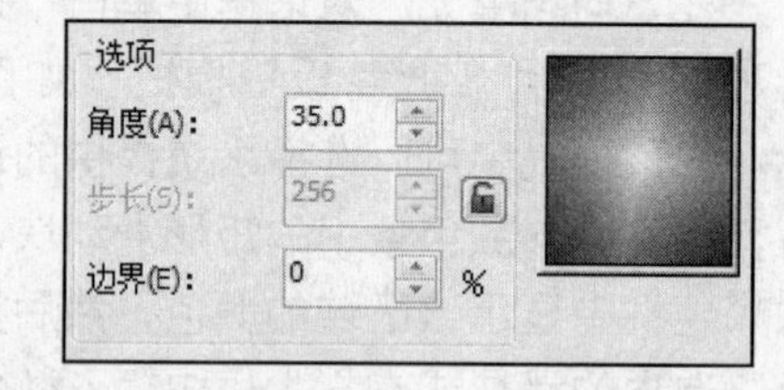

图4.26 设置角度

- **步长**：该选项用于设置各个颜色之间的过渡数量。默认情况下，该选项是不可用的。单击该选项右侧的按钮，即可激活该选项，如图4.27所示。
- **边界**：该选项用于设置颜色渐变过渡的范围。数值越大，范围越大，如图4.28所示。
- **双色**：选择该单选项，则渐变颜色是以两种颜色进行过渡的，其中，“从”是指渐变的起始颜色，“到”是指渐变的结束颜色，如图4.29所示。

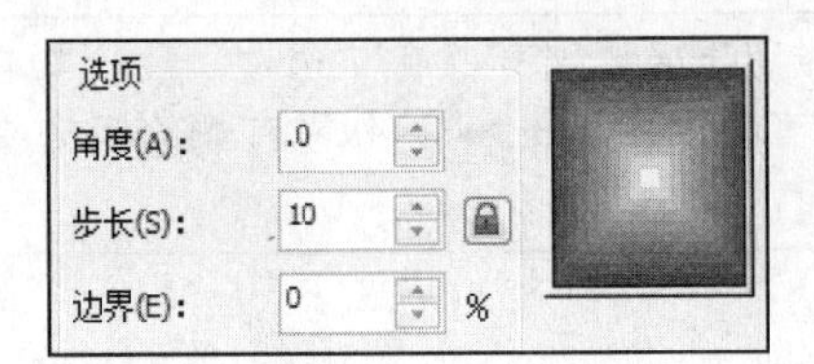

图4.27 设置步长

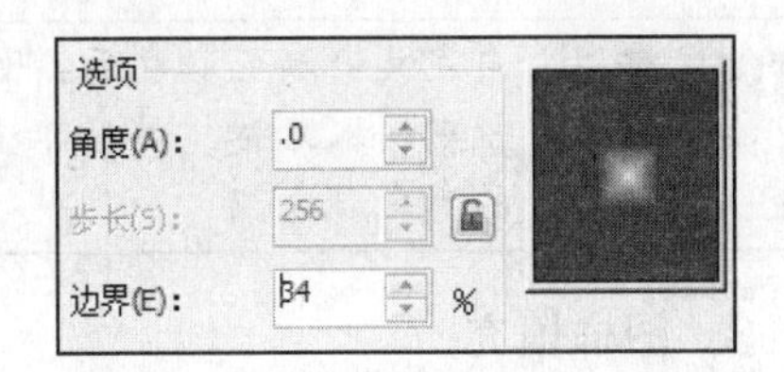

图4.28 设置边界

单击“从”或“到”旁边颜色块的下拉按钮，在弹出的下拉列表框中可以选择需要的颜色，也可以单击“其它”按钮，在弹出的“选择颜色”对话框中设置颜色，完成后单击“确定”按钮即可。

- **直线方向渐变填充**：单击该按钮，则双色渐变中的两种颜色沿直线变化，如图4.30所示。

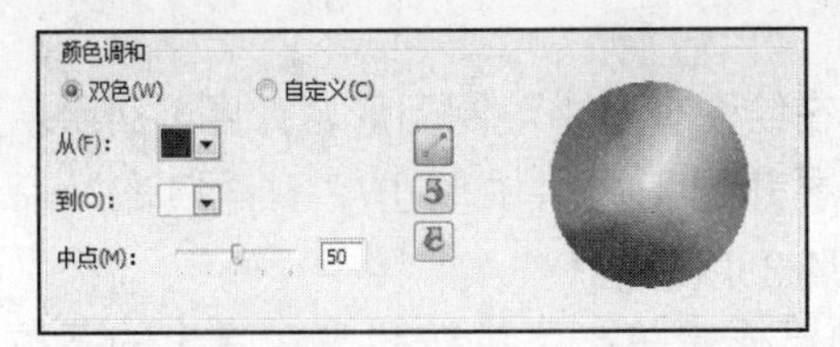

图4.29 设置双色渐变的颜色

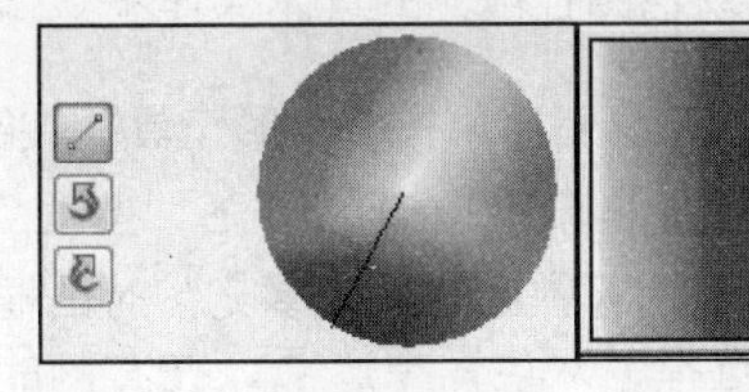

图4.30 直线方向渐变

- **逆时针方向渐变填充**：单击该按钮，则双色渐变中的两种颜色沿色轮逆时针旋转变化，如图4.31所示。
- **顺时针方向渐变填充**：单击该按钮，则双色渐变中的两种颜色沿色轮顺时针旋转变化，如图4.32所示。

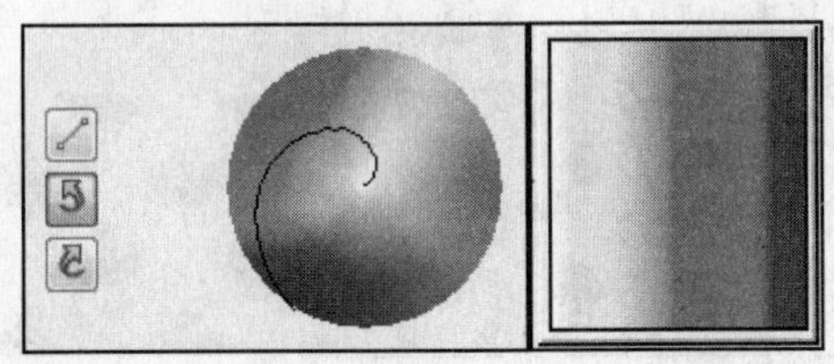

图4.31 逆时针渐变填充

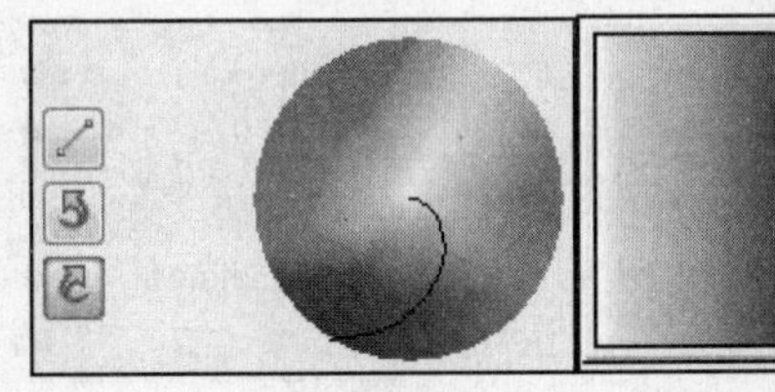

图4.32 顺时针渐变填充

- **中点**：该选项用于设置两种颜色的中心点位置。
- **自定义**：选择该单选项，则渐变颜色是以两种或两种以上的颜色进行过渡的。
- **位置**：在渐变颜色条上方的彩色轴中双击鼠标左键，添加一个颜色控制点，激活“位置”选项，显示当前添加颜色所处的位置，如图4.33所示。
- **当前**：显示当前位置处的颜色。
- **其它**：单击该按钮，则可在弹出的“选择颜色”对话框中选择需要的颜色，然后单击“确定”按钮。

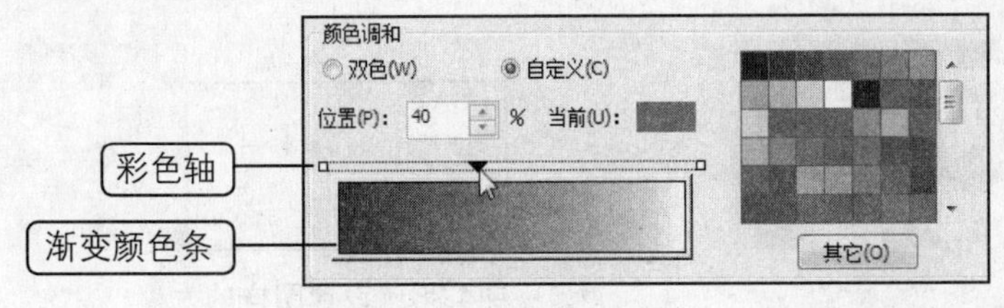

图4.33 自定义渐变颜色

自定义好渐变颜色后，如果要将其保留下来，则可以在“预设”后的文本框中输入名称，然后单击按钮即可存储，单击按钮即可删除不需要的渐变颜色。

3. 图样填充

CorelDRAW X4中提供了预设的图样填充，可以直接为对象填充，也可以使用所绘制的对象或导入的图像来创建图样进行填充。在工具箱中单击“填充”按钮，在展开的工具栏中单击“图样填充”命令，在弹出的“图样填充”对话框中可以进行双色图样填充、全色图样填充和位图图样填充。下面将具体介绍这些内容。

双色图样填充

双色图样填充是指将对象应用只有“前部”和“后部”两种颜色的图案样式进行填充。执行双色图样填充的具体操作步骤如下所示。

步骤01 在工具箱中单击“矩形工具”按钮，在绘图窗口中绘制图形，如图4.34所示。

步骤02 在工具箱中单击“填充”按钮，在展开的工具栏中单击“图样填充”命令，将弹出“图样填充”对话框，如图4.35所示。

步骤03 选择“双色”单选项，在右侧的图样预览框中单击下拉按钮，在弹出的下拉列表中选择需要的填充样式，如图4.36所示。

图4.34 绘制矩形

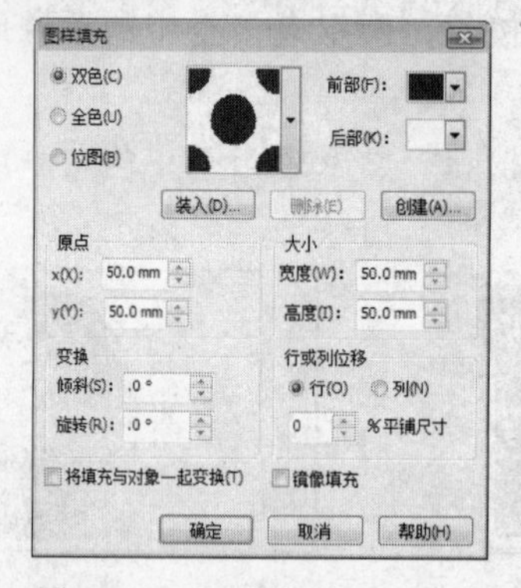

图4.35 “图样填充”对话框

图4.36 填充图样

步骤04 单击“前部”或“后部”的下拉按钮，在弹出的下拉列表中选择颜色。如果单击“其它”按钮，则可在弹出的“选择颜色”对话框中自由选择颜色，如图4.37所示。

步骤05 在“原点”选项区域的X和Y数值框中输入数值，则可以更改图样原点的坐标。

步骤06 在“大小”选项区域中设置“宽度”和“高度”，更改图样的大小，如图4.38所示。

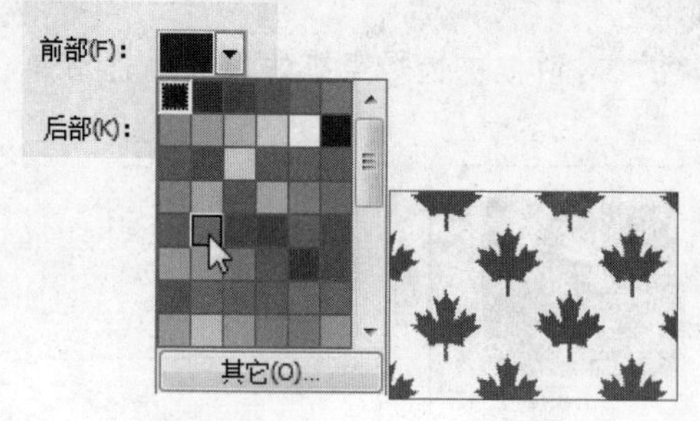

图4.37 设置图样的颜色

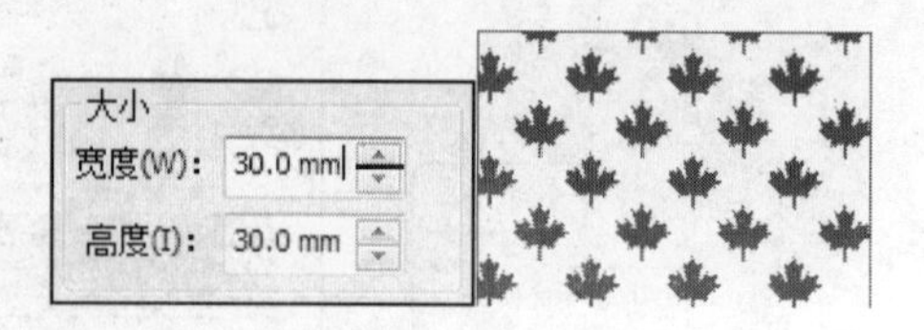

图4.38 设置图样的大小

步骤07 在“变换”选项区域中，设置“倾斜”和“旋转”的角度，则可以更改图样的角度，如图4.39所示。

步骤08 在“行或列位移”选项区域中选择“行”或“列”单选项，设置百分比数值，则可以将图样进行错位填充，如图4.40所示。

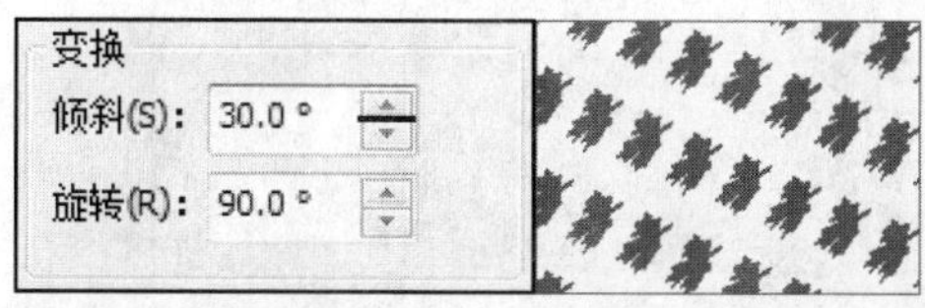

图4.39 变换填充图样

图4.40 设置行或列位移

步骤09 单击“装入”按钮，在弹出的“导入”对话框中选择图片或其他图形文件，然后单击“导入”按钮，如图4.41所示。

步骤10 导入的图片或图形文件将自动转换为双色样式添加到样式列表中。

在“图样填充”对话框中单击“创建”按钮，则在弹出的“双色图案编辑器”对话框（如图4.42所示）中可以将自定义的图案添加到图案预览框的样式列表中。

图4.41 “导入”对话框

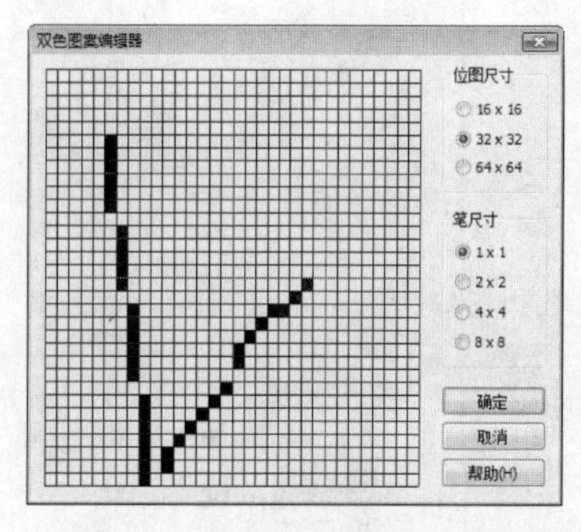

图4.42 “双色图案编辑器”对话框

全色图样填充

全色图样填充是将矢量图案和线描样式生成图形，也可以通过装入图像的方式填充为位图图案。在工具箱中单击“填充”按钮，在展开的工具栏中单击“图样填充”命令，在弹出的“图样填充”对话框（如图4.43所示）中选择“全色”单选项，在预览框的下拉列表中选择合适的图案，然后进行设置，完成后单击“确定”按钮即可填充，如图4.44所示。

在“图样填充”对话框中勾选“将填充与对象一起变换”复选框，则对填充的图案进行缩放、倾斜、旋转等变换操作时，图形也会随之发生变换。勾选“镜像填充”复选框，则对图形进行填充后，将产生图案镜像的填充效果。

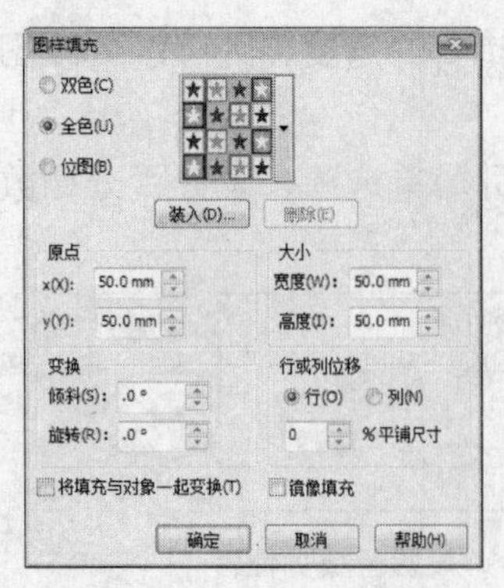

图4.43　全色图样

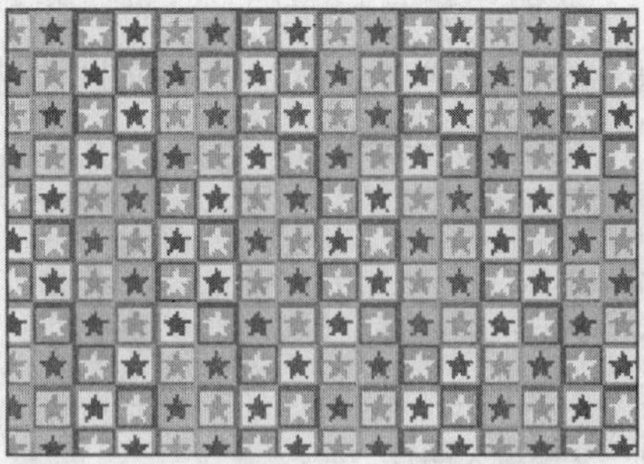

图4.44　填充图样

位图图样填充

位图图样填充可以选择位图图像进行填充，其复杂性取决于其大小、图像分辨率和位图深度等。在工具箱中单击“填充”按钮，在展开的工具栏中单击“图样填充”命令，在弹出的“图样填充”对话框（如图4.45所示）中选择“位图”单选项，在预览框的下拉列表中选择合适的图案，然后进行设置，完成后单击“确定”按钮即可填充，如图4.46所示。

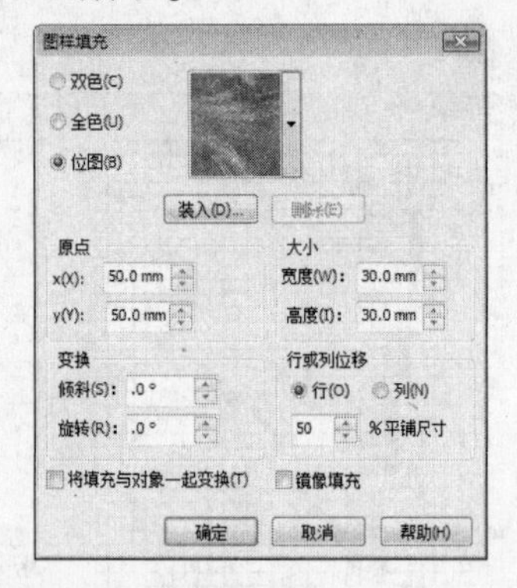

图4.45　位图图样

图4.46　填充位图

4. 底纹填充

底纹填充也叫纹理填充，是一种随机生成的填充，可以用来赋予对象自然的外观。CorelDRAW X4提供了多种预设底纹样式，而且每一种底纹都可以修改、编辑纹理的属性，也可以使用任何一种颜色模式或调色板中的颜色来定义底纹颜色并填充。底纹填充只能包含RGB颜色模式。

使用“底纹填充”的具体操作步骤如下所示。

步骤01　选择之前绘制的矩形图形，在工具箱中单击“填充”按钮，在展开的工具栏中单击“底纹填充”命令，弹出“底纹填充”对话框，如图4.47所示。

步骤02　在“底纹库”下拉列表中选择任意一个底纹库，这里选择“样式6”，在“底纹列表”列表框中选择需要的底纹样式，然后在右侧的参数面板中进行设置，如图4.48所示。

步骤03　单击“选项”按钮，在弹出的“底纹选项”对话框中设置底纹的分辨率、最大平铺宽度，然后单击“确定”按钮，如图4.49所示。

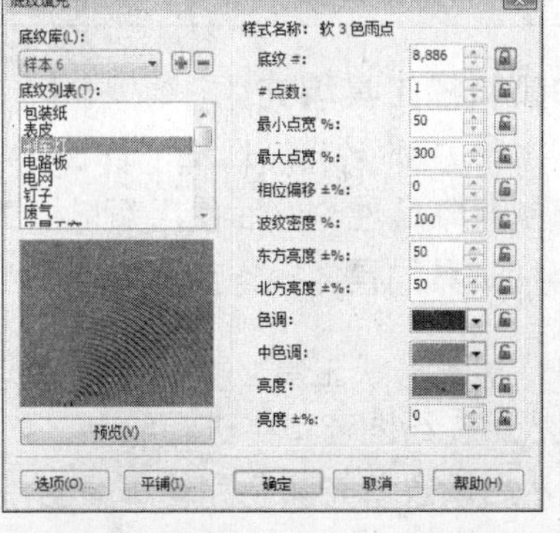

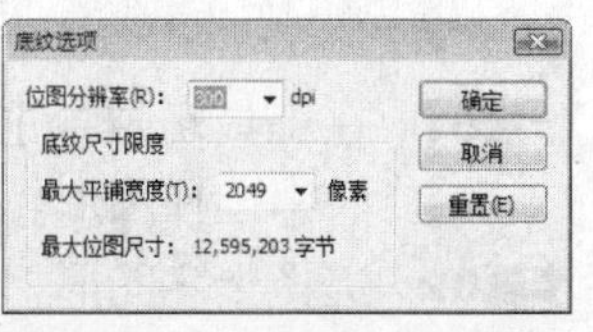

图4.47 “底纹填充”对话框　　图4.48 选择底纹样式　　图4.49 底纹选项

步骤04 在返回的“底纹填充”对话框中单击“平铺”按钮，在弹出的“平铺”对话框中设置原点、大小、变换、行或列位移等参数，如图4.50所示。

步骤05 设置完成后单击“确定”按钮即可完成底纹填充的操作，如图4.51所示。

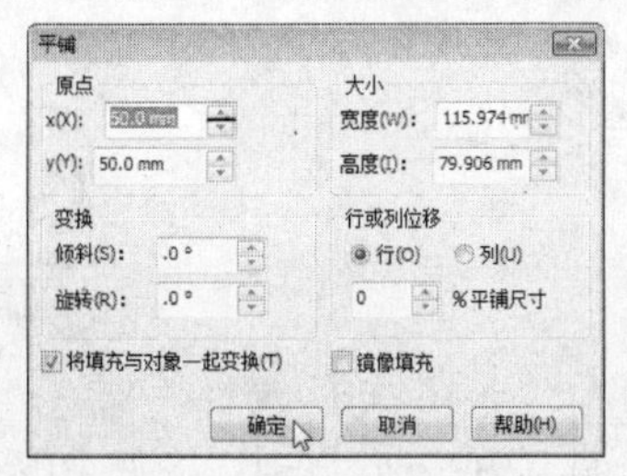

图4.50 “平铺”对话框

图4.51 填充底纹

5. PostScript底纹填充

PostScript底纹填充是用PostScript语言设计出的一种特殊的填充类型。应用PostScript底纹填充的具体操作步骤如下所示。

步骤01 在绘图窗口中选择之前绘制的矩形图形，在工具箱中单击“填充”按钮，在展开的工具栏中单击“PostScript”命令，弹出“PostScript底纹”对话框，如图4.52所示。

步骤02 选择一种“底纹样式”，在“参数”选项区域中进行设置，然后单击“确定”按钮即可填充PostScript底纹，如图4.53所示。

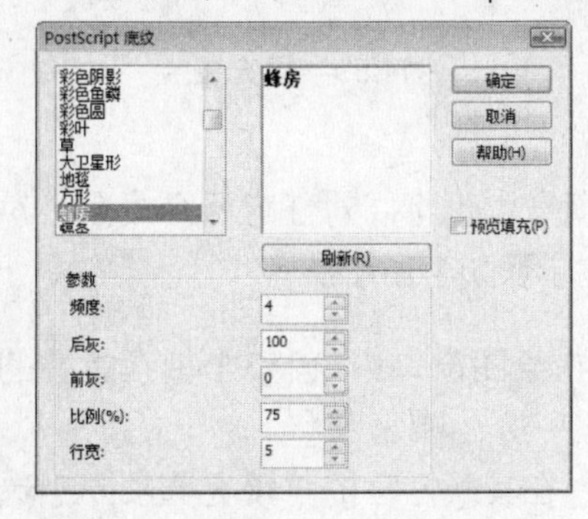

图4.52 “PostScript”对话框

图4.53 填充底纹

在“PostScript底纹”对话框中，勾选“预览填充”复选框，则可在该对话框中显示底纹效果图案。

6. 使用滴管工具和颜料桶工具填充

在CorelDRAW X4中，滴管工具和颜料桶工具是相互结合使用的工具。首先使用滴管工具为对象选择并复制对象属性，然后使用颜料桶工具进行填充。

使用滴管工具和颜料桶工具的具体操作步骤如下所示。

步骤01 在工具箱中单击“基本形状工具”按钮，在其属性栏的“完美形状”下拉列表中选择图形，然后在绘图窗口中进行绘制，如图4.54所示。

步骤02 选择十字图形，然后设置填充颜色和轮廓颜色，如图4.55所示。

步骤03 在工具箱中单击“滴管工具”按钮，在属性栏中单击“属性”按钮，在弹出的下拉列表中勾选“轮廓”和“填充”复选框，然后单击“确定”按钮，如图4.56所示。

图4.54 绘制图形　　图4.55 设置颜色　　图4.56 属性栏

步骤04 将鼠标指针移动到十字图形上，当鼠标指针变成形状时，单击以吸取对象的轮廓、填充颜色等属性，如图4.57所示。

步骤05 在工具箱中单击“颜料桶工具”按钮，将鼠标指针移动到“心形”对象上，如图4.58所示。

步骤06 在对象上单击，吸取的轮廓、填充颜色等属性就会被填充到“心形”对象上，如图4.59所示。

图4.57 吸取颜色　　图4.58 使用颜料桶工具　　图4.59 填充显示

7. 智能填充工具

使用智能填充工具可以对任何封闭的对象进行填充，也可以对任意两个或多个对象重叠的区域进行填充。使用智能填充工具的具体操作步骤如下所示。

步骤01 在工具箱中单击“椭圆形工具”按钮，在绘图窗口中绘制3个相互重叠的圆形，如图4.60所示。

步骤02 在工具箱中单击“智能填充工具”按钮，在其属性栏的“填充选项”中选择

"指定"，设置填充颜色为"秋橘红"▇，在"轮廓选项"中选择"指定"，设置轮廓宽度为"2.5mm"，轮廓颜色为"黑色"，如图4.61所示。

步骤03 将鼠标指针移动到对象上，当鼠标指针变成十形状时，单击即可填充选定的图形，如图4.62所示。

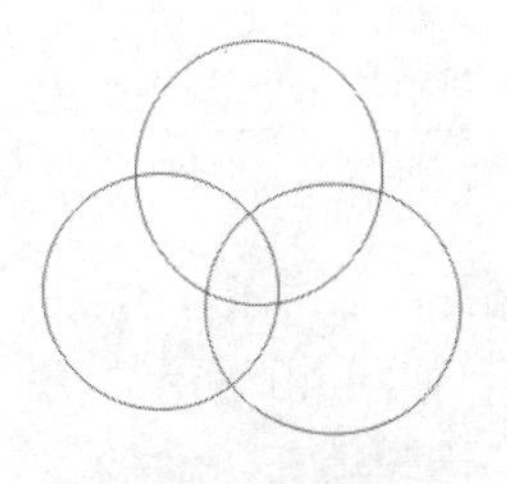

图4.60 绘制图形

图4.61 属性栏

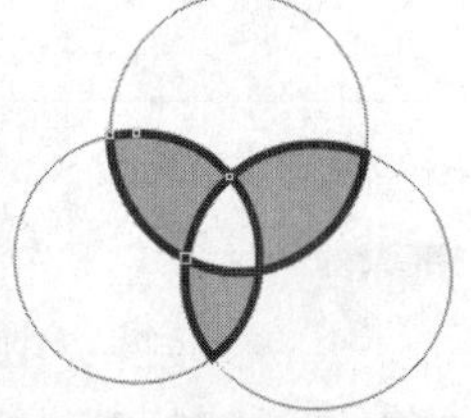

图4.62 填充颜色

说明 在"智能填充"属性栏的"填充选项"或"轮廓选项"下拉列表中，选择"使用默认值"则直接按原先设置的颜色或图案填充；选择"无填充"选项，则不进行填充。

4.3.2 典型案例——绘制简易荷花

案例目标

本案例将绘制简易荷花，主要练习椭圆形工具、多边形工具、形状工具、均匀填充和渐变填充等的使用方法和技巧，最终效果如图4.63所示。

图4.63 最终效果图

效果图位置：\源文件\第4课\简易荷花.cdr

操作思路：

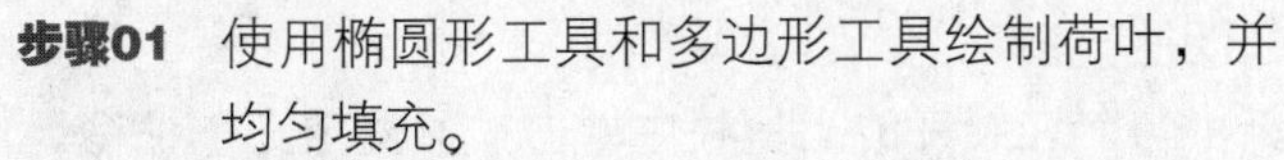

步骤01 使用椭圆形工具和多边形工具绘制荷叶，并均匀填充。

步骤02 使用椭圆形工具绘制花瓣，并进行渐变填充。

步骤03 使用复制、镜像命令制作花瓣。

步骤04 制作出另一片荷叶，完成最终效果。

操作步骤

其具体操作步骤如下所示。

步骤01 在菜单栏中单击"文件"→"新建"命令，新建文件，然后在工具箱中单击"椭圆形工具"按钮，在绘图窗口中绘制椭圆，制作"荷叶"，如图4.64所示。

步骤02 在工具箱中单击"多边形工具"按钮，在其属性栏中设置"边数"为"3"，然后在绘图窗口中绘制三角形，如图4.65所示。

步骤03 在其属性栏中设置"旋转角度"为"-90度"，然后移动到适当的位置，如图4.66所示。

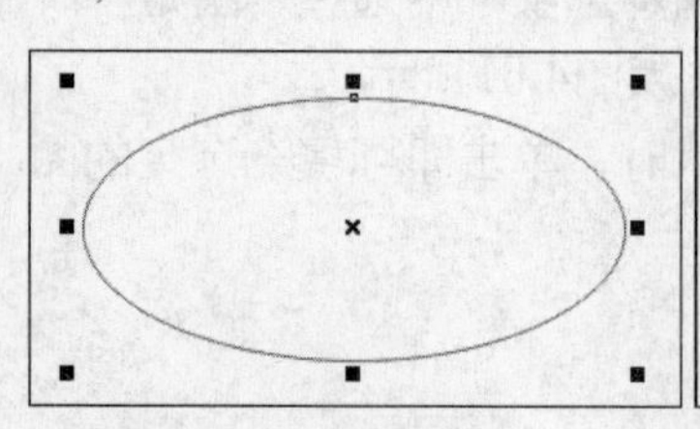

图4.64　绘制椭圆

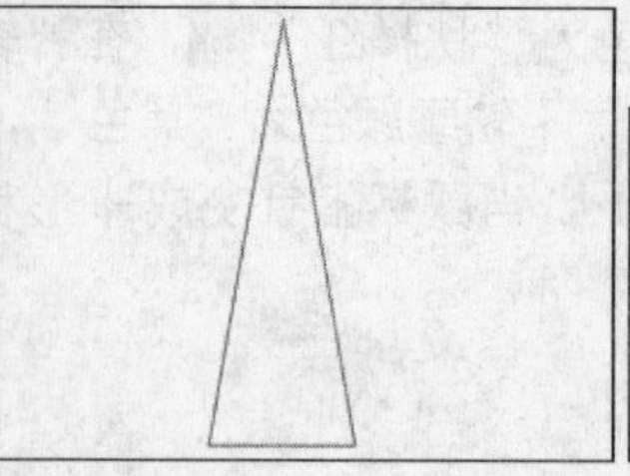

图4.65　绘制三角形

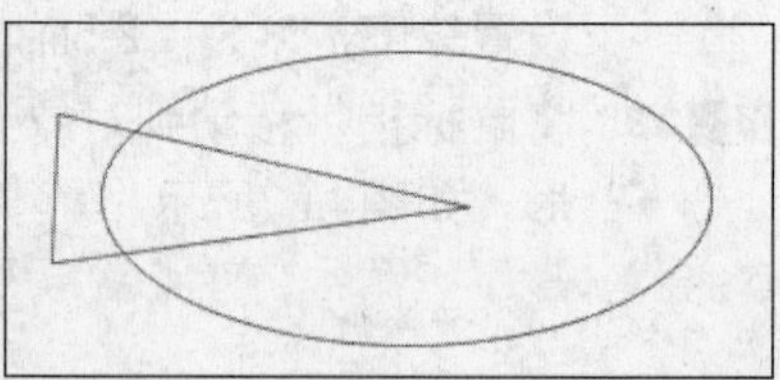

图4.66　旋转角度

步骤04　单击工具箱中的“挑选工具”按钮，在绘图窗口中选择圆形和三角形，然后在属性栏中单击“移除前面对象”按钮，移除前面的对象，如图4.67所示。

步骤05　在工具箱中单击“填充”按钮，在弹出的工具栏中单击“均匀填充”命令，然后在弹出的“均匀填充”对话框中设置颜色为“C：71，M：0，Y：93，K：0”，之后单击“确定”按钮，如图4.68所示。

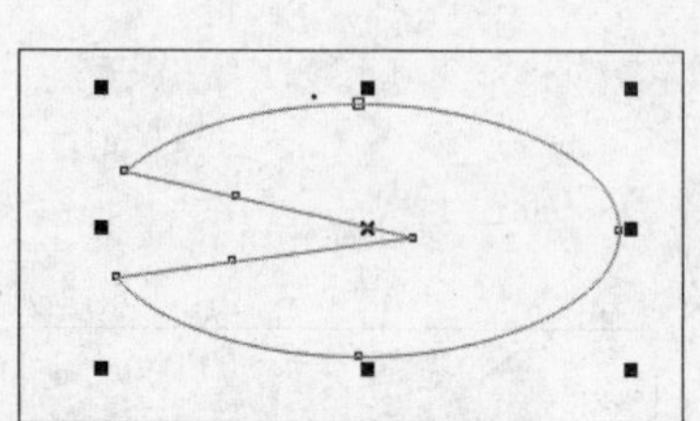

图4.67　移除前面的对象

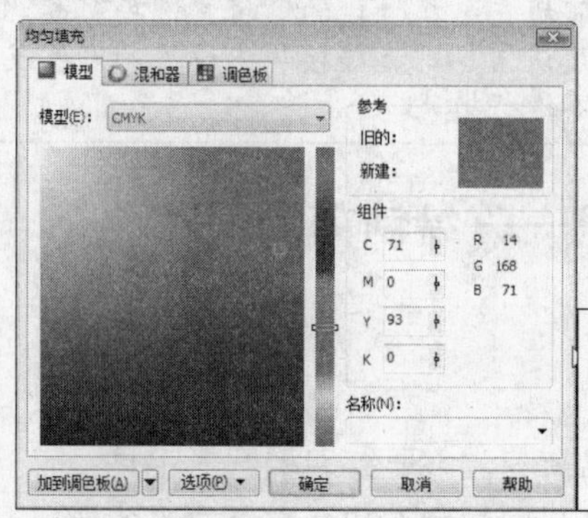

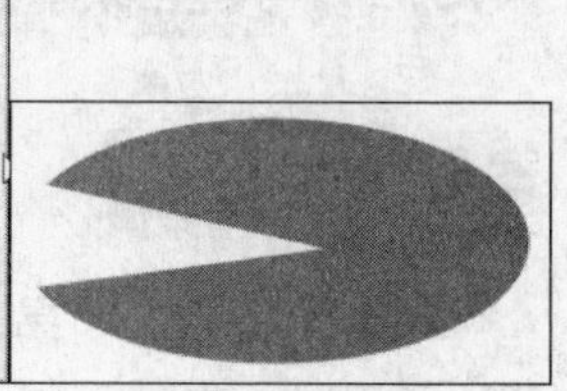

图4.68　均匀填充

步骤06　在工具箱中单击“椭圆形工具”按钮，然后在绘图窗口中绘制椭圆形，制作“花瓣”，如图4.69所示。

步骤07　在其属性栏中单击“转换为曲线”按钮，然后在工具箱中单击“形状工具”按钮，在绘图窗口中对图形进行变换，如图4.70所示。

步骤08　在工具箱中单击“填充”按钮，在展开的工具栏中单击“渐变填充”命令，在弹出的“渐变填充”对话框中设置角度为“90.0”，选择“双色”单选项，然后设置“从”的颜色为“白色”，“到”的颜色为“浅蓝光紫”，之后单击“确定”按钮，如图4.71所示。

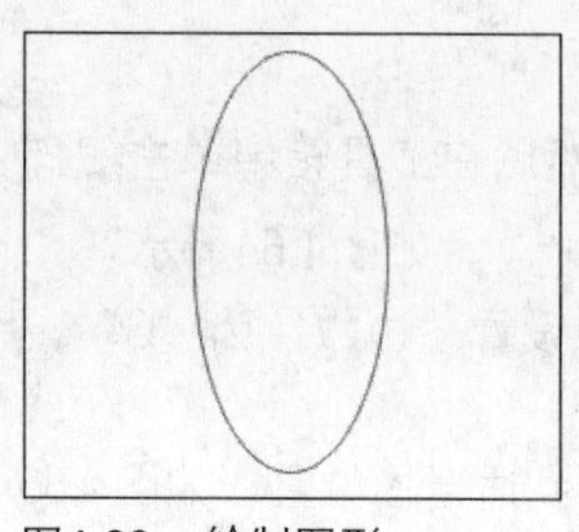

图4.69　绘制图形

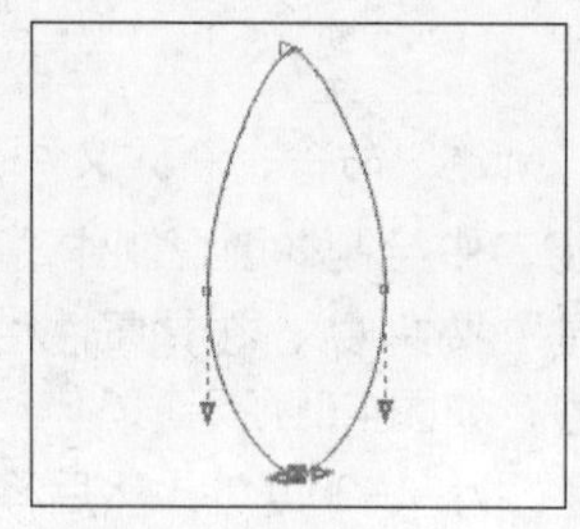

图4.70　变换图形

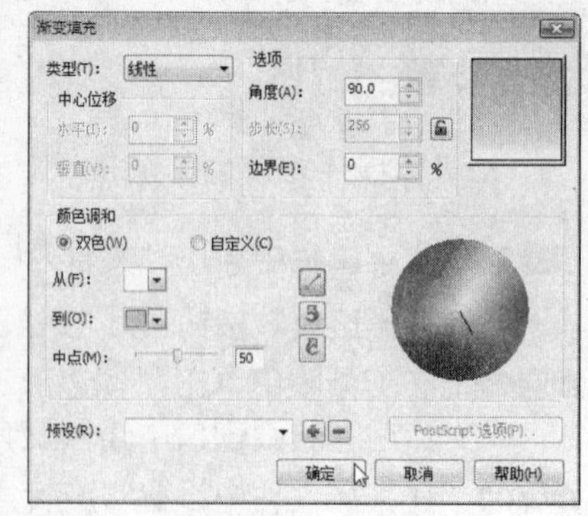

图4.71　渐变填充

步骤09 在菜单栏中单击“编辑”→“再制”命令以再制图形，即“第2朵花瓣”，如图4.72所示。

步骤10 单击“第2朵花瓣”，转换为旋转状态，然后将中心点移动到图形的下方，并在属性栏中设置“旋转角度”为“45度”，效果如图4.73所示。

步骤11 按下“Ctrl+D”组合键，绘制出“第3朵花瓣”，如图4.74所示。

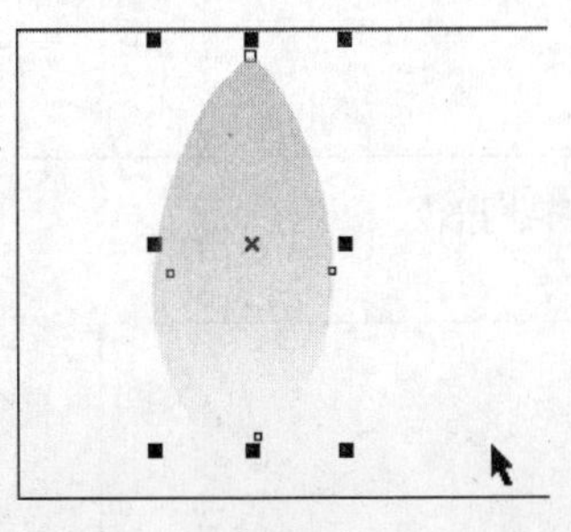

图4.72　再制图形

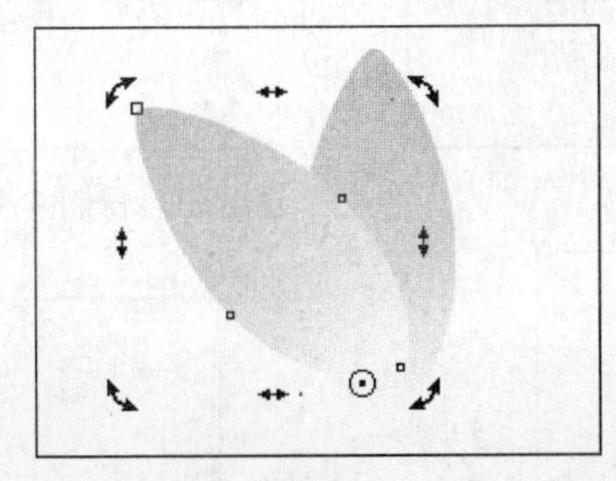

图4.73　旋转图形

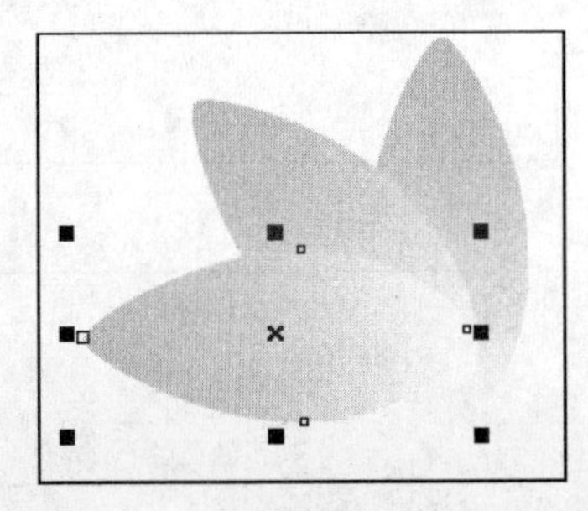

图4.74　旋转再制图形

步骤12 在菜单栏中单击“窗口”→“泊坞窗”→“变换”命令，在弹出的“变换”泊坞窗中单击“缩放和镜像”按钮，如图4.75所示。

步骤13 在工具箱中单击“挑选工具”按钮，在绘图窗口中框选第2朵和第3朵花瓣，如图4.76所示。

步骤14 在“变换”泊坞窗中单击“水平镜像”按钮，之后单击“应用到再制”按钮，将再制的图形移动到适当位置，如图4.77所示。

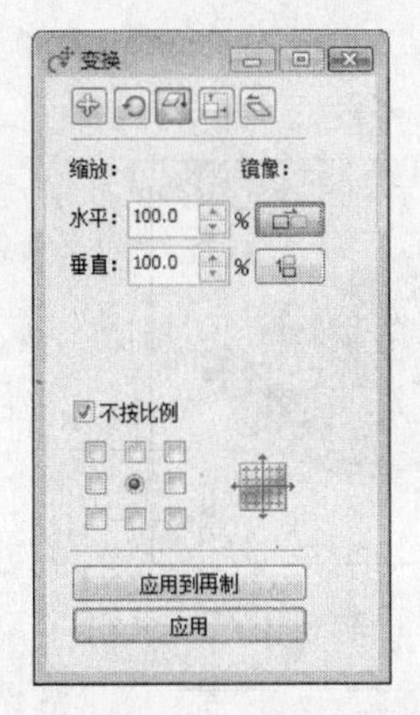

图4.75　“变换”泊坞窗

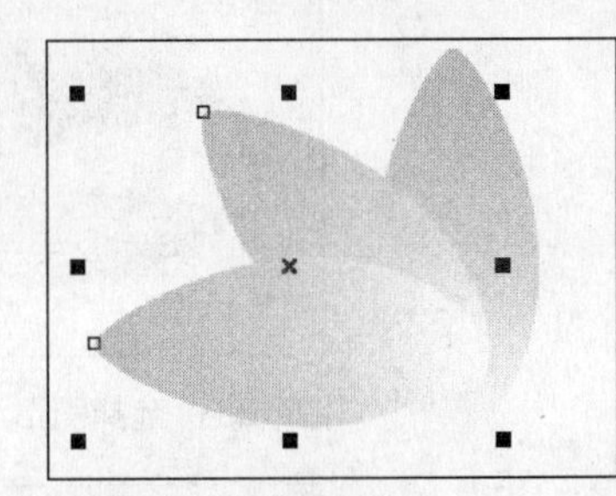

图4.76　选择图形

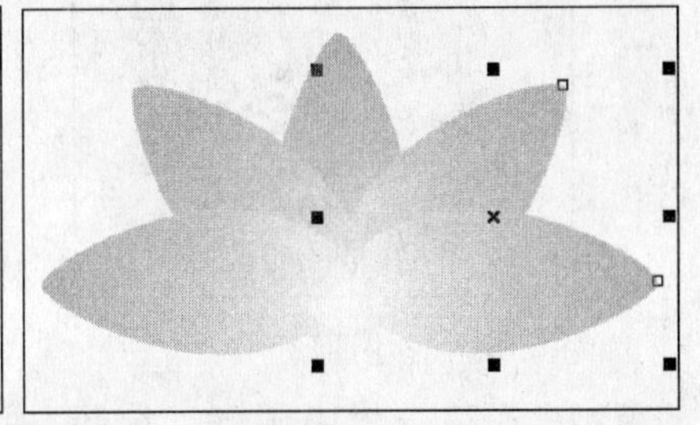

图4.77　水平镜像

步骤15 使用挑选工具单击最先绘制的第一朵花瓣，然后单击鼠标右键，在弹出的快捷菜单中选择“复制”命令，并在空白处单击，如图4.78所示。

步骤16 右键单击鼠标，在弹出的快捷菜单中选择“粘贴”命令，然后单击该图形，使其转换为旋转状态，旋转图形，如图4.79所示。

步骤17 将图形移动到适当的位置，然后在空白处单击，如图4.80所示。

步骤18 选择该图形，然后将鼠标指针移动到控制框的下方，向上拖动鼠标，并适当调整左右的控制点，变换形状，如图4.81所示。

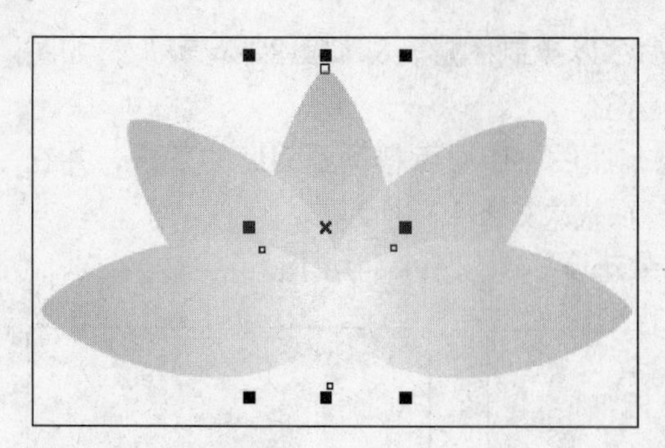

图4.78 选择图形

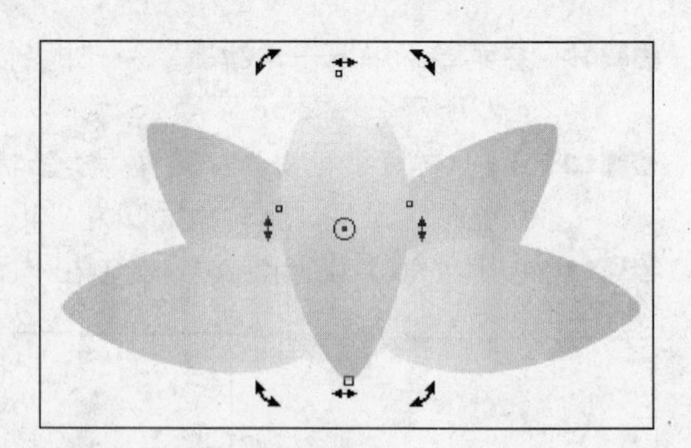

图4.79 复制并旋转图形

图4.80 移动位置

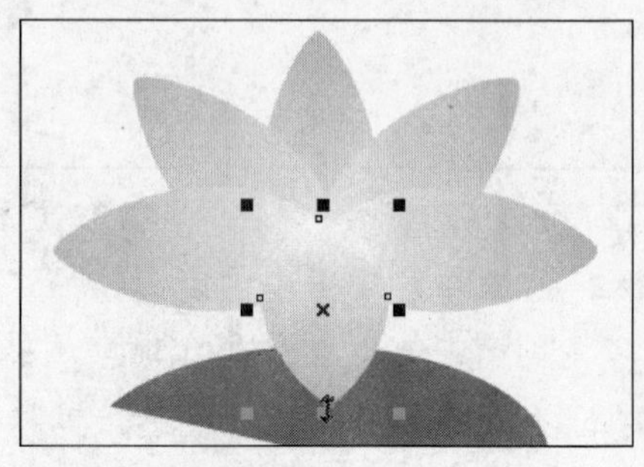

图4.81 变换形状

步骤19 使用挑选工具框选所有的花瓣，然后将鼠标指针移动到右上角的控制点上，按下鼠标左键并拖动，适当缩小图形，如图4.82所示。

步骤20 在绘图窗口中选择“荷叶”图形，如图4.83所示。

图4.82 缩小图形

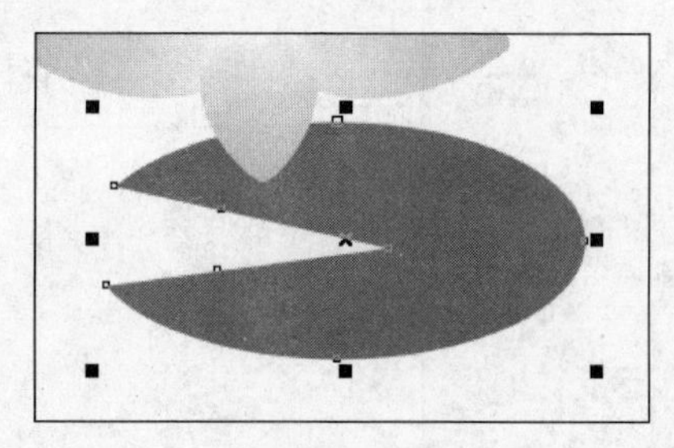

图4.83 选择图形

步骤21 在菜单栏中单击“编辑”→“再制”命令，再制“荷叶”，然后将再制的“荷叶”移动到适当的位置，如图4.84所示。

步骤22 将鼠标指针移动到右上角的控制点上，按下鼠标左键并拖动，适当缩小图形，如图4.85所示。

步骤23 保持工具为“挑选工具”，然后在属性栏中设置“旋转角度”为“180度”，得到的最终效果如图4.86所示。

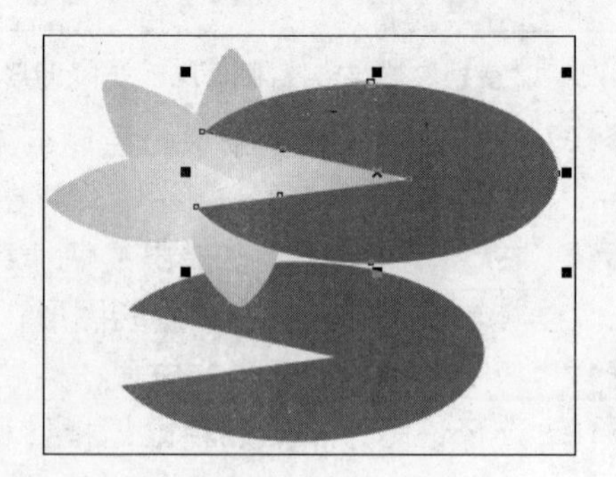

图4.84 再制图形

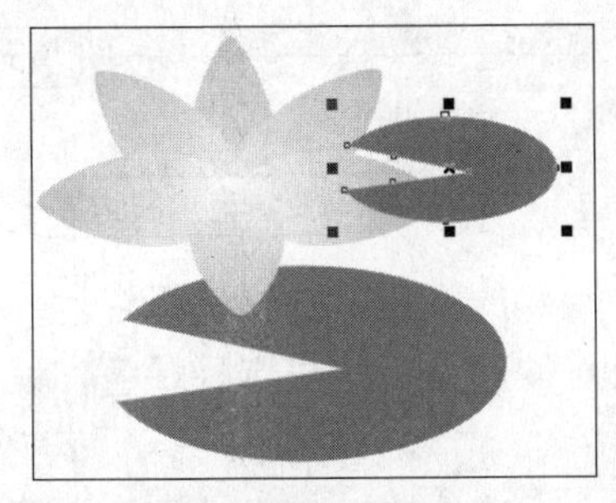

图4.85　缩小图形

图4.86　旋转后的最终效果

案例小结

本案例主要介绍了如何使用“均匀填充”和“渐变填充”对话框来填充颜色。通过对本案例的学习，相信读者能够举一反三，绘制出各种效果的图形。

4.4 使用交互式填充工具

使用交互式填充工具组不仅可以进行单色、渐变色、图案或纹理填充，还可以改变填充对象的形状。

4.4.1 知识讲解

在CorelDRAW X4中，交互式填充工具组包含两个工具，分别是交互式填充工具和交互式网状填充工具。下面我们将详细介绍这些内容。

1. 交互式填充工具

使用交互式填充工具可以直接在对象上进行均匀填充、渐变填充、图样填充、底纹填充和PostScript填充。在工具箱中单击“交互式填充工具”按钮，然后在弹出的属性栏中可以快捷地修改填充属性。

使用交互式填充工具可以通过以下操作方法完成各种填充。

步骤01　在工具箱中单击“基本形状工具”按钮，然后在绘图窗口中绘制四边形，如图4.87所示。

步骤02　在工具箱中单击“交互式填充工具”按钮，然后在属性栏的“无填充”下拉列表中选择需要的填充类型，这里选择“均匀填充”选项，选择均匀填充类型并设置C、M、Y、K的颜色数值，之后按“Enter”键，如图4.88所示。

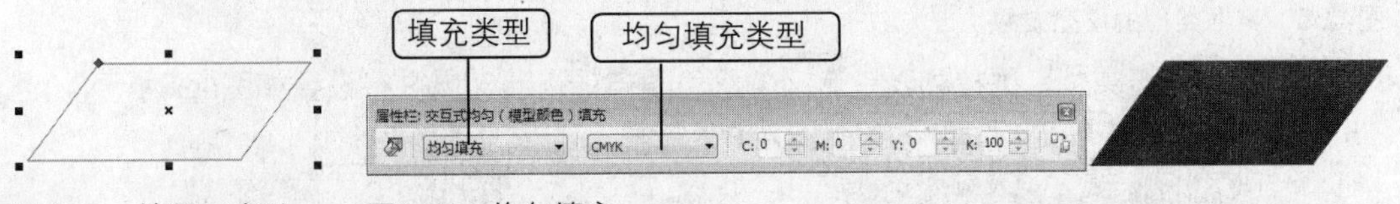

图4.87　绘制四边形　　图4.88　均匀填充

步骤03　在“填充类型”下拉列表中选择“线性”选项，属性栏设置如图4.89所示。

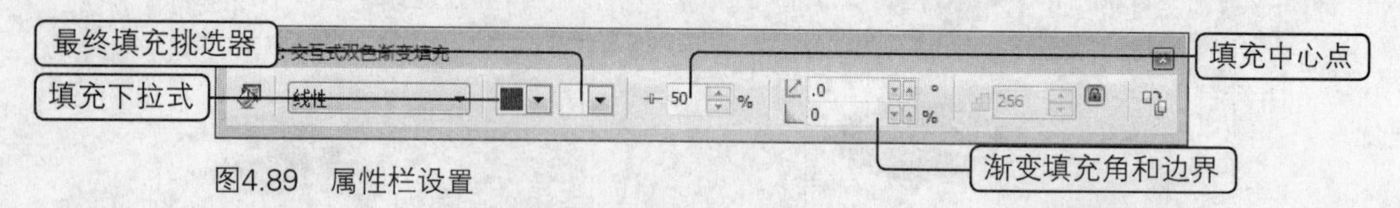

图4.89　属性栏设置

步骤04　在“填充下拉式”下拉列表中选择线性起始点的颜色，这里选择红色；在“最终填充挑选器”下拉列表中选择线性结束点的颜色，这里选择绿色，设置好后的效果如图4.90所示。

步骤05　在“填充中心点”的数值框中输入线性中心点的位置，并在“渐变填充角和边界”中输入填充的角度和边界，设置好后的效果如图4.91所示。

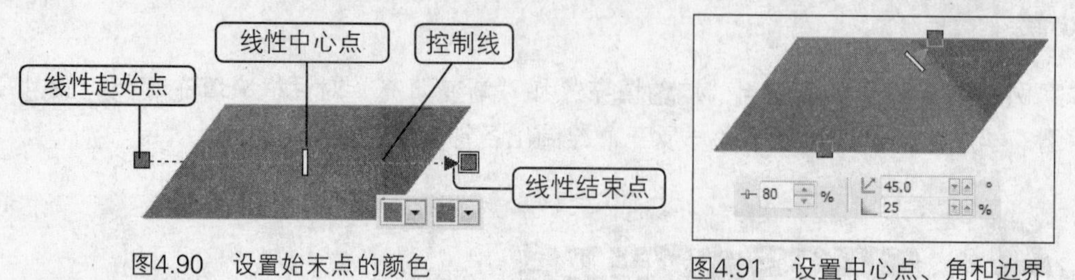

图4.90　设置始末点的颜色

图4.91　设置中心点、角和边界

将鼠标指针放置在线性控制起始点和结束点上，当光标变成十字形状时，按下鼠标左键并拖动控制点，可以手动调整渐变的角度和边界的距离，如图4.92所示；将鼠标指针移动到中心的控制点上，按下鼠标左键并拖动，可手动调整渐变的中心位置，如图4.93所示；将鼠标指针移动到线性控制线上双击，可以添加一个线性控制点，单击该控制点，然后在调色板上单击任意一个颜色图标，即可将该颜色应用到控制点位置的线性渐变上，如图4.94所示；双击新增的控制点，即可删除该控制点。

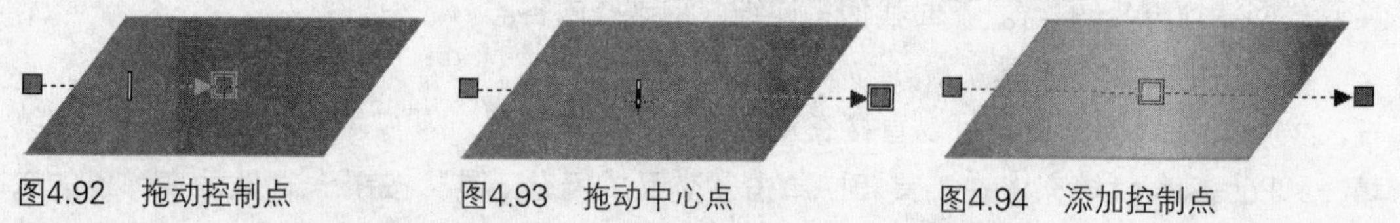

图4.92　拖动控制点　　图4.93　拖动中心点　　图4.94　添加控制点

步骤06　在“填充类型”下拉列表中分别选择“射线”、“圆锥”和“方角”选项后，对象的填充效果如图4.95所示。

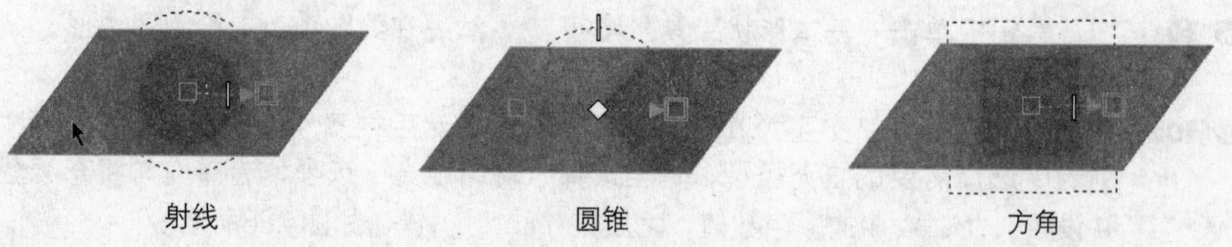

图4.95　其他类型的填充效果

步骤07　在“填充类型”下拉列表中选择“双色图样”选项，属性栏设置如图4.96所示。

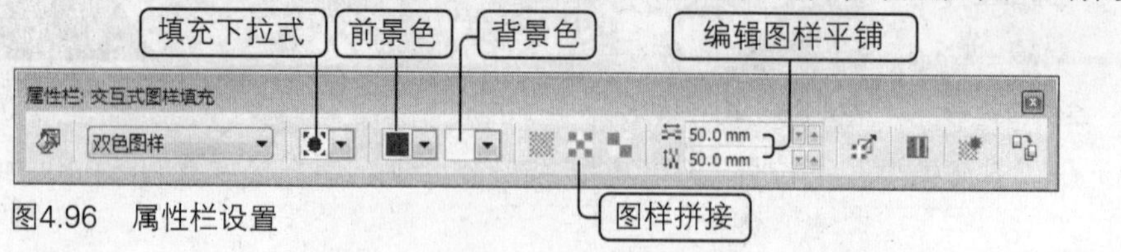

图4.96　属性栏设置

步骤08 设置“双色图样”填充后的效果，如图4.97所示，在属性栏中单击“变换对象填充”按钮，或直接拖动图像上生成的控制点，可以调整、旋转和倾斜图样大小，如图4.98所示。

图4.97 填充效果

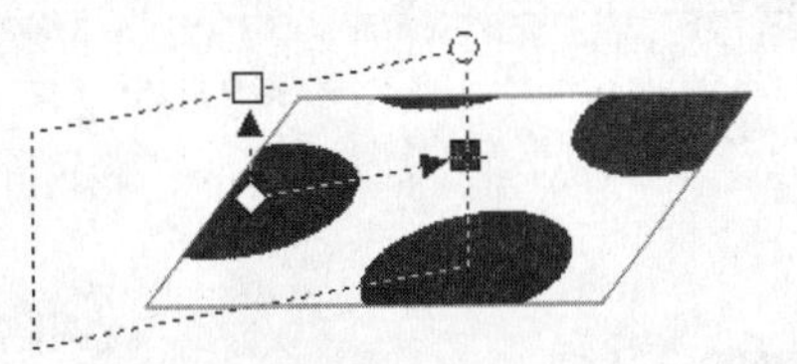

图4.98 改变图样大小

步骤09 在属性栏中单击“小型图样拼接”按钮、“中型图样拼接”按钮或“大型图样拼接”按钮，则对象的填充效果如图4.99所示。

小型图样拼接

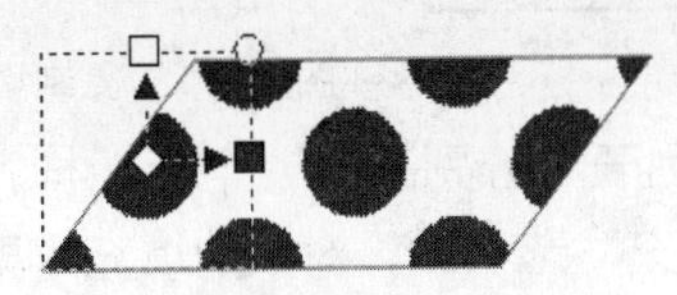

中型图样拼接

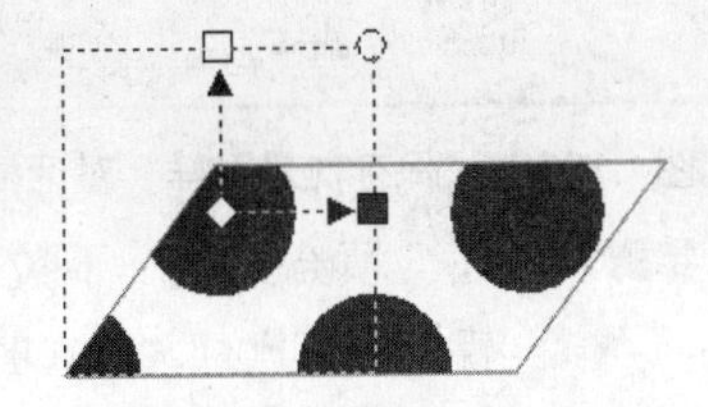

大型图样拼接

图4.99 各种图样拼接的效果

步骤10 在属性栏中单击“生成填充图块镜像”按钮，则图样将进行水平镜像；如果同时单击“变换对象填充”按钮和“生成填充图块镜像”按钮，则图样进行垂直镜像。

步骤11 在属性栏中单击“创建图样”按钮，在弹出的“创建图样”对话框（如图4.100所示）中选择类型和分辨率，单击“确定”按钮后，在绘制窗口中按下鼠标左键不放并拖动，框选一个图样区域，如图4.101所示。

步骤12 在弹出的提示对话框（如图4.102所示）中单击“确定”按钮，然后在弹出的“保存向量图样”对话框中设置文件的名称，单击“确定”按钮即可生成新图样，如图4.103所示。

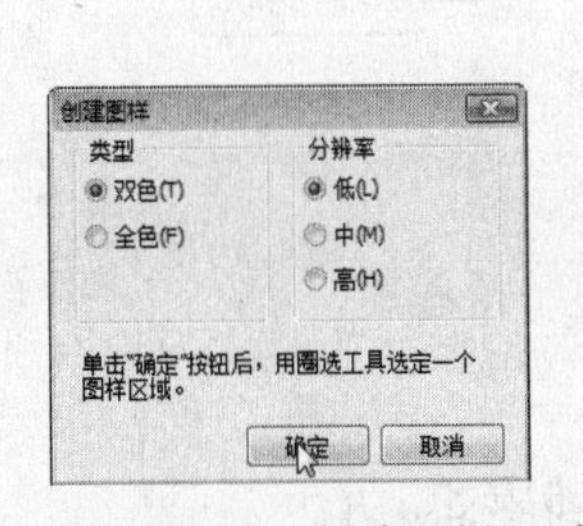

图4.100 “创建图样”对话框

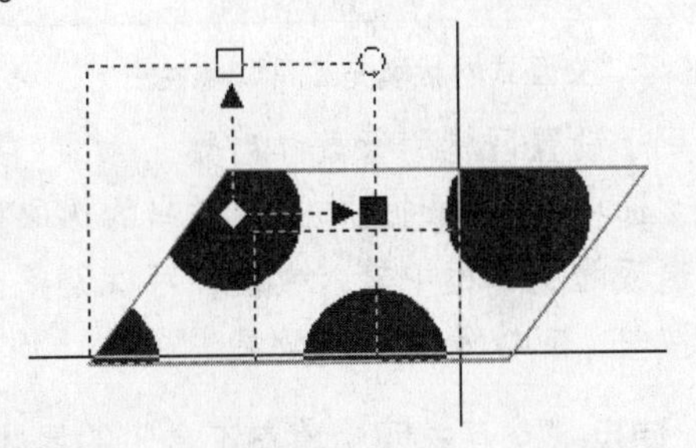

图4.101 框选图样区域

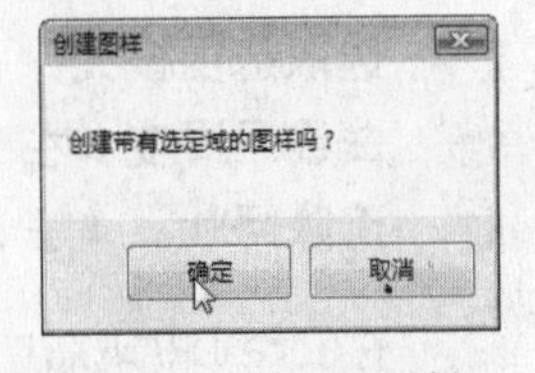

图4.102 提示对话框

如果对象中填充的图样为双色或全色图样，则在“创建图样”对话框中选择与填充图样相同的类型，则系统只弹出提示对话框，单击“确定”按钮即可生成新图样。

步骤13 如果要复制填充属性，则使用“交互式填充工具”单击要复制属性的图形对象，然后在属性栏中单击“复制填充属性”按钮，当鼠标指针变成➡形状时，单击已经填充属性的图形对象即可，如图4.104所示。

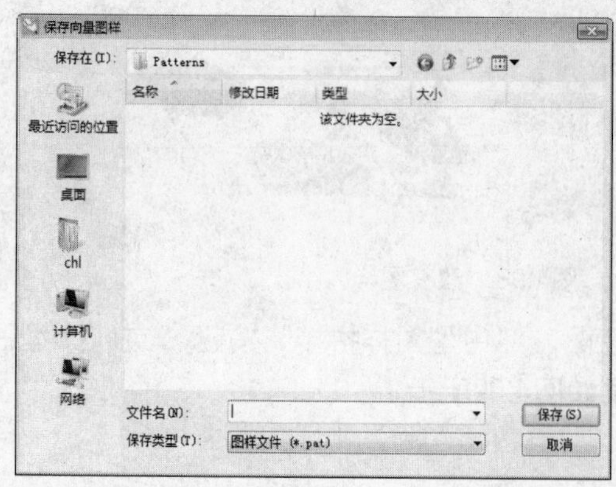

图4.103 “保存向量图样”对话框

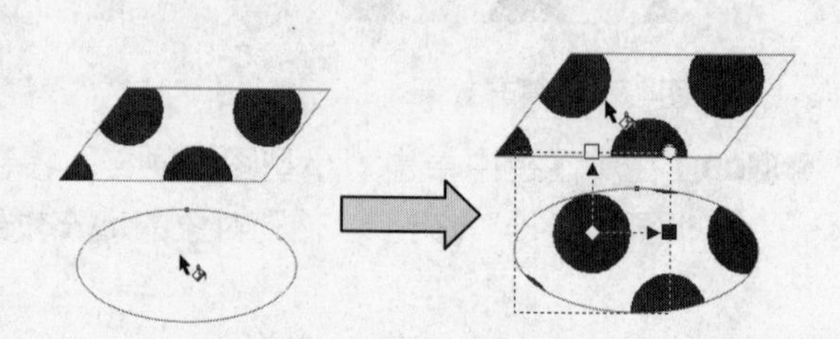

图4.104 复制填充属性

步骤14 在“填充类型”下拉列表中分别选择“全色图样”、“位图图样”、“底纹图样”、“PostScript填充”选项后，对象的填充效果如图4.105所示。

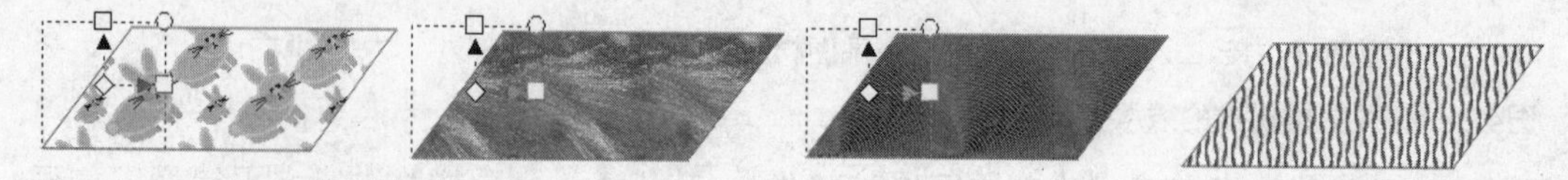

图4.105 各种填充类型填充

2. 交互式网状填充工具

使用交互式网状填充工具可以为对象进行复杂多变的网状填充，同时在不同的网点上可以填充不同的颜色并指定颜色的扭曲方向，从而产生各种丰富的效果。在工具箱中单击“交互式网状填充工具”按钮，将弹出如图4.106所示的属性栏，其中各参数选项的含义如下。

图4.106 “交互式网状填充工具”属性栏

- **网格大小**：该选项用于设置网格的行数和列数。
- **选取范围模式**：在该选项的下拉列表中选择适当的选取模式。
- **曲线平滑度**：在该选项的文本框中输入数值，可以设置曲线的平滑程度。
- **清除网状**：单击该按钮，可以清除网状效果。

在CorelDRAW X4中，使用“交互式网状填充工具”的具体操作步骤如下所示。

步骤01 在工具箱中单击“椭圆形工具”按钮，在绘图窗口中绘制圆形，如图4.107所示。

步骤02 在工具箱中单击“交互式填充工具”按钮，在圆形中进行线性渐变填充，如图4.108所示。

步骤03 在工具箱中单击“交互式网状填充工具”按钮，这时圆形上将显示网状，如

图4.109所示。

步骤04 将鼠标指针移动到网格线上，当指针变成形状时，双击鼠标左键，可以添加一条经过该点的网格线，如图4.110所示。

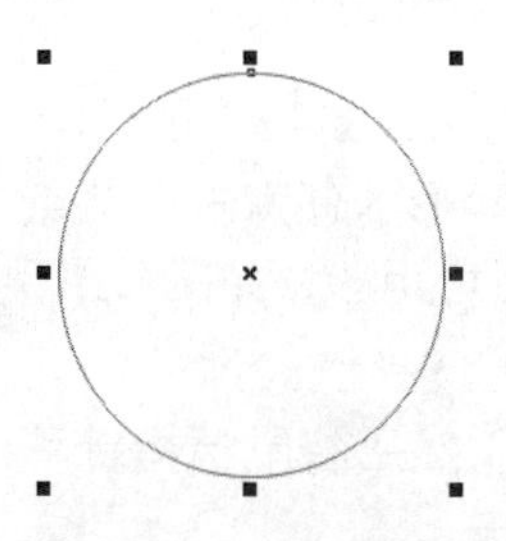

图4.107 绘制圆形

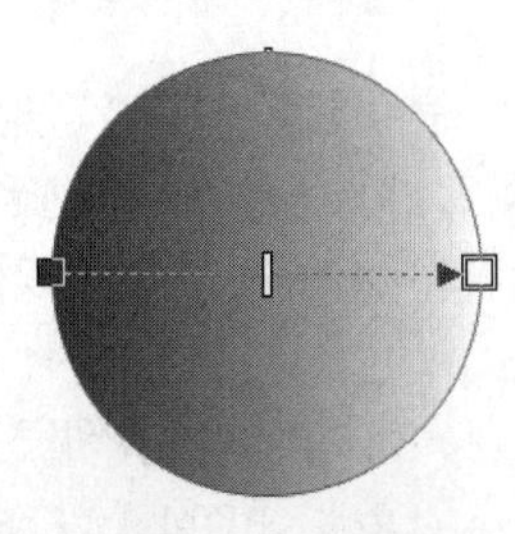

图4.108 交互式填充

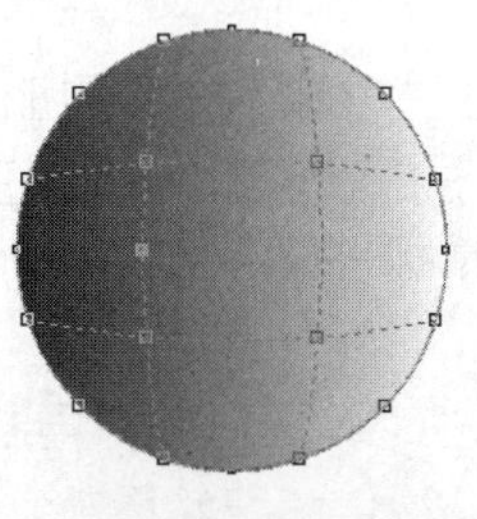

图4.109 交互式网状填充

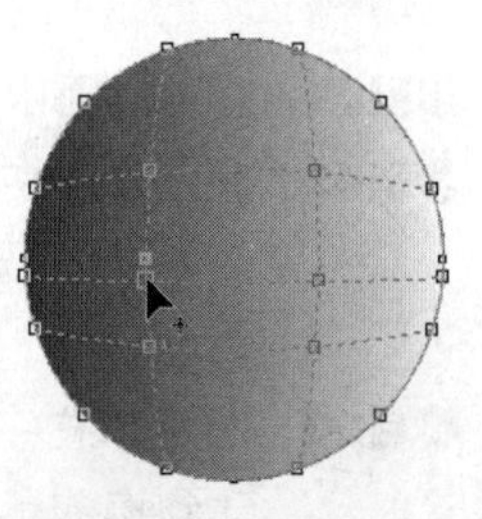

图4.110 添加网格线

步骤05 选择网格中要填充的节点，然后在“调色板”中单击需要的颜色图标，可以填充颜色，如图4.111所示。

步骤06 将鼠标移动到网格的节点上，按下鼠标左键不放并拖动，释放鼠标后可以扭曲填充颜色的方向，如图4.112所示。

步骤07 单击属性栏中的“清除网状”按钮，可以清除图形上的网状效果。

在交互式网状填充属性栏中，可以使用适当的选取模式“手绘”或“矩形”，框选出要删除的节点，释放鼠标后按下“Delete”键即可将节点删除。

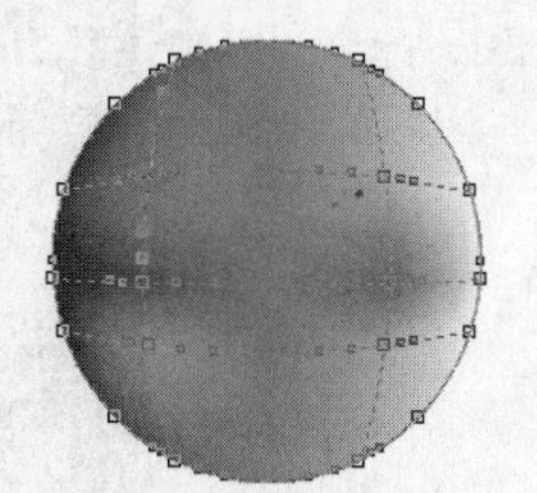

图4.111 填充节点

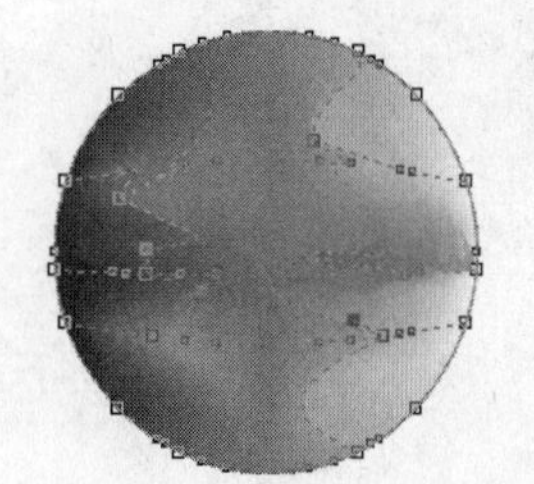

图4.112 拖动节点

4.4.2 典型案例——绘制触屏手机

案例目标

本案例介绍如何绘制触屏手机，主要练习矩形工具、交互式填充工具、图样填充工具、椭圆形工具和多边形工具的使用方法和技巧，最终效果如图4.113所示。

效果图位置：\源文件\第4课\触屏手机.cdr

操作思路：

步骤01 使用矩形工具、交互式填充工具绘制手机形状。

步骤02 使用矩形工具、图样填充工具绘制形状。

步骤03 使用矩形工具、多边形工具和椭圆形工具绘制手机按键。

图4.113 最终效果图

操作步骤

其具体操作步骤如下所示。

步骤01 在工具箱中单击“矩形工具”按钮，在绘图窗口中绘制矩形，如图4.114所示。

步骤02 在工具箱中单击“形状工具”按钮，将鼠标指针移动到矩形的任意一个节点上，然后按住鼠标左键不放并拖动，释放鼠标后即可形成圆角矩形，如图4.115所示。

步骤03 在菜单栏中单击“编辑”→“再制”命令，再制圆角矩形，然后将鼠标指针移动到控制点上，按住鼠标并拖动，缩小对象，如图4.116所示。

步骤04 在工具箱中单击“挑选工具”按钮，选择大的圆角矩形，在“调色板”中单击“黑色”图标。

步骤05 在工具箱中单击“交互式填充”按钮，在属性栏的“填充类型”下拉列表中选择“线性”选项，设置“填充下拉式”为“90%黑”，“最后一个填充挑选器”为“30%黑”，中心点位置为“50”，渐变填充角和边界分别为“90”和“6”，然后按下“Enter”键，如图4.117所示。

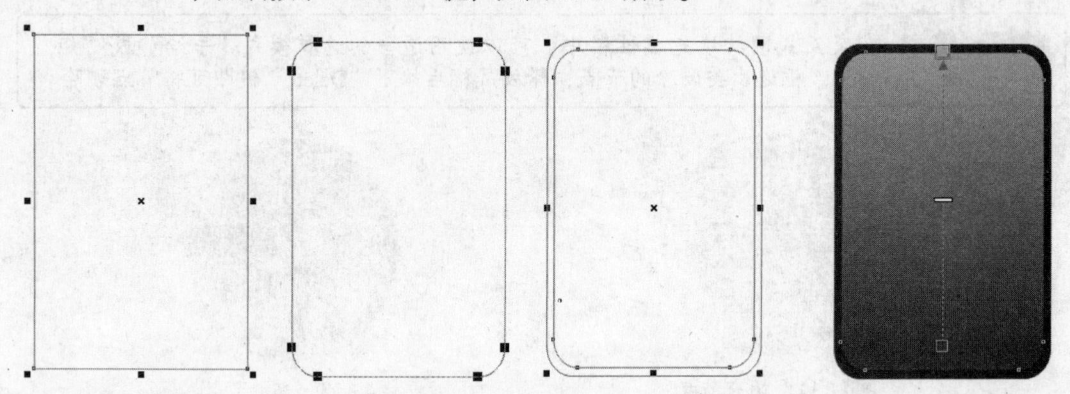

图4.114　绘制矩形　　图4.115　圆角矩形　　图4.116　再制并缩小矩形　　图4.117　交互式填充

步骤06 在工具箱中单击“矩形工具”按钮，在绘图窗口中绘制矩形，如图4.118所示。

步骤07 在菜单栏中单击“编辑”→“再制”命令，再制矩形，将鼠标指针移动到控制点上，按住鼠标并拖动，缩小对象，然后单击“挑选工具”按钮，选择大矩形，并在“调色板”中单击“白色”图标，效果如图4.119所示。

步骤08 在工具箱中单击“交互式填充”按钮，在属性栏的“填充类型”下拉列表中选择“线性”选项，设置“填充下拉式”为“青”，“最后一个填充挑选器”为“白色”，中心点位置为“3”，渐变填充角和边界分别为“134.2”和“23”，然后按下“Enter”键，效果如图4.120所示。

步骤09 在工具箱中单击“矩形工具”按钮，在绘图窗口中绘制矩形，如图4.121所示。

步骤10 在工具箱中单击“形状工具”按钮，将鼠标指针移动到矩形的任意一个节点上，然后按住鼠标左键不放并拖动，释放鼠标后即可形成圆角矩形，如图4.122所示。

图4.118 绘制矩形

图4.119 填充图形

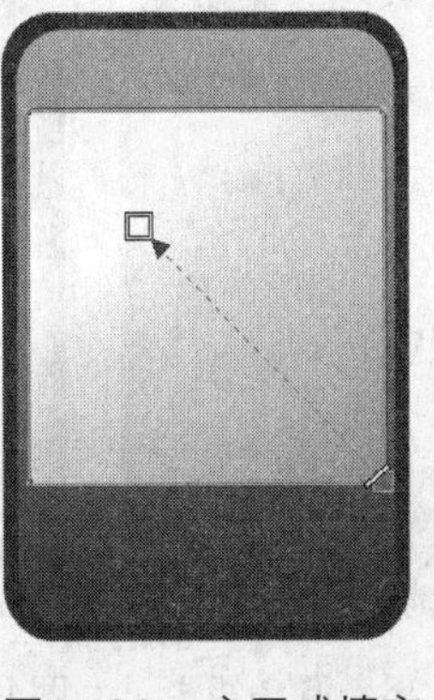

图4.120 交互式填充

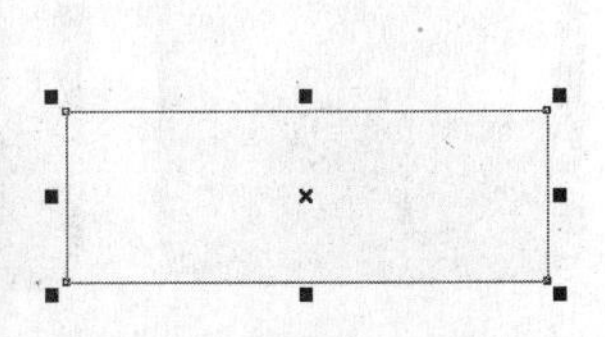

图4.121 绘制矩形

步骤11 在工具箱中单击“填充”按钮，在展开的工具栏中单击“图样填充”命令，将弹出“图样填充”对话框。

步骤12 在该对话框的“图样预览框”下拉列表中选择图样，设置前部为“白色”，后部为“黑色”，然后单击“确定”按钮，如图4.123所示。

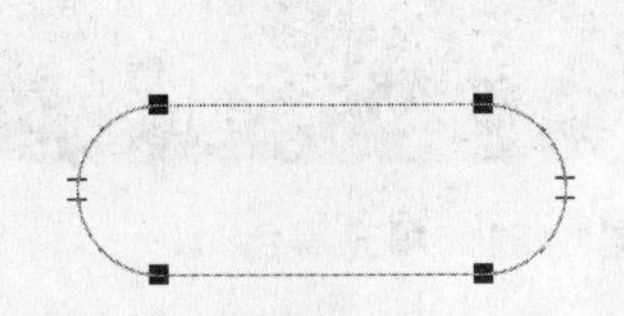

图4.122 圆角矩形

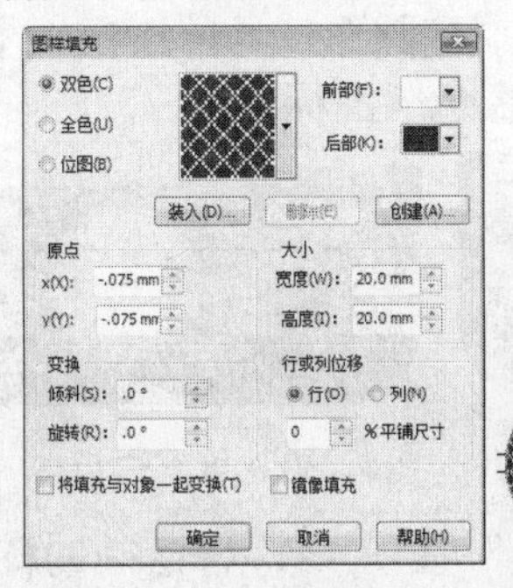

图4.123 填充图样

步骤13 在工具箱中单击“挑选工具”按钮，将所绘制的图形移动到手机上，然后按住鼠标拖动控制点，缩小图形，效果如图4.124所示。

图4.124 移动并缩小图形

步骤14 在工具箱中单击“矩形工具”按钮，在绘图窗口中绘制矩形，如图4.125所示。

步骤15 在工具箱中单击“形状工具”按钮，将鼠标指针移动到矩形的任意一个节点上，然后按住鼠标左键不放并拖动，释放鼠标后即可形成圆角矩形，如图4.126所示。

步骤16 在工具箱中单击“挑选工具”按钮，在其属性栏中设置“选择轮廓宽度或键入新宽度”为“1mm”，效果如图4.127所示。

步骤17 在工具箱中单击“椭圆形工具”按钮，在绘图窗口中绘制圆形，如图4.128所示。

步骤18 在菜单栏中单击“编辑”→“再制”命令，再制圆形，将鼠标指针移动到控制点上，按住鼠标并拖动，缩小对象，如图4.129所示。

图4.125　绘制矩形　　图4.126　圆角矩形　　图4.127　设置轮廓线　图4.128　绘制圆形

步骤19　在工具箱中单击“挑选工具”按钮，选择大圆形，然后在“调色板”中单击“白色”图标，如图4.130所示。

步骤20　在工具箱中单击“挑选工具”按钮，选择小圆形，然后在“调色板”中单击“黑色”图标，如图4.131所示。

步骤21　在工具箱中单击“椭圆形工具”按钮，在绘图窗口中绘制椭圆，然后在“调色板”中单击“白色”图标。

图4.129　再制并缩小图形　　图4.130　填充白色　　图4.131　填充黑色

步骤22　单击“挑选工具”按钮，将绘制的椭圆拖动到手机上，并适当缩小，如图4.132所示。

步骤23　在工具箱中单击“多边形工具”按钮，在其属性栏中设置“多边形、星形和复杂星形的点数或边数”为“3”，然后在绘图窗口中绘制三角形，如图4.133所示。

步骤24　绘制好后，在其属性栏中单击“转换为曲线”按钮，然后在工具箱中单击“形状工具”按钮，将鼠标指针移动到三角形的底边中点上，按住鼠标不放并向上拖动，释放鼠标后即可移动节点，如图4.134所示。

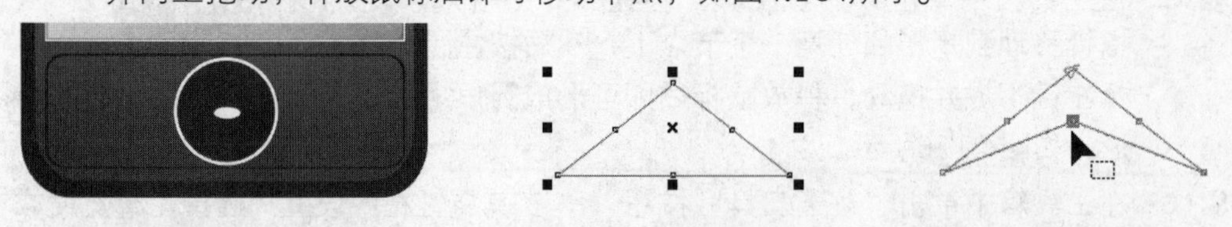

图4.132　移动并缩小图形　　图4.133　绘制三角形　　图4.134　移动节点

步骤25　在“调色板”中单击“白色”，然后使用挑选工具将图形移动到手机上，并适当缩放对象，如图4.135所示。

步骤26　在菜单栏中单击“窗口”→“泊坞窗”→“变换”→“位置”命令，在弹出的“变换”泊坞窗中单击“缩放和镜像”按钮，之后单击“垂直镜像”按钮

[icon]，然后单击“应用到再制”按钮，移动对象，如图4.136所示。

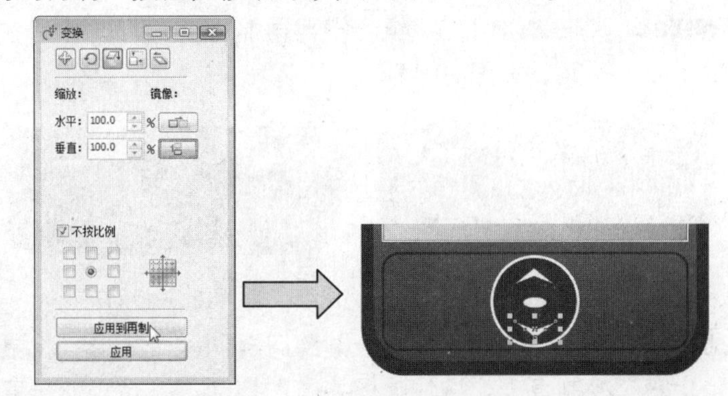

图4 135　填充并移动、缩放图形　　图4.136　垂直镜像

步骤27　在“变换”泊坞窗中单击“旋转”按钮[icon]，设置角度为“90度”，然后单击“应用到再制”按钮并移动对象，如图4.137所示。

步骤28　在“变换”泊坞窗中单击“缩放和镜像”按钮[icon]，之后单击“水平镜像”按钮，然后单击“应用到再制”按钮并移动对象，效果如图4.138所示。

图4.137　在“变换”泊坞窗中设置旋转图形　　图4.138　水平镜像

步骤29　在工具箱中单击“贝济埃工具”按钮[icon]，在绘图窗口中绘制直线，如图4.139所示。

步骤30　在工具箱中单击“挑选工具”按钮[icon]，在其属性栏中设置“选择轮廓宽度或键入新宽度”为“1.0mm”，效果如图4.140所示。

步骤31　在菜单栏中单击“编辑”→“再制”命令，再制直线，然后将再制的直线移动到另外一边，如图4.141所示。

图4.139　绘制直线　　图4.140　设置轮廓线　　图4.141　再制直线

步骤32　在工具箱中单击“矩形工具”按钮[icon]，绘制矩形，然后在“调色板”中单击“白色”图标，效果如图4.142所示。

步骤33　在菜单栏中单击“编辑”→“再制”命令，再制矩形，然后将再制的矩形移动到适当的位置，如图4.143所示。

步骤34 按下“Ctrl+D”组合键再再制一个矩形，然后在“调色板”中单击“酒绿”图标■，如图4.144所示。

图4.142 绘制矩形并填充　　图4.143 再制并移动矩形　　图4.144 再制矩形并填充

步骤35 按下“Ctrl+D”组合键练习再制两个矩形，将鼠标指针移动到矩形右侧的中间控制点上，按住鼠标并向左拖动，缩短矩形长度，然后填充为“红色”■，最终效果如图4.145所示。

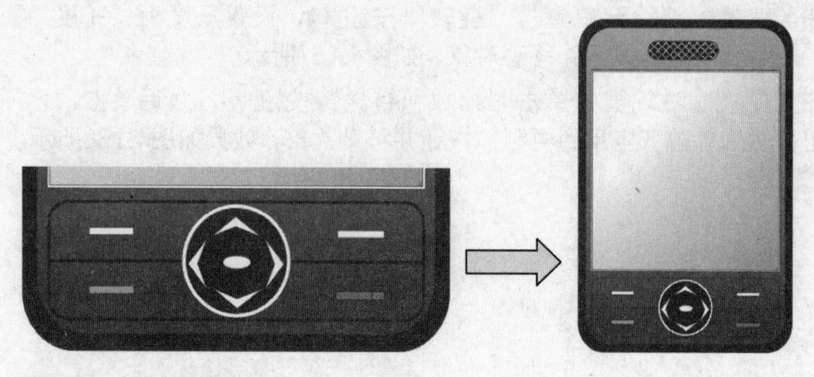

图4.145 最终效果图

案例小结

本案例主要介绍了如何使用“交互式填充工具”来填充颜色。通过对本案例的学习，相信读者能够举一反三，绘制出各种效果的图形。

4.5 上机练习

4.5.1 绘制手提袋

本次上机练习将绘制手提袋，主要练习辅助线工具、贝济埃工具、渐变填充工具和椭圆形工具的使用方法和技巧。制作完成后的最终效果如图4.146所示。

素材位置：\素材\第4课\02.jpg

效果图位置：\源文件\第4课\手提袋.cdr

操作思路：

步骤01 新建空白文档，然后添加辅助线，在属性栏中设置水平辅助线的角度为“-5”。

图4.146 手提袋

步骤02 在工具箱中单击“贝济埃工具”按钮，然后在绘图窗口中绘制手提袋的正面、侧面和背面。

步骤03 导入素材图片“02.jpg”，然后单击“形状工具”按钮，对素材图片进行变形。

步骤04 使用挑选工具选择右侧面的第一个图形对象，然后进行线性渐变填充，颜色分别为“C：40，M：0，Y：0，K：0”和“C：60，M：60，Y：0，K：0”。

步骤05 使用“渐变填充”对话框填充右侧面的第二个图形对象、背面和左侧面，然后选框所有的图形对象，在工具箱中单击“轮廓”按钮，在展开的工具栏中单击“无”命令，移除轮廓线。

步骤06 隐藏辅助线，然后将图形对象进行轻微的移动调整。

步骤07 使用“贝济埃工具”绘制手提袋的绳子，然后设置轮廓线为“1.5mm”，并复制该绳子。

步骤08 选择复制的绳子图形，单击鼠标右键，在弹出的快捷菜单中选择“顺序”→“置于此对象后”命令，然后在背面图形上单击。

步骤09 使用“椭圆形工具”按钮绘制圆形，填充为“70%黑”，移除轮廓线。

4.5.2 绘制保龄球

本次上机练习将绘制保龄球，主要练习贝济埃工具、形状工具、均匀填充、交互式网状填充、渐变填充等的使用方法和技巧。制作完成后的最终效果如图4.147所示。

效果图位置：\源文件\第4课\保龄球.cdr

操作思路：

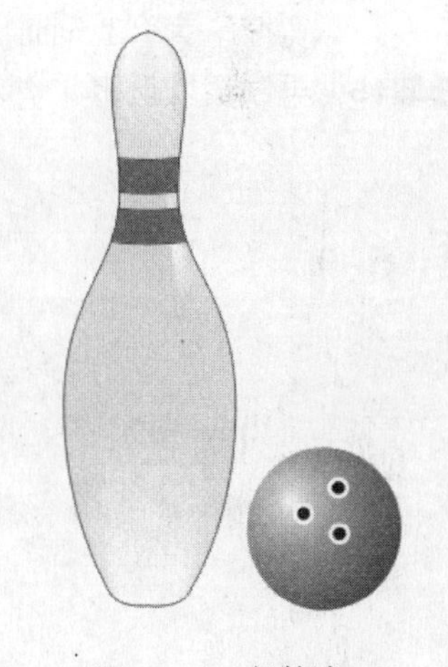

图4.147 保龄球

步骤01 新建文档，然后添加辅助线。

步骤02 使用贝济埃工具绘制保龄球瓶子的一边，然后使用形状工具调整节点（将直线转换为曲线，改变节点的属性）。

步骤03 打开“变换”泊坞窗，单击“缩放和镜像”按钮，水平镜像并复制图形，然后使用键盘上的方向键→进行移动。

步骤04 使用挑选工具框选两个图形，然后在属性栏中单击“焊接”按钮，焊接成一个图形。

步骤05 在工具箱中单击“填充”按钮，在展开的工具栏中单击“均匀填充”命令，在弹出的“均匀填充”对话框中填充为“C：10，M：5，Y：5，K：0”，然后设置轮廓线为“无”。

步骤06 在工具箱中单击“交互式网状填充工具”按钮，在图形中显示网状，然后在网格线上双击鼠标添加网格线，并选择几个控制点，在“调色板”中单击“白色”图标（在保龄球瓶子的顶部和右侧进行填充）。

步骤07 在菜单栏中单击“编辑”→“再制”命令，再制保龄球瓶子，然后单击属性栏中的“清除网状”按钮。

步骤08 使用“矩形工具”在绘制窗口中绘制矩形，然后在属性栏中单击“转换为曲线”按钮。

步骤09 在工具箱中单击“形状工具”按钮，框选矩形中的所有节点，在属性栏中单击“转换直线为曲线”按钮，然后将鼠标指针移动到矩形上下边的中点位置，当鼠标变成形状时，按住鼠标左键并拖动，变形图形。

步骤10 使用挑选工具选择图形，然后在菜单栏中单击“编辑”→“再制”命令，再制图形，并将再制的图形移动到适当的位置。

步骤11 同时选择变形得到的矩形和再制得到的矩形，打开“造形”泊坞窗，选择“相交”选项，取消勾选“来源对象”和“目标对象”，单击“相交”按钮，然后将鼠标指针移动到保龄球瓶子上单击，修剪图形。

步骤12 在“调色板”中单击“红色”图标，填充为红色，如图4.148所示。

步骤13 使用“椭圆形工具”按钮，在绘图窗口中绘制圆形，然后在打开的“渐变填充”对话框中，设置填充为“C：100，M：100，Y：0，K：0”到白色的射线渐变，水平为“-21”，垂直为“18”，设置轮廓线为“无”。

步骤14 使用椭圆形工具再次绘制圆形，然后在属性栏中设置“选择轮廓宽度或键入新宽度”为“1.5mm”，填充为“黑色”。

步骤15 再制两次圆形，并移动到适当的位置，即可完成保龄球的制作。

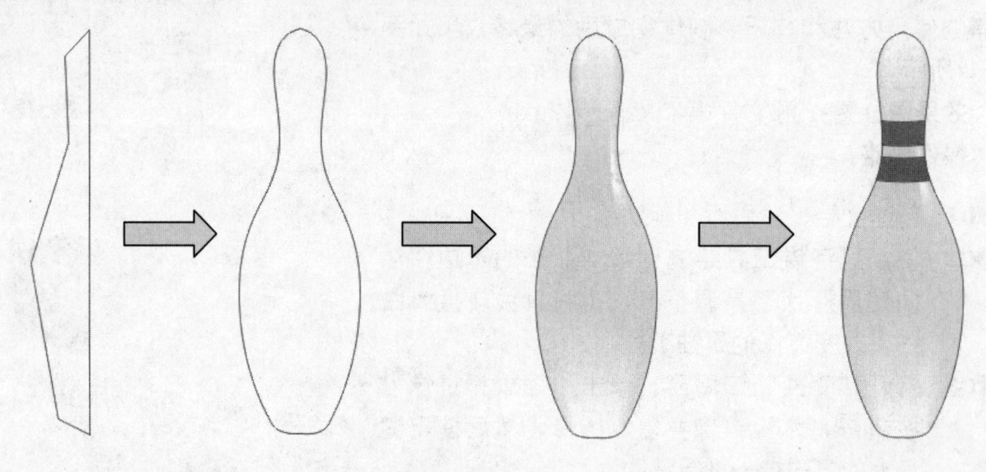

图4.148 绘制保龄球

4.6 疑难解答

问： 除了使用“图样填充”对话框创建图样外，还可以使用别的方法创建图样吗？

答： 可以。在菜单栏中单击“工具”→“创建”→“图样填充”命令，在弹出的“创建图样”对话框中进行设置，单击“确定”按钮，然后在绘图窗口中框选图样区域，在弹出的提示对话框中单击“确定”按钮即可创建图样。

问： 在使用“交互式网状填充工具”填充图形对象时，能不能只添加节点而不添加网格线？

答： 能。将鼠标指针移动到需要添加节点的网格线上，按下“Shift”键不放的同时双击鼠标，即可在该位置添加节点。

问： 在CorelDRAW X4中，可以为未封闭的曲线图形填充颜色吗？

答： 可以。在菜单栏中单击“工具”→“选项”命令，在弹出的“选项”对话框中选择“常规”选项，在右侧的参数面板中勾选“填充开放曲线”复选框，然后单击“确定”按钮即可。

4.7 课后练习

选择题

1 （ ）模式之间没有中间层次，只有黑色和白色两种颜色值。

A. CMYK模式　　B. RGB模式

C. 黑白模式　　D. 灰度模式

2 渐变填充包括以下哪几种？（ ）

A. 线性　　B. 射线

C. 圆锥　　D. 方角

3 在CorelDRAW X4中，有（ ）等多种颜色填充。

A. 均匀填充　　B. 渐变填充

C. 图样填充　　D. 底纹填充

4 使用（ ）工具可以直接在对象上进行均匀填充、渐变填充、图样填充、底纹填充和PostScript填充。

A. 交互式填充　　B. PostScript填充

C. 交互式网状填充　　D. 智能填充

问答题

1 分析CMYK颜色模式和RGB颜色模式的区别。

2 简述图样填充的类型及效果。

3 简述交互式网状填充工具的使用方法。

上机题

1 使用椭圆形工具和渐变填充工具等绘制光盘效果，制作完成后的最终效果如图4.149所示。

效果图位置：\源文件\第4课\光盘.cdr

操作思路：

图4.149　光盘

步骤01 使用椭圆形工具在绘图窗口中绘制圆形，然后在工具箱中单击“渐变填充”命令，弹出“渐变填充”对话框。

步骤02 在“渐变填充”对话框的“类型”下拉列表中选择“圆锥”选项，在“颜色调和”选项区域中选择“自定义”选项，然后自定义渐变色。

步骤03 按下小键盘上的“+”键，复制图形对象，然后按下“Shift”键的同时按住鼠标左键不放并拖动，缩小图形对象。

步骤04 在工具箱中单击“渐变填充”命令，在弹出的“渐变填充”对话框中设置“圆锥”类型和自定义渐变色。

步骤05 再次复制圆形并缩小，然后进行渐变填充。

步骤06 复制图形并缩小，然后在“调色板”中单击需要的颜色，进行纯色填充。

2 使用“图样填充”、“均匀填充”、“渐变填充”和“底纹填充”等命令绘制室内效果图，制作完成后的最终效果如图4.150所示。

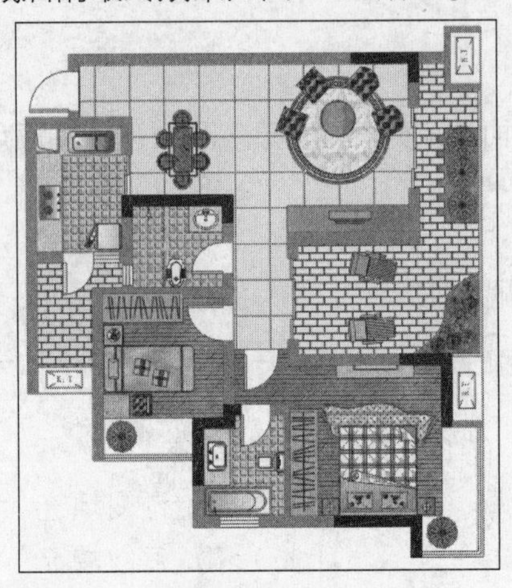

图4.150　室内填充

素材位置：\素材\第4课\03.cdr

效果图位置：\源文件\第4课\室内填充.cdr

操作思路：

步骤01 打开素材图片，然后使用挑选工具选择要填充的区域。

步骤02 对图形执行均匀填充、渐变填充、图样填充和底纹填充。在图样填充的过程中，需要用户自定义颜色和大小。

第5课

文本的编辑

本课要点

创建文本

编辑文本

文本的特殊编辑

文本链接

具体要求

掌握美术字文本、段落文本和导入文本的方法

掌握编辑文本的各种操作方法

掌握文本的特殊编辑方法

掌握文本链接的技巧

本课导读

在平面设计中，图形、色彩和文字是不可或缺的三大设计元素，其中，文字可直接地反映出诉求信息，让人一目了然。本课将具体介绍CorelDRAW X4中文字工具的编排能力，并将对文字进行各种特殊的处理。

5.1 创建文本

在CorelDRAW X4中，文字可分为美术字文本和段落文本两种类型。在处理文字的过程中，也可以直接从其他排版软件中导入文本。

5.1.1 知识讲解

创建文本主要包括创建美术字文本、创建段落文本和导入文本。在工具箱中单击“文本工具”按钮字，将显示如图5.1所示的属性栏，其中各参数选项的含义如下。

图5.1 文本工具属性栏

- **字体**：在该选项下拉列表中，可以更改选中文本或输入文本的字体。
- **字体大小**：在该选项下拉列表中，可以更改选中文本或输入文本的字体大小。
- **粗体**：单击该按钮，可以将选中的文本或输入的文本变成粗体。
- **斜体**：单击该按钮，可以将选中的文本或输入的文本变成斜体。
- **下画线**：单击该按钮，可以为选中的文本或输入的文本添加下画线。
- **水平对齐**：单击该按钮，可以在弹出的下拉列表中选择文本的对齐方式。
- **显示/隐藏项目符号**：单击该按钮，可以显示或隐藏文本的项目符号。
- **显示/隐藏首字下沉**：单击该按钮，可以显示或隐藏文本的首字下沉。
- **字符格式化**：单击该按钮，在弹出的“字符格式化”泊坞窗中进行设置。
- **编辑文本**：单击该按钮，在弹出的“编辑文本”对话框中进行编辑，然后单击“确定”按钮。
- **将文本更改为水平方向**：单击该按钮，可以将选中的文本或输入的文本更改为水平方向。
- **将文本更改为垂直方向**：单击该按钮，可以将选中的文本或输入的文本更改为垂直方向。

1. 创建美术字文本

美术字是一种特殊的图形对象，用户既可以对它执行图形对象方面的操作，也可以将它作为曲线对象进行处理。在CorelDRAW X4中输入美术字文本是一项非常基本的操作，其具体操作步骤如下所示。

步骤01 在工具箱中单击“文本工具”按钮字，将鼠标指针移动到绘图窗口中，当鼠标指针变成+字形状时，单击鼠标左键，然后输入文字，如图5.2所示。

步骤02 在工具箱中单击“挑选工具”按钮，选择输入的文本，然后在属性栏的“字体”下拉列表中选择需要的字体，在“字体大小”下拉列表中选择适合的字体大小，如图5.3所示。

步骤03 在工具箱中单击“形状工具”按钮，这时文本的周围将会显示美术字的控制点，如图5.4所示。

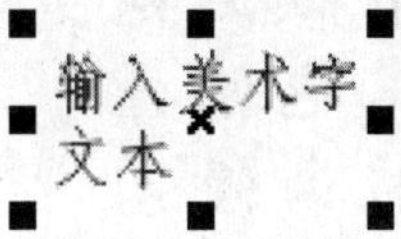

图5.2 输入文字

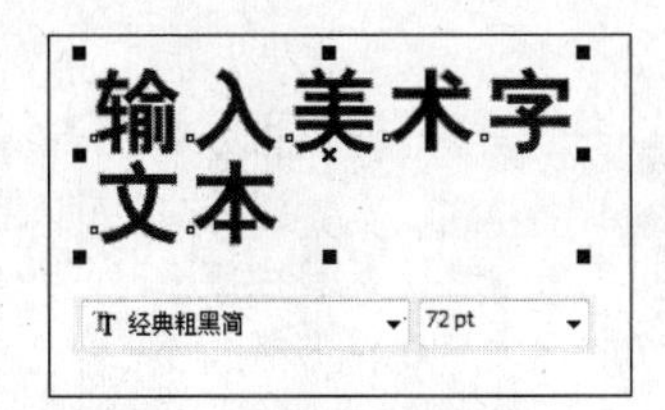

图5.3 设置字体和大小

图5.4 显示控制点

步骤04 将鼠标指针移动到控制点上，按下鼠标左键不放并向左右移动，释放鼠标后即可改变美术字的字距，如图5.5所示。

步骤05 将鼠标指针移动到控制点上，按下鼠标左键不放并向上下移动，释放鼠标后即可改变美术字的行距，如图5.6所示。

图5.5 设置字距

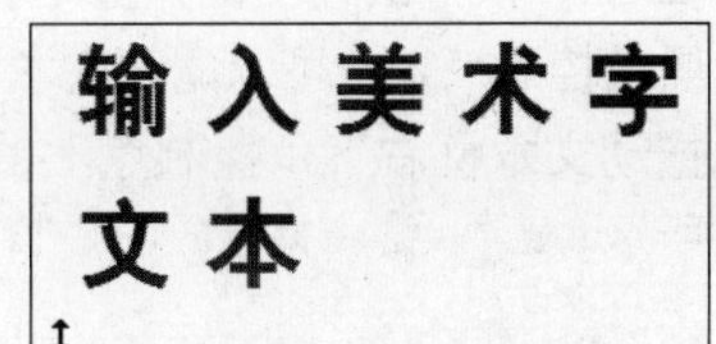

图5.6 设置行距

步骤06 将鼠标指针移动到文字左下角的小方块上单击，当该文字的小方块变成黑色时，在属性栏中进行旋转、缩放及移动操作，如图5.7所示。

步骤07 如果要更改文字的颜色，则将鼠标指针移动到文字左下角的小方块上单击，当该文字的小方块变成黑色时，在“调色板”中单击需要的颜色或通过“填充”命令实现填充颜色操作，如图5.8所示。

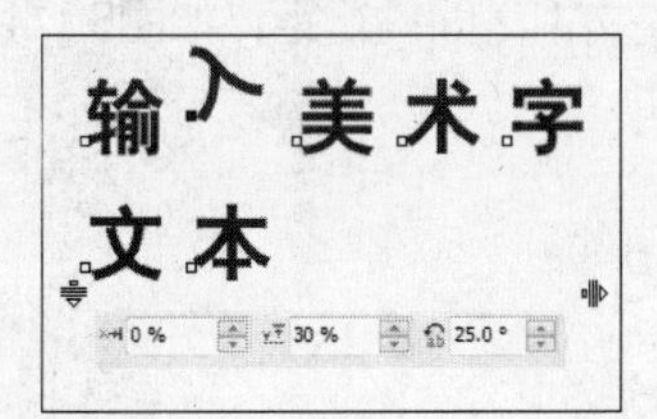

图5.7 变换文字

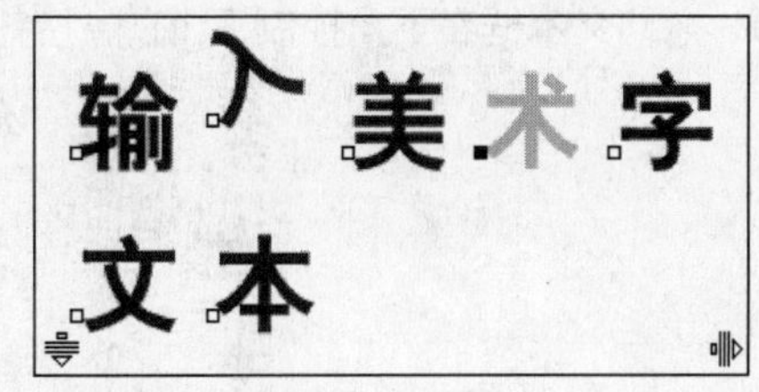

图5.8 填充颜色

如果要同时选择多个文字的控制点，则可以采用框选的方法或按下“Shift”键的同时单击进行选择。

2. 创建段落文本

为了适应编排各种复杂版面的需要，CorelDRAW X4中的段落文本应用了排版系统的框架理念，可以任意地缩放、移动文字框架。创建段落文本的具体操作步骤如下所示。

步骤01 在工具箱中单击“文本工具”按钮字，将鼠标指针移动到绘图窗口中，按住鼠标左键不放并拖动，创建文本框，如图5.9所示。

步骤02 在文本框中会显示一个文本插入点，在此输入文字，如图5.10所示。

步骤03 在工具箱中单击“挑选工具”按钮，然后在属性栏中设置段落文本的属性（如字体和大小等），如图5.11所示。

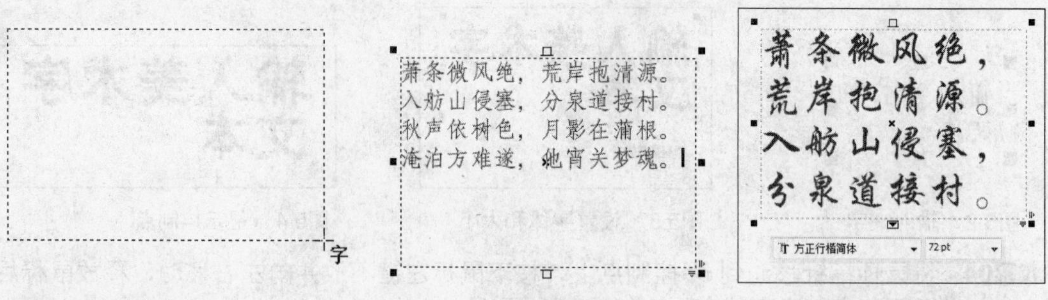

图5.9　绘制文本框　　图5.10　输入段落文字　　图5.11　设置字体和大小

步骤04　如果输入的文本溢出了文本框，则可以将鼠标指针移动到文本框上方的控制点▢上，按下鼠标左键并拖动，以增加或缩短文本框的长度；拖动文本框四周的黑色控制点，也可以调整文本框的大小，如图5.12所示。

步骤05　拖动文本框右下角控制点上的⊪按钮，则可以调整文本之间的字距，如图5.13所示。

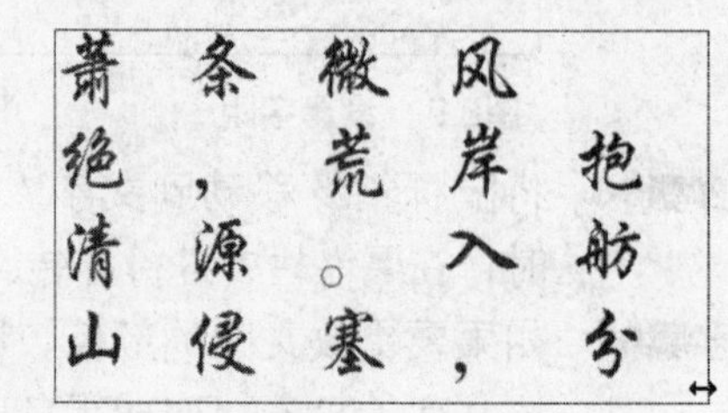

图5.12　调整文本框　　图5.13　调整字距

步骤06　拖动文本框右下角控制点上的⇣按钮，则可以调整文本之间的行距，如图5.14所示。

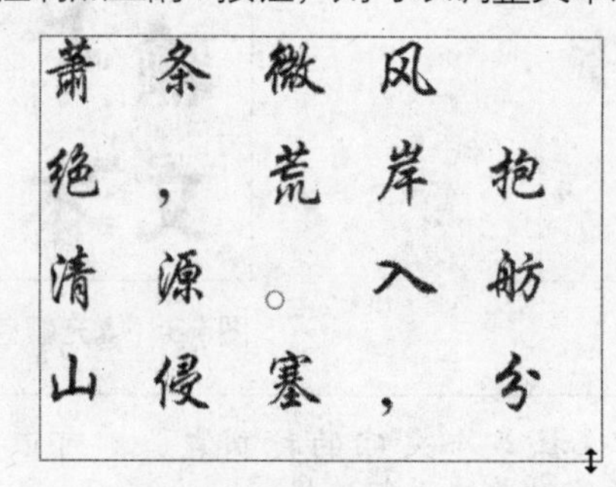

图5.14　调整行距

3. 导入文本

在CorelDRAW X4中，除了可以通过输入文字直接创建文本对象外，还可以通过其他文字处理程序导入文本。导入文本的具体操作步骤如下所示。

步骤01　打开其他文字处理程序，选择需要的文本，然后按下“Ctrl+C”组合键进行复制，如图5.15所示。

步骤02　切换到CorelDRAW X4程序中，在工具箱中单击“文本工具”按钮字，在绘图窗口中单击或创建一个文本框，确定文本的插入点，然后按下“Ctrl+V”组合键进行粘贴，此时将弹出“导入/粘贴文本”对话框，如图5.16所示。

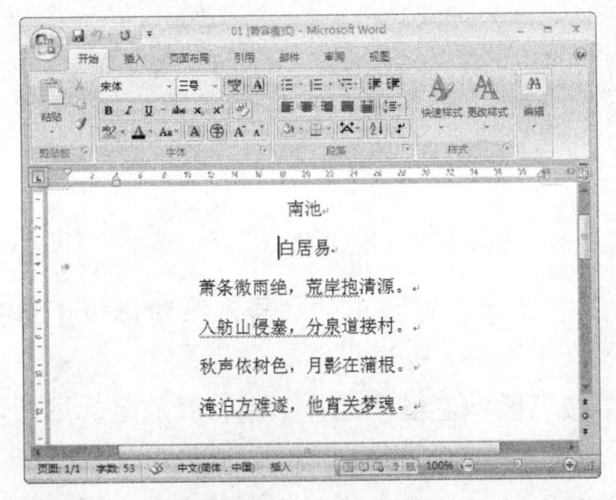

图5.15　文字处理程序

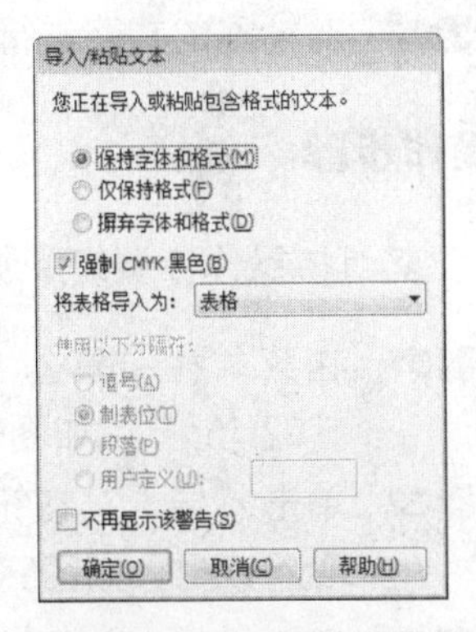

图5.16　导入/粘贴文本

步骤03　在弹出的“导入/粘贴文本”对话框中根据需要进行选择，然后单击“确定”按钮，即可导入文本，如图5.17所示。

另外，导入文本还可以通过“导入”命令来实现。在菜单栏中单击“文件”→“导入”命令，在弹出的“导入”对话框（如图5.18所示）中选择需要导入的文件，单击“导入”按钮，然后在弹出的“导入/粘贴文本”对话框中进行设置，单击“确定”按钮，此时鼠标指针将呈现导入文本状态，按住鼠标左键不放并拖动，创建一个文本框，释放鼠标后即可将文本导入。

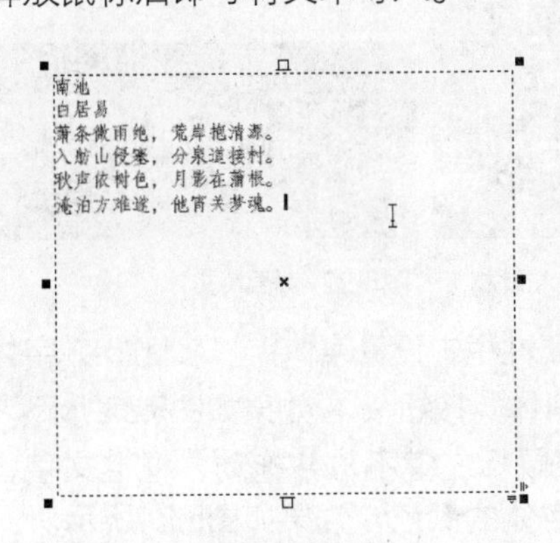

图5.17　导入文本

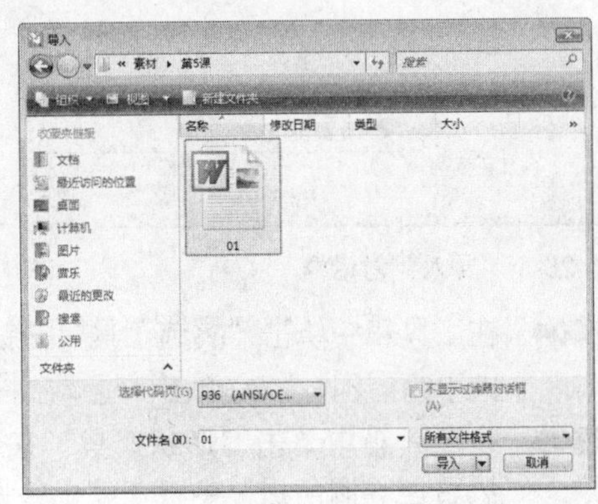

图5.18　“导入”对话框

5.1.2　典型案例——绘制书签

本案例将制作一个书签，主要练习美术字文本的输入与编辑。制作完成后的最终效果如图5.19所示。

素材位置：\素材\第5课\02.jpg

效果图位置：\源文件\第5课\书签.cdr

操作思路：

图5.19　最终效果图

步骤01 打开素材文件，然后输入文字。

步骤02 对输入的文字进行编辑。

操作步骤

其具体操作步骤如下所示。

步骤01 在菜单栏中单击“文件”→“导入”命令，在弹出的“导入”对话框中选择“02.jpg”，如图5.20所示。

步骤02 单击“导入”按钮，在绘图窗口中按下鼠标左键不放并拖动，释放鼠标后即可导入素材，如图5.21所示。

步骤03 在工具箱中单击“文本工具”按钮字，在绘图窗口中单击，确定文本插入点，然后输入“Happy New Year 2010”文本，如图5.22所示。

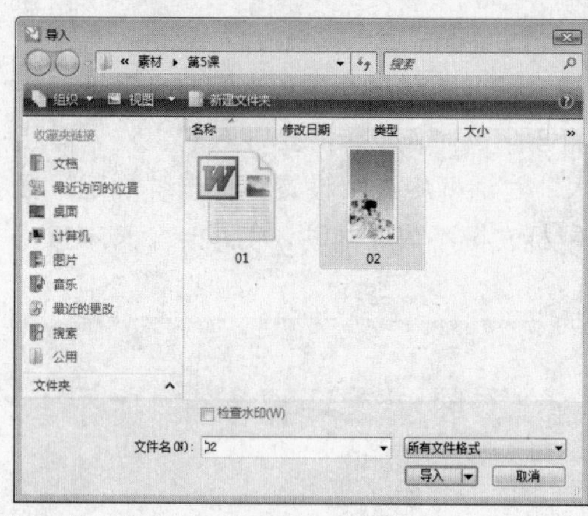

图5.20 “导入”对话框

图5.21 导入素材

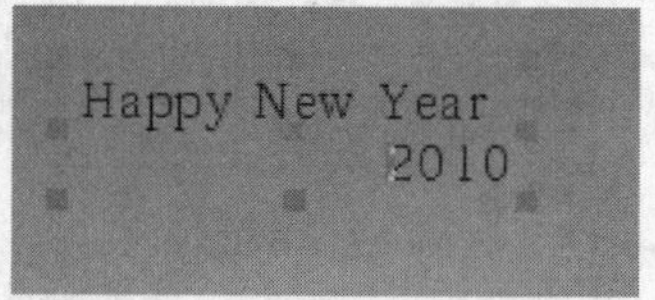

图5.22 输入文本

步骤04 在工具箱中单击“挑选工具”按钮，在其属性栏中设置字体为“Arial”，字体大小为“24pt”，单击“粗体”按钮B和“斜体”按钮I，效果如图5.23所示。

步骤05 在工具箱中单击“形状工具”按钮，按下鼠标左键不放并拖动，框选文字，然后在“调色板”中单击“白”图标，设置字体的颜色，效果如图5.24所示。

步骤06 在工具箱中单击“文本工具”按钮字，在绘图窗口中单击，确定文本插入点，然后输入“新年快乐”文本，如图5.25所示。

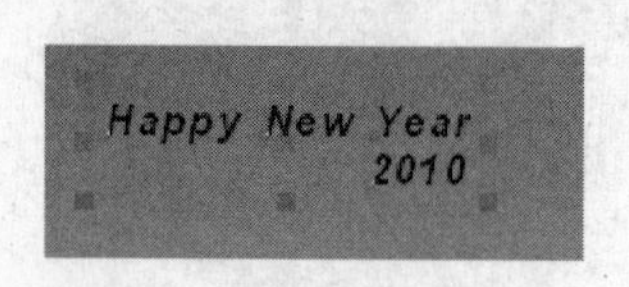

图5.23 设置字体和大小

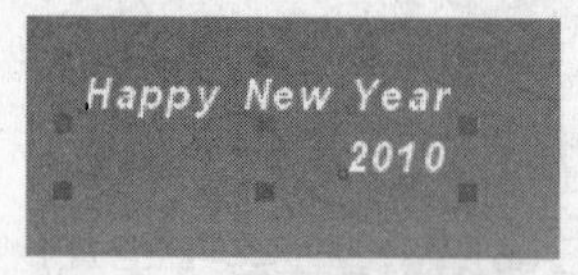

图5.24 设置字体颜色

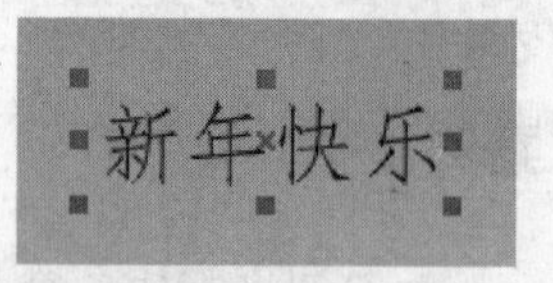

图5.25 输入文本

步骤07 在工具箱中单击“挑选工具”按钮，在其属性栏中设置字体为“华文隶书”，字体大小为“48pt”，效果如图5.26所示。

步骤08 在工具箱中单击“形状工具”按钮，按下鼠标左键不放并拖动，框选文字，然后在“调色板”中单击“红”图标，效果如图5.27所示。

图5.26 设置字体和大小

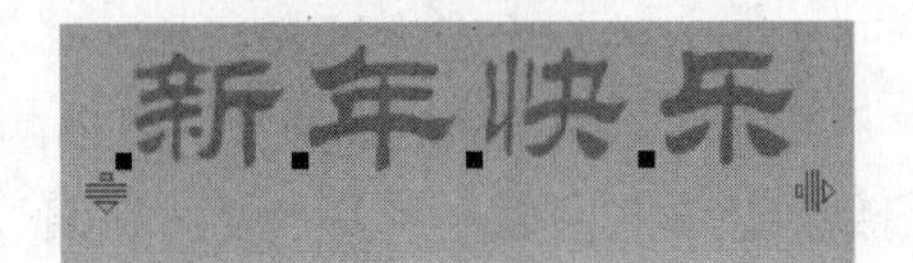

图5.27 设置字体颜色

步骤09 在工具箱中单击“形状工具”按钮，之后单击“新”字左下角的小方块，在属性栏中设置“水平字符偏移”为“-6%”，“垂直字符偏移”为“-16%”，“字符角度”为“-15度”。然后按照前面同样的方法，对其他几个文字进行编辑，效果如图5.28所示。

步骤10 在工具箱中单击“挑选工具”按钮，将文字向下拖动，再次单击文字，使其转换为旋转状态，然后进行旋转，得到的最终效果如图5.29所示。

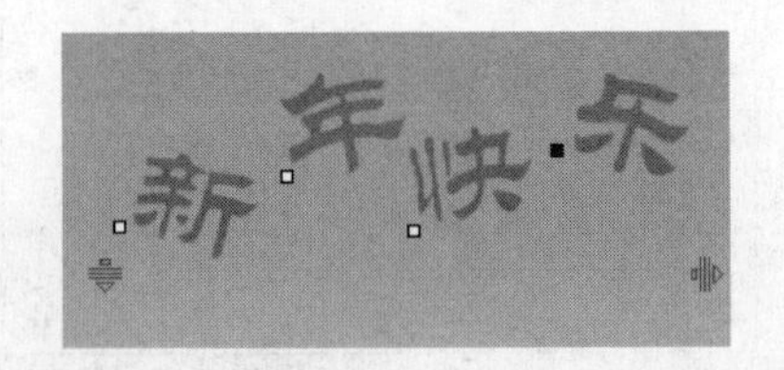

图5.28 设置属性

图5.29 最终效果图

案例小结

本案例讲解了如何使用文本工具创建美术字文本，以及在创建好文字后，如何设置文字的字体、大小、颜色、旋转等。通过对本案例的学习，相信读者对创建文字以及文字的基本操作有了一定的了解。

5.2 编辑文本

前面介绍了文本的输入和文字属性的设置，下面将深入介绍文本的编辑操作。

5.2.1 知识讲解

文本的编辑操作包括选择文本、设置段落文本格式、转换文本、文本与路径和图文混排等。

1. 选择文本

在编辑文本对象时，首先必须对文本进行选择。在CorelDRAW X4中，可以选择部分文本和全部文本。

选择部分文本

在编辑文本对象时，如果要对其中的部分文字进行编辑，则只能选择部分文本后再进行编辑。在工具箱中单击“文本工具”按钮，然后在文本中单击确定文本的起始点，按下鼠标左键不放并拖动，释放鼠标后即可选择部分文本，如图5.30所示。

选择全部文本

在CorelDRAW X4中，选择全部文本（如图5.31所示）有以下几种方法。

- 选择单个文本，在工具箱中单击“挑选工具”按钮，单击即可将文本全部选取。
- 选择多个文本时在按下“Shift”键的同时，使用挑选工具单击其他文本，即可选中所有文本。
- 如果文档中只有文本，没有其他图形对象时，直接双击“挑选工具”按钮即可选中全部文本。
- 在工具箱中单击“文字工具”按钮，将鼠标指针移动到文本中，按下鼠标左键不放，从文本的起始点位置拖动至结束点位置，释放鼠标后即可选择全部文本。

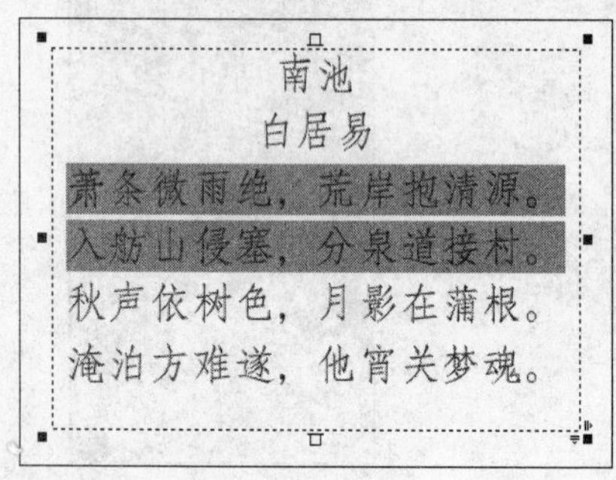

图5.30　选择部分文本

图5.31　选择全部文本

2. 设置段落文本格式

在CorelDRAW X4中，通过“段落格式化”泊坞窗可以更改段落文本的对齐方式、间距、缩进量以及文本方向，其具体操作步骤如下所示。

步骤01 在工具箱中单击“挑选工具”按钮，选择一段段落文本（如图5.32所示），然后在菜单栏中单击“文本”→“段落格式化”命令，将弹出“段落格式化”泊坞窗，如图5.33所示。

步骤02 在“段落格式化”泊坞窗的“对齐”选项区域中，选择“水平”或“垂直”选项下拉列表的对齐方式，这里选择“水平”下拉列表中的“中”选项，如图5.34所示。

图5.32　段落文本

图5.33　段落格式化

图5.34　水平居中对齐

步骤03 在“间距”选项区域的“段落前”和“段落后”数值框中输入数值，可以调整段落之间的距离，如图5.35所示。

步骤04 在“行”右侧的数值框中输入精确的行距值，按下“Enter”键，可以调整文本之间的行距，如图5.36所示。

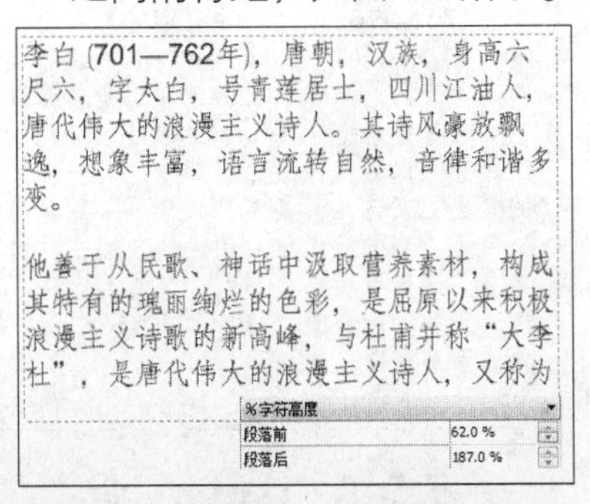

图5.35 设置段前、段后间距

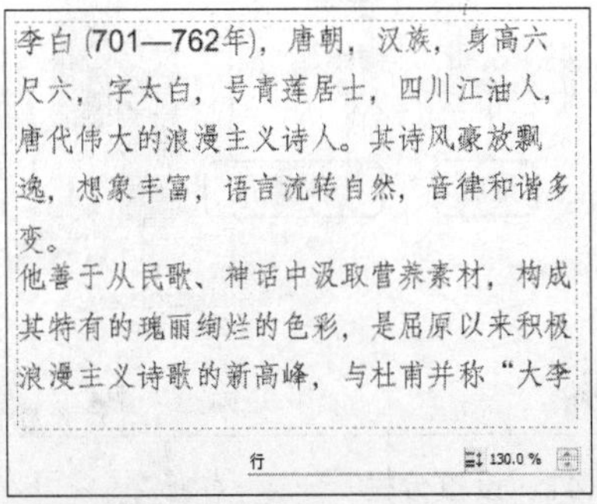

图5.36 设置行距

步骤05 在“字符”右侧的数值框中输入精确的百分比，按下“Enter”键，可以调整字符之间的距离，如图5.37所示。

步骤06 在“缩进量”选项区域的“首行”右侧的数值框中输入数值，可以调整段落首行缩进的距离，如图5.38所示。

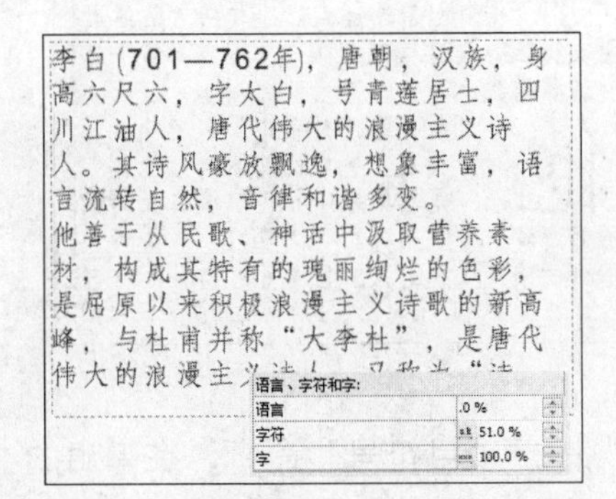

图5.37 调整字距

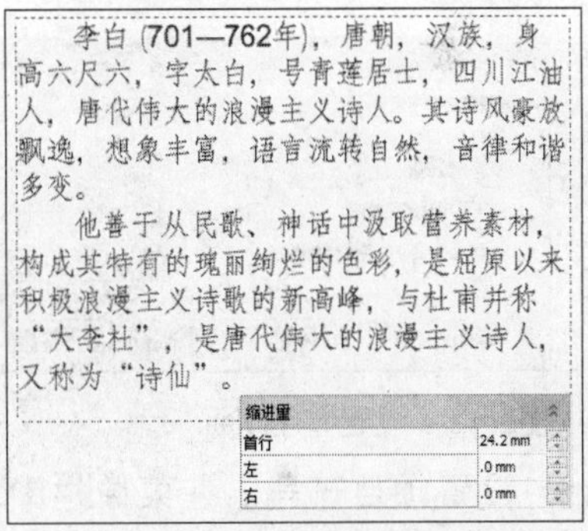

图5.38 调整首行缩进量

步骤07 在“左”和“右”数值框中输入数值，可以使整个段落向左或向右缩进，如图5.39所示。

步骤08 在“文本方向”选项区域的“方向”下拉列表中选择需要的文本方法，这里选择“垂直”选项，如图5.40所示。

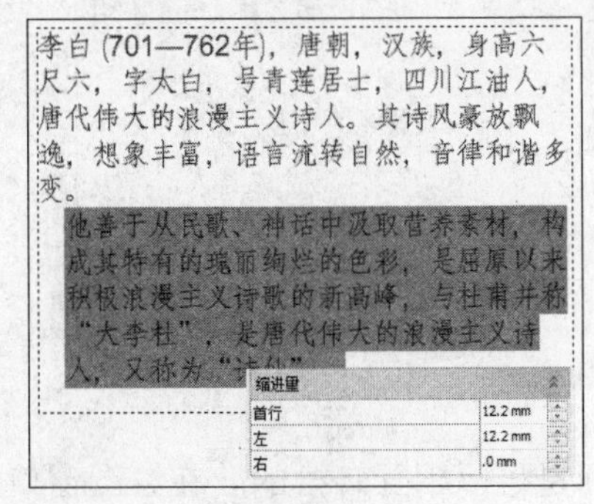

图5.39 调整段落缩进

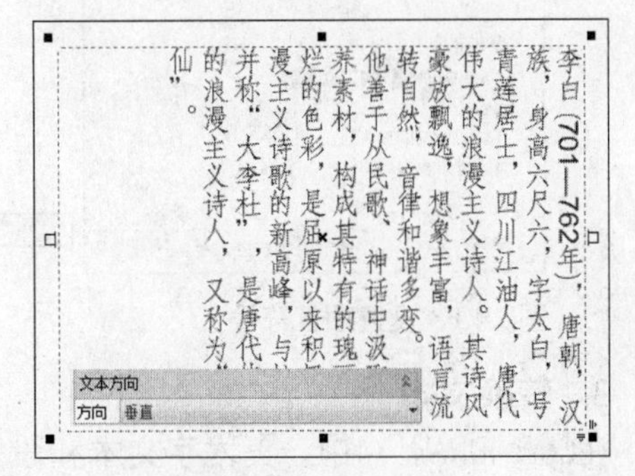

图5.40 调整文本方向

步骤09 为文本进行分栏。在菜单栏中单击“文本”→“栏”命令，在弹出的“栏设置”对话框中设置“栏数”、“宽度”和“栏间宽度”，然后单击“确定”按钮，如图5.41所示。

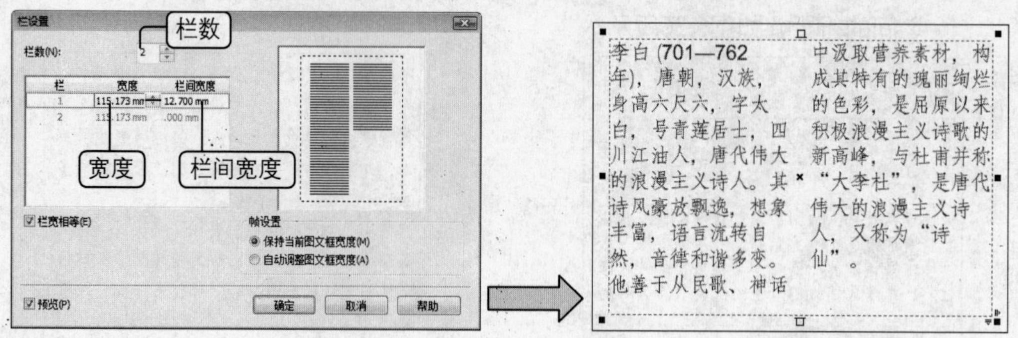

图5.41　设置分栏

步骤10 设置首字下沉。在菜单栏中单击“文本”→“首字下沉”命令，在弹出的“首字下沉”对话框中勾选“使用首字下沉”复选框，在“外观”区域设置“下沉行数”和“首字下沉后的空格”，然后单击“确定”按钮，如图5.42所示。

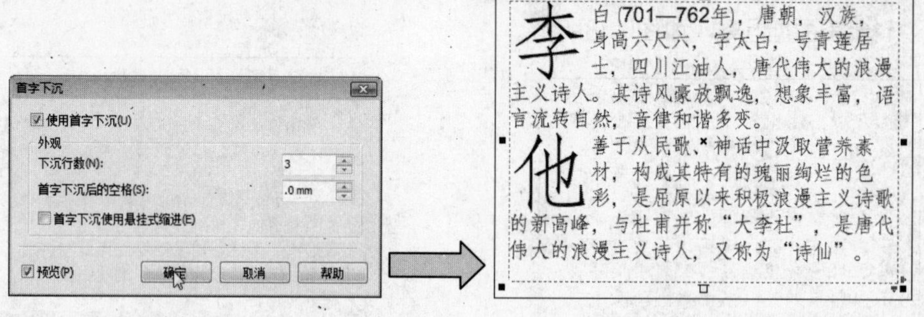

图5.42　设置首字下沉

步骤11 设置项目符号。在菜单栏中单击“文本”→“项目符号”命令，在弹出的“项目符号”对话框中勾选“使用项目符号”复选框，在“外观”选项区域和“间距”选项区域进行设置，然后单击“确定”按钮，如图5.43所示。

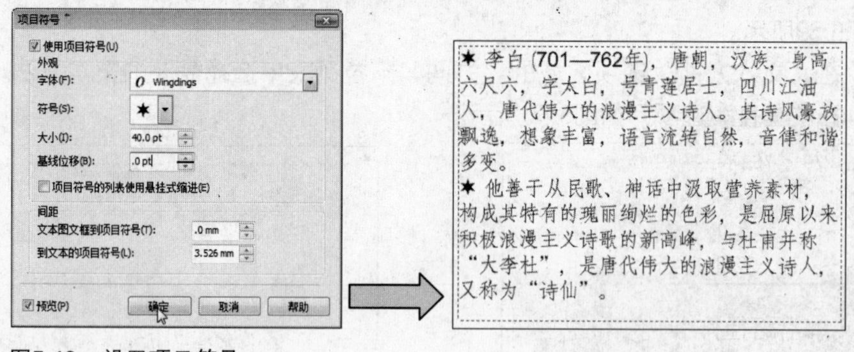

图5.43　设置项目符号

3. 转换文本

在CorelDRAW X4中，美术字文本和段落文本间是可以相互转换的。在绘图窗口中选择需要转换的美术字文本，在菜单栏中单击“文本”→“转换到段落文本”命令，即可将美术字文本转换为段落文本。选择段落文本，在菜单栏中单击“文本”→“转换到美术字”命令，即可将段落文本转换为美术字文本。

还可以在绘图窗口中选择文字后，单击鼠标右键，在弹出的快捷菜单中选择“旋转到美术字/段落文本”命令，即可转换文本。

在将段落文本转换为美术字文本之前，必须将文本框中的文字全部显示，否则无法进行转换操作。

4. 文本与路径

在平面设计的过程中，为了使文字与图案的造型更加紧密地结合在一起，通常会应用到将文本沿路径排列的设计方式。沿路径输入文字的具体操作步骤如下所示。

步骤01 在工具箱中单击“贝济埃工具”按钮，在绘图窗口中绘制曲线，如图5.44所示。

步骤02 在工具箱中单击“文本工具”按钮字，在绘图窗口中输入文字，如图5.45所示。

步骤03 在菜单栏中单击“文本”→“使文本适合路径”命令，这时鼠标指针将变成形状，单击路径即可完成文本沿路径排列的效果，如图5.46所示。

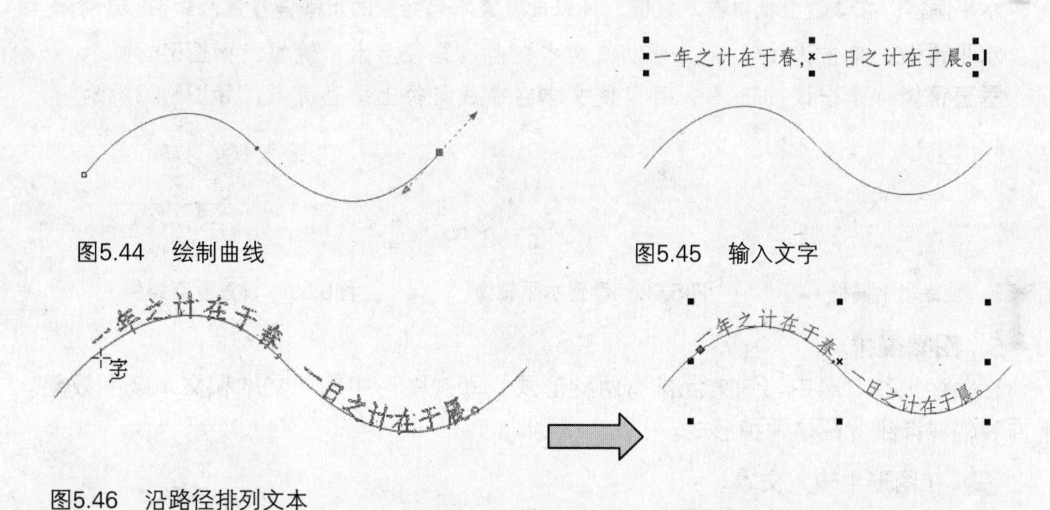

图5.44　绘制曲线

图5.45　输入文字

图5.46　沿路径排列文本

在工具箱中选择“挑选工具”按钮，同时选择文本和曲线路径，然后在菜单栏中单击“文本”→“使文本适合路径”命令，即可完成文本沿路径排列的效果。

使文本沿路径排列，还可以通过如下操作方法来实现：

使用“贝济埃工具”在绘图窗口中绘制曲线，然后在工具箱中单击“文本工具”按钮字，将鼠标指针移动到路径的边缘，当光标变成形状时，单击绘制的曲线路径，在显示的文本光标后输入文字，如图5.47所示。

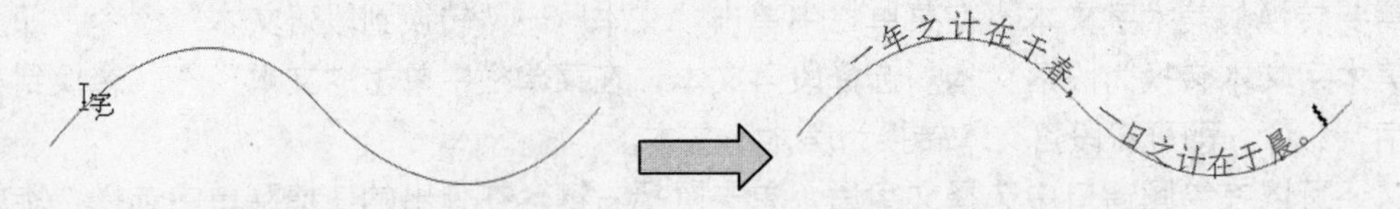

图5.47　绘制路径文字

完成文本沿路径排列后，属性栏如图5.48所示，其中各参数选项的含义如下。

图5.48　属性栏

- **文字方向：** 可在该选项下拉列表中选择文本在路径上的排列方向，如图5.49所示。
- **与路径的距离：** 在该数值框中输入数值，可以设置文本沿路径排列后两者之间的距离，如图5.50所示。

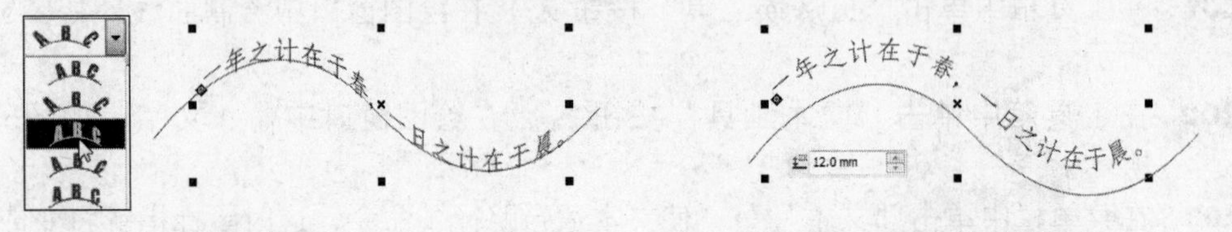

图5.49　设置文字方向　　图5.50　设置与路径的距离

- **水平偏移：** 在该数值框中输入数值，可以设置文本起始点的水平偏移量，如图5.51所示。
- **水平镜像：** 单击该按钮，可以使文本在曲线路径上水平镜像，如图5.52所示。
- **垂直镜像：** 单击该按钮，可以使文本在曲线路径上垂直镜像，如图5.53所示。

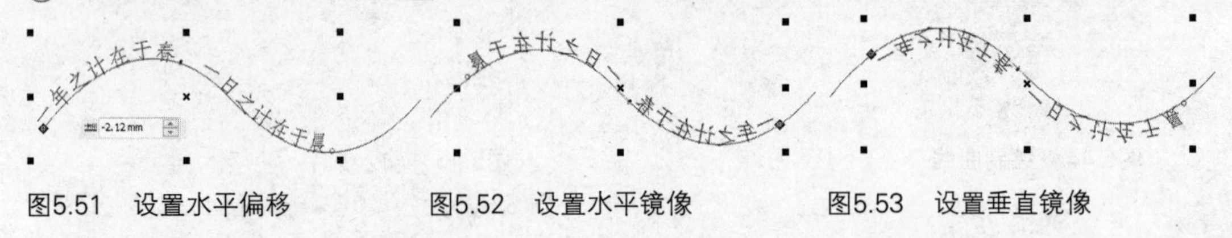

图5.51　设置水平偏移　　图5.52　设置水平镜像　　图5.53　设置垂直镜像

5. 图文混排

在CorelDRAW X4中，图文混排有两种形式，即在图形中输入文本和文本绕图效果。下面我们将详细介绍这两种形式。

在图形中输入文本

在图形中输入文本的具体操作步骤如下所示。

步骤01　在工具箱中单击"基本形状工具"按钮，在绘图窗口中绘制图形对象，如图5.54所示。

步骤02　在工具箱中单击"文本工具"按钮字，将鼠标指针移动到对象的轮廓线上，当指针变成形状时，单击鼠标左键，如图5.55所示。

步骤03　在图形内显示的段落文本框中，输入需要的文字即可，如图5.56所示。

文本绕图效果

文本绕图效果是将文字和图片混合在一起进行排版，其具体操作步骤如下所示。

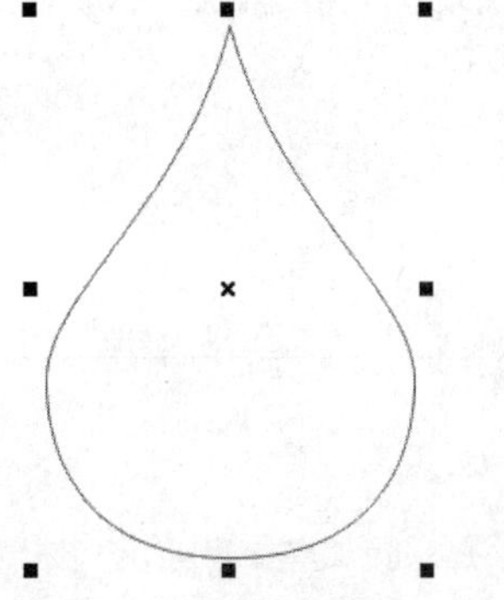

图5.54　绘制图形对象

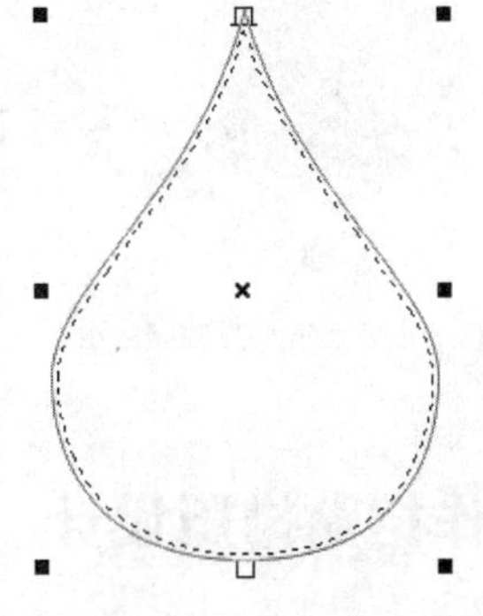

图5.55　输入状态

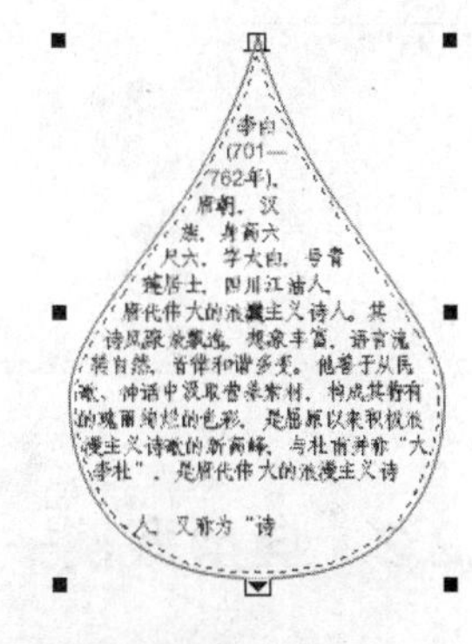

图5.56　输入文字

步骤01　在工具箱中单击“文本工具”按钮字，在绘图窗口中创建文本框，然后输入文字，如图5.57所示。

步骤02　在菜单栏中单击“文件”→“导入”命令，在弹出的“导入”对话框中选择需要的图片，单击“导入”按钮，然后在绘图窗口中按住鼠标左键不放并拖动，释放鼠标后即可导入图片，如图5.58所示。

步骤03　在工具箱中单击“挑选工具”按钮，将图片拖动到文字的上方（如图5.59所示），然后单击鼠标右键，在弹出的快捷菜单中选择“段落文本换行”命令，文字的排列效果如图5.60所示。

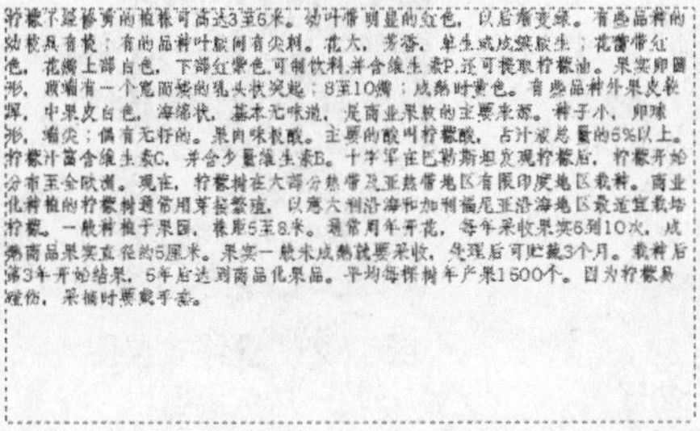

图5.57　输入文字

图5.58　导入图片

图5.59　位于文字上方

图5.60　段落文本换行

步骤04　保持图片的选取状态，在属性栏中单击“段落文本换行”按钮，在弹出的下拉列表中可以选择“文本从左向右排列”、“文本从右向左排列”和“上/下”选项，排列效果如图5.61所示。

图5.61　各种排列效果

5.2.2　典型案例——制作招贴排版设计

案例目标

本案例将利用文本工具、文本与路径的关系制作房地产企业的招贴设计，主要练习如何使文本适合路径。制作完成后的最终效果如图5.62所示。

素材位置：\素材\第5课\04.cdr

效果图位置：\源文件\第5课\招贴排版设计.cdr

操作思路：

步骤01　制作招贴设计的背景。

步骤02　制作文本工具沿路径排列和输入文字。

图5.62　最终效果图

操作步骤

其具体操作步骤如下所示。

步骤01　在菜单栏中单击"文件"→"打开"命令，在弹出的"打开"对话框中选择素材文件"04.cdr"，然后单击"打开"按钮，打开素材文件，如图5.63所示。

步骤02　在工具箱中单击"矩形工具"按钮，在绘图窗口中绘制矩形，如图5.64所示。

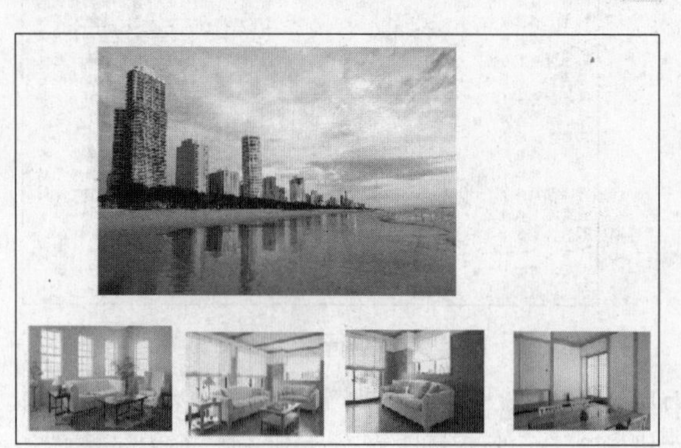

图5.63　打开素材

图5.64　绘制矩形

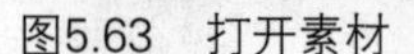

步骤03　在属性栏中单击"转换为曲线"按钮，在工具箱中单击"形状工具"按钮，

框选矩形下方的两个节点，然后在属性栏中单击“转换直线为曲线”按钮，调整节点，如图5.65所示。

步骤04 在工具箱中单击“挑选工具”按钮，在“调色板”中单击“冰蓝”图标，然后在属性栏中设置“选择轮廓宽度或键入新宽度”为“无”，效果如图5.66所示。

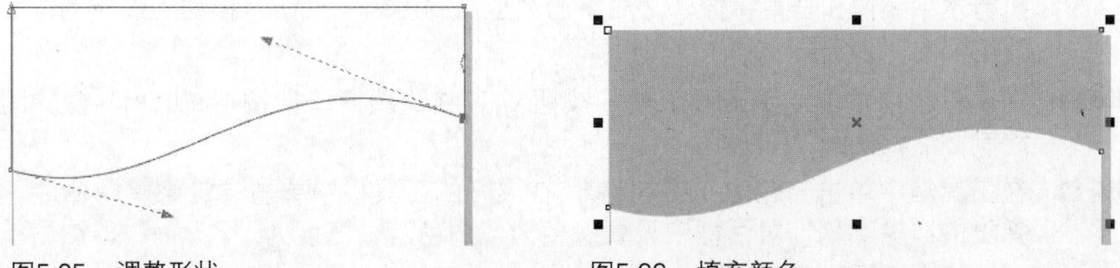

图5.65　调整形状　　　　图5.66　填充颜色

步骤05 在菜单栏中单击“窗口”→“泊坞窗”→“变换”→“位置”命令，在弹出的“变换”泊坞窗中单击“缩放和镜像”按钮，然后单击“水平镜像”按钮和“垂直镜像”按钮，随后单击“应用到再制”按钮，并拖动到适当的位置，如图5.67所示。

步骤06 将素材文件中的建筑风景图放置在绘图窗口中，然后进行适当缩放，如图5.68所示。

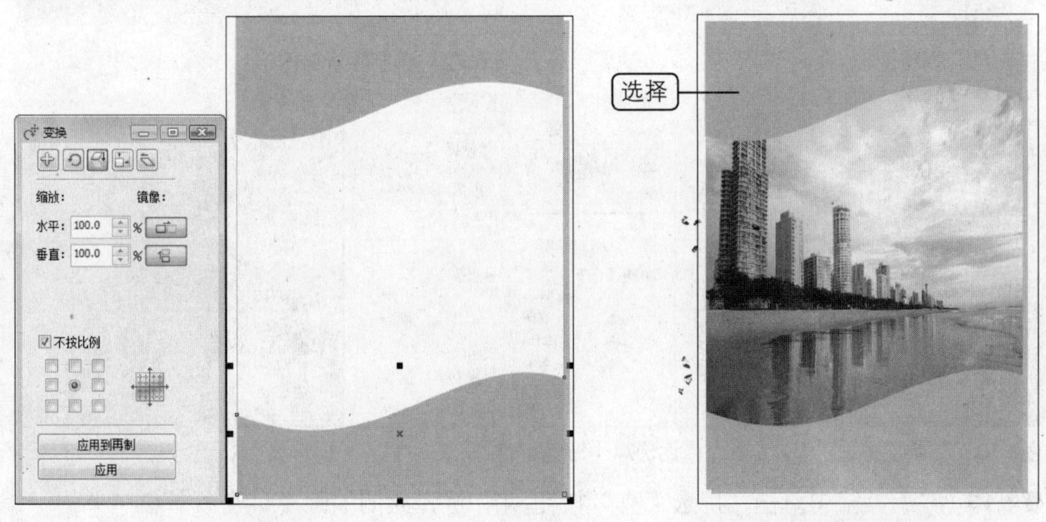

图5.67　水平和垂直镜像图形　　　　图5.68　缩放素材图片

步骤07 选择绘图窗口中上方的蓝色图形，在菜单栏中单击“编辑”→“再制”命令，再制图形，然后在“调色板”中单击“白色”图标，效果如图5.69所示。

步骤08 单击鼠标右键，在弹出的快捷菜单中选择“顺序”→“置于此对象后”命令，鼠标指针变成➡形状，单击蓝色图形，效果如图5.70所示。

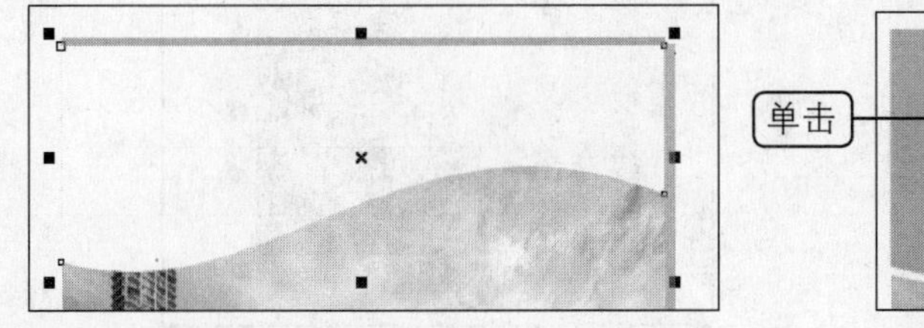

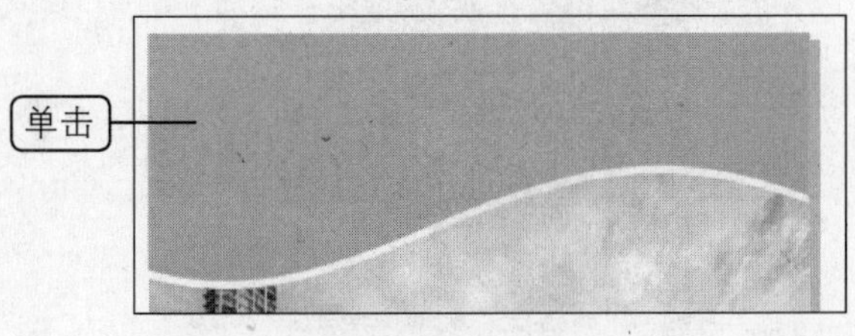

图5.69　再制并填充图形　　　　图5.70　调整图形对象的顺序

步骤09 按下键盘上的“↓”方向键将图形对象向下移动，然后在工具箱中单击“形状工具”按钮，将鼠标指针移动到图形右下角的节点上，按住鼠标左键不放并向上拖动，调整图形，如图5.71所示。

步骤10 在工具箱中单击“挑选工具”按钮，选择白色图形，然后在“变换”泊坞窗中执行水平镜像和垂直镜像，之后单击“应用到再制”按钮，移动到适当的位置，效果如图5.72所示。

步骤11 在工具箱中单击“椭圆形工具”按钮，在绘图窗口中按下“Ctrl”键的同时绘制圆形，如图5.73所示。

步骤12 在工具箱中单击“轮廓”按钮，在展开的工具栏中单击“轮廓笔”命令，在弹出的“轮廓笔”对话框中设置颜色为“白色”，宽度为“2.5mm”，然后单击“确定”按钮，如图5.74所示。

图5.71　调整图形

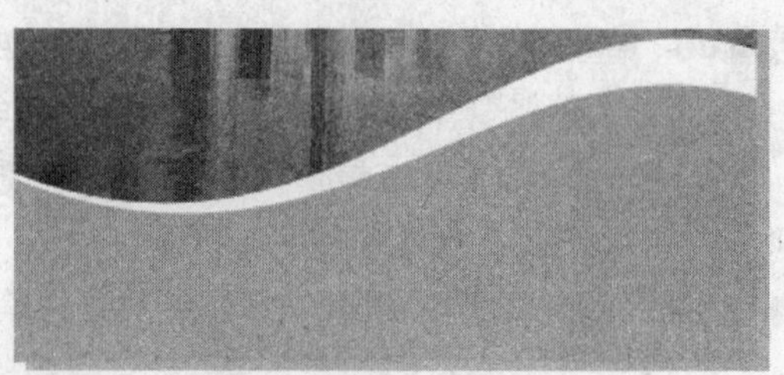

图5.72　再制并镜像图形

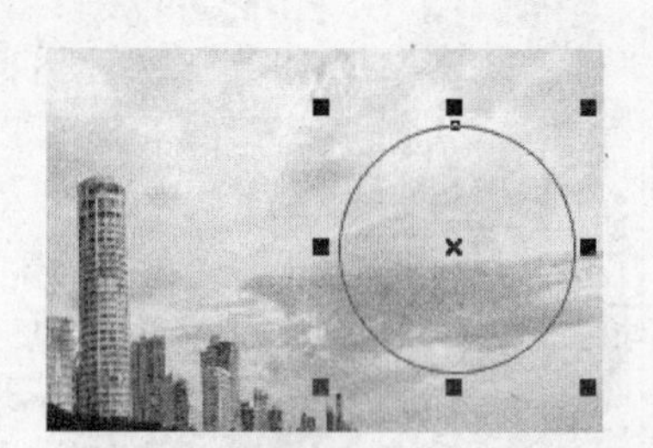

图5.73　绘制圆形

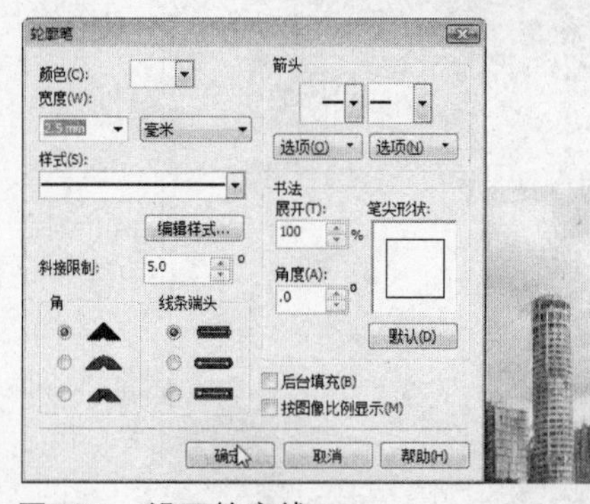

图5.74　设置轮廓线

步骤13 在工具箱中单击“挑选工具”按钮，选择绘制的圆形，在菜单栏中单击“编辑”→“再制”命令，再制圆形，然后缩小并移动所再制的图形，多再制几次，效果如图5.75所示。

步骤14 将素材文件中的室内图拖动到所绘制的第一个圆形的下方，然后进行缩小，如图5.76所示。

图5.75　再制图形

图5.76　移动并缩小素材图片

步骤15 在菜单栏中单击“效果”→“图框精确剪裁”→“放置在容器中”命令，当鼠标指针变成➡形状时，单击图片上的圆形，如图5.77所示。

步骤16 按照步骤14至步骤15的方法，将其他几张图片放置在圆形中，如图5.78所示。

图5.77 图框精确剪裁

图5.78 精确裁剪图形

步骤17 在工具箱中单击“文本工具”按钮，在绘图窗口中输入文字，然后单击“挑选工具”按钮，在属性栏中设置字体为“Berlin Sans FB Demi”，字体大小为“48pt”，颜色为“天蓝”，效果如图5.79所示。

步骤18 在工具箱中单击“贝济埃工具”按钮，在绘图窗口中绘制路径，如图5.80所示。

步骤19 在菜单栏中单击“文本”→“使文本适合路径”命令，这时鼠标指针将变成形状，单击路径，效果如图5.81所示。

图5.79 输入文字

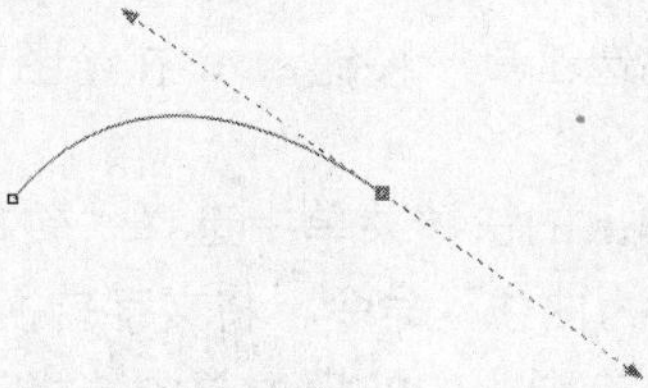

图5.80 绘制曲线

图5.81 沿路径排列文字

步骤20 框选路径文字，在菜单栏中单击“排列”→“打散在一路径上的文本”命令，然后将文本移动到适当的位置，并调整大小，如图5.82所示。

步骤21 在工具箱中单击“文本工具”按钮，在绘图窗口中输入文字，然后单击“挑选工具”按钮，在属性栏中设置字体为“幼圆”，字体大小为“36pt”，颜色为“白色”，效果如图5.83所示。

图5.82 移动文字

图5.83 输入文字

步骤22 在工具箱中单击“文本工具”按钮字，在绘图窗口中输入文字，然后单击“挑选工具”按钮，在属性栏中设置字体为“方正大标宋简体”，字体大小为“20pt”，颜色为“白色”。

案例小结

本案例讲解了如何使用文本与路径的关系绘制沿路径排列文字。在制作招贴排版设计的过程中运用到的“图框精确剪裁”命令将在后面的章节中具体介绍。

5.3 文本的特殊编辑

CorelDRAW X4中提供了多种特殊的文本编辑操作，包括将美术字转换为曲线、书写工具、更改大小写及文本统计等，下面将详细介绍这些操作。

5.3.1 知识讲解

熟练应用这些特殊的编辑操作，可以快速地对文本进行转换，并可对文本中的错误进行检查及更正。

1. 将美术字转换为曲线

在平面设计中，用户经常需要在输入文字的基础上进行进一步的创意性编辑。这时需要将美术字转换为曲线，然后进行曲线编辑。将美术字转换为曲线的具体操作如下所示。

步骤01 在工具箱中单击“挑选工具”按钮，在绘图窗口中选择需要转换的美术字，如图5.84所示。

步骤02 单击鼠标右键，在弹出的快捷菜单中选择“转换为曲线”命令或在菜单栏中单击“排列”→“转换为曲线”命令，将文字转换为图形对象，如图5.85所示。

步骤03 再次单击鼠标右键，在弹出的快捷菜单中选择“取消群组”命令，然后在工具箱中单击“形状工具”按钮，单击文字，调整相应的节点，如图5.86所示。

图5.84 选择文字

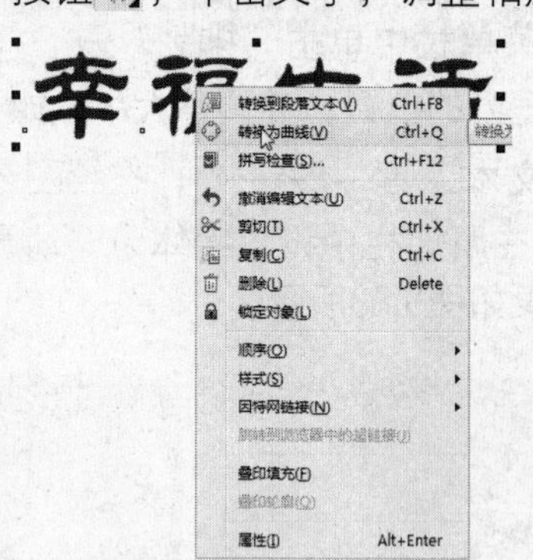

图5.85 快捷菜单

图5.86 调整节点

2. 书写工具

书写工具允许用户更正拼写和语法方面的错误，它还可以自动更正错误，并能帮助改进书写样式。

拼写检查

在CorelDRAW X4中输入大量的英文时，经常会出现输入错误的情况。为了避免出现这种情况，系统提供了拼音检查的功能，其具体操作步骤如下所示。

在绘图窗口中输入一段英文，然后在菜单栏中单击“文本”→“书写工具”→“拼写检查”命令，在弹出的“书写工具”对话框中系统会自动选择错误的文本，并在“替换”列表框中列出修改的文本，完成后单击“替换”按钮即可，如图5.87所示。

语法检查

通过语法检查功能可以快速地检查出英文的语法错误，从而提高工作效率。在工具箱中单击“挑选工具”按钮，在绘图窗口中选择要检查的文本，之后在菜单栏中单击“文本”→“书写工具”→“语法检查”命令，在弹出的“书写工具”对话框中显示文本语法错误的部分，单击“替换”按钮即可完成替换操作，如图5.88所示。

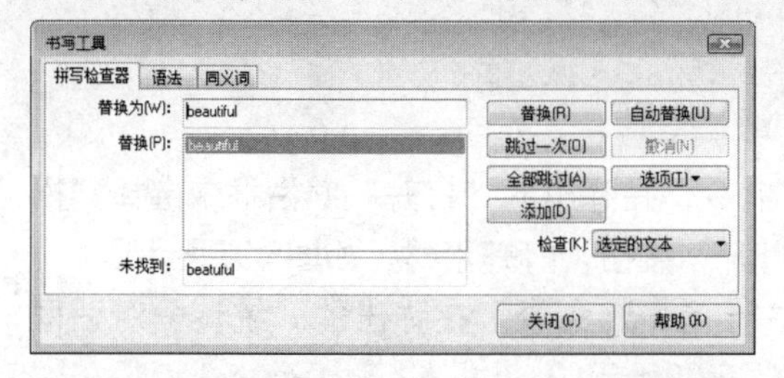

图5.87 拼写检查

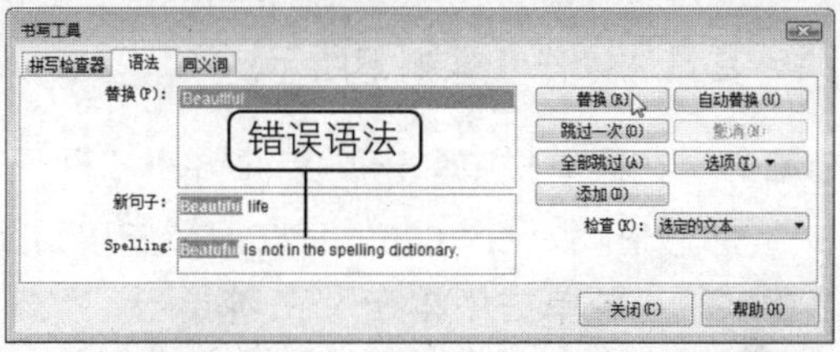

图5.88 语法检查

3. 更改大小写

通过更改大小写功能，可以对输入的英文进行大小写更改。在菜单栏中单击“文本”→“更改大小写”命令，将弹出“改变大小写”对话框（如图5.89所示），其中各参数选项的含义如下。

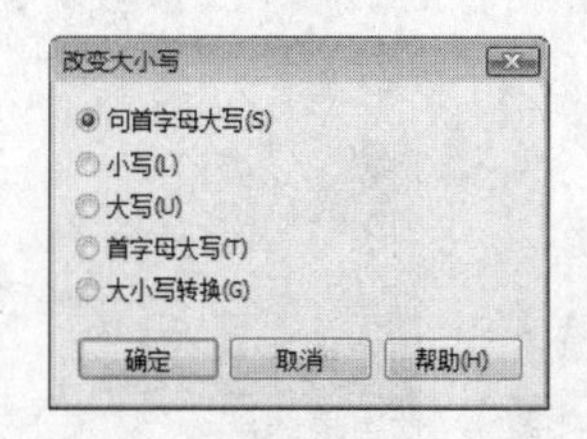

图5.89 更改大小写

- **句首字母大写：** 选择该单选项，可以使每个句子的第一个单词的首字母变成大写。
- **小写：** 选择该单选项，可以将全部文本变成小写。
- **大写：** 选择该单选项，可以将全部文本变成大写。
- **首字母大写：** 选择该单选项，则每个单词的首字母都变成大写。
- **大小写转换：** 选择该单选项，则将全部的大写字母转换为小写字母，并将小写字母转换为大写字母。

4. 文本统计

通过文本统计信息功能，可以对所选的文本或整个文档的段落、行、词、字符等文本信息进行统计。在绘图窗口中选择文本，在菜单栏中单击“文本”→“文本统计信息”命令，之后在弹出的“统计”对话框中将显示段落、线条、字、字符、使用的字体和样式名称等文本元素的统计，如图5.90所示。

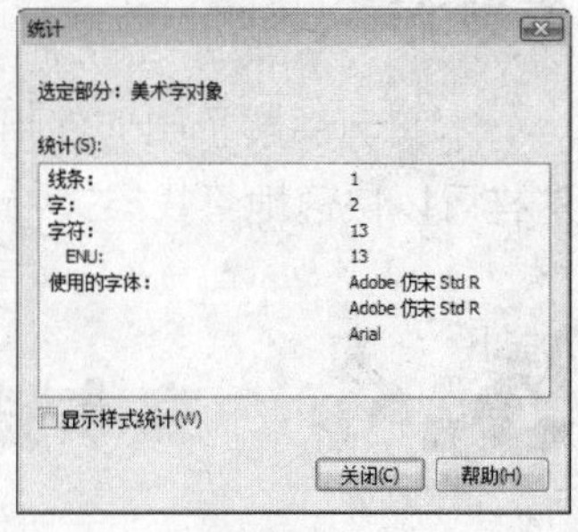

图5.90 文本统计

5.3.2 典型案例——统计文本信息

案例目标

本案例利用文本统计信息功能对打开的文件中的文本进行统计。该功能使用于文字较多的情况。

素材位置：\源文件\第5课\招贴排版设计.cdr

操作思路：

步骤01 打开制作好的文件。

步骤02 执行“文本统计信息”命令进行统计。

操作步骤

其具体操作步骤如下所示。

步骤01 在菜单栏中单击“文件”→“打开”命令，在弹出的“打开”对话框中选择“招贴排版设计.cdr”文件，然后单击“打开”按钮，打开素材，如图5.91所示。

步骤02 在菜单栏中单击“文本”→“文本统计信息”命令，在弹出的“统计”对话框中显示了文件中的所有文本信息，如图5.92所示。

图5.91　打开素材

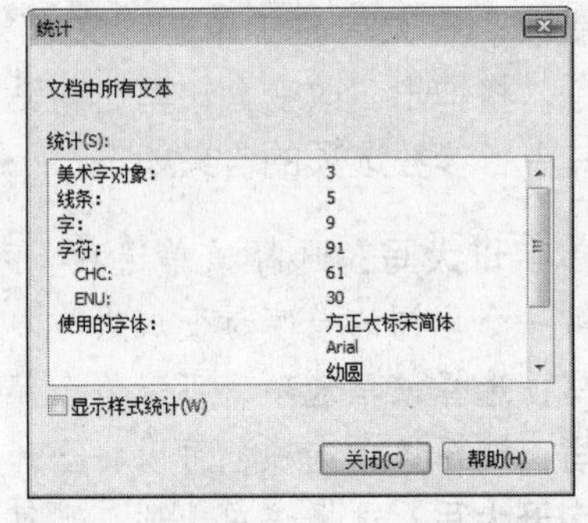

图5.92　统计文本

案例小结

本案例讲解了如何使用文本统计信息功能对文件中的美术字、段落文本进行统计，这样可以快速地查找出文件中所使用的文字。

5.4 文本链接

在CorelDRAW X4中，可以通过链接的方式，将文本框中的文字完全显示出来。文本链接可以链接到对象上，也可以链接不同页面上的段落文本框。

5.4.1 知识讲解

下面介绍将段落文本链接到对象上、链接不同页面上的段落文本框及解除文本链接的具体操作方法和技巧。

1. 将段落文本链接到对象上

在CorelDRAW X4中，将段落文本链接到对象上的具体操作步骤如下所示。

步骤01 在工具箱中单击“文本工具”按钮字，在绘图窗口中创建一个段落文本框，然后输入文字，并使输入的文本超出文本框显示范围，如图5.93所示。

步骤02 在工具箱中单击“多边形工具”按钮，在绘图窗口中绘制一个图形对象，如图5.94所示。

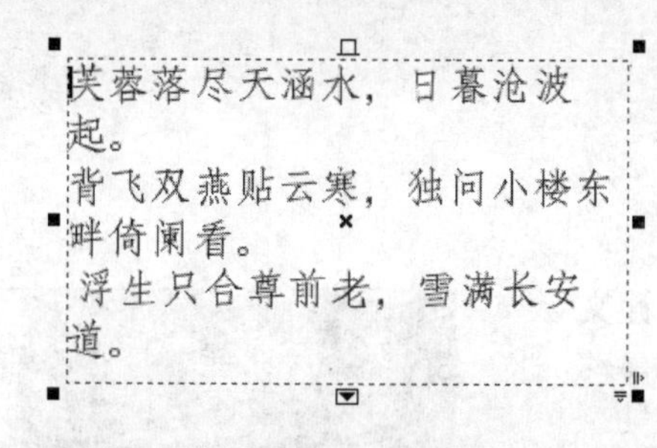

图5.93 输入文字

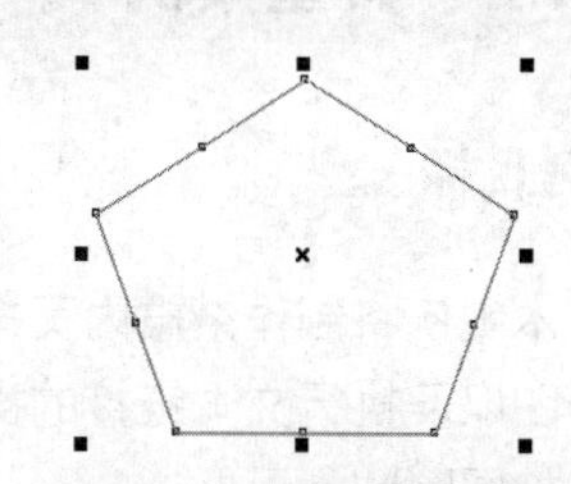

图5.94 绘制图形

步骤03 在工具箱中单击“挑选工具”按钮，将鼠标指针移动到段落文本框底部的控制点上单击，这时鼠标指针变成插入链接状态，然后将鼠标指针移动到“多边形”图形对象上，此时鼠标指针变成➡形状，如图5.95所示。

步骤04 单击鼠标，则隐藏的文本内容将自动流向多边形，并用一个箭头显示两者之间的链接方向，如图5.96所示。

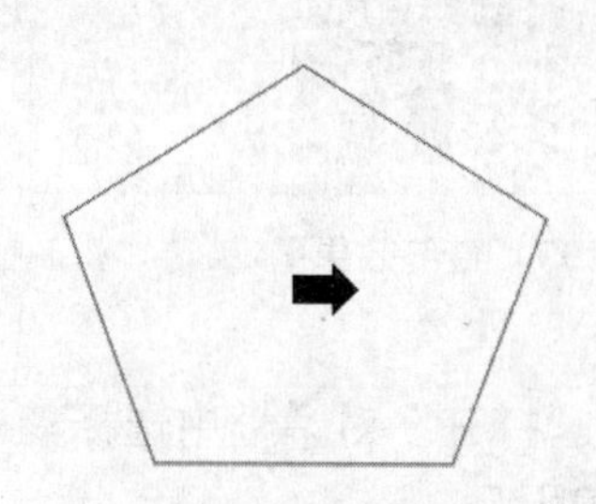

图5.95 创建链接状态

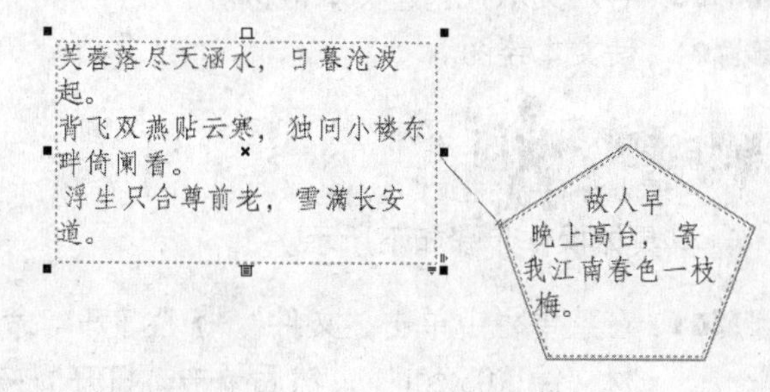

图5.96 链接文本

2. 链接到不同页面上的段落文本框

如果输入的文本不能完整显示出来，则可以使用挑选工具在文本框底部的控制点上单击，当鼠标指针变成形状时，在绘图窗口中的适当位置按下鼠标左键并拖动出一个文本框（如图5.97所示），释放鼠标后即可将未显示的文字自动流向新的文本框中，如图5.98所示。

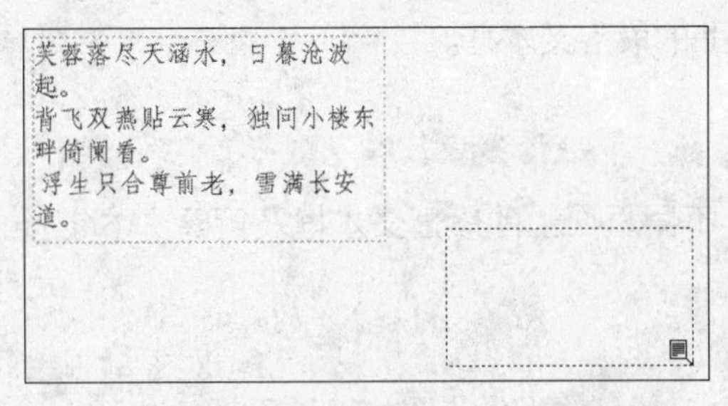

图5.97　绘制文本框

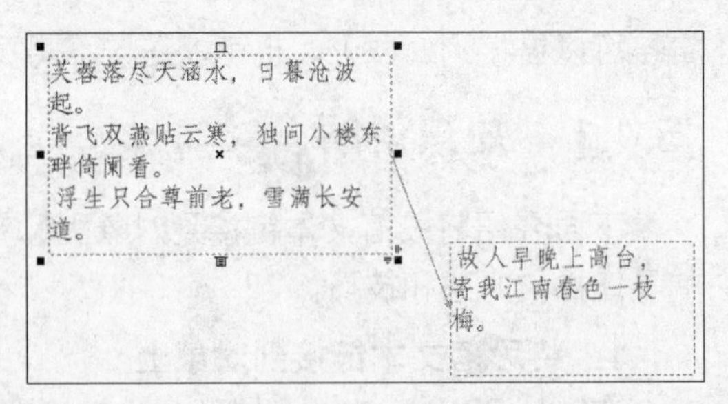

图5.98　链接段落文本框

3. 解除文本链接

创建好文本链接后，如果要将其解除，则在工具箱中单击“挑选工具”按钮，选择要解除的文本，然后在菜单栏中单击“排列”→“打散段落文本”命令即可解除文本链接。

5.4.2　典型案例——杂志内页排版

案例目标

本案例将制作杂志内页排版，主要练习如何让文本绕图以及执行文本链接的操作，制作完成后的最终效果如图5.99所示。

图5.99　最终效果图

素材位置：\素材\第5课\05.cdr

效果图位置：\源文件\第5课\杂志内页排版.cdr

操作思路：

步骤01　导入素材图片。

步骤02　输入文字，并设置文字的轮廓线。

步骤03　导入文本并创建文本链接。

步骤04　使文本绕图。

操作步骤

其具体操作步骤如下所示。

步骤01　在菜单栏中单击“文件”→“打开”命令，在弹出的“打开”对话框中选择素材文件“05.cdr”，然后单击“打开”按钮，如图5.100所示。

步骤02　在工具箱中单击“挑选工具”按钮，然后将打开的素材文件中的汽车拖动到适当的位置并进行调整，如图5.101所示。

步骤03　在工具箱中单击“文本工具”按钮字，在绘图窗口中输入“SportyCar”，选择“挑选工具”按钮，然后在属性栏中设置字体为“ParkAvenue”，字体大小为“100pt”，在“调色板”中单击“红”图标，效果如图5.102所示。

图5.100 “打开”对话框

图5.101 移动并调整素材图片

步骤04 在工具箱中单击“轮廓”按钮，在展开的工具栏中单击“轮廓笔”命令，然后在弹出的“轮廓笔”对话框中设置颜色为“红”，宽度为“2.0mm”，之后单击“确定”按钮，如图5.103所示。

图5.102 输入文字

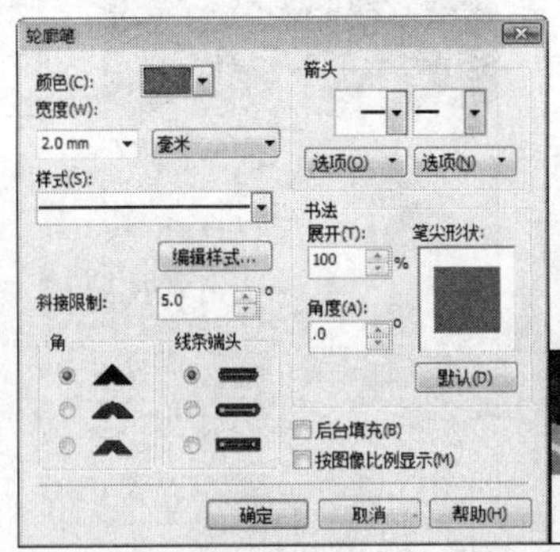

图5.103 设置轮廓线

步骤05 在工具箱中单击“文本工具”按钮，在绘图窗口中按住鼠标左键不放并拖动，绘制文本框，然后输入文本“跑车保养的方法”，之后选择“挑选工具”按钮，在属性栏中设置字体为“方正卡通简体”，字体大小为“36pt”，效果如图5.104所示。

步骤06 打开“01.doc”文档，选择需要复制的文本，然后按下“Ctrl+C”组合键，如图5.105所示。

步骤07 在工具箱中单击“文本工具”按钮，将鼠标指针移动到“跑车保养的方法”的后面，按下“Enter”键，跳到下一行，然后按下“Ctrl+V”组合键，将弹出“导入/粘贴文本”对话框，如图5.106所示。

步骤08 选择“摒弃字体和格式”单选项，然后单击“确定”按钮，导入文本，如图5.107所示。

步骤09 在工具箱中单击“挑选工具”按钮，在文本框底部的控制点上单击，当指针变成形状时，在文本框的左侧位置按下鼠标左键并拖动出一个文本框，释放鼠标后即可将未显示的文字自动流向新的文本框中，如图5.108所示。

图5.104　输入文字

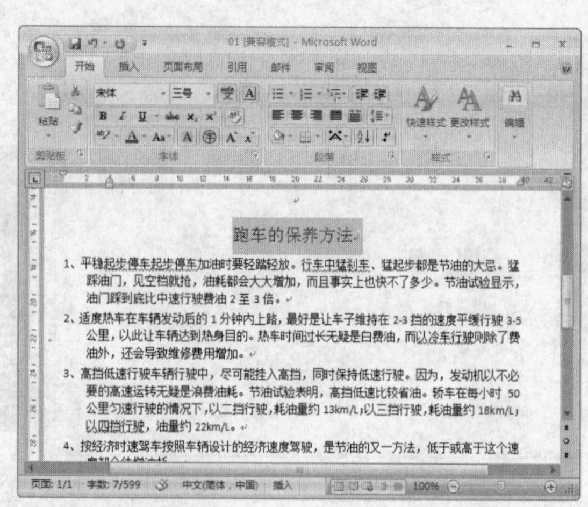

跑车的保养方法

1、平稳起步停车起步停车加油时要轻踩轻放。行车中猛刹车、猛起步都是节油的大忌。猛踩油门，见空档就抢，油耗都会大大增加，而且事实上也快不了多少。节油试验显示，油门踩到底比中速行驶费油2至3倍。

2、适度热车在车辆发动后的1分钟内上路，最好是让车子维持在2-3挡的速度平缓行驶3-5公里，以此让车辆达到热身目的。热车时间过长无疑是白费油，而以冷车行驶则除了费油外，还会导致维修费用增加。

3、高挡低速行驶车辆行驶中，尽可能挂入高挡，同时保持低速行驶。因为，发动机以不必要的高速运转无疑是浪费油耗。节油试验表明，高挡低速比较省油。轿车在每小时50公里匀速行驶的情况下,以二挡行驶,耗油量约13km/L;以三挡行驶,耗油量约18km/L;以四挡行驶，油量约22km/L。

4、按经济时速驾车按照车辆设计的经济速度驾驶，是节油的又一方法，低于或高于这个速

图5.105　打开文档

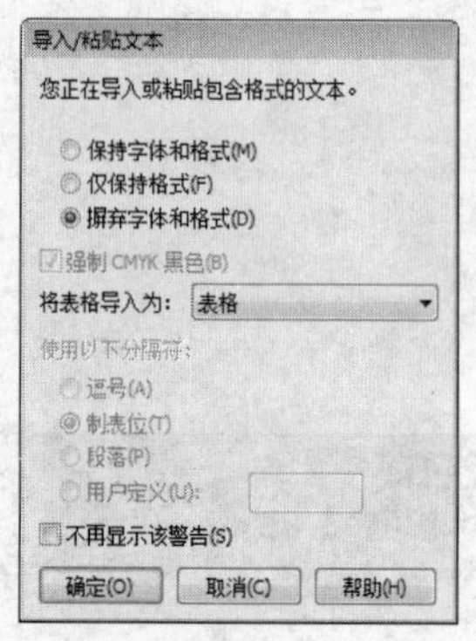

图5.106　导入/粘贴文本

图5.107　导入文本

图5.108　链接段落文本框（一）

步骤10　按照步骤9的方法，绘制出另外一个文本框，如图5.109所示。

步骤11　将素材文件中的汽车零件图放置在文字的右侧，然后单击鼠标右键，在弹出的快捷菜单中选择“段落文本换行”命令，即可将文字绕图排列，如图5.110所示。

步骤12　按照步骤11的方法，将其他两个零件图放入文本中，并进行图文混排，得到的最终效果如图5.111所示。

图5.109　链接段落文本框（二）

图5.110　图文绕排

图5.111　最终效果图

案例小结

本案例主要讲解了创建文本链接和文本绕图的效果，以使排版过程的版面看起来更加舒服。对于其中未练习到的知识，读者可通过“知识讲解”部分自行练习。

5.5 上机练习

5.5.1 制作名片

本次上机练习将制作一个名片，主要练习创建美术字文本和编辑文本等相关知识。制作完成后的最终效果如图5.112所示。

图5.112　名片

效果图位置：\源文件\第5课\名片.cdr

操作思路：

步骤01 使用矩形工具绘制矩形，然后进行复制。

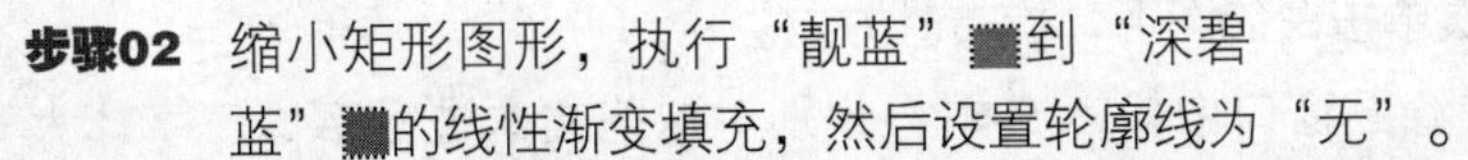

步骤02 缩小矩形图形，执行“靓蓝”到“深碧蓝”的线性渐变填充，然后设置轮廓线为“无”。

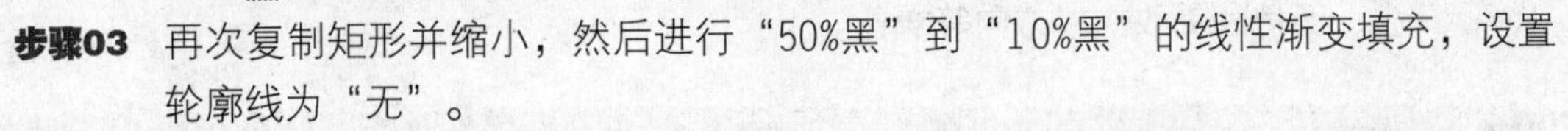

步骤03 再次复制矩形并缩小，然后进行“50%黑”到“10%黑”的线性渐变填充，设置轮廓线为“无”。

步骤04 使用螺纹工具在绘图窗口中绘制螺纹回圈为“3”的螺纹，然后在菜单栏中单击“工具”→“选项”命令，在弹出的“选项”对话框中选择“文档”下的“常规”选项。

步骤05 勾选“填充开放式曲线”复选框，然后为螺纹填充颜色“靓蓝”，并设置轮廓线为“无”。

步骤06 使用文本工具输入名片需要的文字，然后分别对文本进行字体、字体大小、颜色等操作。

5.5.2 新年贺卡

本次上机练习将制作一个新年贺卡，主要练习椭圆形工具、文本工具、插入符号字符等相关工具的使用方法和技巧。制作完成后的最终效果如图5.113所示。

图5.113　新年贺卡

效果图位置：\源文件\第5课\新年贺卡.cdr

操作思路：

步骤01 使用矩形工具在绘图窗口中绘制矩形，并填充为“C：0，M：96，Y：96，K：0”，然后设置轮廓线为“无”。

步骤02 使用椭圆形工具在绘图窗口中绘制圆形，然后在菜单栏中单击“编辑”→“再制”命令，再制圆形对象并进行缩小。

步骤03 连续执行多次再制并缩小圆形对象的操作，然后使用挑选工具依次选择圆形对象，填充颜色从外到内分别是“C：1，M：44，Y：90，K：0”，“C：4，M：3，Y：88，K：0”，“C：1，M：14，Y：82，K：0”，“C：0，M：73，Y：90，K：0”。

步骤04 使用挑选工具框选所有的圆形对象，然后在工具箱中单击“轮廓”按钮，在展开的工具栏中单击“无”命令，移除轮廓线。

步骤05 在工具箱中单击“文本工具”按钮字，在绘图窗口中单击鼠标，然后在菜单栏中单击“文本”→“插入符号字符”命令，将弹出“插入字符”泊坞窗。

步骤06 设置字体为“Webdings”，在预览框中选择“花”图标，然后单击“插入”按钮，之后单击“挑选工具”按钮，在属性栏中设置字体大小为“300pt”，并填充为“黄”。

步骤07 在“插入字符”泊坞窗中继续选择“白鸽”图案，单击“插入”按钮，然后使用挑选工具设置字体大小为“100pt”，颜色为“白色”。

步骤08 再制白鸽，然后再次单击白鸽图形，旋转其方向。

步骤09 使用文本工具字在绘图窗口中输入文本，分别对这些文本进行字体、字体大小、颜色和更改文本方向等操作。

5.6 疑难解答

问： 在CorelDRAW X4中，美术字文本和段落文本都可以沿路径排列吗?

答： 美术字文本可以沿路径排列，但段落文本不可以沿路径排列。

问： 在使用文字工具时，怎样才能增加一些系统中没有的字体?

答： 可以在网络中搜索并下载一些字体或购买一张字体光盘，然后将这些文字安装到“系统盘：\WINDOWS\Fonts”文件夹下。

5.7 课后练习

选择题

1 在CorelDRAW X4中，文字类型可分为（ ）。

A. 美术字文本　　B. 段落文本

C. 艺术字　　D. 立体字

2 在CorelDRAW X4中，通过“段落格式化”泊坞窗可以更改段落文本的（ ）。

A. 对齐方式　　B. 间距

C. 缩进量　　D. 文本方向

3 将美术字转换为曲线后，使用（ ）可以对文本的节点进行编辑。

A. 挑选工具　　B. 形状工具

C. 文本工具　　D. 贝济埃工具

问答题

1 简述设置段落文本格式包括哪些方面。

2 文字与路径之间有什么关系。

3 简述如何进行文字的拼写检查和替换。

4 简述如何创建文本链接。

上机题

1 使用文字工具、矩形工具、多边形工具等制作春联，制作完成后的最终效果如图5.114所示。

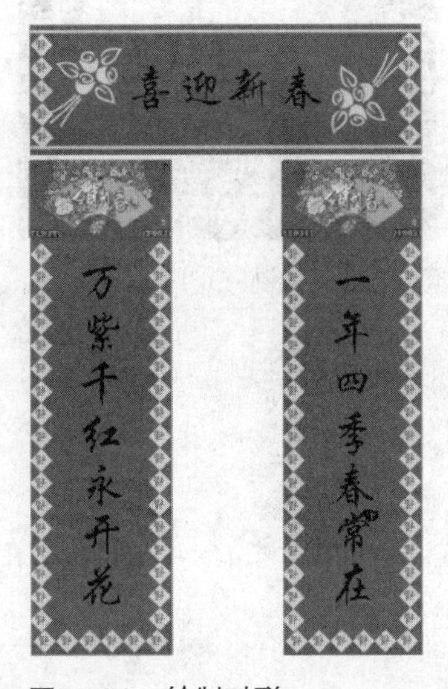

图5.114　绘制对联

素材位置：\素材\第5课\06.jpg

效果图位置：\源文件\第5课\春联.cdr

操作思路：

步骤01 绘制矩形并填充为红色，然后移除轮廓线。

步骤02 导入素材，使用多边形工具绘制四边形，并填充为黄色，移除轮廓线。

步骤03 使用文本工具输入文字，然后执行“编辑”→“再制”命令，再制图形。

步骤04 再制对联，使用文字工具输入文字，并设置文字的属性。

步骤05 绘制矩形，填充为红色，移除轮廓线，然后绘制两个黄色的矩形对象。

步骤06 打开“插入字符”泊坞窗插入图形，然后输入文字。

2 使用矩形工具、文字工具、“轮廓笔”对话框、粗糙笔刷工具、星形工具等制作POP广告效果，制作完成后的最终效果如图5.115所示。

素材位置：\素材\第5课\07.jpg、08.jpg

效果图位置：\源文件\第5课\pop广告.cdr

操作思路：

步骤01 使用矩形工具、粗糙笔刷工具和星形工具绘制背景。

步骤02 导入素材。

步骤03 使用文本工具输入文字，并设置轮廓和沿路径排列文字。

图5.115　绘制POP广告

第6课

对象的编辑

本课要点

选择对象

复制和删除对象

变换对象

图框精确剪裁对象

具体要求

掌握选择对象的方法

掌握复制和删除对象的操作

掌握变换对象的操作

掌握图框精确裁剪对象的方法

本课导读

本课将主要讲解在CorelDRAW X4中绘制图形时，对对象进行编排的常用操作，包括对象的选择、对象的复制和删除、对象的变换以及图框精确裁剪对象等。通过对本课的学习，可增强对图形的编辑能力。

6.1 选择对象

在CorelDRAW X4中，如果要对图形对象执行各种操作，则需要先选择该图形对象。下面将详细介绍如何选择对象。

6.1.1 知识讲解

选择对象包括选择一个对象、选择多个对象、按一定顺序选择对象、选择重叠对象和全选对象。

1. 选择一个对象

选择一个对象的方法是在工具箱中单击“挑选工具”按钮，在绘图窗口中单击要选择的图形对象，这时图形对象四周将出现控制点，则表示该图形对象被选中，如图6.1所示。

如果要在群组对象中选择一个对象，则在按住“Ctrl”键的同时使用挑选工具单击群组对象中需要的一个对象，图形对象四周出现控制点时，表示该对象被选中，如图6.2所示。

选择对象时，也可以在对象以外的地方按下鼠标左键不放并拖动出一个虚线框，释放鼠标后，虚线框内的图形对象都将被选择，如图6.3所示。

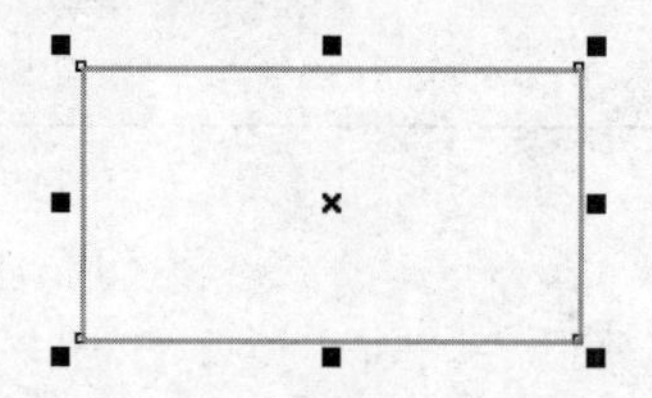

图6.1 单击选择

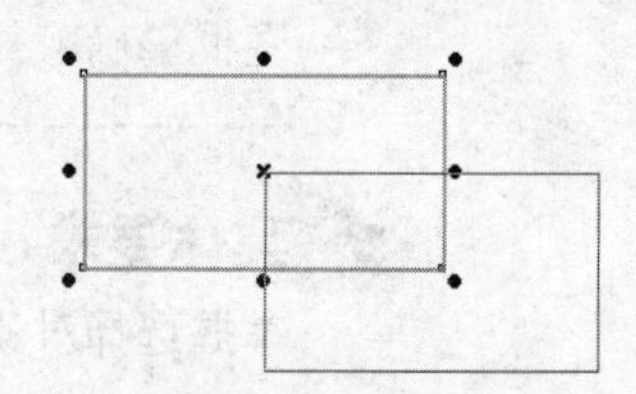

图6.2 选择群组对象

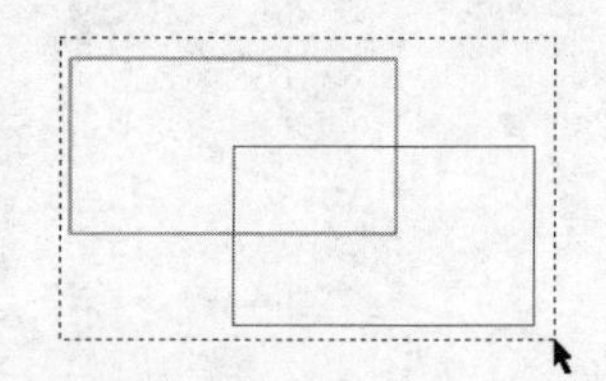

图6.3 框选

2. 选择多个对象

在绘制图形的过程中，经常需要选择多个对象进行同时编辑。选择多个对象的具体操作步骤如下所示。

步骤01 在工具箱中单击“挑选工具”按钮，然后在绘图窗口中选择图形对象，如图6.4所示。

步骤02 在按下“Shift”键不放的同时，使用挑选工具依次单击需要选择的对象，如图6.5所示。

步骤03 在对象以外的地方按下鼠标左键不放并拖动出一个虚线框，释放鼠标后，即可选择对象，如图6.6所示。

步骤04 在按下“Alt”键不放的同时，使用挑选工具在绘图窗口中按住鼠标左键不放，拖动出的虚线框接触到的图形对象则都被选中，如图6.7所示。

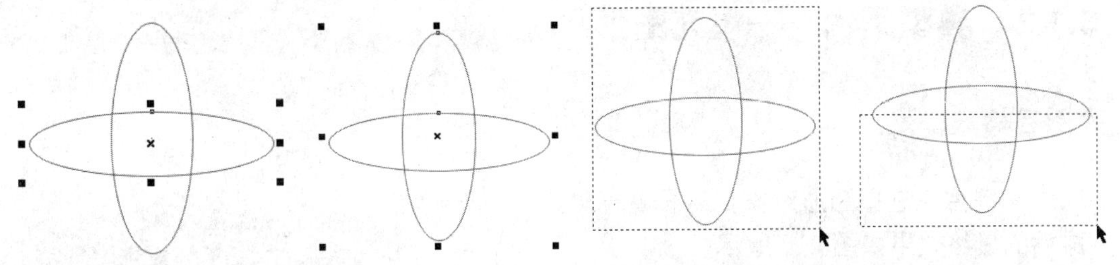

图6.4　选择一个对象　　图6.5　选择多个对象　　图6.6　框选对象　　图6.7　选择多个对象

3. 按一定顺序选择对象

在平面设计中，如果要快速选择有先后顺序的图形对象，则可以通过以下方法实现。

步骤01　在绘图窗口中使用绘图工具绘制图形对象，如图6.8所示。

步骤02　在工具箱中单击“挑选工具”按钮，按下“Tab”键，则系统将自动选择最后绘制的图形，如图6.9所示。

步骤03　继续按下“Tab”键，可以按照绘制图形的顺序从后到前逐步选取对象，如图6.10所示。

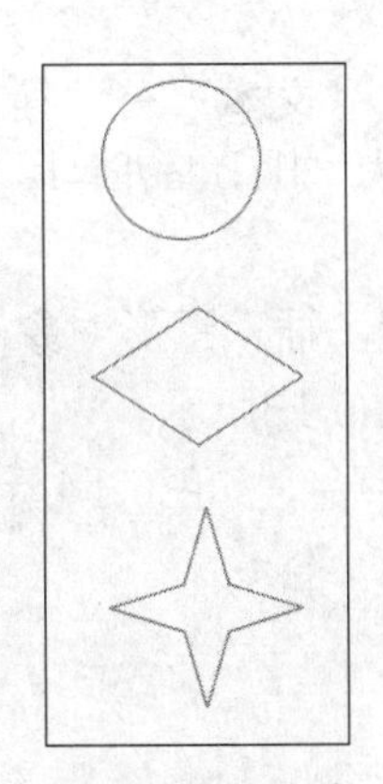

图6.8　图形对象

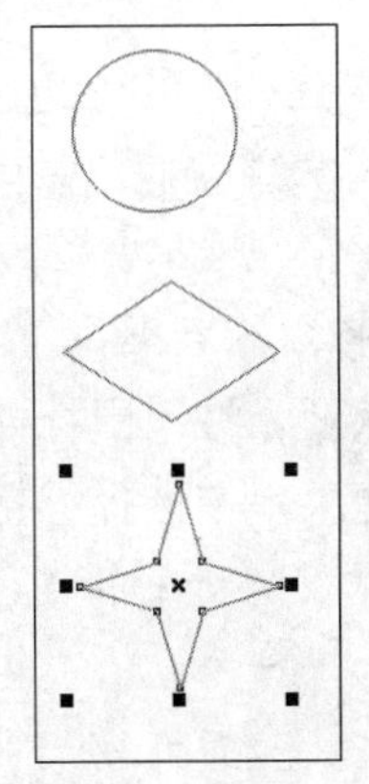

图6.9　选择最后一个对象

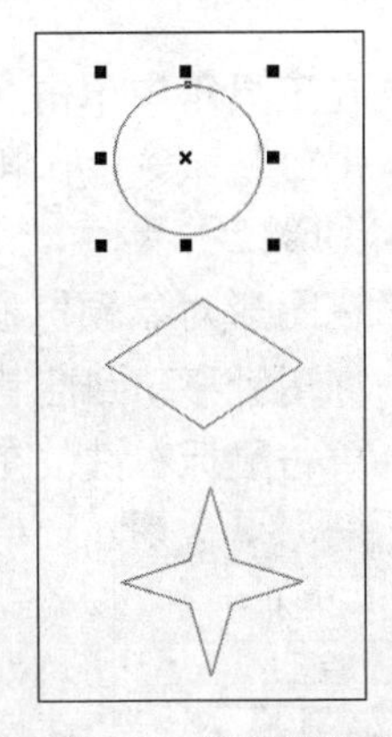

图6.10　逐步选取对象

4. 选择重叠对象

在CorelDRAW X4中，选择重叠对象中位于后面的图形对象，可以通过以下方法实现：在工具箱中单击“挑选工具”按钮，按下“Alt”键不放，在重叠处单击鼠标左键，选择被覆盖的图形，再次单击鼠标，可以选取后面一层重叠的图形对象。

5. 全选对象

全选对象是选择绘图窗口中所有的指定对象，其中包括对象、文本、辅助线和节点。在菜单栏中单击“编辑”→“全选”命令，在弹出的子菜单中选择需要的命令，即可选择相应的对象。

说明　使用挑选工具在绘图窗口中按下鼠标左键不放并拖动，框选所有的图形对象，可以选取所有的对象；双击工具箱中的“挑选工具”按钮，也可以快速地直接选取工作区中的所有对象；按下“Ctrl+A”组合键可以选中绘图窗口中的所有对象。

6.1.2 典型案例——填充图形

案例目标

本案例首先选择图形对象，然后填充对象。制作完成后的最终效果如图6.11所示。

效果图位置：\源文件\第6课\填充图形.cdr

操作思路：

步骤01 插入字符，然后打散曲线。

步骤02 选择图形对象，然后使用“调色板”进行填充。

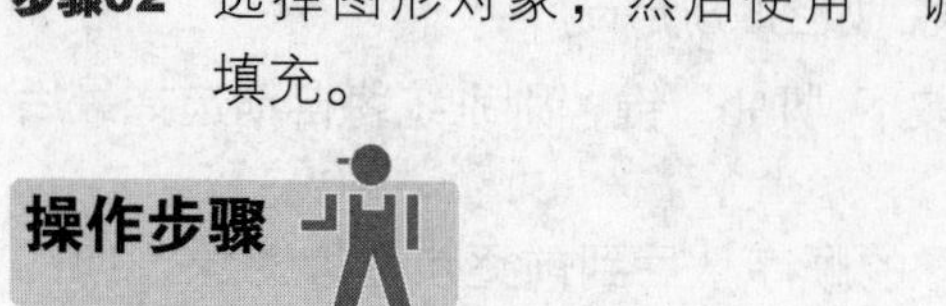

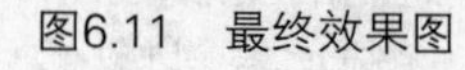

图6.11 最终效果图

操作步骤

其具体操作步骤如下所示。

步骤01 在工具箱中单击“挑选工具”按钮，在菜单栏中单击“文本”→“插入符号字符”命令，在弹出的“插入字符”泊坞窗中选择字体为“HolidayPi BT”，如图6.12所示。

步骤02 在图形对象预览框中选择图形，然后单击“插入”按钮，插入图形对象，将鼠标指针移动到控制框的控制点上，按下鼠标并拖动，如图6.13所示。

步骤03 单击鼠标右键，在弹出的快捷菜单中选择“打散曲线”命令，如图6.14所示。

图6.12 “插入字符”泊坞窗

图6.13 插入字符

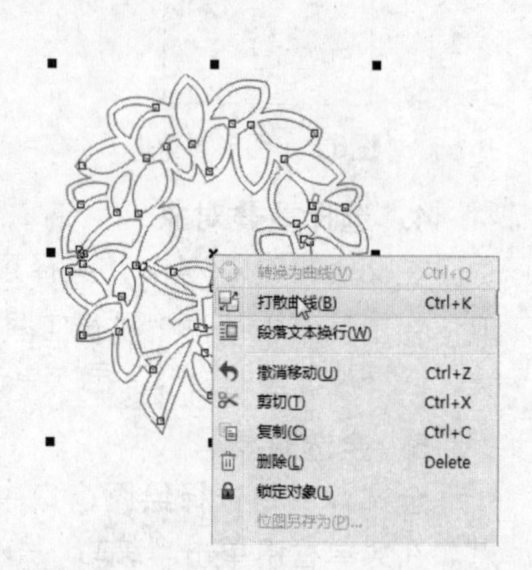

图6.14 打散曲线

步骤04 在绘图窗口中按下“Shift”键的同时选择多个图形，在“调色板”中单击“绿”图标，然后在属性栏中单击“轮廓”按钮，在展开的工具栏中选择“无”命令，填充效果如图6.15所示。

步骤05 在按下“Shift”键的同时选择多个图形，在“调色板”中单击“黄”图标，然后在属性栏中单击“轮廓”按钮，在展开的工具栏中选择“无”命令，填充效果如图6.16所示。

步骤06 在按下“Shift”键的同时选择多个图形，在“调色板”中单击“红”图标■，然后在属性栏中单击“轮廓”按钮，在展开的工具栏中选择“无”命令，填充效果如图6.17所示。

图6.15 填充颜色后的效果（一）

图6.16 填充颜色后的效果（二）

图6.17 填充颜色后的效果（三）

步骤07 在按下“Shift”键的同时选择多个图形，在工具箱中单击“轮廓”按钮，之后在展开的工具栏中单击“轮廓笔”命令，然后在弹出的“轮廓笔”对话框中设置颜色为“绿”，宽度为“2.5mm”，如图6.18所示。

步骤08 设置完成后单击“确定”按钮，得到的最终效果如图6.19所示。

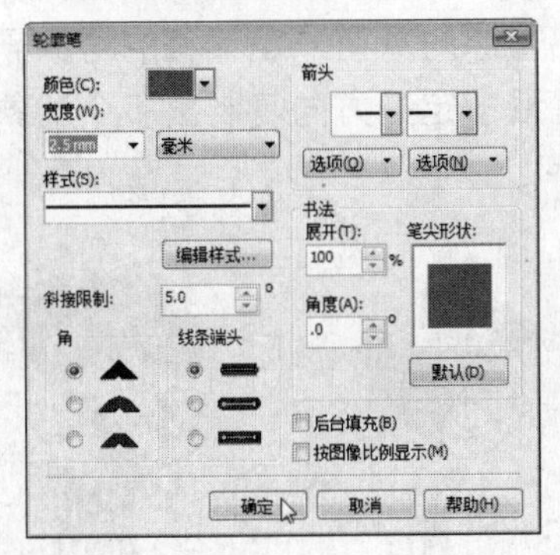

图6.18 “轮廓笔”对话框

图6.19 最终效果图

案例小结

本案例主要讲解了如何选择多个对象，然后讲解了如何进行颜色填充和轮廓线绘制。需要注意的是，在选择无填充的图形对象时，应选择其轮廓才能选中该对象。对于本案例中未讲解到的内容，读者可以根据“知识讲解”部分自行练习。

6.2 复制和删除对象

在CorelDRAW X4中，为了提高用户的工作效率，系统提供了多种复制和删除对象的操作方法。下面将详细介绍这些内容。

6.2.1 知识讲解

复制和删除对象包括对象的基本复制、对象的再制、复制对象的属性和删除对象。

1. 对象的基本复制

在CorelDRAW X4中，选择图形对象后，可以通过以下几种方法进行基本复制。

- 在菜单栏中单击“编辑”→“复制”命令，复制图形对象，然后执行“编辑”→“粘贴”命令，粘贴对象。
- 选择对象，单击鼠标右键，在弹出的快捷菜单中选择“复制”命令即可复制对象。
- 选择图形对象后，在标准工具栏中单击“复制”按钮，复制对象，然后单击“粘贴”按钮即可粘贴对象。
- 在键盘上按下“+”键，即可直接复制图形对象，如图6.20所示。
- 在工具箱中单击“挑选工具”按钮，选择图形对象后，按住鼠标左键不放并拖动至适当位置，在不松开鼠标左键的同时按下鼠标右键，即可将图形对象复制到该位置上。

2. 对象的再制

使用“再制”命令可以快捷地生成对象的副本，并将复制的图形对象显示在页面中。在工具箱中单击“挑选工具”按钮，在绘图窗口中选择一个图形对象，然后在菜单栏中单击“编辑”→“再制”命令，即可复制出与原对象有一定偏移的对象副本（如图6.21所示）；多次按下“Ctrl+D”组合键，即可沿一定的方向复制出多个对象副本，如图6.22所示。

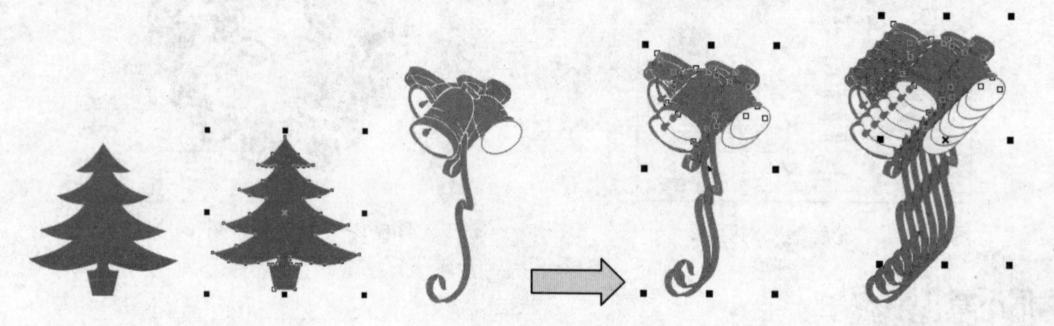

图6.20　复制对象　　图6.21　再制对象　　图6.22　连续复制对象

注意：“再制”命令与“复制”命令的区别是不通过剪贴板来复制对象，而是直接将生成的对象副本放置在页面中。

3. 复制对象的属性

复制对象的属性是将指定对象的轮廓笔、轮廓色、填充、文本等属性通过复制的方法，应用到其他对象上。

复制对象属性的具体操作方法与第3课3.4节中复制轮廓属性的方法一样，这里不再赘述。

4. 删除对象

在CorelDRAW X4中，如果要删除对象，则在工具箱中单击“挑选工具”按钮，在绘图窗口中选择要删除的图形对象，然后在菜单栏中单击“编辑”→“删除”命令或按下“Delete”键，即可删除图形对象。

6.2.2 典型案例——绘制发簪

案例目标

本案例将通过对图形对象的复制来制作发簪，主要练习对象的再制、贝济埃工具、基本形状工具等的使用方法和技巧。制作完成后的最终效果如图6.23所示。

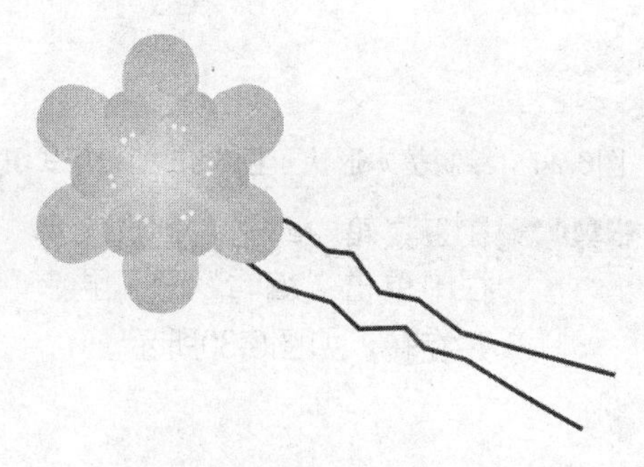

图6.23 最终效果图

效果图位置：\源文件\第6课\发簪.cdr

操作思路：

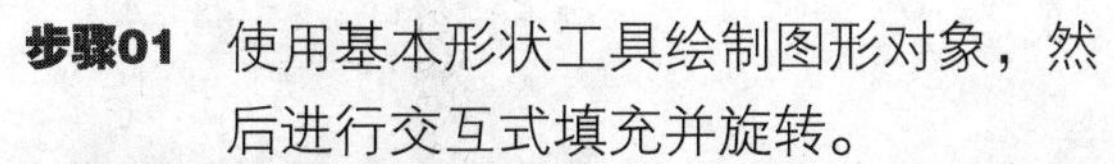

步骤01 使用基本形状工具绘制图形对象，然后进行交互式填充并旋转。

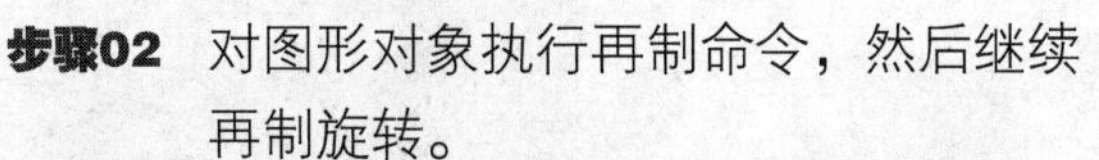

步骤02 对图形对象执行再制命令，然后继续再制旋转。

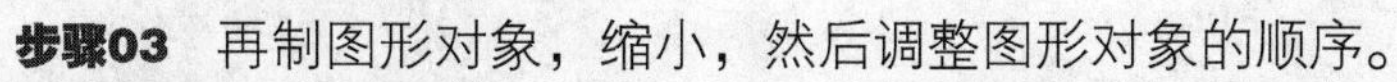

步骤03 再制图形对象，缩小，然后调整图形对象的顺序。

步骤04 使用贝济埃工具绘制曲线，设置轮廓线，然后进行复制。

步骤05 使用椭圆形工具绘制圆形，填充颜色并设置轮廓线，然后进行复制。

步骤06 使用贝济埃工具绘制曲线，设置轮廓线，然后执行镜像操作。

操作步骤

其具体操作步骤如下所示。

步骤01 在工具箱中单击“基本形状工具”按钮，在属性栏的“完美形状”下拉列表中选择“水滴”图标，然后在绘图窗口中绘制图形，如图6.24所示。

步骤02 在工具箱中单击“交互式填充工具”按钮，在图形对象中按下鼠标左键不放并拖动，然后在属性栏中设置“填充下拉式”为“粉”，“最后一个填充挑选器”为“白”，效果如图6.25所示。

步骤03 再次单击水滴图形对象，使对象呈现旋转状态，将鼠标指针移动到对角的控制点上，按下鼠标左键不放并拖动，释放鼠标即可旋转对象，如图6.26所示。

步骤04 在菜单栏中单击“编辑”→“再制”命令，再制对象，再次单击图形对象，然后将鼠标指针移动到控制框的中心点上，按下鼠标左键将中心点向下拖动，如图6.27所示。

步骤05 在属性栏中设置“旋转角度”为“120.0”，效果如图6.28所示。

步骤06 按下“Ctrl+D”组合键，连续再制4次图形对象并旋转，绘制大花瓣，如图6.29

所示。

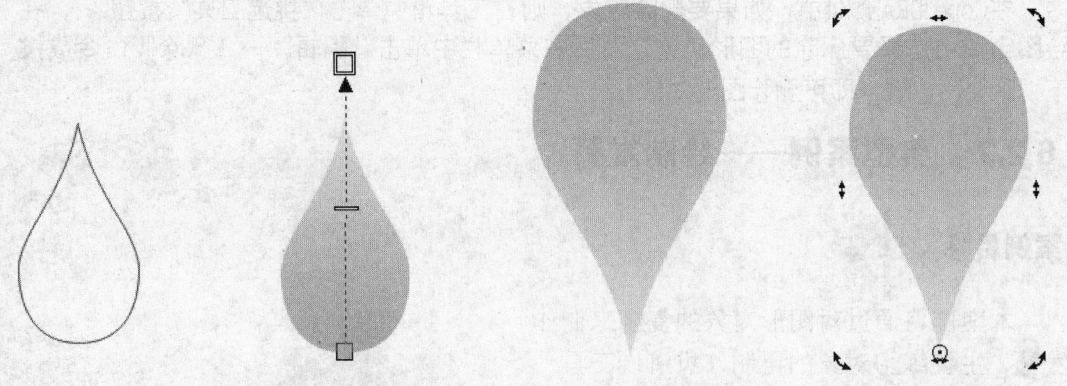

图6.24　绘制基本形状　图6.25　交互式填充　图6.26　旋转对象　图6.27　移动中心点

步骤07 在工具箱中单击“挑选工具”按钮，框选绘制的所有图形对象，然后在菜单栏中单击“编辑”→“再制”命令，再制图形，并将再制的图形对象进行缩小并旋转，如图6.30所示。

图6.28　旋转所再制的图形　图6.29　多次再制并旋转对象　图6.30　缩小并旋转对象

步骤08 将鼠标指针移动到控制框的中心位置，单击鼠标右键，在弹出的快捷菜单中选择“顺序”→“置于此对象前”命令，当鼠标指针变成➡形状时，单击大花瓣图形对象，即可调整图形对象的顺序。

步骤09 按照步骤8的操作方法，将再制的图形对象全部移动到大的图形对象前面，绘制小花瓣，如图6.31所示。

步骤10 在工具箱中单击“贝济埃工具”按钮，在绘图窗口中绘制曲线，如图6.32所示。

步骤11 在工具箱中单击“轮廓”按钮，在展开的工具栏中单击“轮廓笔”命令，然后在弹出的“轮廓笔”对话框中设置颜色为“黄”，宽度为“0.5mm”，如图6.33所示。

步骤12 设置完成后，单击“确定”按钮，得到的效果如图6.34所示。

步骤13 按下“Ctrl+D”组合键再制曲线，如图6.35所示，然后进行旋转。

步骤14 在工具箱中单击“挑选工具”按钮，框选两条曲线，然后按下“Ctrl+D”组合键再制曲线，再次单击图形对象，显示旋转状态。

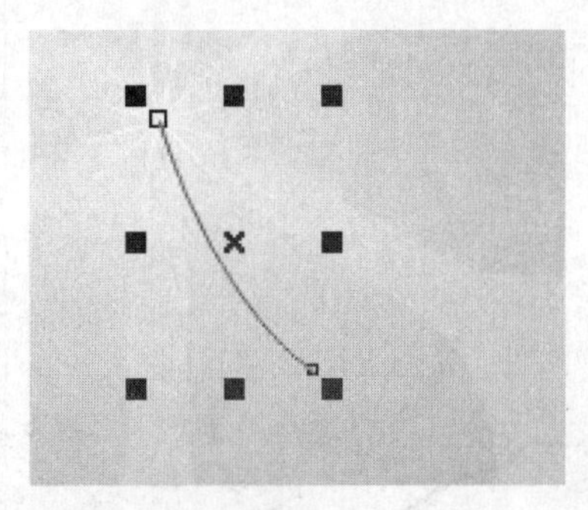

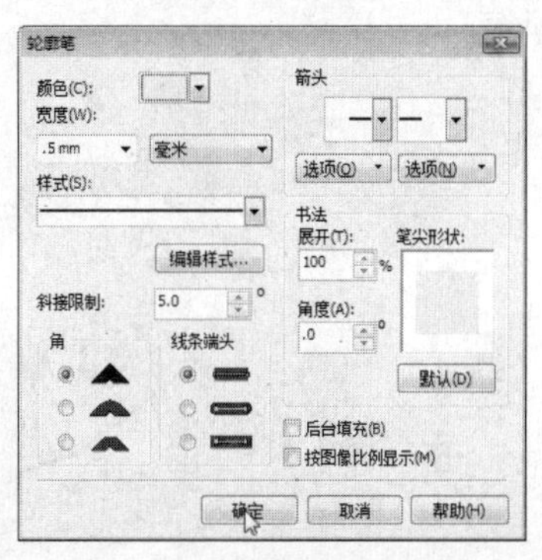

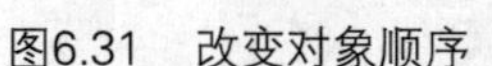

图6.31　改变对象顺序　　图6.32　绘制曲线　　图6.33　“轮廓笔”对话框

步骤15　将鼠标指针移动到控制框的对角控制点上，按下鼠标左键不放并拖动，释放鼠标后即可旋转图形对象，执行多次操作，如图6.36所示。

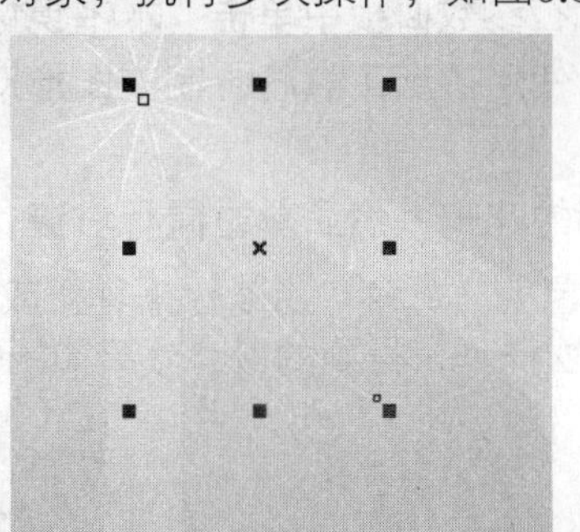

图6.34　设置轮廓线　　图6.35　再制曲线　　图6.36　再制并旋转曲线

步骤16　在工具箱中单击“椭圆形工具”按钮，在绘图窗口中按下“Ctrl”键的同时按下鼠标左键并拖动，绘制正圆，然后在“调色板”中单击“白色”图标，在属性栏中设置“选择轮廓宽度或键入新宽度”为“无”，效果如图6.37所示。

步骤17　按下“Ctrl+D”组合键再制圆形，并移动到适当的位置，执行多次再制、移动操作，如图6.38所示。

步骤18　在工具箱中单击“贝济埃工具”按钮，在绘图窗口中绘制曲线，如图6.39所示。

步骤19　在属性栏中设置“选择轮廓宽度或键入新宽度”为“2.5mm”，效果如图6.40所示。

步骤20　在菜单栏中单击“窗口”→“泊坞窗”→“变换”→“位置”命令，将弹出“变换”泊坞窗，如图6.41所示。

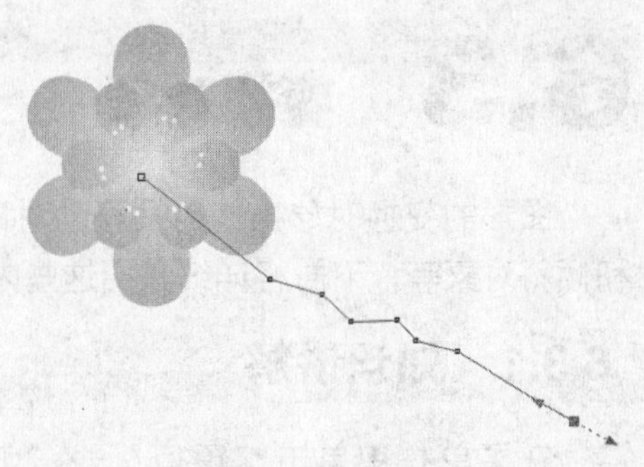

图6.37　绘制圆形　　图6.38　再制并移动圆形　　图6.39　绘制曲线

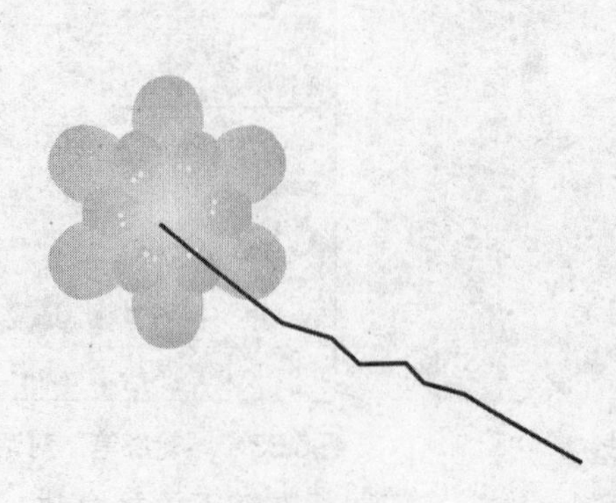

图6.40　设置轮廓线

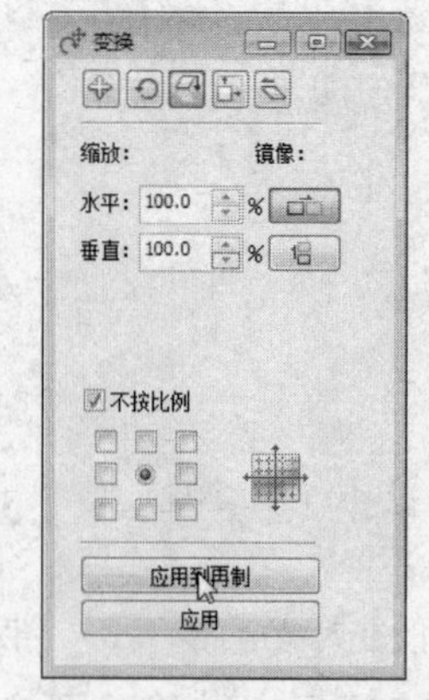

图6.41　“变换”泊坞窗

步骤21　单击“镜像”按钮，在参数面板中单击“水平镜像”按钮，然后再单击“应用到再制”按钮，使用挑选工具将再制的图形对象移动到适当的位置，如图6.42所示。

步骤22　使用挑选工具框选所有的花瓣，然后单击鼠标右键，在弹出的快捷菜单中选择“顺序”→“置于此对象前”命令，当鼠标指针变成➡形状时，单击曲线，改变对象的顺序，执行两次操作，得到的最终效果如图6.43所示。

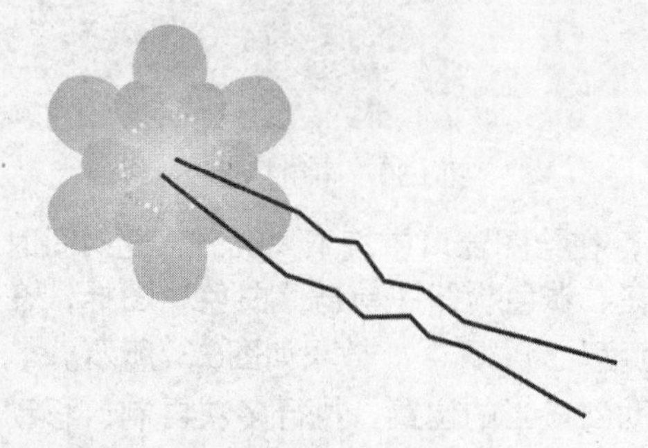

图6.42　镜像曲线

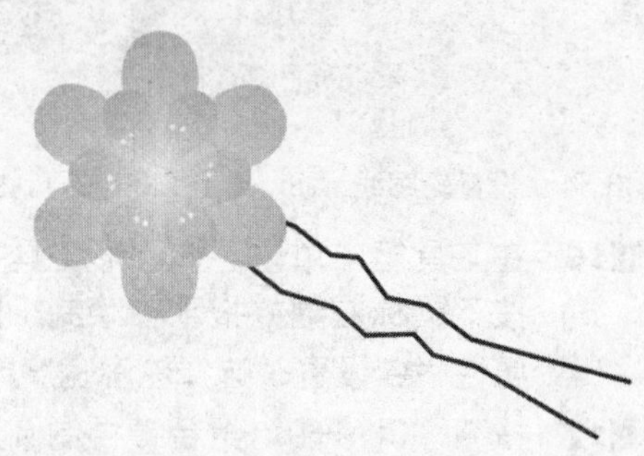

图6.43　最终效果图

案例小结

本案例主要讲解了如何使用“再制”命令和“Ctrl+D”组合键再制图形对象，并通过挑选工具编辑对象的操作过程。

6.3　变换对象

图形的变换对象操作包括移动对象、旋转对象、缩放和镜像对象、改变对象的大小和倾斜对象等，下面将详细介绍这些内容。

6.3.1　知识讲解

在菜单栏中单击“窗口”→“泊坞窗”→“变换”→“位置”命令或单击“排

列”→“变换”→“位置”命令，在弹出的“变换”泊坞窗中可以实现变换对象的操作，如图6.44所示。

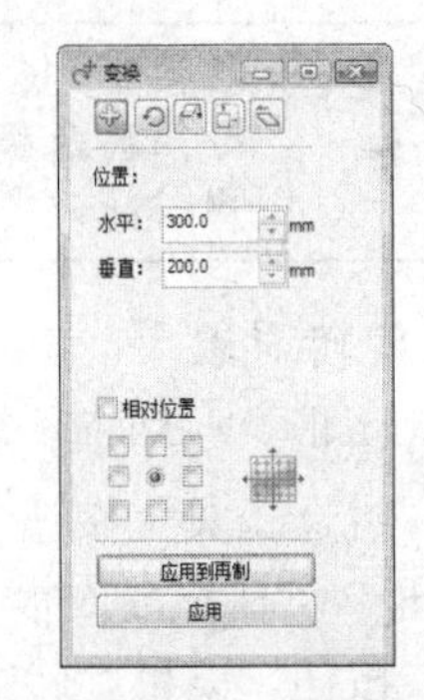

图6.44　“变换”泊坞窗

1. 移动对象

在绘制图形对象的过程中，移动对象是最基本的操作，可以通过以下几种方法实现。

使用挑选工具移动对象

在工具箱中单击“挑选工具”按钮，在绘图窗口中选择需要移动位置的图形对象，当鼠标指针变成✥形状时，按下鼠标左键不放，拖动至适当的位置，释放鼠标后即可完成移动对象的操作，如图6.45所示。

在移动对象的过程中，按下“Ctrl”键不放的同时使用挑选工具移动对象，可以在垂直或水平线上移动对象。

使用“变换”泊坞窗移动对象

在绘图窗口中选择图形对象，然后在弹出的“变换”泊坞窗中单击“移动”按钮，在参数面板中设置“位置”选项区域的“水平”或“垂直”数值，勾选不同方向的复选框，然后单击“应用”按钮，即可按参数移动对象；单击“应用到再制”按钮，可以保留原来的对象不变，将设置应用到再制的对象上，如图6.46所示。

图6.45　使用挑选工具移动对象

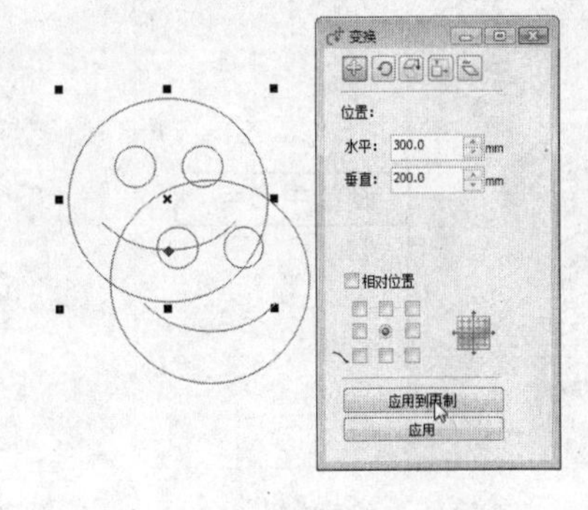

图6.46　使用“变换”泊坞窗

微调对象的位置

移动对象还可以使用“微调偏移”来精确地调整对象的位置。在工具箱中单击“挑选工具”按钮，单击绘图窗口中的空白区域，取消对所有对象的选择，然后在属性栏中设置“微调偏移”的数值（如图6.47所示），选择图形对象，最后按下键盘上的方向键即可移动对象。

图6.47　使用属性栏设置微调偏移数值

在按下“Ctrl”键的同时，按下键盘上的方向键可以按“微调”的一小部分距离来移动图形对象；按下“Shift”键的同时，按下键盘上的方向键可以按“微调”距离的倍数来移动图形对象。

2. 旋转对象

在CorelDRAW X4中，旋转图形对象是将对象进行顺时针或逆时针的旋转。在工具箱中单击“挑选工具”按钮，选择图形对象，然后在弹出的“变换”泊坞窗中单击“旋转”按钮，在参数面板中设置旋转角度和中心点的位置，单击“应用”按钮或“应用到再制”按钮，即可旋转图形对象，如图6.48所示。

在“变换”泊坞窗的“相对位置”选项区域中，勾选不同方向的复选框，则移动后的对象将按原来的不同方向对齐。

旋转图形对象还可以采用如下方法：直接使用挑选工具在对象上单击两次，图形对象四周的控制点将显示旋转状态，将鼠标指针移动到对象四周的控制点上，当鼠标指针变成形状时，按下鼠标左键不放并沿顺时针或逆时针拖动鼠标，释放鼠标后即可旋转对象，如图6.49所示。

在旋转对象时，移动旋转控制框的中心点，使图形对象围绕新的中心点按顺时针或逆时针旋转方向，如图6.50所示。

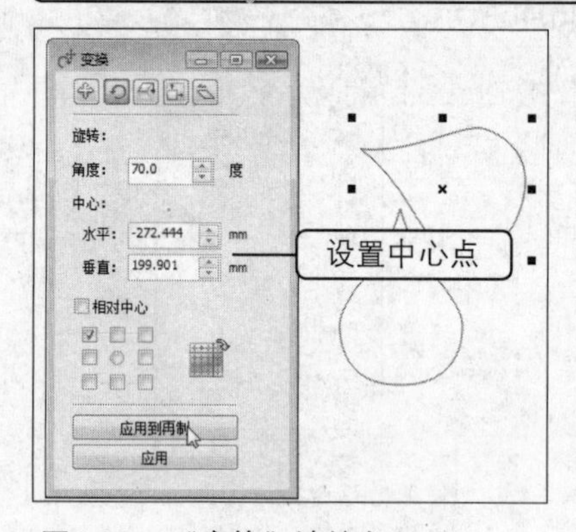

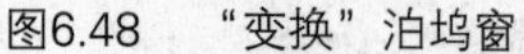

图6.48　“变换”泊坞窗

图6.49　使用挑选工具旋转对象

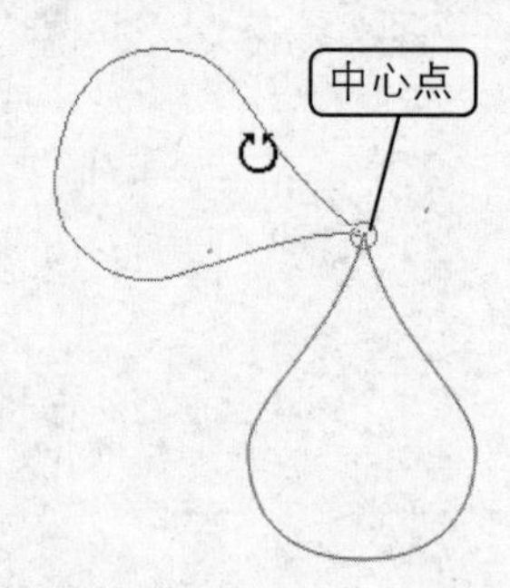

图6.50　绕中心点旋转

3. 缩放和镜像对象

缩放和镜像对象是将指定的图形对象进行放大、缩小、水平镜像和垂直镜像。

缩放对象

在工具箱中单击“挑选工具”按钮，选择图形对象，在弹出的“变换”泊坞窗中单击“缩放和镜像”按钮，在参数面板中设置缩放比例，然后单击“应用”按钮或“应用到再制”按钮，即可缩放图形对象，如图6.51所示。

缩放图形对象还可以采用以下方法：使用挑选工具选择对象后，将鼠标指针移动到对象的控制点上，按下鼠标左键不放并拖动，释放鼠标后即可调整大小，如图6.52所示；选择对象后，在属性栏的“对象大小”文本框中输入文字，可以精确地调整对象的大小。

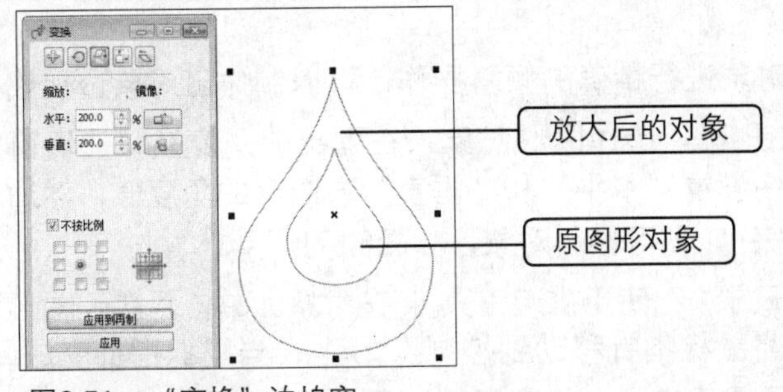

图6.51 “变换”泊坞窗

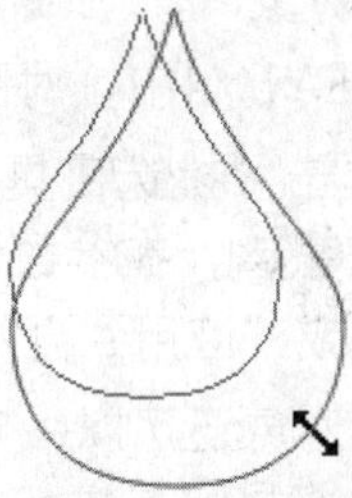

图6.52 使用挑选工具缩放对象

镜像对象

在工具箱中单击“挑选工具”按钮，选择图形对象，在弹出的“变换”泊坞窗中单击“缩放和镜像”按钮，在参数面板中单击镜像按钮和，然后单击“应用”按钮或“应用到再制”按钮，即可镜像图形对象，如图6.53所示。

> **注意** 在“变换”泊坞窗中单击按钮，可以执行水平镜像操作（如图6.54所示）；单击按钮，可以执行垂直镜像操作，如图6.55所示。

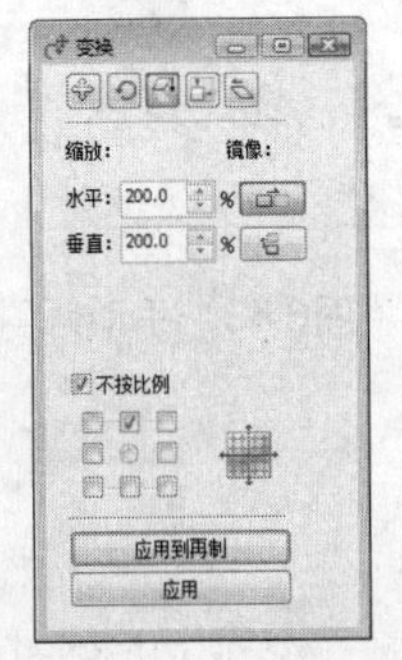

图6.53 “变换”泊坞窗

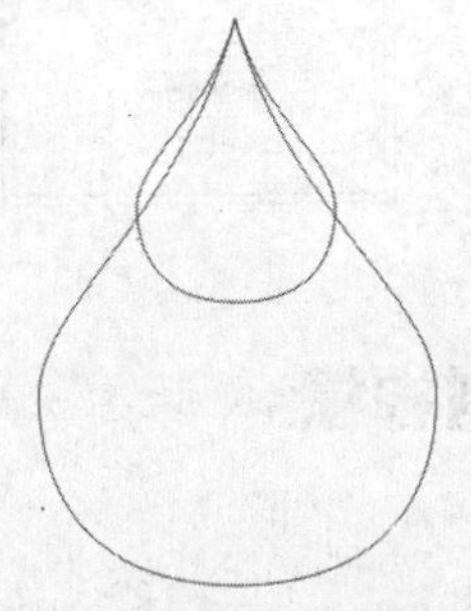

图6.54 水平镜像

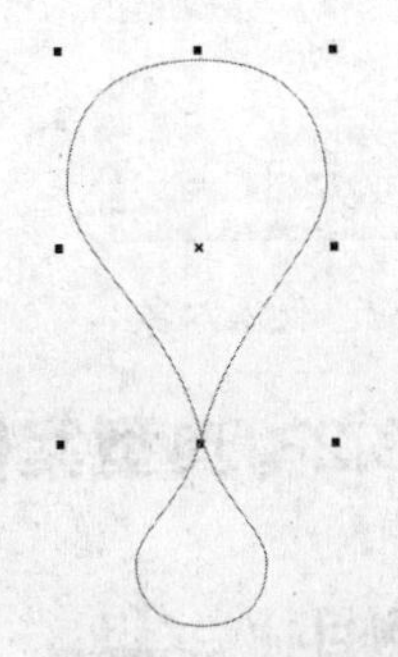

图6.55 垂直镜像

4. 改变对象的大小

在工具箱中单击“挑选工具”按钮，选择图形对象，在弹出的“变换”泊坞窗中单击“大小”按钮，在参数面板的“水平”和“垂直”数值框中设置图形对象的宽度和高度，然后单击“应用”按钮或“应用到再制”按钮，即可调整对象的大小，如图6.56所示。

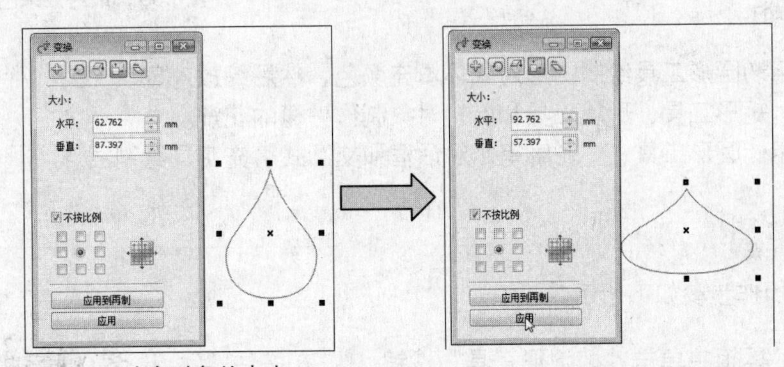

图6.56 改变对象的大小

5. 倾斜对象

在CorelDRAW X4中，对图形对象进行精确的倾斜操作，可以制作出对象透视效果。在工具箱中单击“挑选工具”按钮，选择图形对象，在弹出的“变换”泊坞窗中单击“倾斜”按钮，在参数面板中设置“水平”和“垂直”方向上的角度值，然后单击“应用”按钮或“应用到再制”按钮，即可倾斜对象，如图6.57所示。

倾斜图形对象还可以采用如下方法：使用挑选工具在对象上单击两次，图形对象四周的控制点将显示旋转状态，将鼠标指针移动到控制点上，当鼠标指针变成形状时，按下鼠标左键不放并沿水平或垂直方向拖动鼠标，释放鼠标后即可倾斜对象，如图6.58所示。

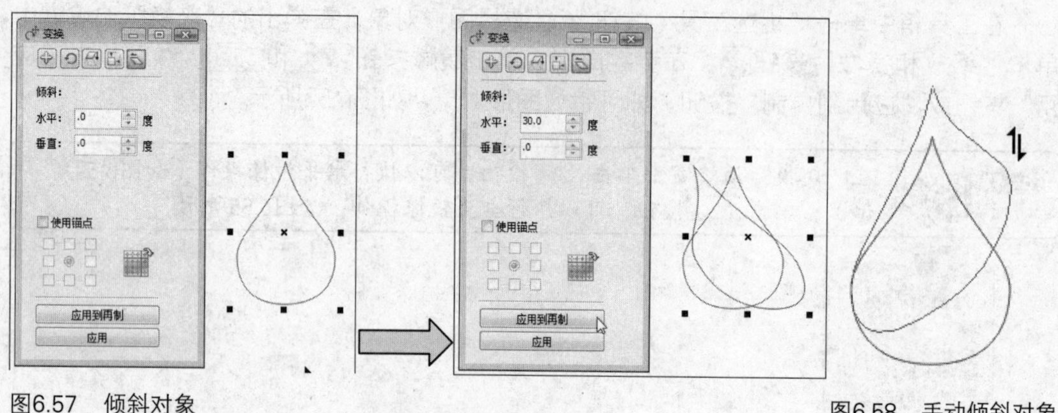

图6.57　倾斜对象

图6.58　手动倾斜对象

6.3.2　典型案例——绘制柠檬

案例目标

本案例将主要通过“变换”泊坞窗来绘制柠檬，主要练习旋转对象、缩放对象、镜像对象和倾斜对象的操作方法。制作完成后的最终效果如图6.59所示。

图6.59　最终效果图

效果图位置：\源文件\第6课\柠檬.cdr

操作思路：

步骤01　使用椭圆形工具绘制图形对象，填充颜色，然后缩放对象。

步骤02　通过矩形工具、形状工具和旋转对象制作柠檬的花瓣。

步骤03　使用椭圆形工具、“轮廓笔”对话框和交互式填充工具绘制图形。

其具体操作步骤如下所示。

步骤01　在工具箱中单击“椭圆形工具”按钮，在按住“Ctrl”键的同时按下鼠标左键并拖动，绘制圆形，如图6.60所示。

步骤02 在“调色板”中单击“酒绿”图标，然后在属性栏中设置“选择轮廓宽度或键入新宽度”为“无”，效果如图6.61所示。

步骤03 在菜单栏中单击“窗口”→“泊坞窗”→“变换”→“比例”命令，在弹出的“变换”泊坞窗中单击“缩放和镜像”按钮，在参数面板中设置“水平”为“95.0%”，“垂直”为“95.0%”，如图6.62所示。

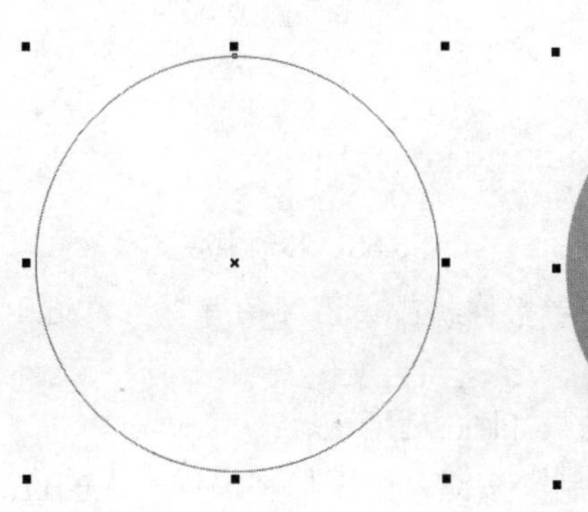

图6.60 绘制圆形

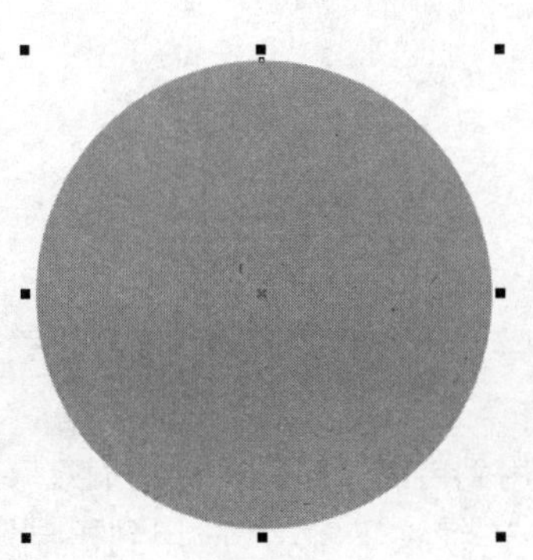

图6.61 填充颜色

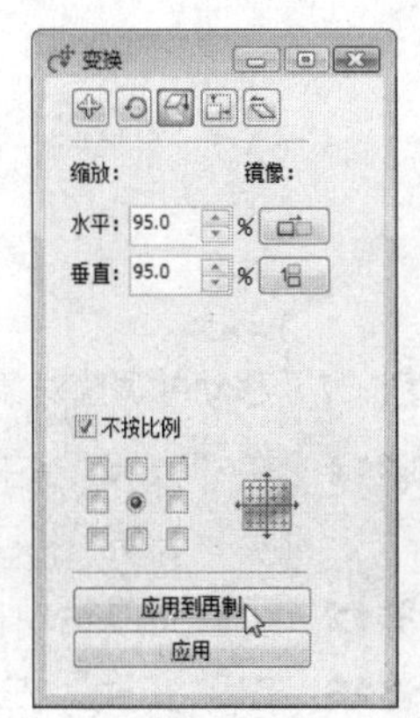

图6.62 设置缩放参数

步骤04 设置完成后单击“应用到再制”按钮，然后在“调色板”中单击“白色”图标，效果如图6.63所示。

步骤05 在工具箱中单击“矩形工具”按钮，在绘图窗口中绘制矩形，如图6.64所示。

步骤06 在工具箱中单击“形状工具”按钮，将鼠标指针移动到矩形的左上角节点上，按下鼠标左键不放并拖动，将矩形变成圆角矩形，如图6.65所示。

步骤07 在属性栏中单击“转换为曲线”按钮，使用形状工具双击矩形下方的任意3个节点，删除节点，然后调整节点的位置，改变图形的形状，如图6.66所示。

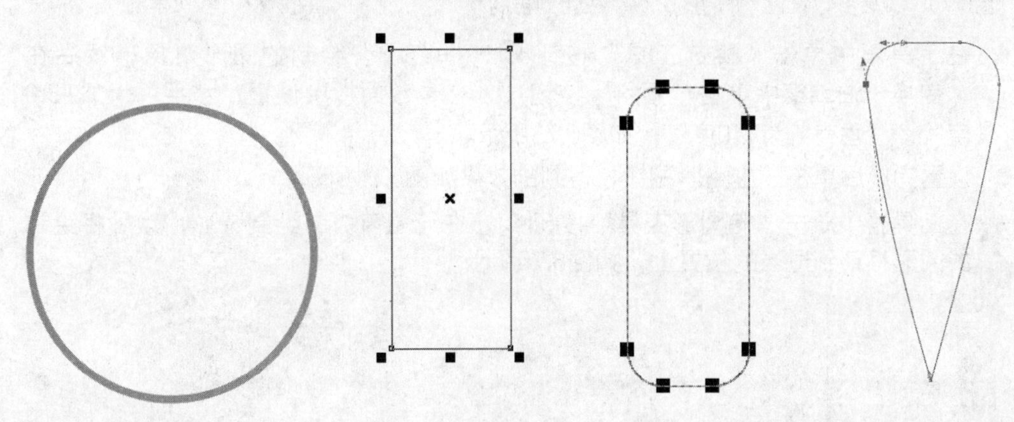

图6.63 再制并填充对象　图6.64 绘制矩形　图6.65 变成圆角矩形　图6.66 调整形状

步骤08 在工具箱中单击“挑选工具”按钮，将调整的新图形移动到圆形内，然后使用“形状工具”按钮进行稍微的调整，如图6.67所示。

步骤09 在“调色板”中单击“月光绿”图标，在属性栏中设置“选择轮廓宽度或键入新宽度”为“无”，效果如图6.68所示。

步骤10 在工具箱中单击“挑选工具”按钮，双击图形对象，在图形对象显示旋转状态时，将中心点的位置移动到下方，如图6.69所示。

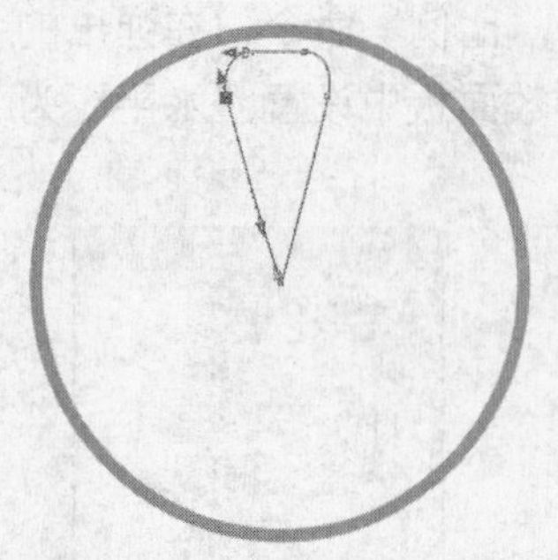

图6.67 移动并调整对象

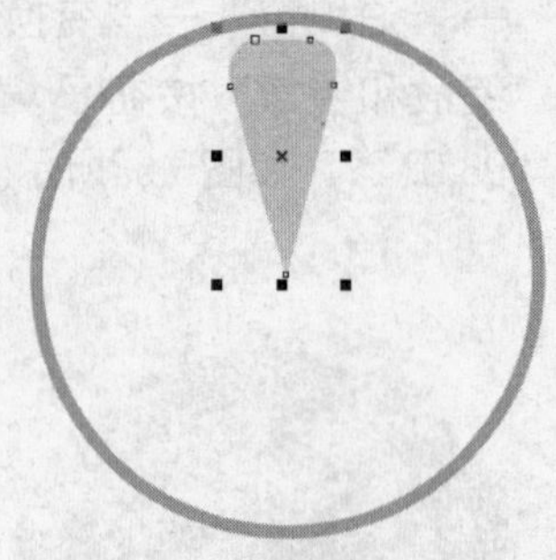

图6.68 填充对象

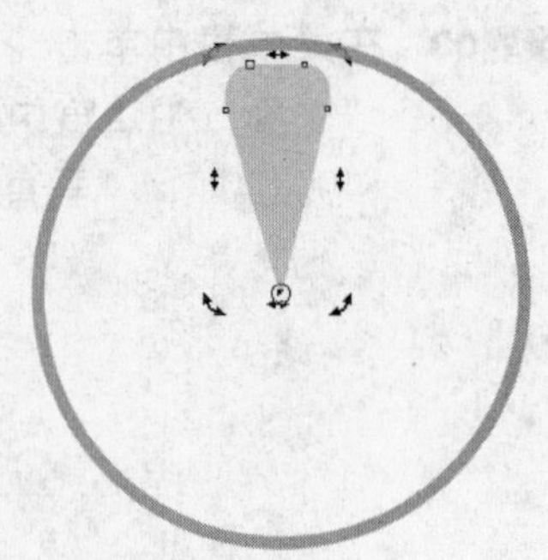

图6.69 移动中心点

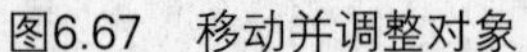

步骤11 在“变换”泊坞窗中单击“旋转”按钮，在参数面板中设置“角度”为“36.0度”，如图6.70所示。

步骤12 设置完成后单击“应用到再制”按钮，得到的效果如图6.71所示。

步骤13 在“变换”泊坞窗中连续按下8次“应用到再制”按钮，则图形将沿中心点的位置进行旋转再制，如图6.72所示。

图6.70 旋转参数设置

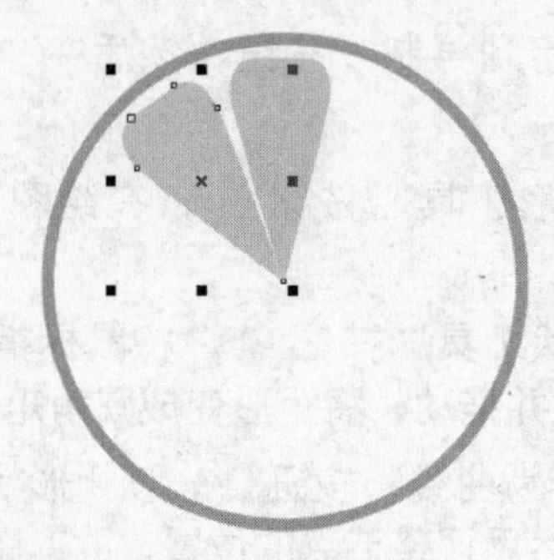

图6.71 应用到再制

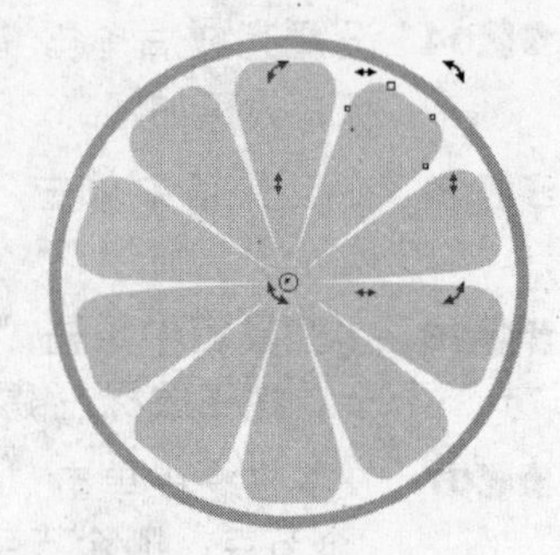

图6.72 多次再制

步骤14 在工具箱中单击“挑选工具”按钮，框选所有绘制的图形对象，然后在“变换”泊坞窗中单击“倾斜”按钮，在参数面板中设置“水平”为“15.0度”，“垂直”为“0度”，如图6.73所示。

步骤15 设置完成后单击“应用”按钮，得到的效果如图6.74所示。

步骤16 在工具箱中单击“椭圆形工具”按钮，在绘图窗口中绘制圆形，然后将绘制的圆形移动到适当的位置上，如图6.75所示。

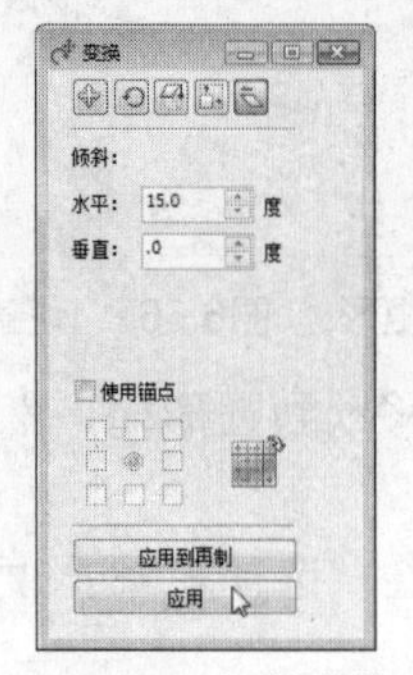

图6.73 倾斜参数设置

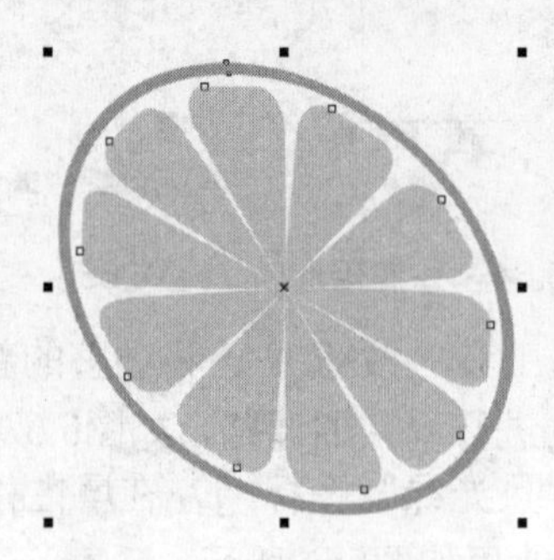

图6.74 应用后的效果

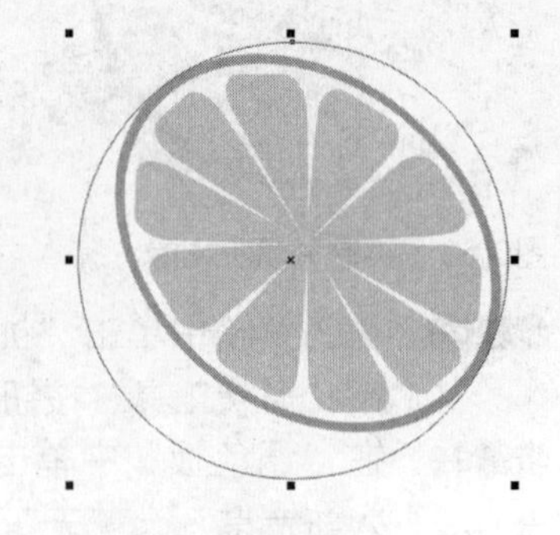

图6.75 绘制圆形

步骤17 在属性栏中单击“弧形”按钮◌，然后在工具箱中单击“形状工具”按钮，将鼠标指针移动到弧形的两个端点上，按下鼠标左键不放并拖动到适当的位置，如图6.76所示。

步骤18 在工具箱中单击“轮廓”按钮，在展开的工具栏中单击“轮廓笔”命令，之后在弹出的“轮廓笔”对话框中设置颜色为“酒绿”，宽度为“3.0mm”，如图6.77所示。

步骤19 设置完成后单击“确定”按钮，得到的效果如图6.78所示。

图6.76　绘制弧形

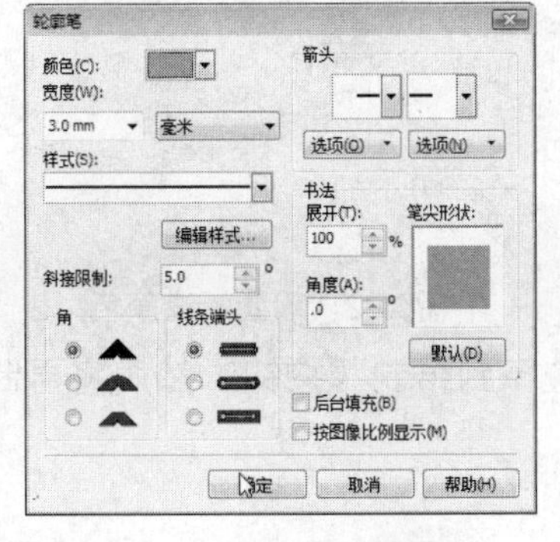

图6.77　“轮廓笔”对话框

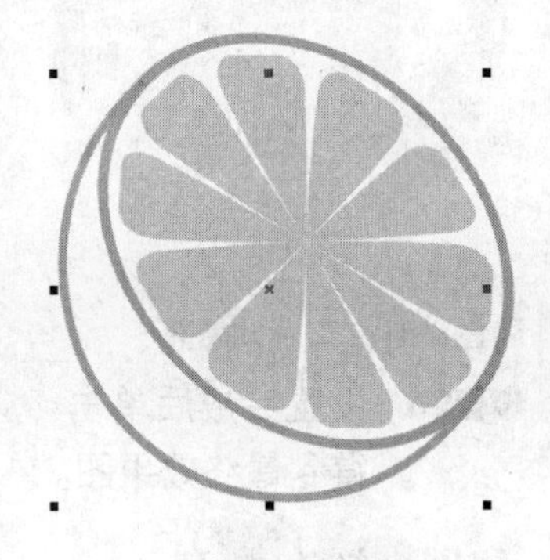

图6.78　设置轮廓线

步骤20 在工具箱中单击“挑选工具”按钮，框选除弧形以外的所有图形对象，然后单击鼠标右键，在弹出的快捷菜单中选择“顺序”→“置于此对象前”命令，当鼠标指针变成➡形状时，在弧形对象上单击，即可改变图形对象的顺序，如图6.79所示。

步骤21 在菜单栏中单击“工具”→“选项”命令，之后在弹出的“选项”对话框中选择“文档”下的“常规”选项，在右侧的参数面板中勾选“填充开放式曲线”复选框，然后单击“确定”按钮，如图6.80所示。

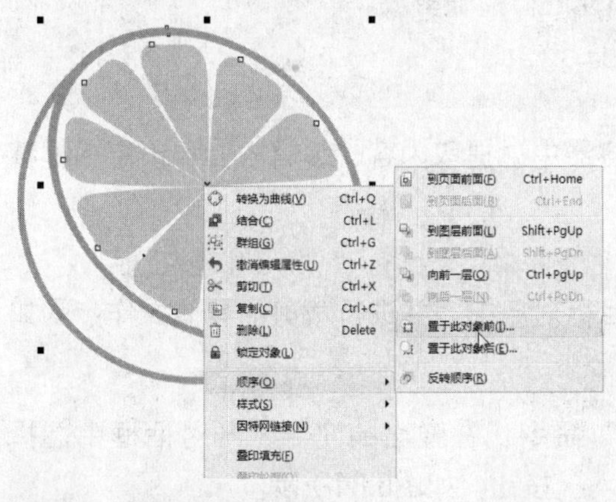

图6.79　调整图形对象的顺序

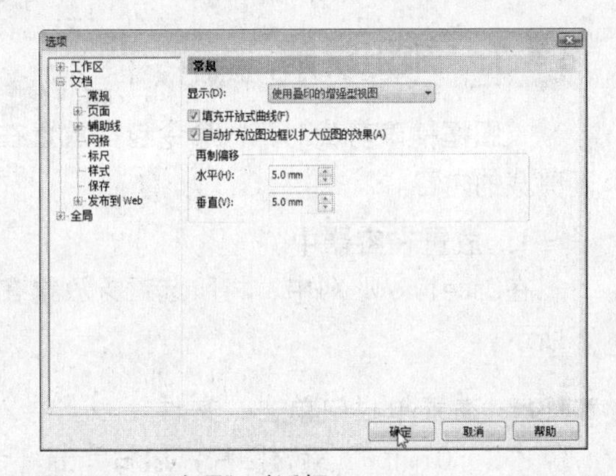

图6.80　“选项”对话框

步骤22 在工具箱中单击“交互式填充工具”按钮，将鼠标指针移动到图像窗口中，按住鼠标左键并拖动，如图6.81所示。

步骤23 在属性栏中设置“填充下拉式”为“酒绿”，“最后一个填充挑选器”为“月光绿”，然后在绘图窗口中调整渐变填充效果，如图6.82所示。

步骤24 在工具箱中单击“挑选工具”按钮，框选绘制的所有图形对象，然后在“变换”泊坞窗中单击“缩放和镜像”按钮，在参数面板中单击“水平镜像”按钮，如图6.83所示。

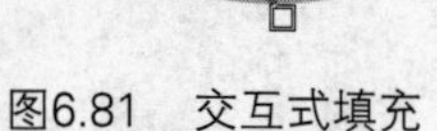

图6.81 交互式填充

图6.82 设置渐变颜色

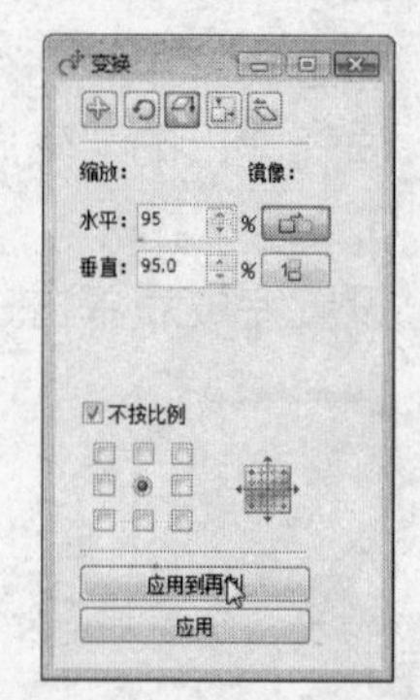

图6.83 水平镜像对象

步骤25 设置完成后单击“应用到再制”按钮，然后将再制的图形对象进行缩小，即可得到最终效果图。

案例小结

本案例主要讲解了如何使用“变换”泊坞窗进行图形的绘制，并制作出需要的效果。通过本案例的学习，希望读者能举一反三，绘制出不同的图形效果。

6.4 图框精确剪裁对象

在进行图形编辑、版式设计时，经常需要将所需的对象置入目标对象的内部，然后按目标对象的外形进行精确裁剪。下面介绍如何进行精确剪裁。

6.4.1 知识讲解

“图框精确剪裁对象”命令包括放置在容器中、提取内容、编辑内容和锁定图框精确剪裁的内容。

1. 放置在容器中

在CorelDRAW X4中，将所选对象放置在目标对象中，并进行裁剪的具体操作步骤如下所示。

步骤01 在菜单栏中单击“文件”→“导入”命令，在弹出的“导入”对话框中选择“01.jpg”素材图片，然后单击“导入”按钮，如图6.84所示。

步骤02 在绘图窗口中按下鼠标左键不放，拖动出虚线框，释放鼠标后即可导入素材图片，如图6.85所示。

步骤03 在工具箱中单击“基本形状工具”按钮，在属性栏的“完美形状”下拉列表中选择“✚”图标，然后在绘图窗口中进行绘制，如图6.86所示。

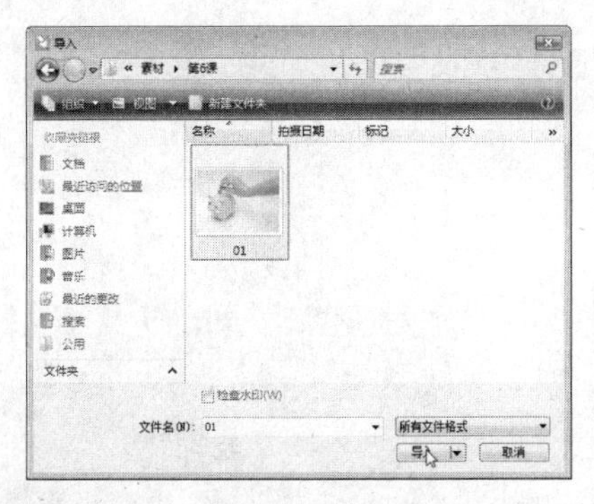

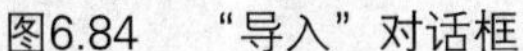

图6.84　“导入”对话框　　　　图6.85　导入素材图片

步骤04　在工具箱中单击“挑选工具”按钮，选择素材图片，然后在菜单栏中单击“效果”→“图框精确剪裁”→“放置在容器中”命令，这时鼠标指针将变成➡形状，如图6.87所示。

步骤05　将鼠标指针移动到绘制的基本图形对象中，单击鼠标即可将所选的对象置于该对象中（也就是放置在容器中），如图6.88所示。

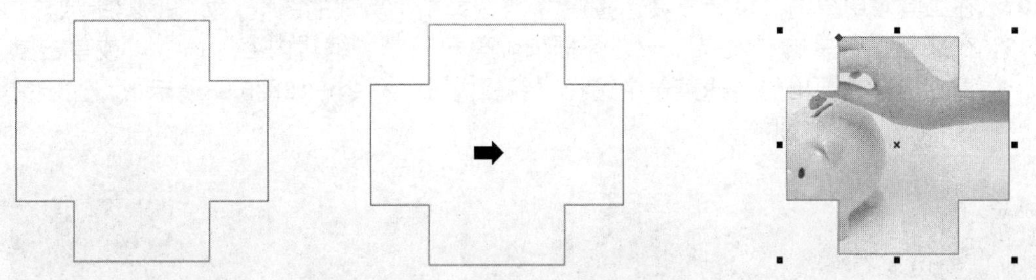

图6.86　绘制基本形状　　　　图6.87　鼠标指针变成➡形状　　　　图6.88　将对象放置在容器中

也可以使用挑选工具选择素材图片，按住鼠标右键不放并拖动至绘制的图形对象上，释放鼠标后，在弹出的下拉列表中选择“图框精确剪裁内容”命令，将所选的素材图片置入图形对象中（目标对象），如图6.89所示。

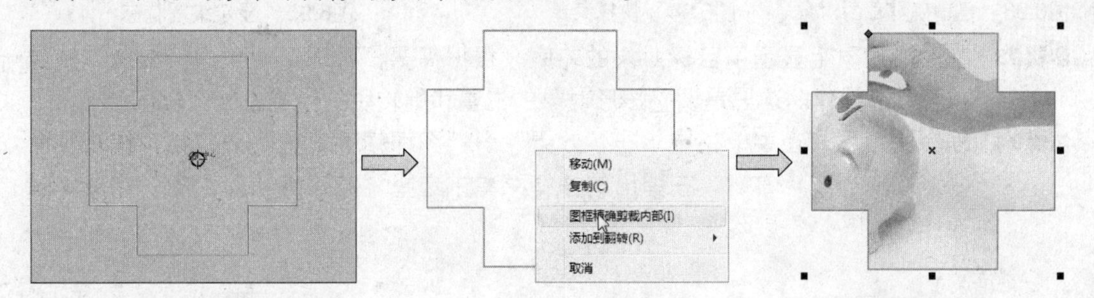

图6.89　将对象放置在容器中

2. 提取内容

将图形对象置入目标对象后，如果要提取内容，可通过以下方法实现，其具体操作步骤如下所示。

步骤01　在工具箱中单击“挑选工具”按钮，选择精确剪裁的图框，如图6.90所示。

步骤02　在菜单栏中单击“效果”→“图框精确剪裁”→“提取内容”命令，或单击鼠标右键，在弹出的快捷菜单中选择“提取内容”命令，如图6.91所示。

步骤03 执行该命令后即可将置入到容器（目标对象）中的对象从容器中提取出来，如图6.92所示。

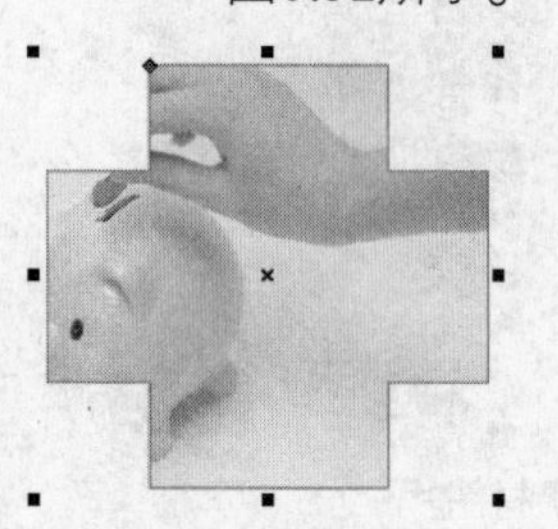
图6.90 已精确剪裁的对象

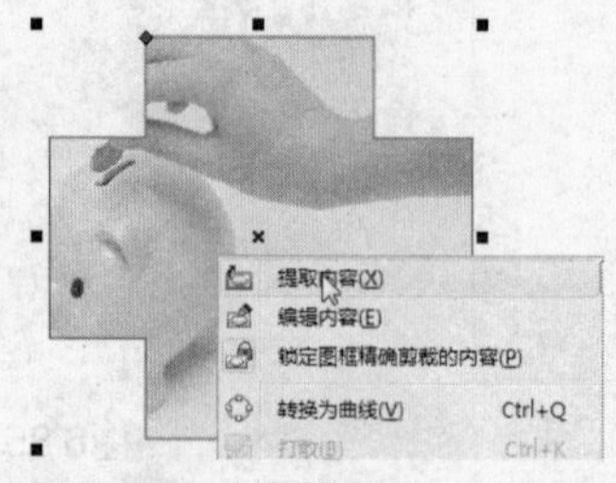

图6.91 快捷菜单

图6.92 提取内容

3. 编辑内容

将图形对象进行精确剪裁后，如果剪裁的区域不满足用户的需求，则可以通过“编辑内容”命令来实现，具体操作步骤如下所示。

步骤01 在工具箱中单击“挑选工具”按钮，选择精确剪裁的图框，如图6.93所示。

步骤02 在菜单栏中单击“效果”→“图框精确剪裁”→“编辑内容”命令，或单击鼠标右键，在弹出的快捷菜单中选择“编辑内容”命令（如图6.94所示），显示编辑状态，如图6.95所示。

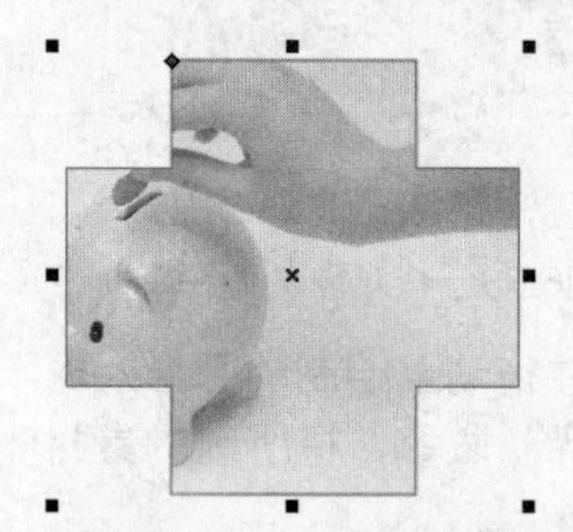
图6.93 已精确剪裁的对象

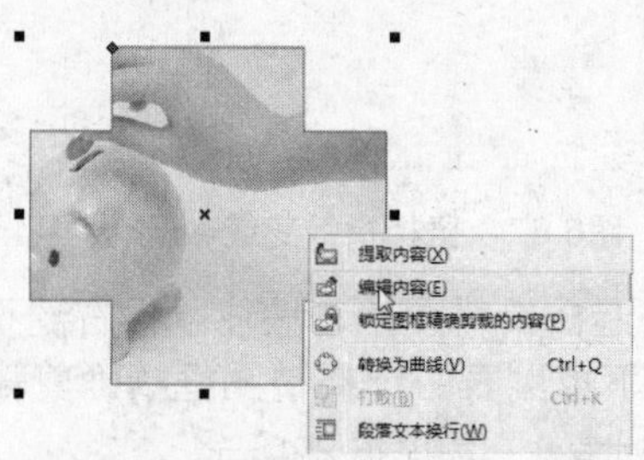

图6.94 快捷菜单

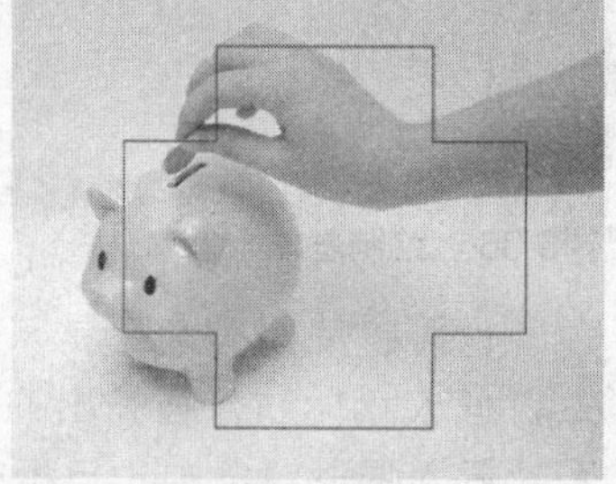
图6.95 显示编辑状态

步骤03 在图形对象上显示了目标对象的轮廓，根据需要，对图形对象进行缩放、旋转或移动等操作。这里是调整图形对象的位置和旋转后的效果，如图6.96所示。

步骤04 编辑完成后，在菜单栏中单击“效果”→“图框精确裁剪”→“结束编辑”命令，或单击鼠标右键，在弹出的快捷菜单中选择“结束编辑”命令，完成编辑操作，如图6.97所示。

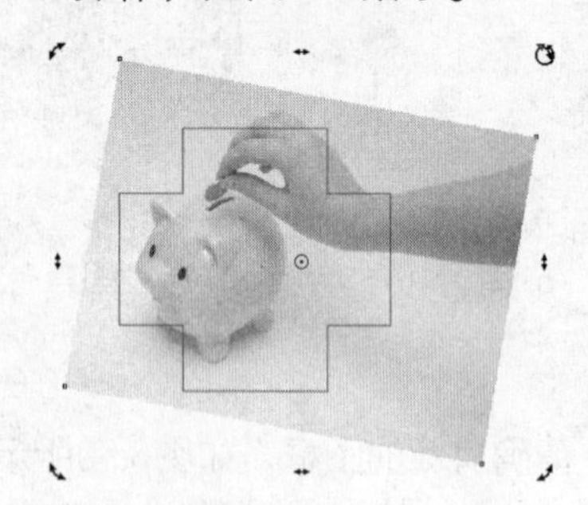
图6.96 变换对象

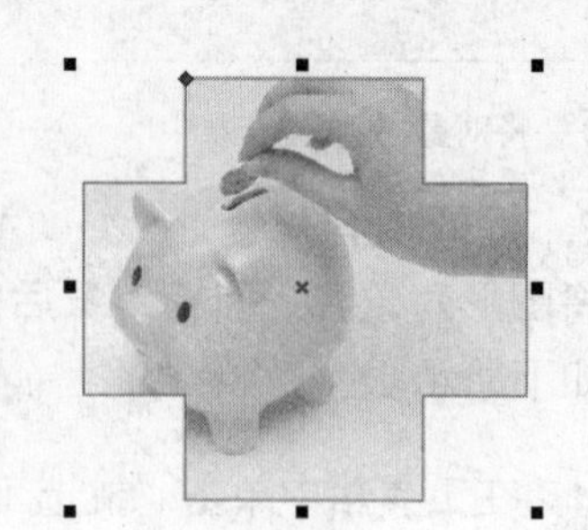
图6.97 结束编辑

4. 锁定图框精确剪裁的内容

在CorelDRAW X4中，用户还可以对图框精确剪裁的内容进行锁定，这样在变换精确剪裁对象时，容器（目标对象）内的对象不发生改变。

使用挑选工具选择精确剪裁的图框，单击鼠标右键，在弹出的快捷菜单中选择“锁定图框精确剪裁的内容”命令（如图6.98所示），然后移动图框，这时容器内的对象不受影响，如图6.99所示。

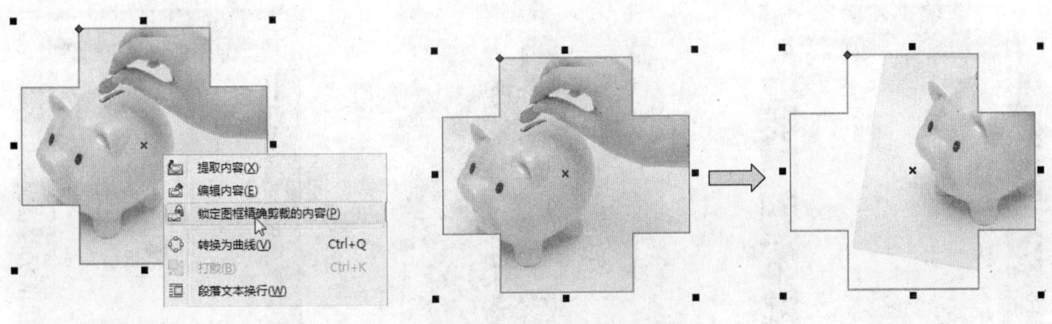

图6.98　快捷菜单　　图6.99　锁定图框精确剪裁的内容

再次单击“锁定图框精确剪裁的内容”命令，即可解除容器内对象的锁定。

6.4.2　典型案例——为相框添加照片

案例目标

本案例将通过图框精确裁剪对象功能，为制作好的相框添加照片，主要练习放置在容器中、编辑内容和结束编辑的操作方法和技巧。制作完成后的最终效果如图6.100所示。

图6.100　最终效果图

素材位置：\源文件\第2课\相框.cdr、\素材\第6课\02.jpg

效果图位置：\源文件\第6课\添加照片.cdr

操作思路：

步骤01　打开“相框.cdr”图形文件，然后导入素材图片“02.jpg”。

步骤02　将素材图片放置在容器中，然后编辑内容。

其具体操作步骤如下所示。

步骤01　在菜单栏中单击“文件”→“打开”命令，在弹出的“打开”对话框中选择

"相框.cdr"文件，然后单击"打开"按钮，打开相框，如图6.101所示。

步骤02 在菜单栏中单击"文件"→"导入"命令，在弹出的"导入"对话框中选择"02.jpg"素材图片，然后单击"导入"按钮，导入素材图片，如图6.102所示。

步骤03 在工具箱中单击"挑选工具"按钮，选择素材图片，然后在菜单栏中单击"效果"→"图框精确剪裁"→"放置在容器中"命令，当鼠标指针变成➡形状时，移动到相框图形内，如图6.103所示。

图6.101 打开相框

图6.102 导入素材图片

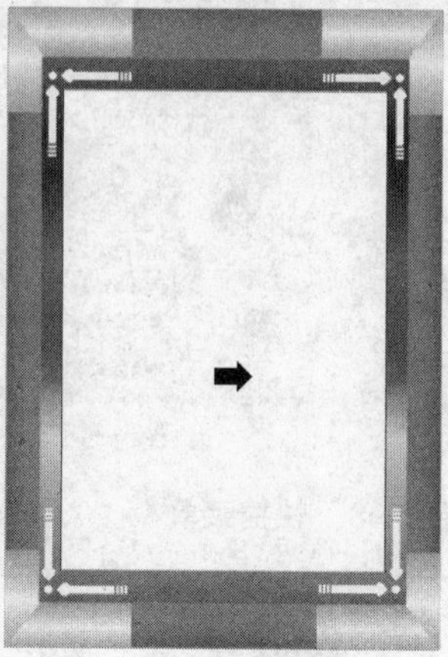

图6.103 移动鼠标

步骤04 单击鼠标左键，将素材图片放置在容器（相框）内，如图6.104所示。

步骤05 单击鼠标右键，在弹出的快捷菜单中选择"编辑内容"命令，显示编辑状态，如图6.105所示。

步骤06 将素材图片进行缩小和移动，如图6.106所示。

图6.104 放置在容器中

图6.105 显示编辑状态

图6.106 变换对象

步骤07 编辑完成后，单击鼠标右键，在弹出的快捷菜单中选择"结束编辑"命令，即可得到最终效果图。

案例小结

本案例主要讲解了如何将图形对象放置在容器中，并进行编辑操作，从而使得到的效果满足用户的需求。对于本案例中未练习到的内容，读者可以根据“知识讲解”部分自行练习。

6.5 上机练习

6.5.1 绘制吊坠

本次上机练习将制作一个吊坠，主要练习矩形工具、“对象的再制”命令、贝济埃工具、形状工具等的使用方法和技巧。制作完成后的最终效果如图6.107所示。

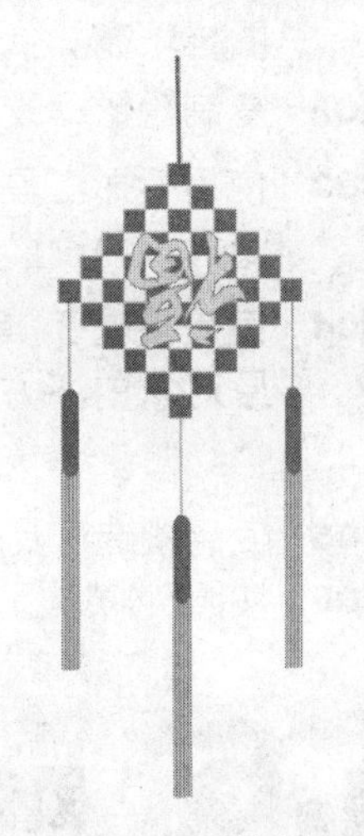

图6.107 绘制吊坠

效果图位置：\源文件\第6课\吊坠.cdr

操作思路：

步骤01 在工具箱中单击“矩形工具”按钮，绘制矩形，并填充为“红”，设置轮廓线的颜色为“黄”，宽度为“0.5mm”。

步骤02 在工具箱中单击“挑选工具”按钮，将鼠标指针移动到矩形的左上角节点上，按下鼠标左键不放，拖动至矩形右下角的节点上后，单击鼠标右键，即可复制一个矩形。

步骤03 多次按下“Ctrl+D”组合键，再制多个图形，然后使用挑选工具框选所有的矩形。

步骤04 将鼠标指针移动到第一个矩形左下角的节点上，按下鼠标左键不放，拖动至矩形右上角的节点上后，单击鼠标右键，复制图形，然后多次按下“Ctrl+D”组合键进行多次再制。

步骤05 在工具箱中单击“贝济埃工具”按钮，绘制两条直线，并设置轮廓线的颜色为“红色”、宽度分别为“1.5mm”和“发丝”。

步骤06 在工具箱中单击“矩形工具”按钮，绘制矩形，然后单击“形状工具”按钮，将矩形绘制成圆角矩形，填充为“红”，设置轮廓线为“无”。

步骤07 在工具箱中单击“贝济埃工具”按钮，绘制直线，设置轮廓线为“红”，宽度为“0.2mm”，然后进行复制操作。

步骤08 在工具箱中单击“文本工具”按钮字，输入文字，然后使用挑选工具设置字体为“方正行楷简体”，字体大小为“160pt”，颜色为“黄”，轮廓线为“红”，宽度为“发丝”。

6.5.2 绘制照片相框

本次上机练习将制作一个照片相框，主要练习矩形工具、对象的基本复制、图样填充、对象的再制和图框精确剪裁对象等操作技巧。制作完成后的最终效果如图6.108所示。

素材位置：\素材\第6课\03.jpg

效果图位置：\源文件\第6课\照片相框.cdr

操作思路：

图6.108　绘制照片相框

步骤01　使用矩形工具□绘制矩形，然后在工具箱中单击“填充”按钮，在展开的工具栏中单击“图样填充”命令，在弹出的“图样填充”对话框中进行位图图样填充。

步骤02　复制矩形，改变矩形对象的大小，然后填充为“白色”。

步骤03　使用矩形工具□绘制小矩形，填充为“红”，然后设置轮廓线为“无”，复制矩形，并设置颜色为“黄”，两个小矩形并排放置。

步骤04　使用挑选工具框选两个小矩形，按下“Ctrl+D”组合键再制，然后移动到原对象的下方，并设置再制的红色小矩形颜色为“黄”，黄色的小矩形颜色为“红”。

步骤05　使用挑选工具框选4个小矩形，然后进行连续再制操作。

步骤06　按照6.4节典型案例的操作方法，为绘制好的相框添加素材图片。

6.6 疑难解答

问：在CorelDRAW X4中，如果选取了多余的图形对象，该怎么进行取消?

答：选取了多余的图形对象后，在按下“Shift”键的同时单击多选的图形对象，即可取消对该对象的选取。

问：执行“变换对象”操作后，能不能清除变换效果?

答：当然可以。使用挑选工具选择执行“变换对象”操作后的对象，然后在菜单栏中单击“排列”→“清除变换”命令，即可清除对象的变换效果。

问：在CorelDRAW X4中，对于已执行“图框精确剪裁”的对象，能不能快速地进入编辑内容状态和结束编辑状态?

答：能。选择已执行“图框精确剪裁”的对象，在按下“Ctrl”键的同时，单击容器内的对象，可以快速地进入“编辑内容”命令状态；编辑完成后，按下“Ctrl”键，在绘图窗口中的空白处单击，即可结束编辑。

6.7 课后练习

选择题

1 按下（ ）键，可以按一定顺序选择图形对象。

A. Tab　　B. Shift

C. Ctrl　　D. Alt

2 在“变换”泊坞窗中可以执行（ ）操作。

A. 移动　　B. 旋转

C. 倾斜　　D. 镜像

3 在CorelDRAW X4中，对图形对象进行精确的（ ）操作，可以制作出对象透视效果。

A. 旋转　　B. 缩放

C. 镜像　　D. 倾斜

问答题

1 简述对象基本复制的方法有几种，分别是哪几种。

2 “再制”命令与“复制”命令的区别是什么?

3 简述如何将对象放置在容器中。

上机题

1 使用“插入字符”泊坞窗插入图形对象，然后执行选择对象、填充颜色或设置轮廓线的操作。

2 使用“变换”泊坞窗中的“移动对象”功能，制作凹凸效果，如图6.109所示。

效果图位置：\源文件\第6课\凹凸效果.cdr

操作思路：

步骤01 使用文本工具输入文字，设置字体和字体大小，然后执行图样填充。

步骤02 打开“变换”泊坞窗，单击“移动”按钮，在参数面板中设置“水平”和“垂直”数值为“0.5”，然后填充为黑色，并单击鼠标右键，在弹出的快捷菜单中选择“顺序”→“到图层后面”命令。

步骤03 再次选择原来的文字，在“变换”泊坞窗的“移动”参数面板中设置 “水平”和“垂直”数值为“-0.5”，然后填充为“60%黑”，并单击鼠标右键，在弹出的快捷菜单中选择“顺序”→“向后一层”命令。

步骤04 使用矩形工具绘制矩形，设置轮廓线为“无”，然后进行图样填充。

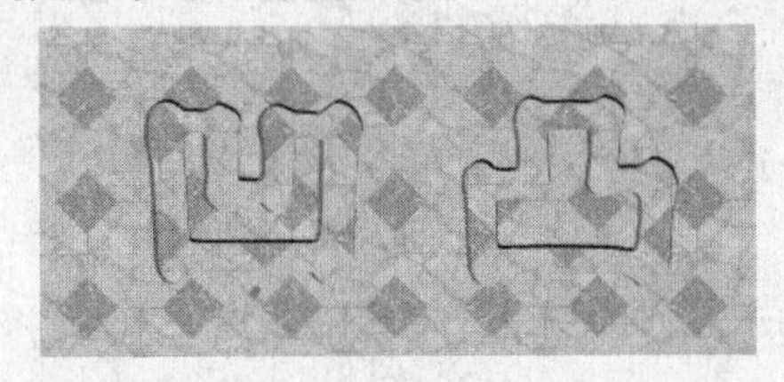

图6.109　绘制凹凸效果

第7课

组织和管理对象

本课要点

控制对象

对齐和分布对象

具体要求

掌握锁定和解除锁定对象的方法

掌握群组与取消群组的方法

掌握结合与打散对象的方法

掌握安排对象顺序的操作

掌握对象对齐和分布的方法

本课导读

本课主要讲解了多个对象的锁定与解除锁定、群组与取消群组、结合与打散、安排对象的顺序以及对齐与分布等方法。通过对本课的学习，希望读者能在组织和管理对象时更加游刃有余，以提高学习的效率。

7.1 控制对象

在CorelDRAW X4中绘制图形时，用户可以根据实际需要控制对象。下面将详细介绍控制对象的内容。

7.1.1 知识讲解

控制对象包括锁定与解除锁定对象、群组对象与取消群组、结合与打散对象以及安排对象的顺序。

1. 锁定与解除锁定对象

在编辑复杂的图形对象时，为了避免部分对象不被移动、变换或进行其他编辑等操作，可将其进行锁定，具体操作步骤如下所示。

步骤01 在工具箱中单击“挑选工具”按钮，在绘图窗口中单击或框选需要进行锁定的图形对象，如图7.1所示。

步骤02 在菜单栏中单击“排列”→“锁定对象”命令，这时对象的四周会出现8个小锁图标，表示对象处于不被编辑状态，如图7.2所示。

另外，在选择的对象上，单击鼠标右键，在弹出的快捷菜单中选择“锁定对象”命令，也可以锁定对象，如图7.3所示。

图7.1　选择锁定对象　　图7.2　锁定对象　　图7.3　快捷菜单

在编辑对象的过程中，如果需要对锁定的对象进行编辑，则必须解除锁定的对象，然后执行编辑操作。

使用挑选工具选择锁定的对象，在菜单栏中单击“排列”→“解除锁定对象”命令，或在该对象上单击鼠标右键，在弹出的快捷菜单中选择“解除锁定对象”命令即可，如图7.4所示。

如果要为多个对象进行解除锁定，则在按下“Shift”键的同时使用挑选工具选择对象或直接框选需要的对象，然后在菜单栏中单击“排列”→“解除锁定全部对象”命令，即可将选中的锁定对象全部解锁，如图7.5所示。

图7.4 解除锁定对象

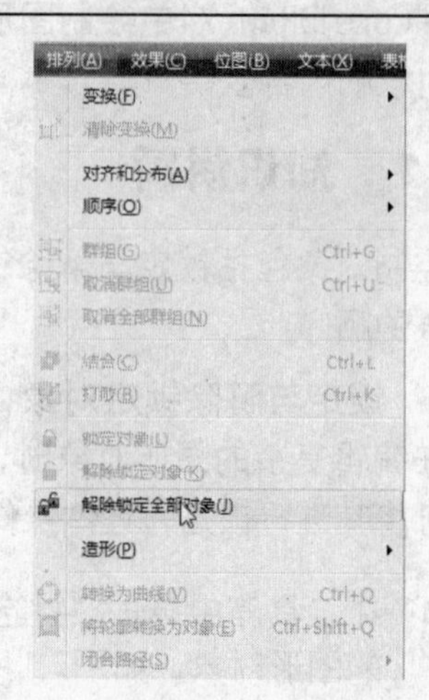

图7.5 解除锁定全部对象

2. 群组对象与取消群组

在CorelDRAW X4中，如果要对多个图形对象执行相同的操作，则可以将对象进行群组，具体操作步骤如下所示。

步骤01 在工具箱中单击“挑选工具”按钮，在绘图窗口中选择需要群组的全部对象，如图7.6所示。

步骤02 在菜单栏中单击“排列”→“群组”命令或按下“Ctrl+G”组合键，即可将选中的对象进行群组，如图7.7所示。

使用挑选工具选择群组的对象后，在属性栏中单击“群组”按钮，也可以将选中的对象进行群组；或单击鼠标右键，在弹出的快捷菜单中选择“群组”命令，完成群组操作，如图7.8所示。

图7.6 选择对象　　图7.7 群组对象　　图7.8 快捷菜单

在群组对象中，如果要对其中一个对象进行单独编辑，则需要取消群组。

在工具箱中单击“挑选工具”按钮，选择需要取消群组的对象，然后在菜单栏中单击“排列”→“取消群组”命令（如图7.9所示）或按下“Ctrl+U”组合键，取消群组，也可以单击属性栏中的“取消群组”按钮来取消群组。

还可以首先使用挑选工具选择对象，之后单击鼠标右键，在弹出的快捷菜单中选择“取消群组”命令来取消对象的群组，如图7.10所示。

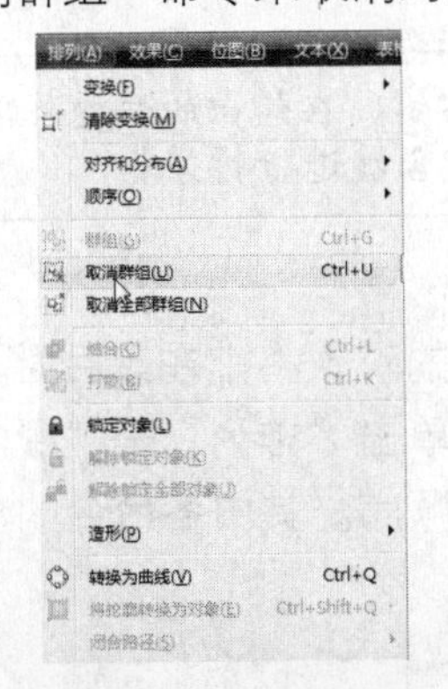

图7.9 “排列”子菜单

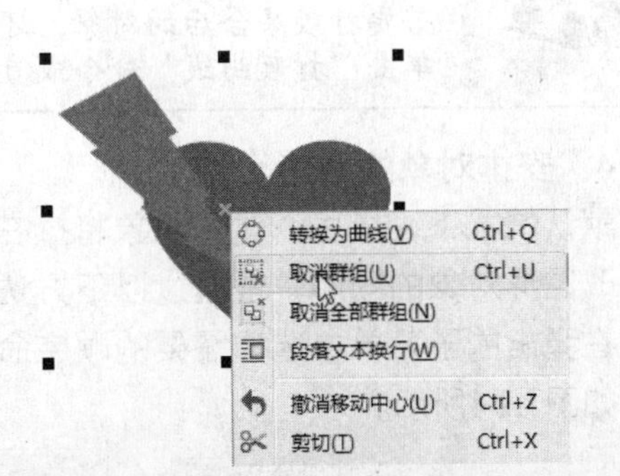

图7.10 快捷菜单

如果要取消的对象是由多个群组组成的，则选择对象后，在菜单栏中单击“排列”→“取消全部群组”命令，或单击鼠标右键，在弹出的快捷菜单中选择“取消全部群组”命令，即可将对象解散为各个单一的对象。

3. 结合与打散对象

在CorelDRAW X4中，“结合”功能是将多个不同对象结合成一个新的对象，对象被合并后，其属性也随之发生改变，具体操作步骤如下所示。

步骤01 在工具箱中单击“挑选工具”按钮，选择需要结合的多个对象，如图7.11所示。

步骤02 在菜单栏中单击“排列”→“结合”命令，或在属性栏中单击“结合”按钮，即可将所选的对象结合为一个对象，如图7.12所示。

另外，选择对象后，单击鼠标右键，在弹出的快捷菜单中选择“结合”命令，也可以将对象进行结合，如图7.13所示。

图7.11 选择对象　　图7.12 结合对象　　图7.13 快捷菜单

如果合并时，所选择的图形对象是重叠的，则合并后的重叠区域将会出现透明状态。

若要打散结合后的对象，则首先使用挑选工具选择结合在一起的对象，然后在菜单栏中单击“排列”→“拆分”命令，或单击属性栏中的“打散”按钮，即可将对象分离成结合前的各个单一对象。

若要打散结合后的对象，还可以通过单击鼠标右键，在弹出的快捷菜单中单击“打散曲线”命令或直接按下“Ctrl+K”组合键进行拆分。

4. 安排对象的顺序

默认情况下，最后创建的对象将排在最前面，最早创建的对象将排在最后面。如果要更改图形对象的顺序，可通过以下方法实现：在菜单栏中单击“排列”→“顺序”命令，在弹出的子菜单中选择需要的顺序命令即可调整对象的顺序。其中各命令的含义如下，如图7.14所示。

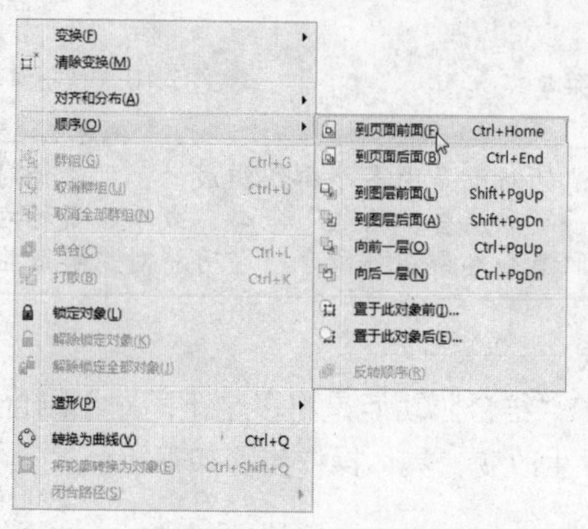

图7.14 “顺序”子菜单

- **到页面前面**：选择该命令，可以将所有指定的对象移动到绘图页面中所有的其他对象前面，如图7.15所示。
- **到页面后面**：选择该命令，可以将所有指定的对象移动到绘图页面中所有的其他对象后面，如图7.16所示。

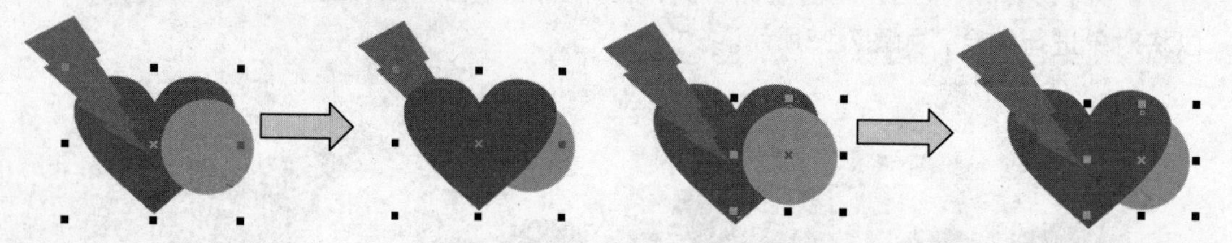

图7.15 到页面前面

图7.16 到页面后面

- **到图层前面**：选择该命令，可以将所有指定的对象移动到当前图层上所有对象的前面。
- **到图层后面**：选择该命令，可以将所有指定的对象移动到当前图层上所有对象的后面。

使用挑选工具选择图形对象后，在属性栏中单击“到图层前面”按钮或“到图层后面”按钮，可以快速地调整对象顺序。

- **向前一层**：选择该命令，可以将所有指定的对象向前移动一层，如图7.17所示。
- **向后一层**：选择该命令，可以将所有指定的对象向后移动一层，如图7.18所示。

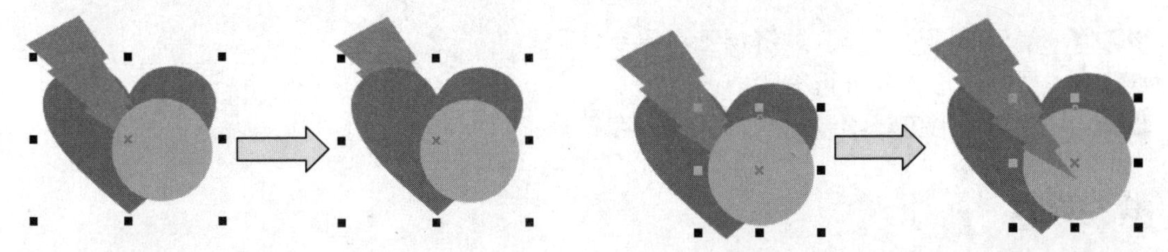

图7.17　向前移动一层　　　　图7.18　向后移动一层

- **置于此对象前**：选择该命令，可以将选中的对象移动到指定对象的前面，如图7.19所示。
- **置于此对象后**：选择该命令，可以将选中的对象移动到指定对象的后面，操作方法与"置于此对象前"命令一致。

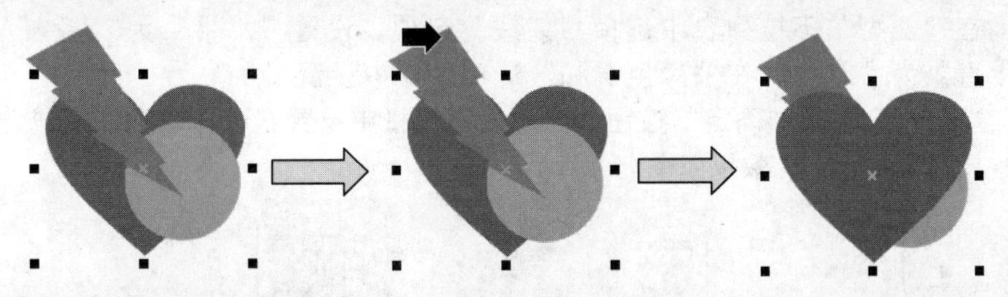

图7.19　置于此对象前

- **反转顺序**：选择该命令，可以将所有指定的对象按照相反的顺序排列，如图7.20所示。

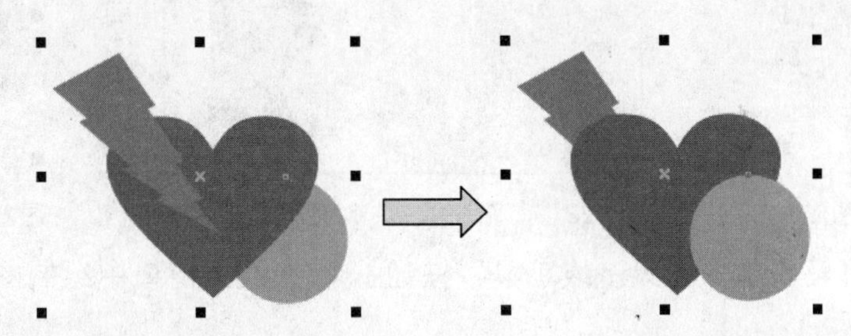

图7.20　反转顺序

7.1.2　典型案例——绘制气球

案例目标

本案例将通过群组对象、安排对象的顺序以及取消群组来绘制气球，主要练习群组对象、取消群组和安排对象的顺序的操作方法和技巧。制作完成后的最终效果如图7.21所示。

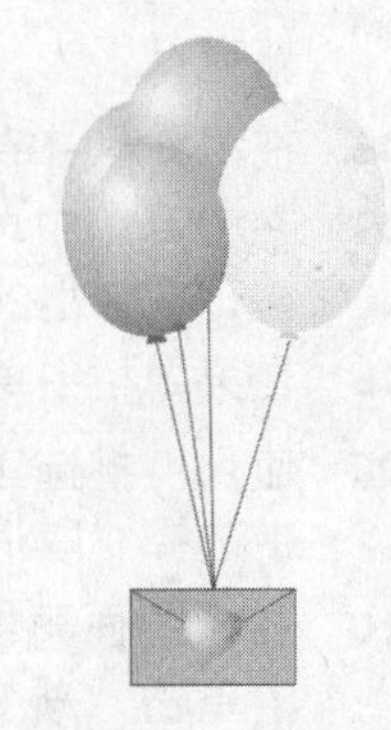

图7.21　最终效果图

效果图位置：\源文件\第7课\气球.cdr

操作思路：

步骤01 使用椭圆形工具、贝济埃工具绘制气球。

步骤02 再制图形，并进行编辑。

步骤03 使用矩形工具绘制信封，并插入字符。

操作步骤

其具体操作步骤如下所示。

步骤01 在工具箱中单击“椭圆形工具”按钮，然后在绘图窗口中绘制图形，如图7.22所示。

步骤02 在工具箱中单击“填充”按钮，在展开的工具栏中单击“渐变工具”命令，然后弹出“渐变填充”对话框，如图7.23所示。

步骤03 在“类型”下拉列表中选择“射线”选项，设置“水平”为“-24”，“垂直”为“24”，在“颜色调和”选项区域中设置“从”为“青”，“到”为“白”，单击“确定”按钮，然后在属性栏中设置“选择轮廓宽度或键入新宽度”为“无”，效果如图7.24所示。

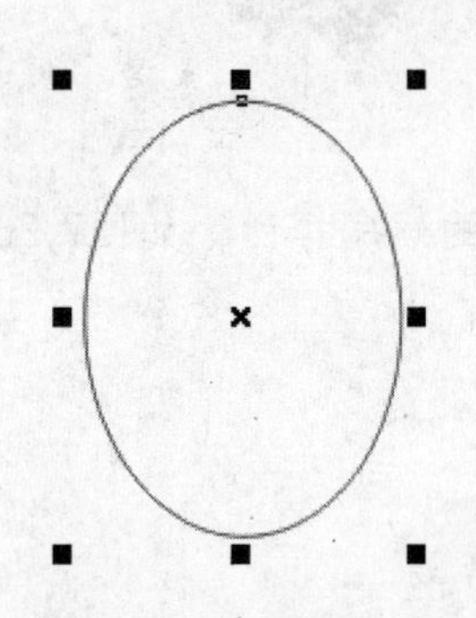

图7.22 绘制图形

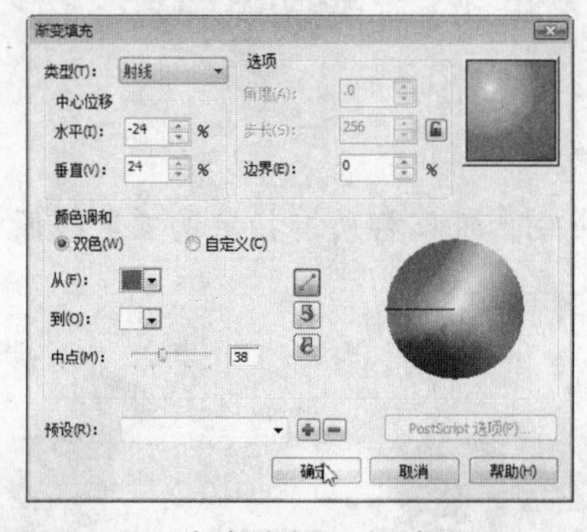

图7.23 “渐变填充”对话框

图7.24 渐变填充

步骤04 在工具箱中单击“贝济埃工具”按钮，在绘图窗口中绘制图形，如图7.25所示。

步骤05 在“调色板”中单击“青”图标■，然后在属性栏中设置“选择轮廓宽度或键入新宽度”为“无”，效果如图7.26所示。

步骤06 在工具箱中单击“贝济埃工具”按钮，在绘图窗口中绘制直线，如图7.27所示。

步骤07 在工具箱中单击“挑选工具”按钮，框选绘制的气球图形，然后单击鼠标右键，在弹出的快捷菜单中选择“群组”命令，形成一个整体，如图7.28所示。

步骤08 在菜单栏中单击“编辑”→“再制”命令，再制图形对象，如图7.29所示。

步骤09 使用“挑选工具”按钮，选择图形，然后单击鼠标右键，在弹出的快捷菜单中选择“取消群组”命令，拆分各个图形，如图7.30所示。

步骤10 选择前面再制的椭圆形，在工具箱中单击“填充”按钮，在展开的工具栏中单击“渐变工具”命令，然后在弹出的“渐变填充”对话框中设置“从”为“红”，如图7.31所示。

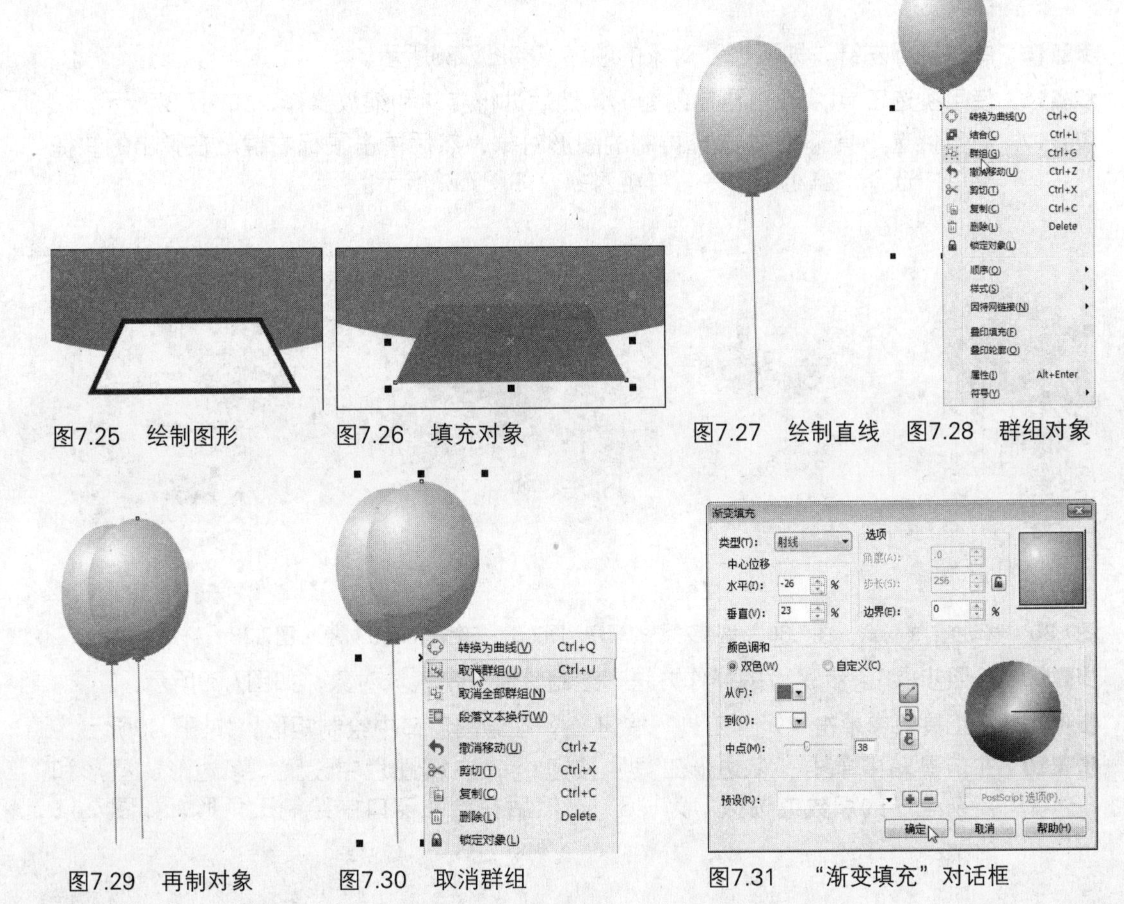

图7.25　绘制图形　　图7.26　填充对象　　图7.27　绘制直线　图7.28　群组对象

图7.29　再制对象　　图7.30　取消群组　　图7.31　"渐变填充"对话框

步骤11　设置完成后，单击"确定"按钮，效果如图7.32所示。

步骤12　在工具箱中单击"挑选工具"按钮，选择图形，然后在"调色板"中单击"红"图标，效果如图7.33所示。

步骤13　使用挑选工具依次选择再制的气球，然后单击鼠标右键，在弹出的快捷菜单中选择"顺序"→"置于此对象后"命令，如图7.34所示。

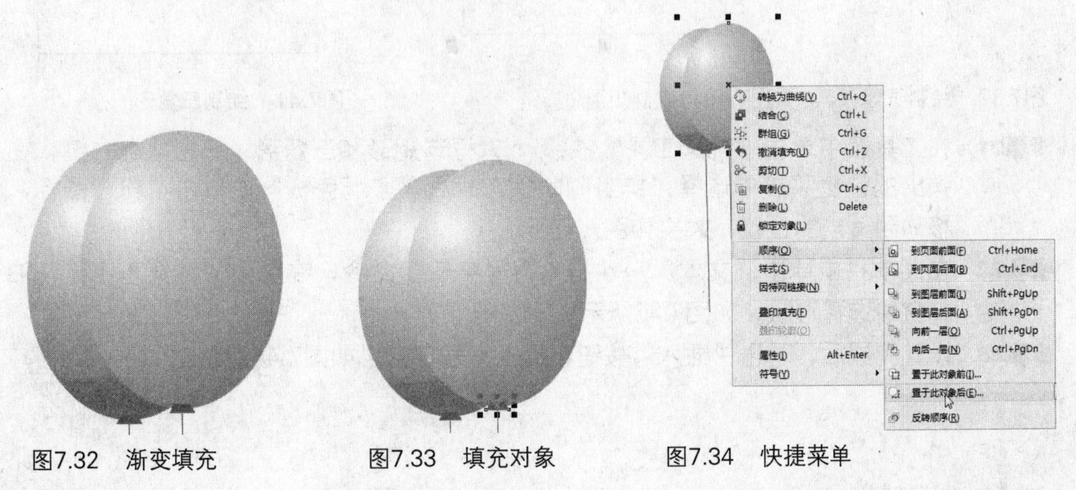

图7.32　渐变填充　　图7.33　填充对象　　图7.34　快捷菜单

步骤14 这时鼠标指针将变成➡形状，将鼠标指针移动到原来的气球形状上，如图7.35所示。

步骤15 单击鼠标左键，即可调整对象的顺序，如图7.36所示。

步骤16 使用挑选工具双击再制的图形，然后进行旋转和缩放操作，如图7.37所示。

步骤17 使用挑选工具依次选择再制的图形对象，然后单击鼠标右键，在弹出的快捷菜单中选择“群组”命令，群组对象，如图7.38所示。

图7.35 移动指针的位置 图7.36 调整对象的顺序 图7.37 旋转和缩放对象 图7.38 群组对象

步骤18 按照步骤8至步骤17的操作方法，绘制其他几个气球对象，如图7.39所示，

步骤19 在工具箱中单击“矩形工具”按钮，在绘图窗口中绘制矩形，如图7.40所示。

步骤20 在工具箱中单击“多边形工具”按钮，在属性栏中设置“多边形、星形和复杂星形的点数或边数”为“3”，然后在绘图窗口中绘制三角形，如图7.41所示。

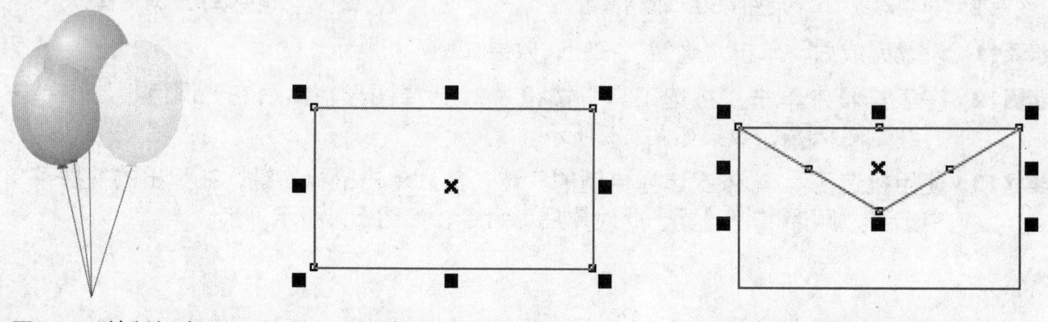

图7.39 绘制气球 图7.40 绘制矩形 图7.41 绘制三角形

步骤21 在工具箱中单击“挑选工具”按钮，框选矩形和三角形，单击鼠标右键，在弹出的快捷菜单中选择“群组”命令，然后在“调色板”中单击“粉”图标，移动到适当的位置，效果如图7.42所示。

步骤22 在菜单栏中单击“文本”→“插入符号字符”命令，在弹出的“插入字符”泊坞窗中选择形状，如图7.43所示。

步骤23 设置完成后，单击“插入”按钮，插入符号字符，如图7.44所示。

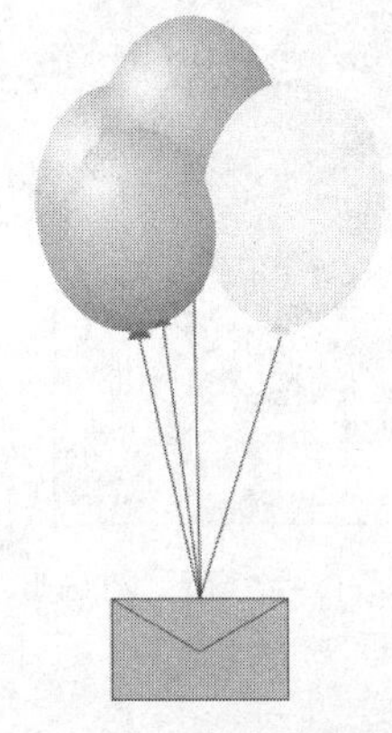

图7.42　填充对象

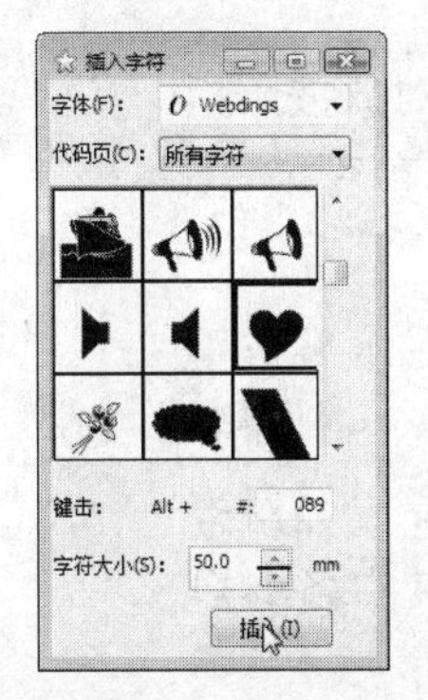

图7.43　“插入字符”泊坞窗

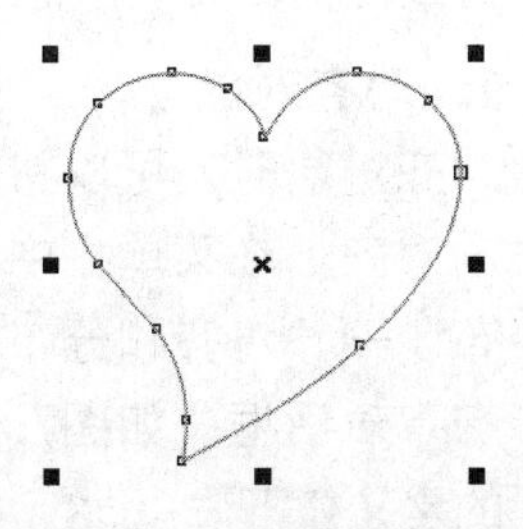

图7.44　插入符号字符

步骤24　在工具箱中单击“填充”按钮，在展开的工具栏中单击“渐变工具”命令，将弹出“渐变填充”对话框，在“类型”下拉列表中选择“射线”选项，设置“水平”为“-26”，“垂直”为“23”，在“颜色调和”选项区域中设置“从”为“红”，“到”为“白”，单击“确定”按钮，然后在属性栏中设置“选择轮廓宽度或键入新宽度”为“无”，效果如图7.45所示。

步骤25　在工具箱中单击“挑选工具”按钮，然后将绘制的心形移动到适当的位置，得到的最终效果如图7.46所示。

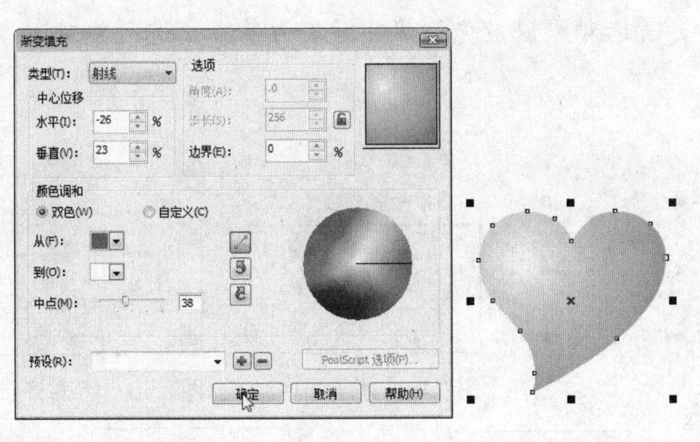

图7.45　渐变填充

图7.46　最终效果图

案例小结

本案例主要讲解了使用群组对象、安排对象的顺序和取消群组的操作方法。对于本案例中未讲解到的内容，读者可以根据“知识讲解”部分自行练习。

7.2 对齐和分布对象

在绘制图形对象时，经常需要对某些对象进行排列，以达到更高的视觉效果。下面将详细介绍对齐和分布对象的操作方法。

7.2.1 知识讲解

在CorelDRAW X4中，可以将选择的对象按照指定的方式排列，其中包括对齐对象和分布对象。

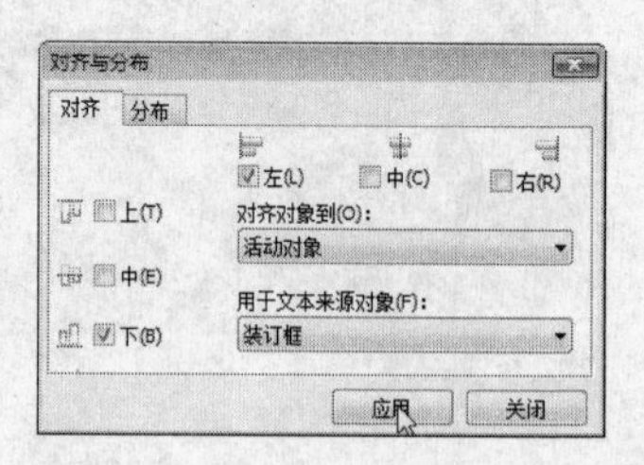

图7.47 “对齐与分布”对话框

1. 对齐对象

对齐对象时，可以将所选的对象沿水平或垂直方向对齐。在菜单栏中单击“排列”→“对齐和分布”→“对齐和分布”命令，将弹出“对齐与分布”对话框（如图7.47所示），其中各参数选项的含义如下。

- **上**：勾选该复选框，可以将所选对象以最先创建的对象为基准，进行顶端对齐，如图7.48所示。
- **中**：勾选该复选框，可以将所选对象进行水平居中对齐，如图7.49所示。
- **下**：勾选该复选框，可以将所选对象以最先创建的对象为基准，进行底端对齐，如图7.50所示。
- **左**：勾选该复选框，可以将所选对象以最先创建的对象为基准，进行左对齐，如图7.51所示。
- **中**：勾选该复选框，可以将所选对象进行垂直居中对齐，如图7.52所示。
- **右**：勾选该复选框，可以将所选对象以最先创建的对象为基准，进行右对齐，如图7.53所示。

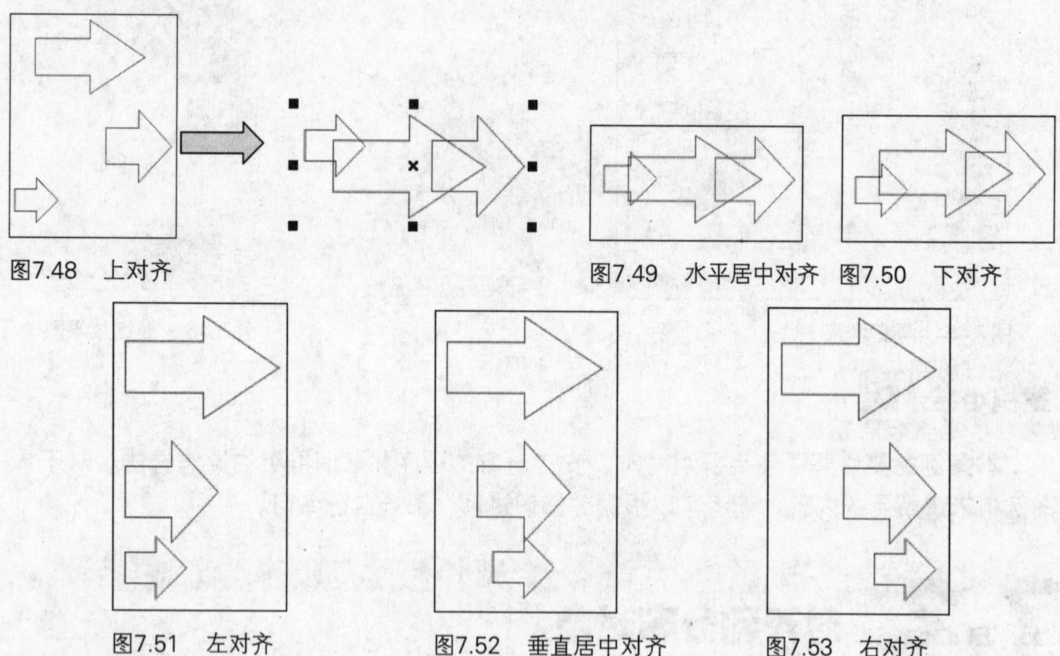

图7.48 上对齐　图7.49 水平居中对齐　图7.50 下对齐

图7.51 左对齐　图7.52 垂直居中对齐　图7.53 右对齐

在菜单栏中单击“排列”→“对齐和分布”命令，在弹出的子菜单中还可以选择“页面居中”选项，则所选的对象与绘图页面居中对齐；选择“在

> 页面水平居中”选项，则所选的对象与绘图页面水平居中对齐；选择“在页面垂直居中”选项，则所选的对象与绘图页面垂直居中对齐。

2. 分布对象

分布对象是将所选的对象按照一定的规则分布在绘图页面中或选定的区域中。在菜单栏中单击“排列”→“对齐和分布”→“对齐和分布”命令，在弹出的“对齐与分布”对话框中切换到“分布”选项卡（如图7.54所示），其中各参数选项的含义如下。

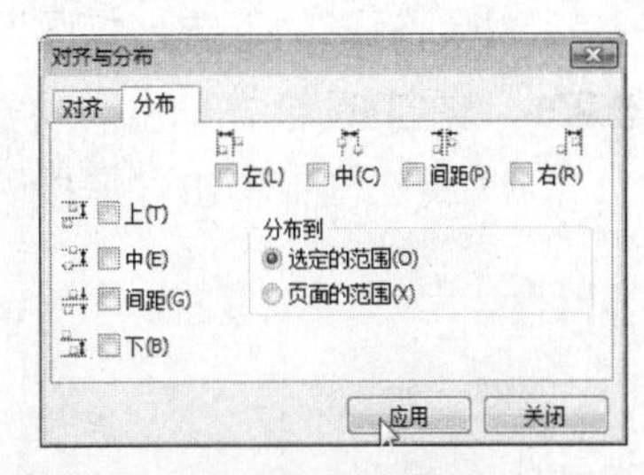

图7.54　分布参数面板

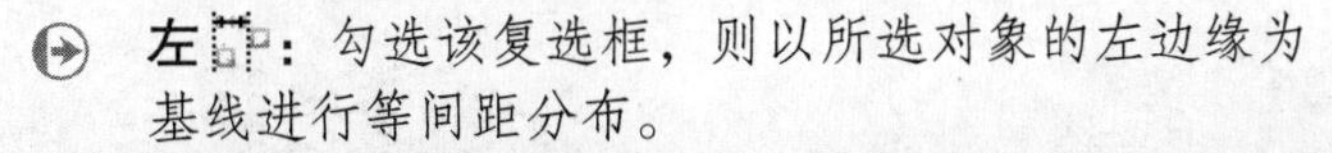

- **左**：勾选该复选框，则以所选对象的左边缘为基线进行等间距分布。
- **中**：勾选该复选框，则以所选对象的垂直中心为基线进行等间距分布。
- **间距**：勾选该复选框，则以对象之间的垂直间距为基准进行等间距分布。
- **右**：勾选该复选框，则以所选对象的右边缘为基线进行等间距分布。
- **上**：勾选该复选框，则以所选对象的顶端为基线进行等间距分布。
- **中**：勾选该复选框，则以所选对象的中心为基线进行等间距分布。
- **间距**：勾选该复选框，则以对象之间的水平间距为基准进行等间距分布。
- **下**：勾选该复选框，则以所选对象的底端为基线进行等间距分布。
- **选定的范围**：选择该单选项，则在环绕对象的边框区域上分布对象。
- **页面范围**：选择该单选项，则在绘图页面上分布对象。

7.2.2　典型案例——绘制蜡烛

案例目标

本案例将绘制蜡烛，主要练习矩形工具、椭圆形工具、渐变填充、形状工具和对象垂直居中对齐的操作方法和技巧。制作完成后的最终效果如图7.55所示。

图7.55　最终效果图

效果图位置：\源文件\第7课\蜡烛.cdr

操作思路：

步骤01　使用矩形工具、椭圆形工具、渐变填充等绘制蜡烛。

步骤02　使用椭圆形工具、形状工具、渐变填充等绘制火焰。

步骤03　使用“对齐和分布”功能对齐图形对象。

其具体操作步骤如下所示。

步骤01 在工具箱中单击“矩形工具”按钮，在绘图窗口中绘制矩形，如图7.56所示。

步骤02 在工具箱中单击“椭圆形工具”按钮，在绘图窗口中绘制椭圆，如图7.57所示。

步骤03 在菜单栏中单击“编辑”→“再制”命令，再制椭圆，然后将再制的椭圆移动到矩形的下方，如图7.58所示。

步骤04 在工具箱中单击“挑选工具”按钮，框选矩形和矩形下方的椭圆形，然后在属性栏中单击“焊接”按钮，形成一个图形对象，如图7.59所示。

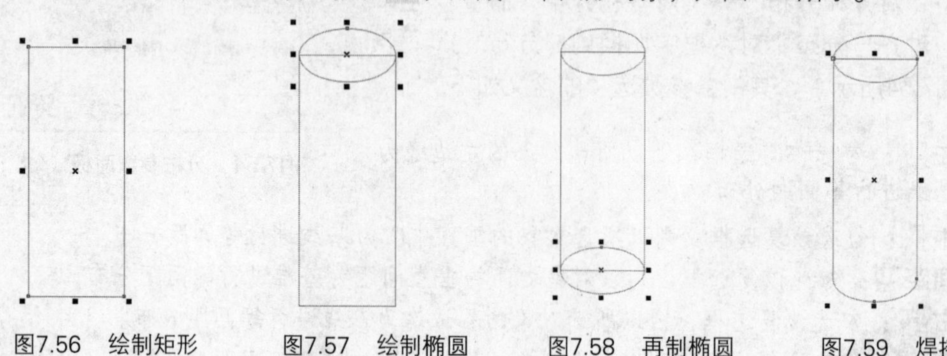

图7.56 绘制矩形　　图7.57 绘制椭圆　　图7.58 再制椭圆　　图7.59 焊接对象

步骤05 在工具箱中单击“填充”按钮，在展开的工具栏中单击“渐变填充”命令，弹出“渐变填充”对话框，在“选项”区域中设置角度为“-90.0”，在“颜色调和”区域中选择“自定义”单选项，在渐变条中设置颜色为“C：0，M：50，Y：70，K：0”；位置为“33%”，颜色为“C：0，M：100，Y：100，K：0”；位置为“66%”，颜色为“C：0，M：100，Y：100，K：60”；颜色为“C：0，M：100，Y：100，K：70”，如图7.60所示。

步骤06 设置完成后，单击“确定”按钮，得到的效果如图7.61所示。

步骤07 在工具箱中单击“挑选工具”按钮，在属性栏中设置“选择轮廓宽度或键入新宽度”为“无”，移除轮廓线，如图7.62所示。

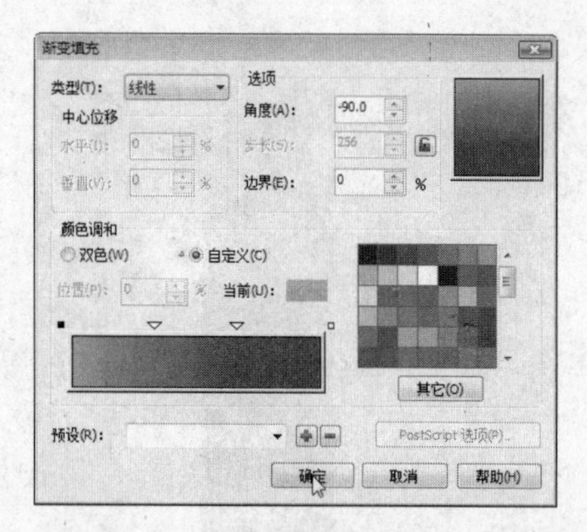

图7.60 “渐变填充”对话框

图7.61 渐变填充

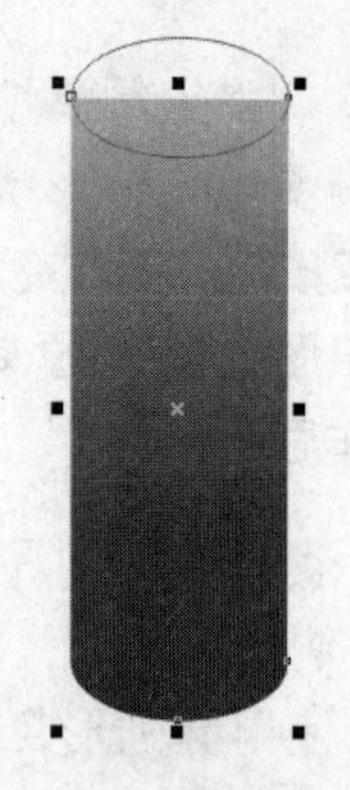

图7.62 移除轮廓线

步骤08 在工具箱中单击“填充”按钮，在展开的工具栏中单击“渐变填充”命令，弹出“渐变填充”对话框，在“选项”区域中设置角度为“-90.0”，在“颜色调和”区域中选择“双色”单选项，设置“从”的颜色为“C：0，M：50，Y：70，K：0”，“到”的颜色为“C：0，M：50，Y：0，K：0”，然后单击“确定”按钮，如图7.63所示。

步骤09 在工具箱中单击“挑选工具”按钮，在属性栏中设置“选择轮廓宽度或键入新宽度”为“无”，移除轮廓线，效果如图7.64所示。

步骤10 在工具箱中单击“椭圆形工具”按钮，在绘图窗口中绘制椭圆，如图7.65所示。

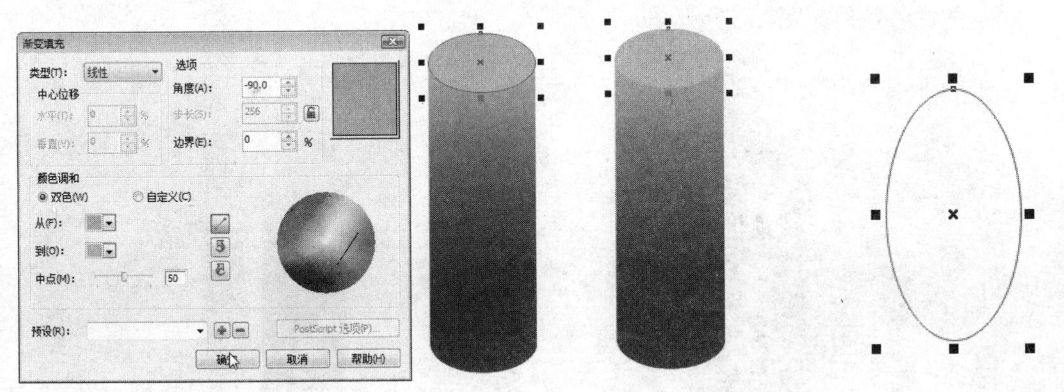

图7.63 渐变填充　　图7.64 移除轮廓线　　图7.65 绘制椭圆

步骤11 在属性栏中单击“转换为曲线”按钮，在工具箱中单击“形状工具”按钮，然后对椭圆形进行变形操作，如图7.66所示。

步骤12 在工具箱中单击“填充”按钮，在展开的工具栏中单击“渐变填充”命令，弹出“渐变填充”对话框，在“类型”下拉列表中选择“射线”选项，在“中心位移”区域中设置“水平”为“-9”，“垂直”为“7”，在“颜色调和”区域中设置“从”的颜色为“C: 0, M: 100, Y: 100, K: 0”，“到”为“白色”，如图7.67所示。

步骤13 设置完成后，单击“确定”按钮，然后在属性栏中设置“选择轮廓宽度或键入新宽度”为“无”，移除轮廓线，如图7.68所示。

步骤14 在工具箱中单击“挑选工具”按钮，按住“Shift”键不放，将鼠标指针移动到控制框右侧的中间位置，按下鼠标左键并向左拖动，释放鼠标后的效果如图7.69所示。

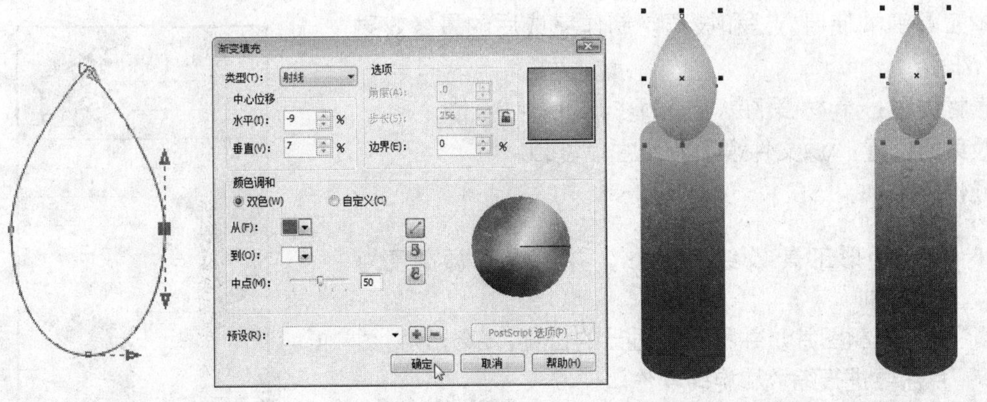

图7.66 变换对象　图7.67 “渐变填充”对话框　　图7.68 移除轮廓线　图7.69 变换对象

步骤15 在菜单栏中单击“编辑”→“再制”命令，再制图形对象，然后使用挑选工具，按住“Shift”键不放，将鼠标指针移动到控制框右侧的中间位置，按下鼠标左键并向左拖动，释放鼠标后的效果如图7.70所示。

步骤16 在“调色板”中单击“红”图标，使用挑选工具框选所绘制的所有图形，然后在菜单栏中单击“排列”→“对齐和分布”→“垂直居中对齐”命令，得到的最终效果如图7.71所示。

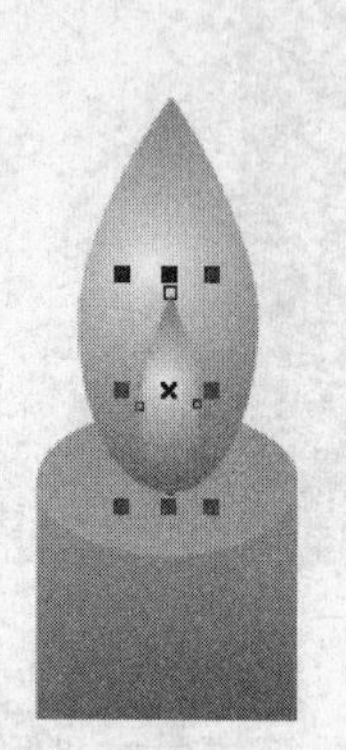

图7.70　再制并缩小对象

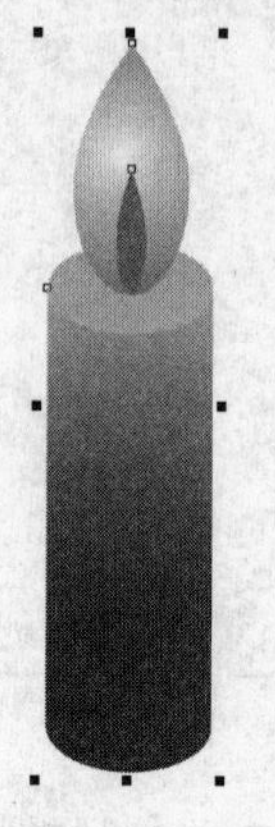

图7.71　垂直居中对齐

案例小结

本案例通过讲解蜡烛的绘制过程，主要练习了对齐和分布对象的操作。对于本案例中未讲解到的内容，读者可以根据“知识讲解”部分自行练习。

7.3 上机练习

7.3.1 绘制个性信笺

本次上机练习将制作个性信笺，主要练习贝济埃工具、群组对象、安排对象的顺序和文本工具等的使用方法和技巧。制作完成后的最终效果如图7.72所示。

素材位置：\素材\第7课\01.jpg、02.jpg、03.jpg

效果图位置：\源文件\第7课\个性信笺.cdr

操作思路：

步骤01 使用矩形工具绘制矩形，并设置轮廓宽度为“1.5mm”。

步骤02 导入素材图片，并移动到适当的位置，部分素材图片需要进行缩放和旋转操作。

步骤03 使用文本工具输入文字，并设置字体、大小和颜色。

图7.72　个性信笺

步骤04 使用贝济埃工具绘制直线，然后进行连续复制操作。

步骤05 将绘制的直线进行群组，然后将素材图片移动到直线的上方（置于此对象前）。

7.3.2 绘制标志

本次上机练习将制作一个徽标（Logo），主要练习椭圆形工具、插入字符、打散对象、选择对象等工具的使用方法和技巧。制作完成后的最终效果如图7.73所示。

图7.73 徽标

效果图位置：\源文件\第7课\标志设计.cdr

操作思路：

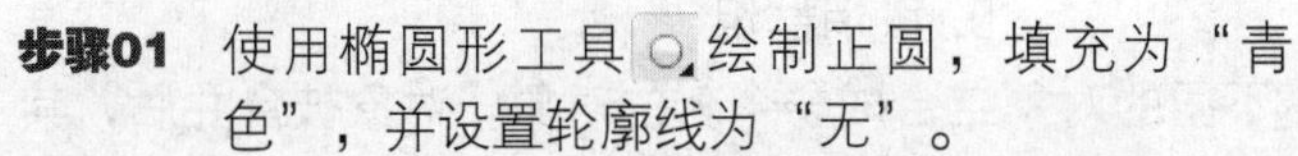

步骤01 使用椭圆形工具绘制正圆，填充为“青色”，并设置轮廓线为“无”。

步骤02 在“插入字符”泊坞窗中选择“HolidayPiBT”字体，插入“帆船”图案的图形对象，然后进行适当的缩放。

步骤03 单击鼠标右键，在弹出的快捷菜单中选择“打散曲线”命令，打散对象。

步骤04 使用挑选工具选择需要的图形，在“调色板”中单击需要的颜色进行填充。

步骤05 使用挑选工具框选帆船的所有图形，然后在工具箱中单击“轮廓”按钮，在展开的工具栏中单击“无”，取消轮廓线。

步骤06 群组帆船图形对象，然后使用文本工具输入文字，设置其字体和字体大小。

步骤07 设置使文字适合路径排列。

7.4 疑难解答

问： 群组对象与结合对象有什么区别?

答： 在CorelDRAW X4中，将对象群组成一个整体后，群组中的每个对象仍然保持其原始属性，在编辑群组对象时，各个对象之间的相对位置保持不变；结合对象也是将多个对象结合成一个对象，但结合后的对象具有相同的轮廓、属性等。

问： 如何知道结合后的对象属性与哪个选取对象的属性保持一致?

答： 结合后的对象属性与选取对象的先后顺序有关。如果使用挑选工具依次单击需要结合的对象，则结合后的对象属性与最后选择的对象属性保持一致；如果使用挑选工具框选需要结合的对象，则结合后的对象属性与位于最下层的对象属性保持一致。

7.5 课后练习

选择题

1 在CorelDRAW X4中，安排对象的顺序包括（ ）。

A. 到页面前面　　B. 到页面后面

C. 到图层前面　　D. 向前一层

2 如果要对多个图形对象执行相同的操作，可以对对象执行（ ）操作。

A. 群组　　B. 锁定

C. 结合　　D. 取消群组

3 执行（ ）操作，可以将多个不同的对象结合成一个新的对象，对象被合并后，其属性也随之发生改变。

A. 群组　　B. 结合

C. 锁定　　D. 打散对象

问答题

1 简述如何锁定和解除锁定对象。

2 简述群组和结合对象的区别是什么。

3 简述如何对齐图形对象。

上机题

1 任意绘制几个基本形状图形对象，对其进行锁定、群组、结合、对齐和分布等操作。

2 使用椭圆形工具、结合对象等命令绘制圆环，完成的最终效果如图7.74所示。

效果图位置：\源文件\第7课\圆环.cdr

操作思路：

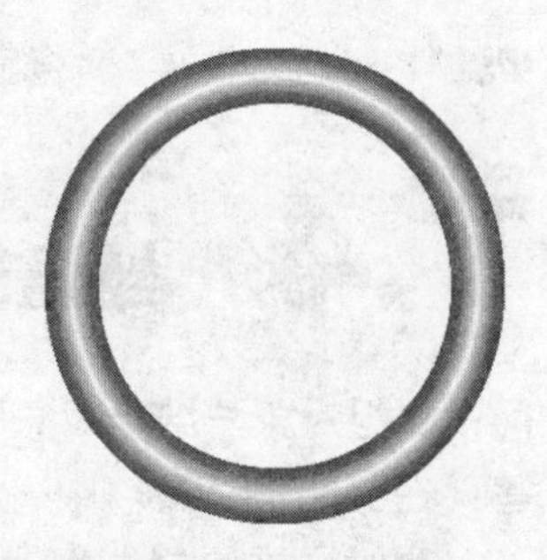

图7.74　绘制圆环

步骤01 使用椭圆形工具绘制两个大小不一的圆形，然后进行水平、垂直居中对齐。

步骤02 框选两个圆形，然后执行“结合”命令。

步骤03 填充为“绿色”，然后使用交互式轮廓图工具在属性栏中进行设置，如图7.75所示，之后在工具箱中单击“轮廓”按钮，在展开的工具栏中单击“无”命令。

图7.75　“交互式轮廓图工具”属性栏

第8课

特效的应用

本课要点

交互式工具（一）

交互式工具（二）

具体要求

掌握交互式调和工具、轮廓图工具的应用方法

掌握交互式变形工具、阴影工具的使用方法

掌握交互式封套工具、立体化效果工具的使用方法

掌握交互式透明工具、透镜工具的使用方法

本课导读

在CorelDRAW X4中提供了大量的特殊效果，通过对本课的学习，在掌握了这些效果的使用方法和技巧后，读者在今后的绘图过程中能够节约大量的时间，并可绘制出更满意的作品。

8.1 交互式工具（一）

在CorelDRAW X4中提供的大量特殊效果都是通过交互式工具来实现的。下面将详细介绍交互式工具的使用方法和技巧。

8.1.1 知识讲解

下面主要介绍交互式调和工具、交互式轮廓图工具、交互式变形工具和交互式阴影工具的使用方法和技巧。

1. 调和效果

使用交互式调和工具可以让矢量图形之间产生形状、颜色、轮廓以及尺寸上的平滑变化。下面将介绍创建调和效果的方法。

创建直线调和

创建直线调和可以将图形对象的形状和大小从一个对象渐变到另外一个对象。在调和过程所生成的中间对象的轮廓和填充颜色在色谱中沿直线路径渐变。

使用图形工具在绘图窗口中绘制两个图形，分别为“三角形”和“圆形”（如图8.1所示），在工具箱中单击“交互式调和工具”按钮，在起始图形对象上按下鼠标左键不放并拖动鼠标至结束图形对象（如图8.2所示），释放鼠标后即可查看调和效果，如图8.3所示。

图8.1　绘制图形对象

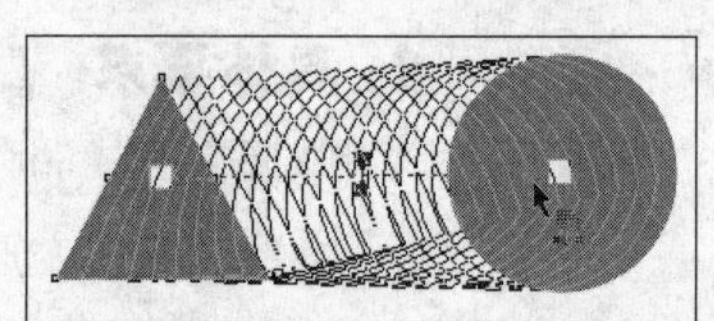

图8.2　拖动鼠标指针

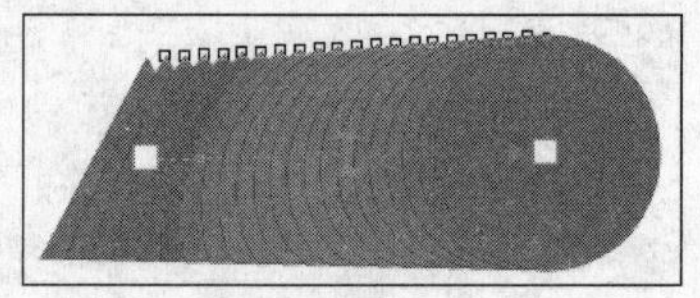

图8.3　创建调和效果

除了上面的方法外，还可以使用挑选工具框选要创建调和效果的图形，然后在菜单栏中单击“窗口”→“泊坞窗”→“调和”命令，在弹出的“调和”泊坞窗（如图8.4所示）中设置“步长”的数值，最后单击“应用”按钮即可完成调和操作，效果如图8.5所示。

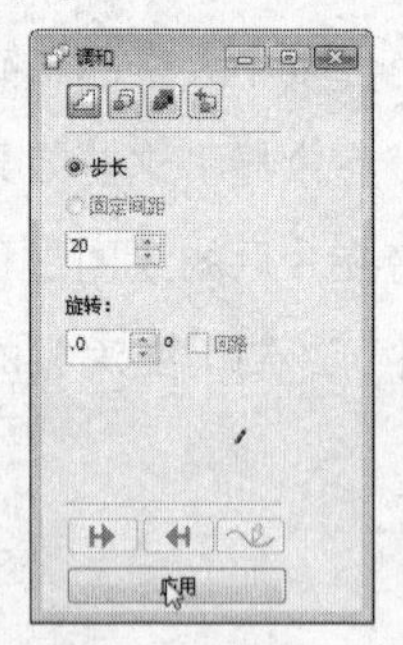

图8.4　“调和”泊坞窗

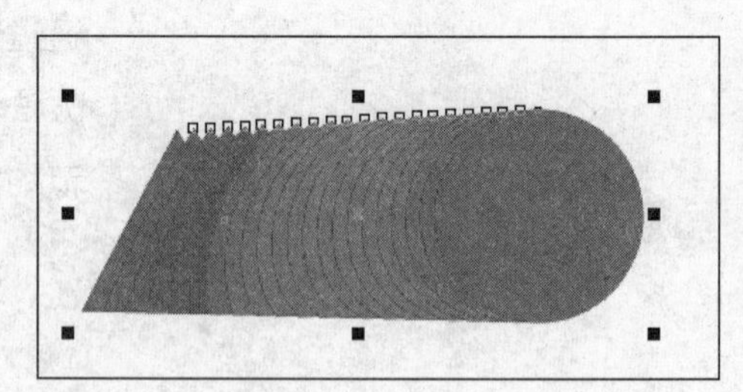

图8.5　调和效果

沿路径调和

沿路径调和对象是沿任意的路径（可以包括图形、线条和文本）来调和对象，从而创建出需要的调和效果。

使用图形工具在绘图窗口中绘制两个图形，分别为“三角形”和“圆形”，在工具箱中单击“交互式调和工具”按钮，在按下“Alt”键不放的同时，在起始图形对象上按下鼠标左键不放并拖动至结束图形对象（如图8.6所示），释放鼠标后即可创建沿手绘路径调整的效果，效果如图8.7所示。

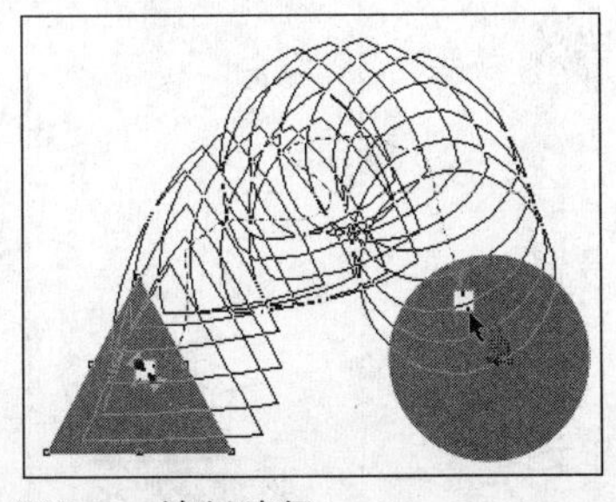
图8.6 绘制路径

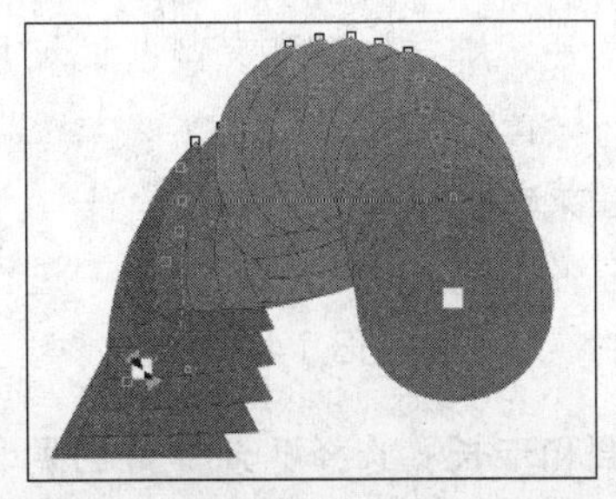
图8.7 沿路径调和

沿路径调和时，还可以将调和对象绑定到路径上。首先对创建好的调整对象创建直线调和效果（如图8.8所示），然后在工具箱中单击“贝济埃工具”按钮，在图形对象旁边绘制一条曲线（也就是路径，如图8.9所示），使用挑选工具选择调和对象，在属性栏中单击“路径属性”按钮，在弹出的下拉列表中选择“新路径”命令，当鼠标指针变成形状时，单击所创建的曲线即可将直线调和的对象绑定到路径中，如图8.10所示。

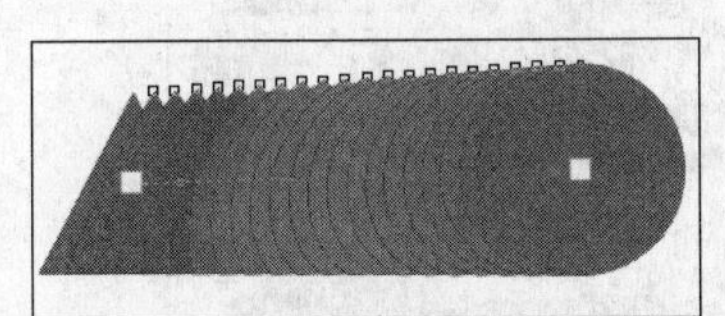
图8.8 创建直线调和效果

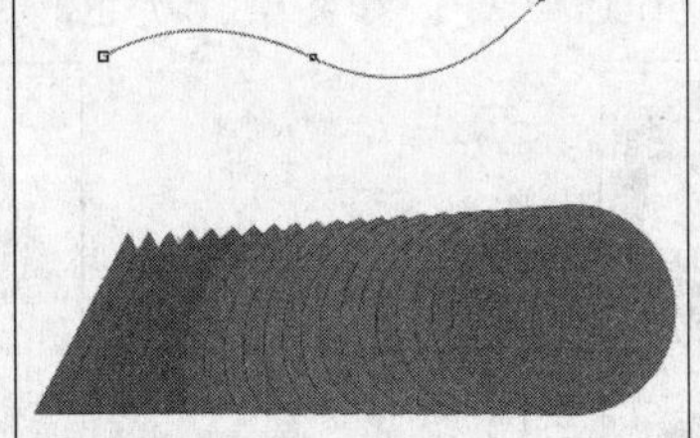
图8.9 绘制路径

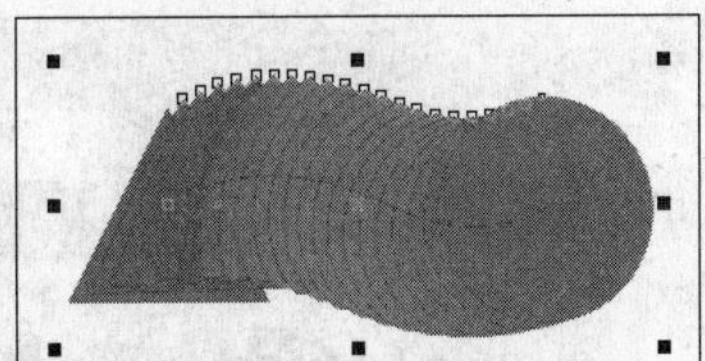
图8.10 创建路径调和效果

复合调和

复合调和是将两个或两个以上的图形对象进行调和。在绘图窗口中先创建两个图形之间的调和效果，然后再绘制一个图形对象（如图8.11所示），在工具箱中单击“交互式调和工具”按钮，在新绘制的图形对象上按下鼠标左键不放，向调和对象的起始图形或结束图形拖动（如图8.12所示），释放鼠标后即可创建3个图形之间的复合调和效果，如图8.13所示。

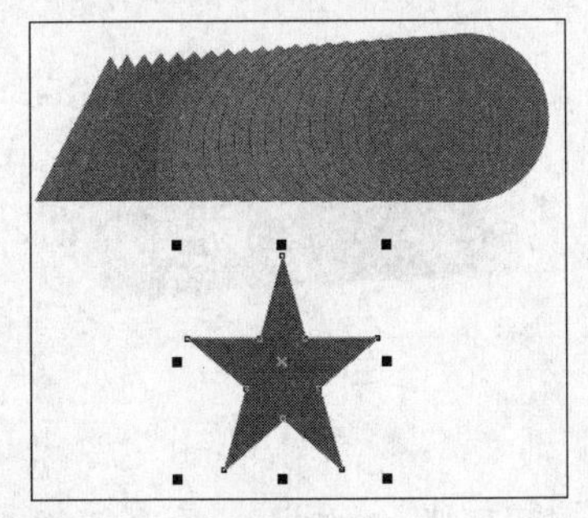
图8.11 绘制图形

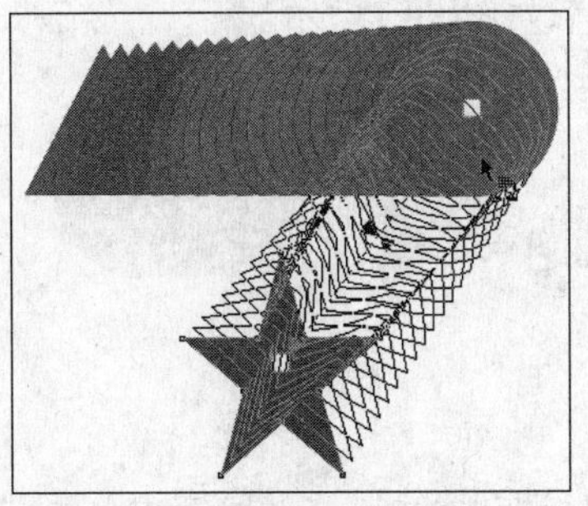
图8.12 创建调和路径

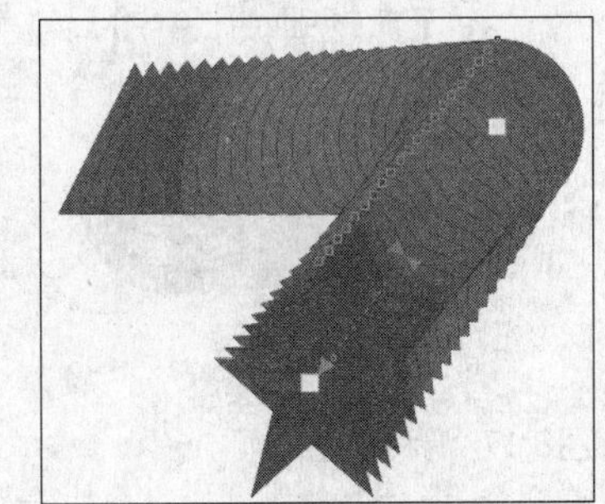
图8.13 复合调和效果

还可以先创建两个图形之间的调和效果，然后再绘制一个图形对象，在按下“Shift”键的同时框选调和的对象和新绘制的图形，然后在“调和”泊坞窗中设置“步长”值，单击“应用”按钮即可实现多个图形对象的复合调和效果。

设置调和效果

在CorelDRAW X4中，用户可以根据需要对调和对象的调和步长、旋转、调和颜色、调和加速以及调和杂项等效果进行设置。

在菜单栏中单击“窗口”→“泊坞窗”→“调和”命令，在弹出的“调和”泊坞窗中进行设置，即可完成设置调和的操作，如图8.14所示。

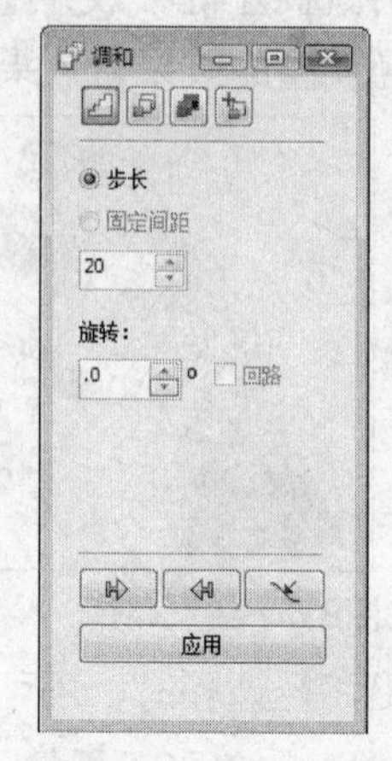

图8.14 “调和”泊坞窗

- **调和步长**：选择已创建好的调和对象，在泊坞窗中选择“步长”单选项，在下方的数值框中输入数值，然后单击“应用”按钮即可；还可以在属性栏的“步长或调和形状之间的偏移量”文本框中输入调和步长，然后按下“Enter”键，如图8.15所示。
- **旋转**：选择已创建好的调和对象，在泊坞窗中“旋转”下方的数值框中输入数值，然后单击“应用”按钮即可；还可以在属性栏的“调和方向”文本框中输入旋转角度，然后按下“Enter”键，如图8.16所示。

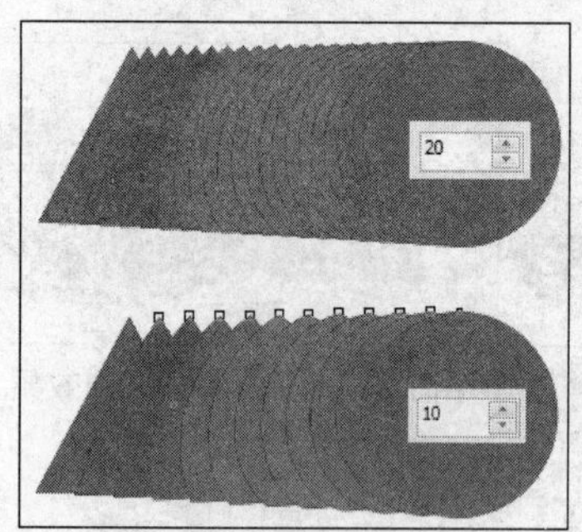

图8.15 调和步长

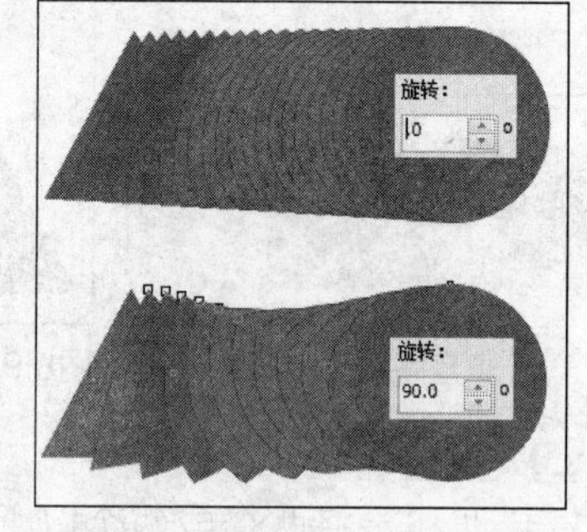

图8.16 旋转

- **调和颜色**：选择已创建好的调和对象，在泊坞窗中单击“调和颜色”按钮，在显示的参数面板中分别单击“直接路径”按钮、“顺时针路径”按钮、“逆时针路径”按钮，然后单击“应用”按钮即可；还可以在属性栏中单击相应的颜色调和方式按钮，效果如图8.17所示。

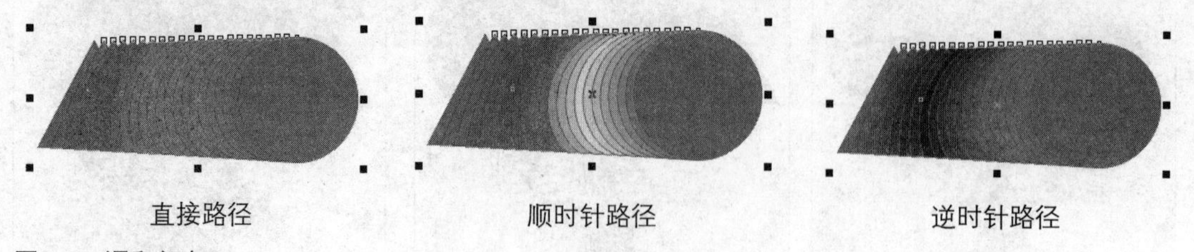

图8.17 调和颜色

- **调和加速**：选择已创建好的调和对象，在泊坞窗中单击“调和加速”按钮，在显示的参数面板中拖动对象或颜色的滑块，然后单击“应用”按钮即可，效果如图8.18所示。

在“调和加速”参数面板中取消勾选“链接加速”复选框，则对象的加速和颜色加速将不同步改变（效果如图8.19所示）；勾选“应用于大小”复选框，则对对象的加速设置将同样作用于中间对象的大小，效果如图8.20所示。

图8.18　调和加速　　图8.19　不勾选“链接加速”的效果　图8.20　“应用于大小”的效果

2. 轮廓效果

使用交互式轮廓图工具可以将对象的轮廓形成向内、向外或向中心放射的层次效果。

创建轮廓图效果

在CorelDRAW X4中，创建轮廓图效果的具体操作方法有以下3种。

- 在绘图窗口中选择需要的图形对象，在工具箱中单击“交互式轮廓图工具”按钮，然后在图形对象上按住鼠标左键不放并拖动，当鼠标指针变成（或）形状时，释放鼠标即可创建轮廓图效果。下面将显示向中心放射、向内放射以及向外放射的效果，如图8.21所示。
- 使用交互式轮廓图工具对选择的图形对象创建轮廓图后，在属性栏中单击所需的不同按钮，即可创建出合适的轮廓图效果。
- 除了以上两种方法外，还可以在选择图形对象后，在菜单栏中单击“窗口”→“泊坞窗”→“轮廓图”命令，之后在弹出的“轮廓图”泊坞窗中选择需要的单选项，然后单击“应用”按钮即可创建轮廓图效果，如图8.22所示。

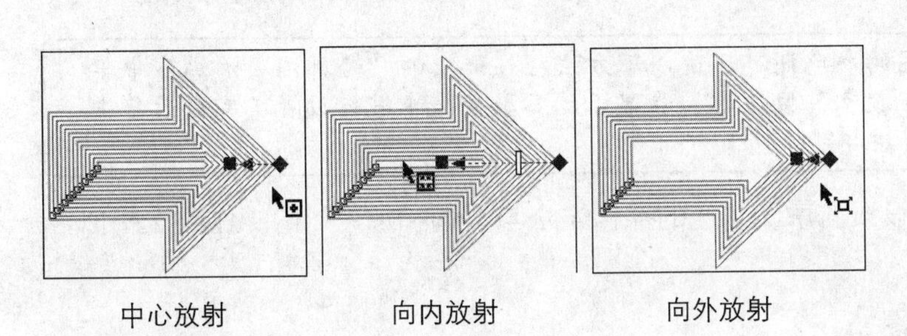

中心放射　　向内放射　　向外放射

图8.21　创建轮廓图

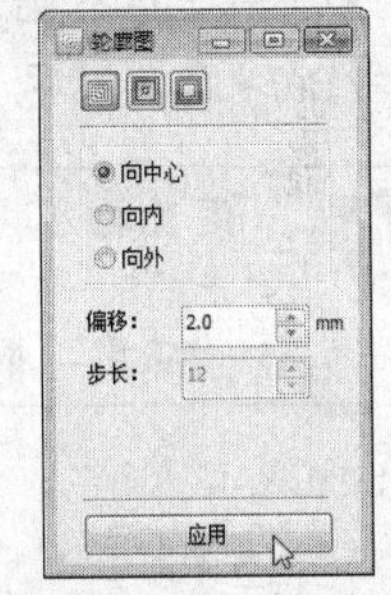

图8.22　“轮廓图”泊坞窗

设置轮廓图的步长和偏移量

轮廓图的步长是指轮廓图中轮廓线的数目，偏移量是指各条轮廓线之间的距离。在CorelDRAW X4中，可以通过属性栏或“轮廓图”泊坞窗进行设置。

在绘图窗口中选择轮廓图对象，在其属性栏的“轮廓图步长”数值框 7 中输入数值，即可设置步长（如图8.23所示）；在“轮廓图偏移”数值框 2.0 mm 中输入数值，即可设置各轮廓线之间的距离，如图8.24所示。

选择轮廓图，在菜单栏中单击“窗口”→“泊坞窗”→“轮廓图”命令，弹出“轮廓图”泊坞窗，在“偏移”和“步长”后的数值框中输入数值，然后单击“应用”按钮，如图8.25所示。

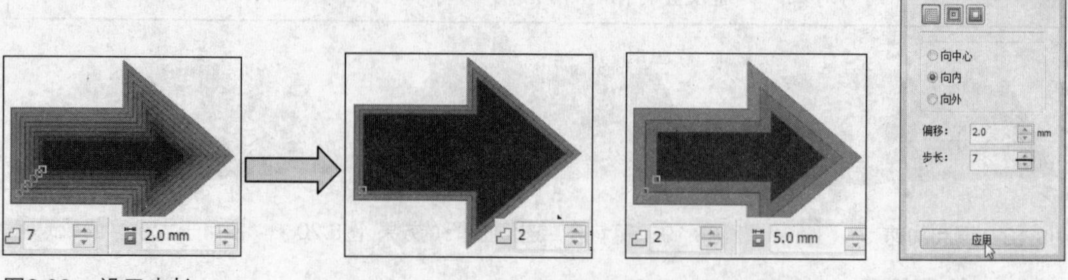

图8.23　设置步长　　图8.24　设置偏移　　图8.25　泊坞窗

设置轮廓图的颜色

在应用轮廓图效果的对象中，可以设置不同的轮廓线和内部颜色。

选择应用轮廓图效果的图形对象，在属性栏中单击“轮廓颜色”按钮，在弹出的下拉列表中选择需要的颜色，单击颜色图标，填充轮廓线的颜色；单击“填充色”按钮，在弹出的下拉列表中选择颜色，即可填充对象的内部颜色，如图8.26所示。

图8.26　设置轮廓图的颜色

在属性栏中任意单击“线性轮廓图颜色”按钮，“逆时针的轮廓图颜色”按钮和“顺时针的轮廓图颜色”按钮组中的一个按钮，可以更改轮廓图的颜色方式。

设置轮廓图的颜色还可通过以下方法：在弹出的“轮廓图”泊坞窗中单击“轮廓线颜色”按钮，在显示的参数面板中进行设置，完成后单击“应用”按钮即可。

在CorelDRAW X4中，设置轮廓图加速的操作方法与“调和加速”的操作方法相似，这里就不再赘述了。

打散和清除轮廓图

创建好轮廓图效果后，可以根据需要将轮廓图中的对象进行打散或清除，下面将介绍这两方面的内容。

打散轮廓图是指将应用了轮廓图效果的图形对象分离成相互独立的图形。

选择应用了轮廓图效果的图形对象，在菜单栏中单击“排列”→“打散轮廓图群组”命令或按下“Ctrl+K”组合键，将轮廓图进行分离，然后在菜单栏中单击“排列”→“取消全部群组”命令，取消对象的群组状态后，使用挑选工具即可任意启动其中的某个对象，如图8.27所示。

清除轮廓图是指对于应用了轮廓图效果的图形对象，在清除其效果后，保留原始的图形对象。

选择应用了轮廓图效果的图形对象，在菜单栏中单击“效果”→“清除轮廓”命令或在属性栏中单击“清除轮廓”按钮，即可将应用的效果进行清除，如图8.28所示。

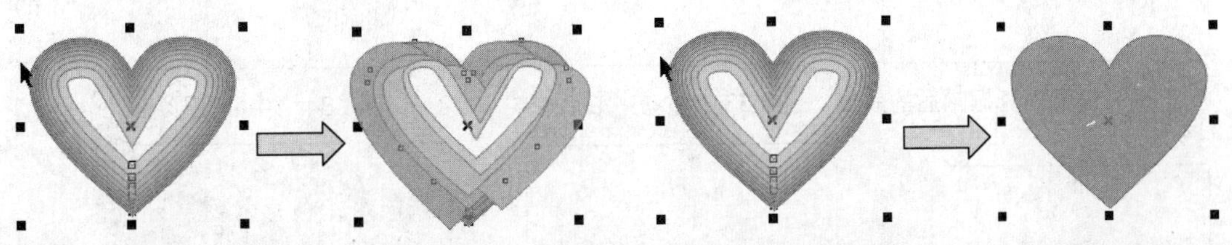

图8.27　打散轮廓图　　图8.28　清除轮廓图效果

3. 变形效果

使用交互式变形工具可以对所选择的图形对象创建变形效果。在CorelDRAW X4中，变形效果包括推拉变形、拉链变形和扭曲变形。应用变形效果的具体操作步骤如下。

步骤01 在工具箱中单击“复杂星形工具”按钮，在绘图窗口中绘制图形，并填充颜色，如图8.29所示。

步骤02 在工具箱中单击“交互式变形工具”按钮，将显示如图8.30所示的属性栏。

步骤03 单击“推拉变形”按钮，在图形对象上按下鼠标左键不放并拖动，释放鼠标后即可完成推拉变形效果，如图8.31所示。

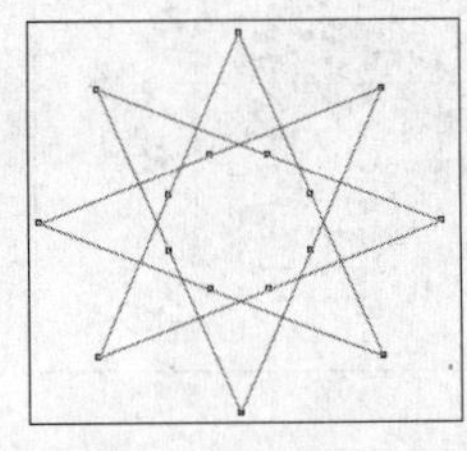

图8.29　绘制图形

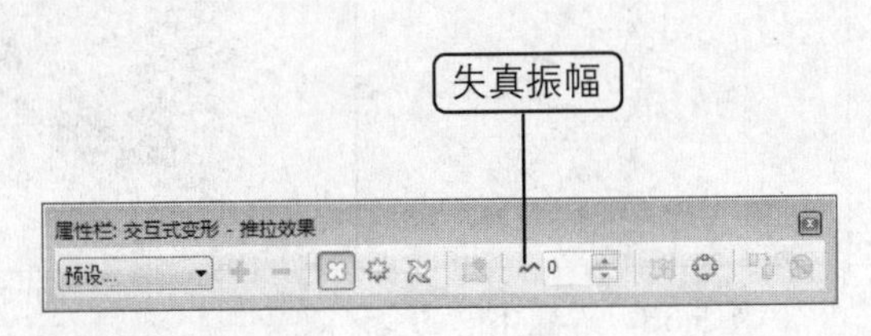

图8.30　属性栏

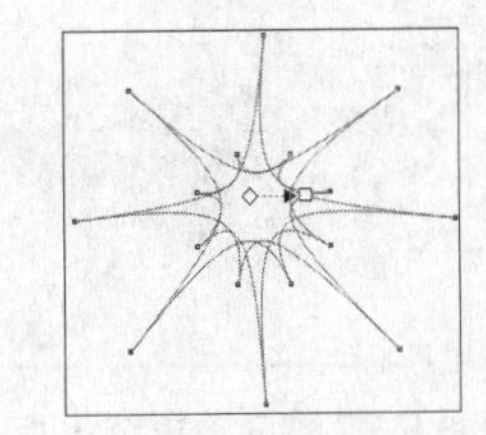

图8.31　推拉变形

步骤04 在属性栏的“失真振幅”数值框中输入需要的数值，即可设置推拉变形的程度，效果如图8.32所示。

步骤05 将鼠标指针移动到箭头所指的小正方块或中心处的菱形，按下鼠标左键不放并拖动至适当的位置，释放鼠标后即可设置对象的变形程度和变形中心，如图8.33所示。

步骤06 在属性栏中单击“中心变形”按钮，可以将变形的中心点移动到对象的中心位置，效果如图8.34所示。

步骤07 单击“拉链变形”按钮，在图形对象上按下鼠标左键不放并拖动，释放鼠标后即可完成拉链变形效果，如图8.35所示。

步骤08 在属性栏的“拉链失真振幅”数值框中输入需要的数值，即可设置拉链变形的程度，效果如图8.36所示。

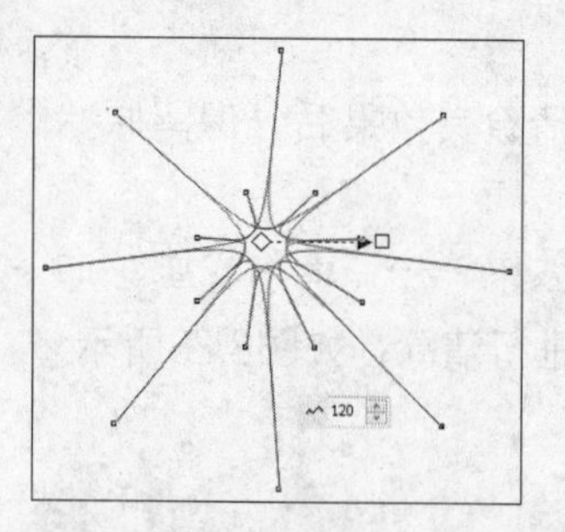

图8.32　设置失真振幅后的效果

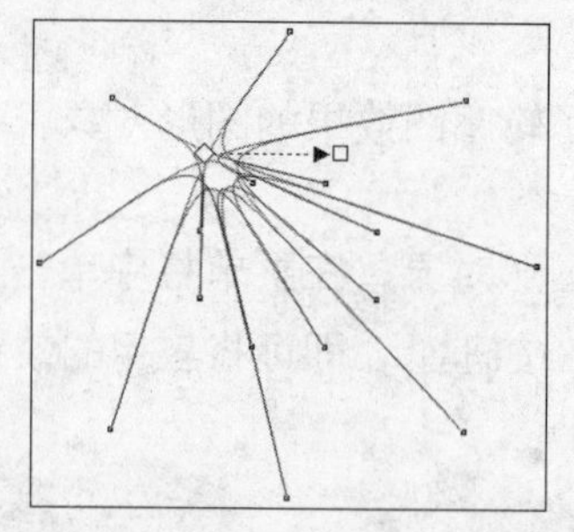

图8.33　移动中心点

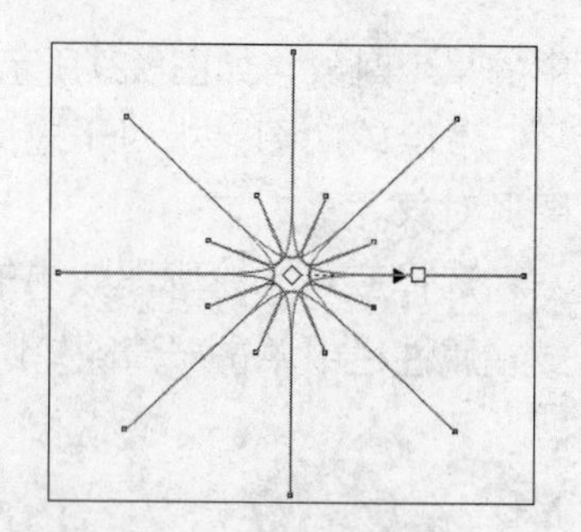

图8.34　中心变形

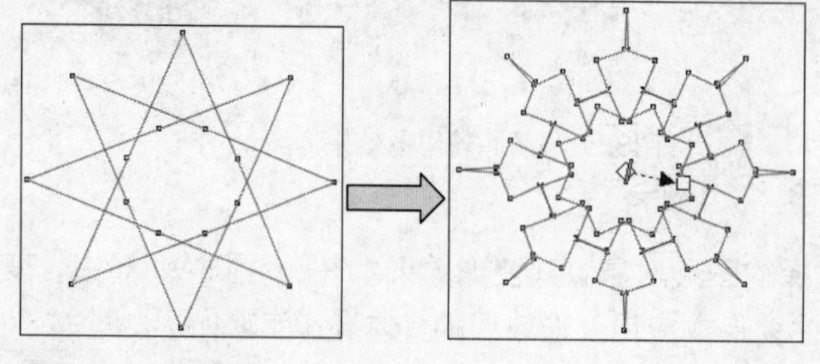

图8.35　拉链变形

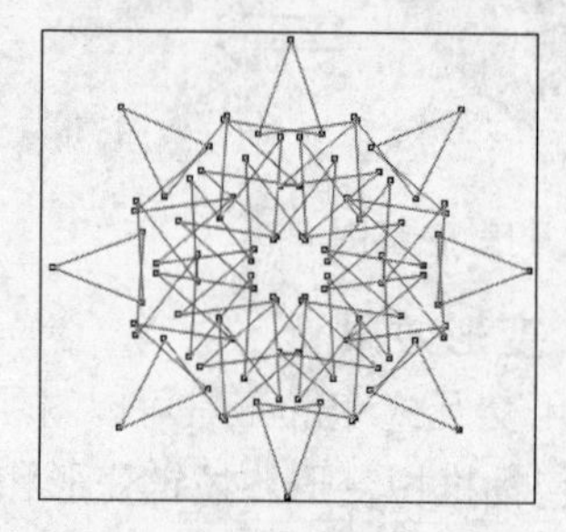

图8.36　设置拉链失真振幅后的效果

步骤09　在属性栏的“拉链失真频率”数值框 中输入需要的数值，效果如图8.37所示。

步骤10　在属性栏中分别单击“随机变形”按钮 、“平滑变形”按钮 和“局部变形”按钮 ，对象变形的效果如图8.38所示。

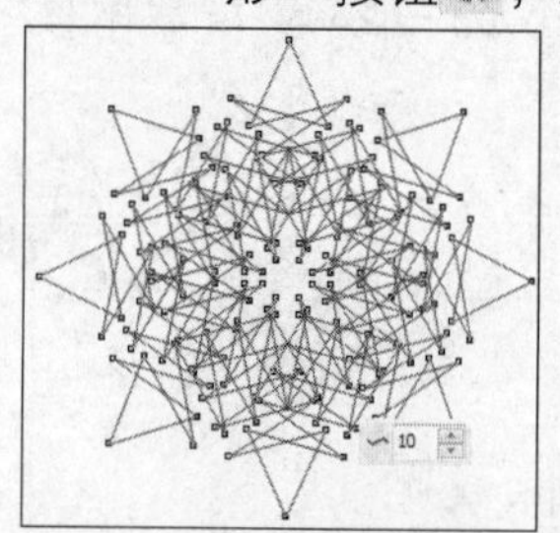

图8.37　设置拉链失真频率后的效果

图8.38　设置不同的变形效果

步骤11　单击“扭曲变形”按钮 ，在图形对象上按住鼠标左键不放并按顺时针或逆时针旋转，即可创建扭曲变形，如图8.39所示。

步骤12　在属性栏中单击“顺时针旋转”按钮 或“逆时针旋转”按钮 ，可以更改对象扭曲变形的旋转方向。

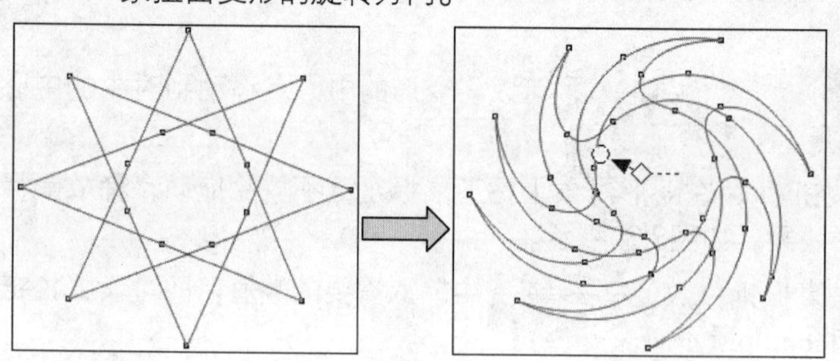

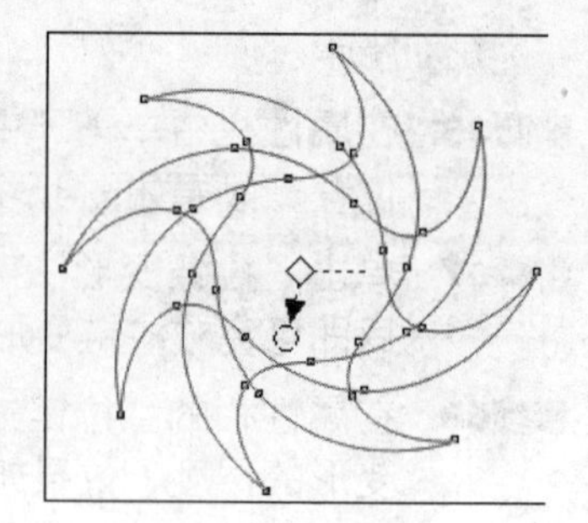

图8.39　扭曲变形

步骤13 在属性栏的“完全旋转”数值框 中输入数值，则可以设置对象围绕中心旋转的圈数，如图8.40所示。

步骤14 在属性栏的“附加角度”数值框 中输入数值，则可以设置对象旋转的角度，如图8.41所示。

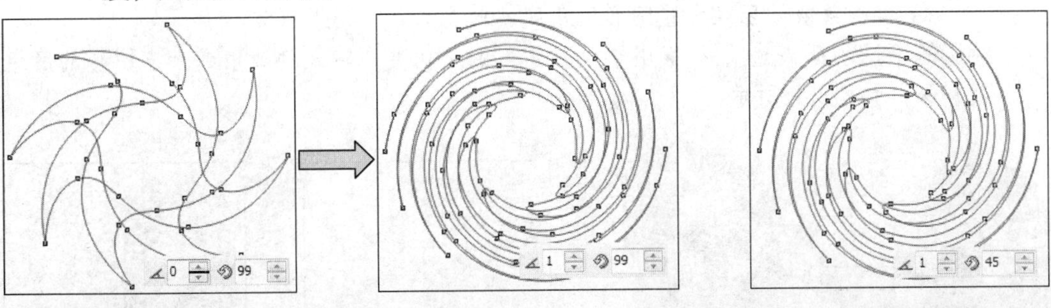

图8.40 完全旋转

图8.41 设置附加角度

用户如果要清除对象的变形效果，可以通过在属性栏中单击“清除变形”按钮，或在菜单栏中单击“效果”→“清除变形”命令来实现。

4. 阴影效果

使用交互式阴影工具可以为图形对象添加阴影效果，从而产生立体感。下面将介绍交互式阴影工具的使用方法和技巧。

创建阴影

在CorelDRAW X4中，创建阴影效果的操作方法如下：在绘图窗口中绘制任意一个图形对象，并进行颜色填充，在工具箱中单击“交互式阴影工具”按钮，在图形对象上单击选中图形，按下鼠标左键不放并拖动至适当的位置，释放鼠标后即可查看对象的阴影效果，如图8.42所示。

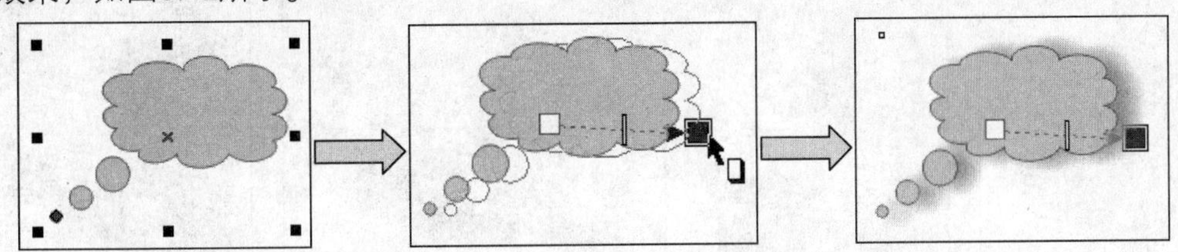

图8.42 创建阴影效果

编辑阴影

创建好阴影后，用户如果对阴影的效果不满意，可通过属性栏中的参数设置进行编辑。执行阴影效果后，属性栏如图8.43所示。

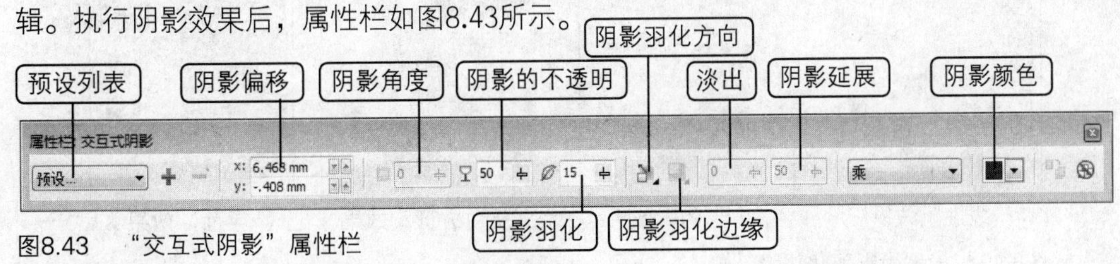

图8.43 “交互式阴影”属性栏

在该属性栏中，各参数选项的含义如下所示。

- **预设列表**：可在该选项的下拉列表中选择需要的阴影样式。
- **阴影偏移**：在该选项的文本框中输入数值，则可以设置阴影和图形对象之间的距离，如图8.44所示。
- **阴影角度**：将阴影效果中的中心点图标□拖动到对象的边缘上，在激活的文本框□31中输入数值，可以设置阴影的角度，效果如图8.45所示。
- **阴影的不透明**：该选项100用于设置阴影的透明度，输入的数值越大，阴影的颜色就越深，如图8.46所示。

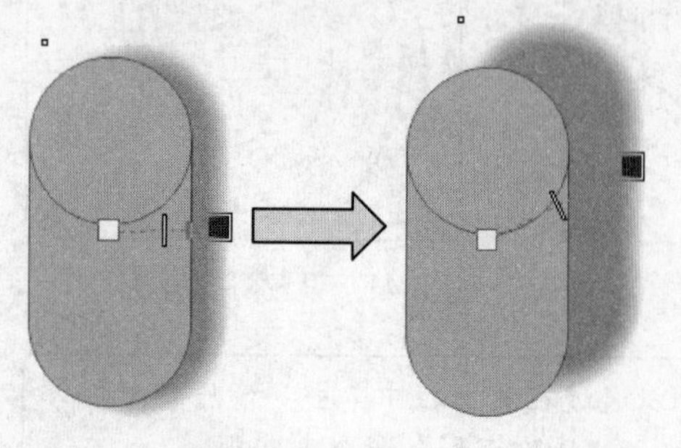

图8.44 阴影偏移

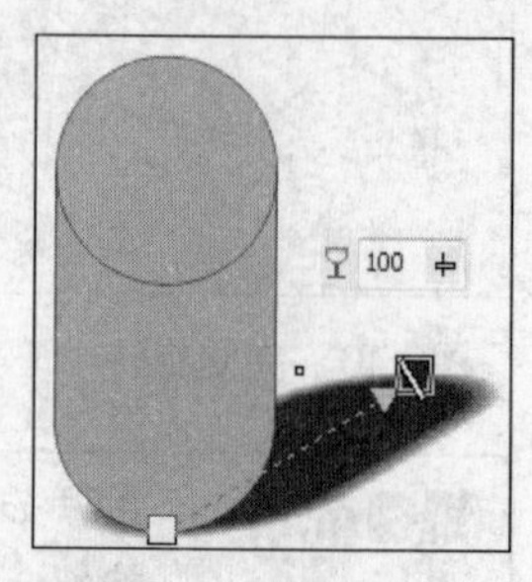

图8.45 阴影角度

图8.46 阴影的不透明

- **阴影羽化**：该选项60用于设置阴影边缘的羽化程度，从而产生柔和的边缘，如图8.47所示。
- **阴影羽化方向**：单击该选项按钮，在弹出的下拉列表中可以选择“内向”、“中间”、“向外”和“平均”中的任意一个阴影羽化方向，如图8.48所示。
- **阴影羽化边缘**：单击该选项按钮，在弹出的下拉列表中可以选择“线性”、“方形的”、“反白方形”和“平面”中的任意一个阴影羽化边缘效果，如图8.49所示。

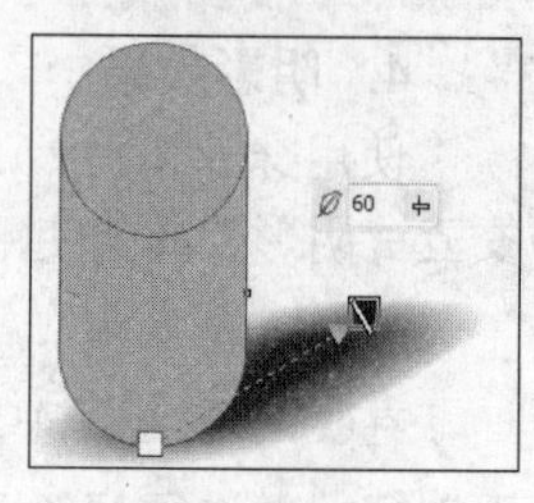

图8.47 阴影羽化

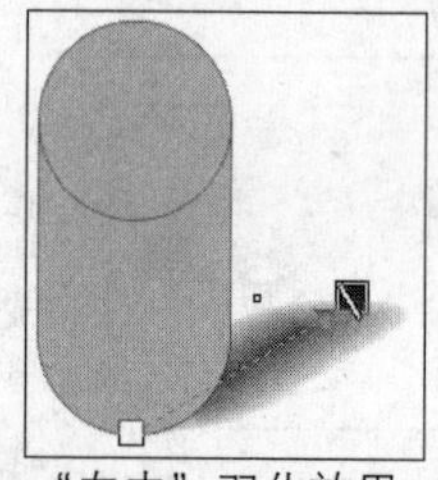

“向内”羽化效果

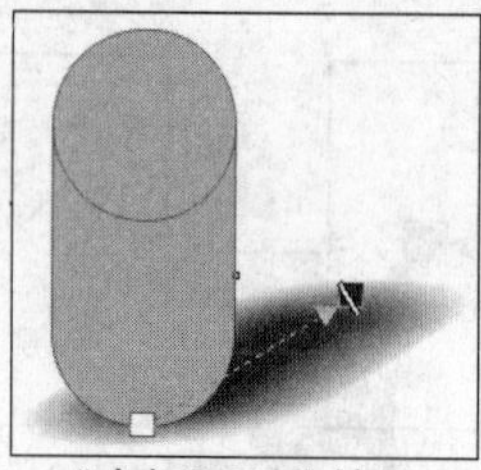

“中间”羽化效果

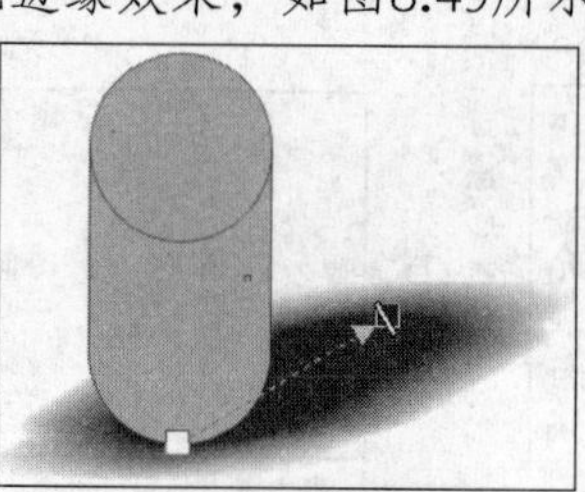

“向外”羽化效果

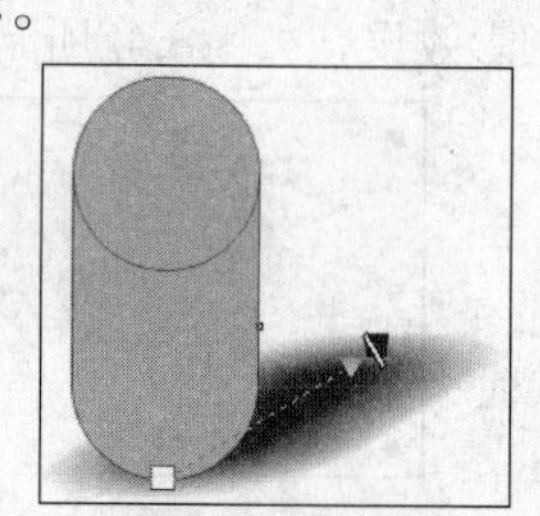

“平均”羽化效果

图8.48 设置阴影羽化方向

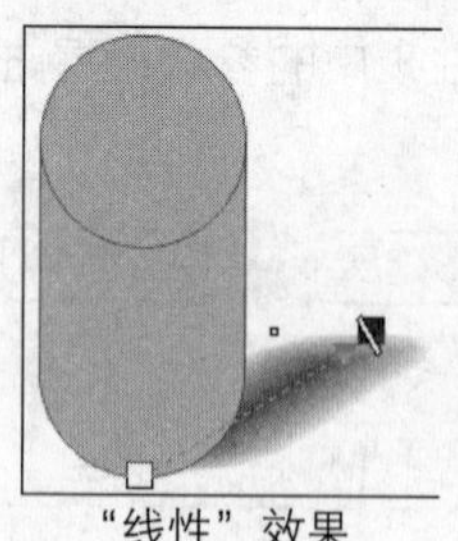

“线性”效果

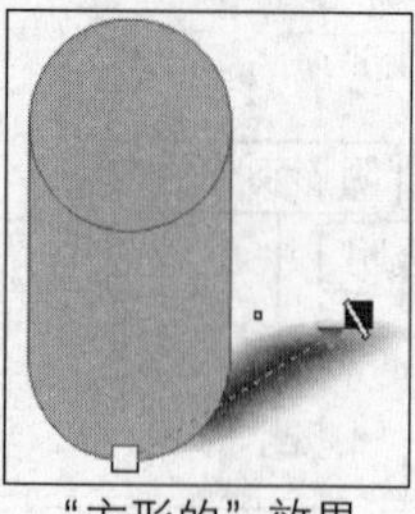

“方形的”效果

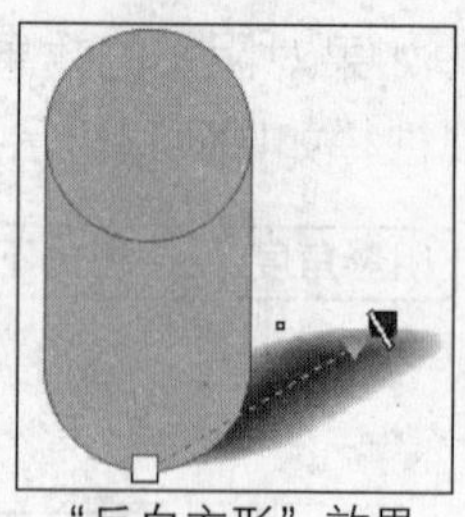

“反白方形”效果

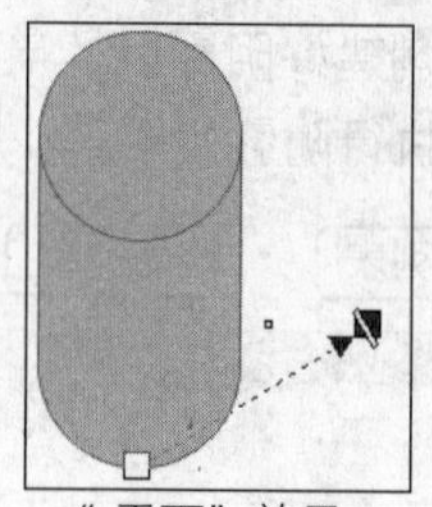

“平面”效果

图8.49 设置阴影羽化边缘

- **淡出：** 将阴影效果中的中心点图标□拖动到对象的边缘上，在激活的文本框中输入数值，可以设置阴影颜色的淡化效果，如图8.50所示。
- **阴影延展：** 在该选项的文本框中输入数值，可以设置阴影的拉伸距离，数值越大，阴影的长度就越长，如图8.51所。
- **阴影颜色：** 单击颜色块右侧的小三角按钮，在弹出的下拉列表中选择需要的颜色作为阴影颜色，如图8.52所示。

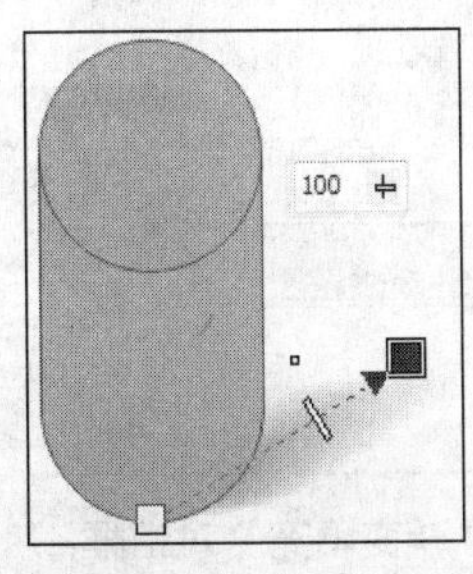

图8.50　设置淡出

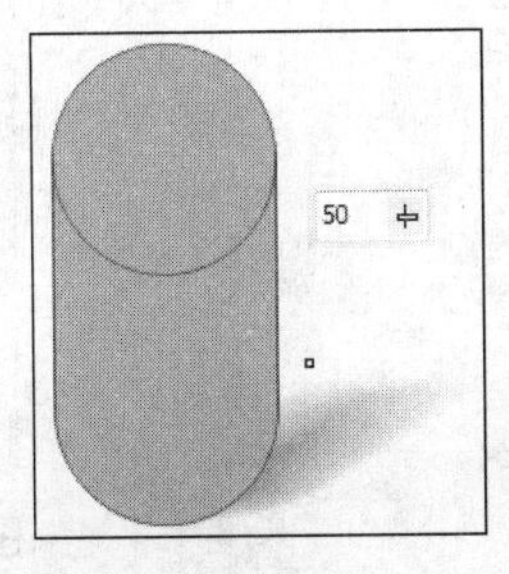

图8.51　阴影延展

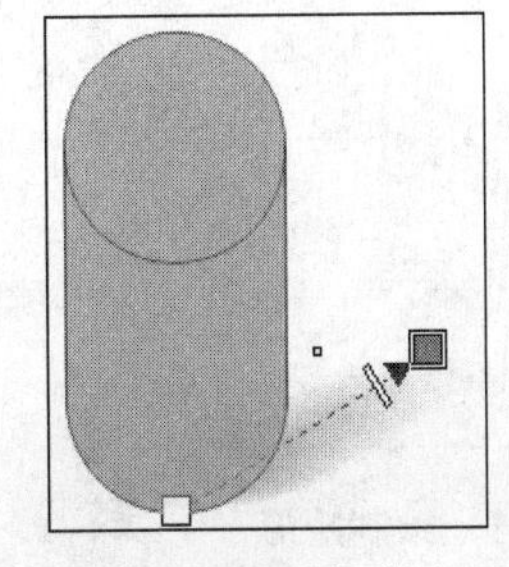

图8.52　阴影颜色

打散和清除阴影

在CorelDRAW X4中，打散和清除阴影的操作方法与交互式轮廓图工具中的有关操作方法类似，这里就不再赘述了。

8.1.2　典型案例——绘制发光字体

案例目标

本案例将制作文字发光效果，主要练习矩形工具、渐变填充、文本工具和交互式阴影工具的使用方法和技巧。制作完成后的最终效果如图8.53所示。

图8.53

效果图位置：\源文件\第8课\文字发光效果.cdr

操作思路：

步骤01　使用矩形工具绘制图形并渐变填充。

步骤02　使用文本工具输入文字并设置文本的属性。

步骤03　使用交互式阴影工具添加阴影并进行编辑。

其具体操作步骤如下所示。

步骤01 在工具箱中单击“矩形工具”按钮，在绘图窗口中绘制矩形，如图8.54所示。

步骤02 在工具箱中单击“填充”按钮，在展开的工具栏中单击“渐变填充”命令，将弹出“渐变填充”对话框，如图8.55所示。

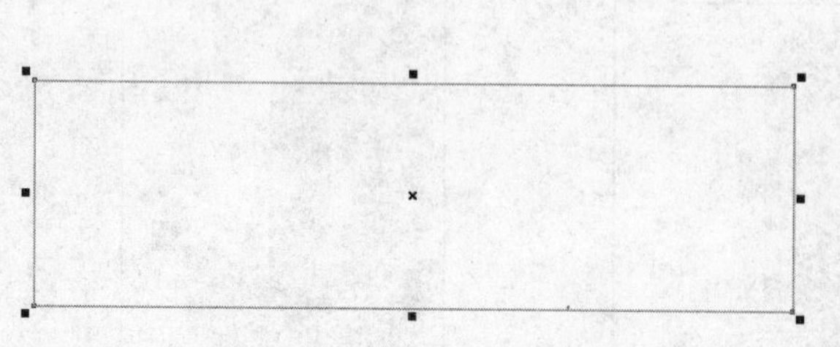

图8.54 绘制矩形

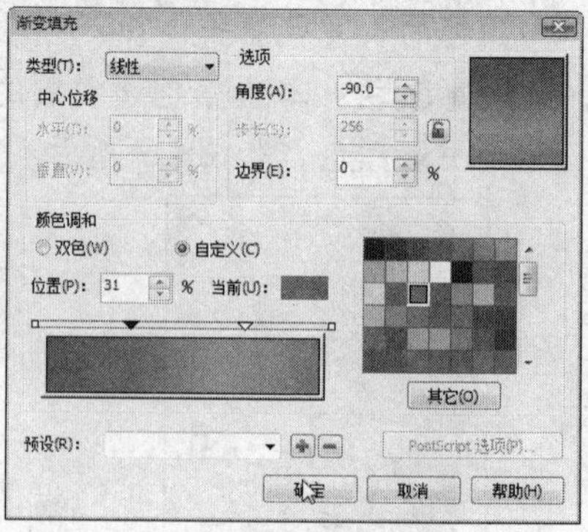

图8.55 “渐变填充”对话框

步骤03 在“选项”区域中设置“角度”为“-90.0”，在“颜色调和”选项区域中选择“自定义”单选项，设置“0%”位置的颜色为“C：60，M：40，Y：0，K：40”，“31%”位置的颜色为“C：60，M：60，Y：0，K：0”，“73%”位置的颜色为“C：0，M：60，Y：100，K：0”，“100%”位置的颜色为“C：0，M：100，Y：0，K：0”，然后单击“确定”按钮，效果如图8.56所示。

步骤04 在工具箱中单击“文本工具”按钮，在绘图窗口中输入文字，并在属性栏中设置字体为“Arial Black”，字体大小为“100pt”，颜色为“90%黑”，效果如图8.57所示。

图8.56 填充渐变

图8.57 输入文字

步骤05 在工具箱中单击“交互式阴影工具”按钮，在文字上添加阴影，如图8.58所示。

步骤06 在属性栏中设置阴影角度为“93”，阴影的不透明度为“90”，阴影羽化为“50”，羽化方向为“向外”，阴影羽化边缘为“反白方形”，淡出为“30”，透明度操作为“添加”，颜色为“C：0，M：0，Y：100，K：0”，如图8.59所示。

图8.58 添加阴影

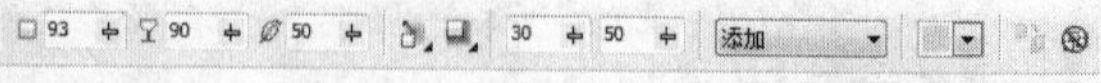

图8.59 属性栏

步骤07 设置完成后，得到的最终效果如图8.60所示。

图8.60　最终效果图

案例小结

本案例主要讲解了如何为创建好的文本添加阴影效果，并编辑阴影效果。对于本案例中未讲解的内容，读者可以参考“知识讲解”部分自行练习。

8.2 交互式工具（二）

8.1节中介绍了一部分交互式工具，下面将详细介绍其他交互式工具。

8.2.1 知识讲解

下面主要介绍交互式封套工具、交互式立体化工具、交互式透明工具和透镜工具的使用方法和技巧。

1. 封套效果

使用交互式封套工具可以将选中的图形对象进行简单变形。下面将详细介绍创建封套效果和编辑封套效果的操作方法。

创建封套效果

在CorelDRAW X4中，创建封套效果可以通过以下操作步骤来完成。

步骤01 在绘图窗口中选择需要的图形对象，如图8.61所示。

步骤02 在工具箱中单击“交互式封套工具”按钮，在属性栏中单击“封套的直线模式”按钮，然后移动控制框的控制点，为图形对象添加透视点，如图8.62所示。

步骤03 在属性栏中单击“封套的单弧模式”按钮，然后移动控制点，可以使封套线变为单弧线，如图8.63所示。

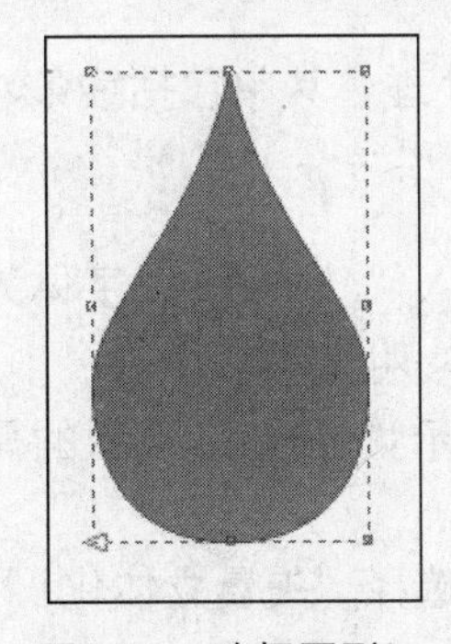

图8.61　选择图形

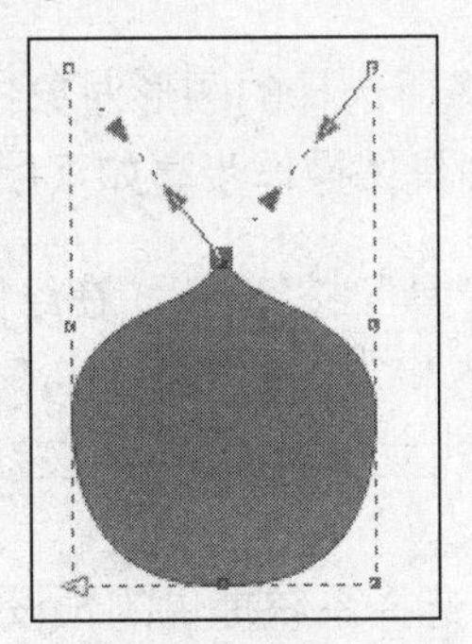

图8.62　封套的直线模式

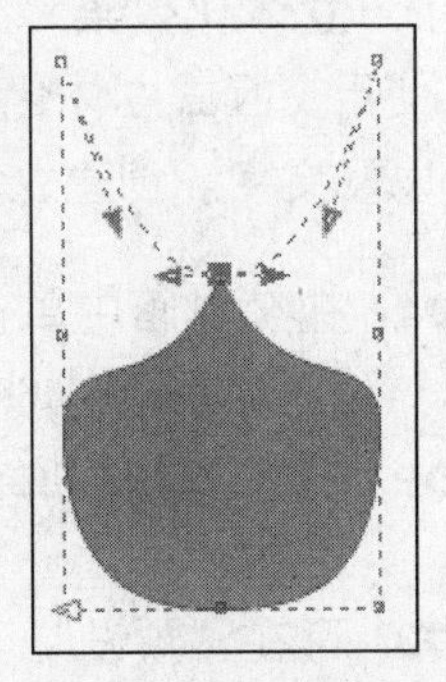

图8.63　封套的单弧模式

步骤04 在属性栏中单击“封套的双弧模式”按钮，然后移动控制点，可以使封套线变为S形，如图8.64所示。

步骤05 在属性栏中单击“封套的非强制模式”按钮，可以创建任意形式的封套，如图8.65所示。

步骤06 在属性栏中单击“预设”右侧的小三角按钮，可在弹出的下拉列表中选择需要的封套效果，如图8.66所示。

图8.64 封套的双弧模式

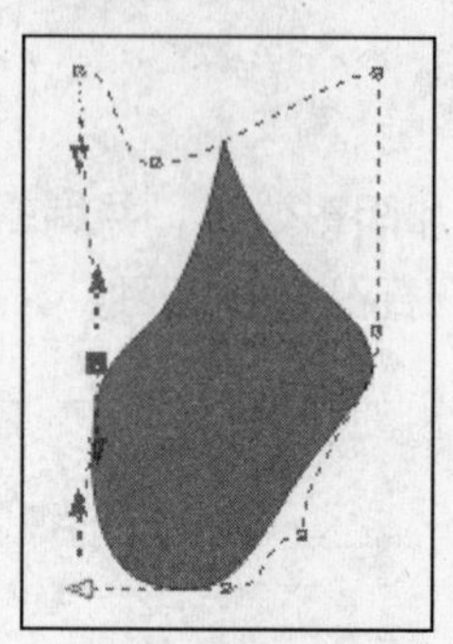

图8.65 封套的非强制模式

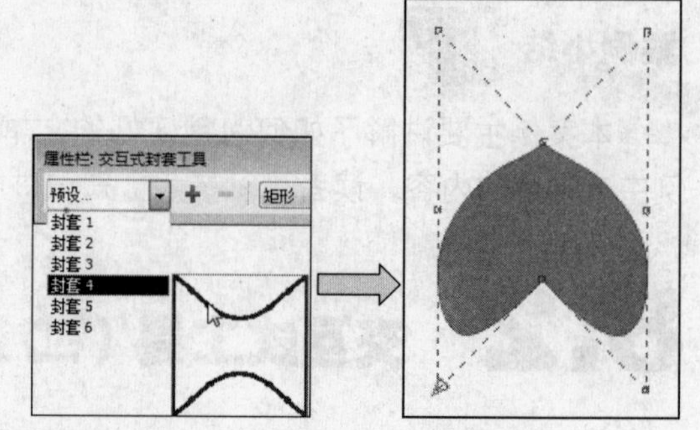

图8.66 封套预设列表

编辑封套效果

创建好封套效果后，用户可以对封套控制框的节点进行编辑。

在编辑封套的过程中，如果需要添加节点，则可通过以下几种方法实现：使用交互式封套工具选择带有封套的对象，将鼠标指针移动到控制框中需要添加节点的位置上，双击鼠标左键；在需要添加节点的位置单击鼠标，按下小键盘上的“+”键；在需要添加节点的位置单击鼠标，然后在属性栏中单击“添加节点”按钮。

如果要删除节点，则可通过以下几种方法实现：使用交互式封套工具选择带有封套的对象，然后使用鼠标左键双击节点；在需要删除的节点位置单击鼠标，按下“Delete”键；在需要删除的节点位置单击鼠标，然后在属性栏中单击“删除节点”按钮。

注意：在CorelDRAW X4中，还可以对指定的节点进行移动与更改节点类型的操作，其操作方法与使用形状工具编辑曲线节点的操作方法相同，这里就不再赘述了。

2. 立体化效果

使用交互式立体化工具可以将所选择的图形对象进行立体化处理，其中包括线条、图形以及文字。创建立体化效果的具体操作步骤如下所示。

步骤01 在工具箱中单击“文本工具”按钮，在绘图窗口中输入“A”，设置字体为“Cooper Black”，字体大小为“400pt”，然后填充颜色，如图8.67所示。

步骤02 在工具箱中单击“交互式立体化工具”按钮，将显示如图8.68所示的属性栏。

步骤03 可在“预设”下拉列表中选择系统提供的预设样式，这里选择“矢量立体化1”选项，效果如图8.69所示。

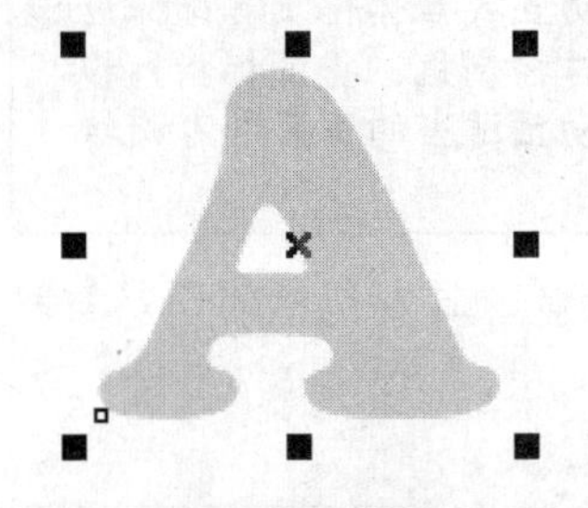

图8.67　输入文字

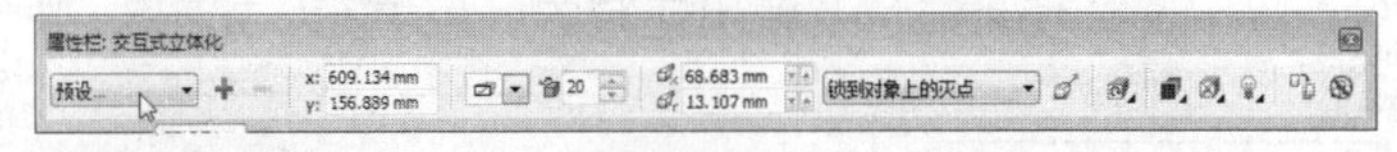

图8.68　“交互式立体化”属性栏

步骤04　在属性栏的“立体化类型”下拉列表中选择所需的一种立体化类型，如图8.70所示。

步骤05　在属性栏的“深度”数值框中输入数值，就可以调整立体化效果的纵深深度，输入的数值越大，深度就越大，如图8.71所示。

图8.69　选择预设样式

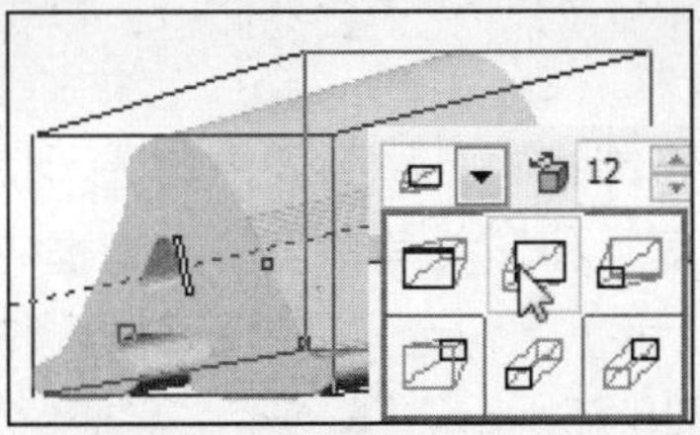

图8.70　选择立体化类型

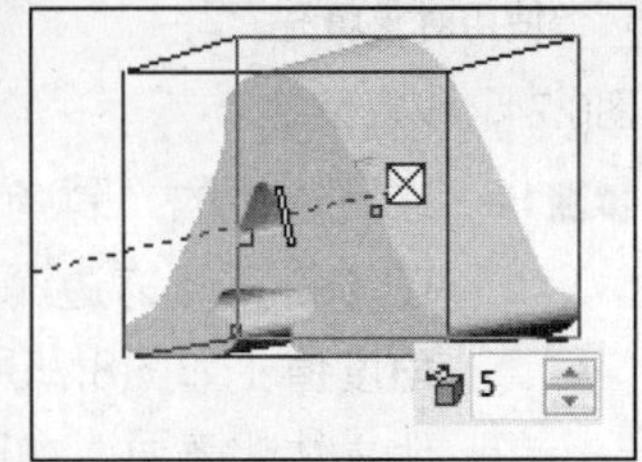

图8.71　设置深度

步骤06　在图形对象应用立体化效果后，箭头指示的“×”点叫做灭点。在属性栏的“灭点坐标”选项中输入“X”和“Y”的坐标值，即可设置灭点坐标的位置，如图8.72所示。

步骤07　在属性栏的“灭点属性”下拉列表中可以选择对象灭点的属性。其中，选择“锁到对象上的灭点”选项，则移动对象时，对象灭点和立体化效果将会随之改变；选择“锁到页上的灭点”选项，则移动对象时，灭点位置保持不变，对象的立体化效果将随之改变；选择“复制灭点，自”选项，则鼠标指针变成形状，可以将立体化对象的灭点复制到另一个立体对象上；选择“共享灭点”选项，则单击其他立体化对象，可使多个对象共同享有一个灭点。

步骤08　在属性栏的“立体方向”下拉列表框中按下鼠标左键不放并拖动，立体化对象的效果也随之改变，如图8.73所示，

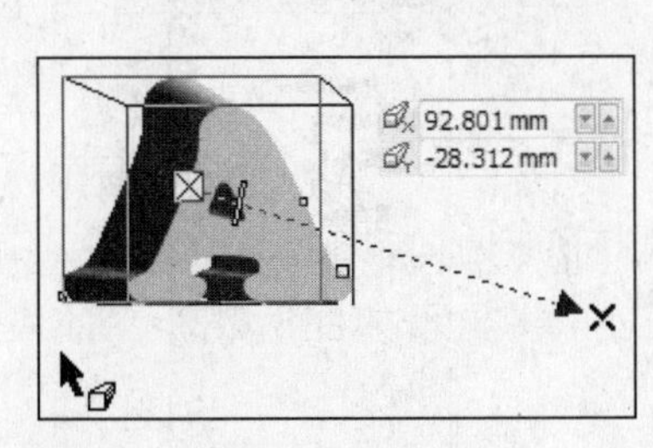

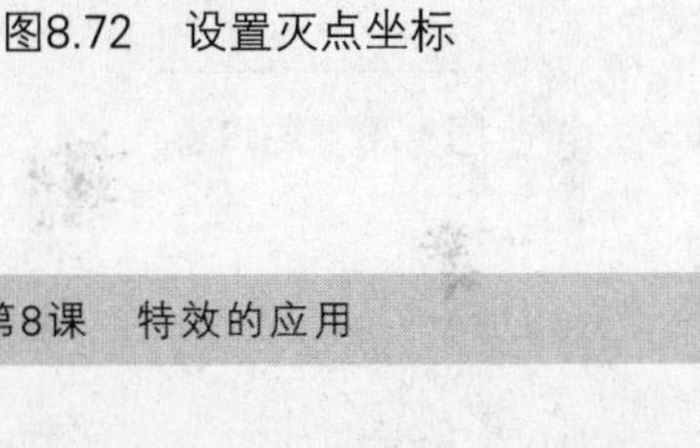

图8.72　设置灭点坐标

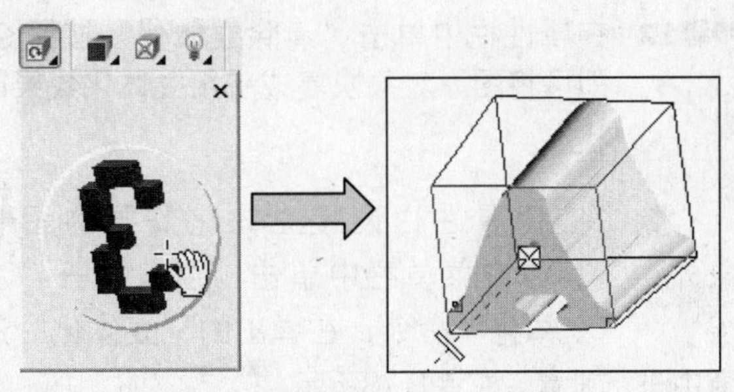

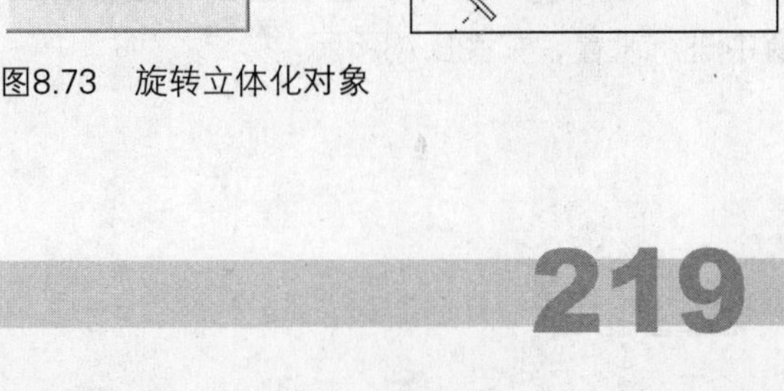

图8.73　旋转立体化对象

旋转立体化对象还可以通过如下方法实现：使用交互式立体化工具选择应用立体化效果的对象，然后单击对象，显示出旋转控制框，将鼠标指针移动到旋转控制框的内部，按下鼠标左键不放并拖动至适当的位置即可旋转图形对象。

步骤09 在属性栏的“颜色”下拉列表中设置立体化效果的颜色，其中包括使用对象填充、使用纯色及使用递减的颜色填充，如图8.74所示。

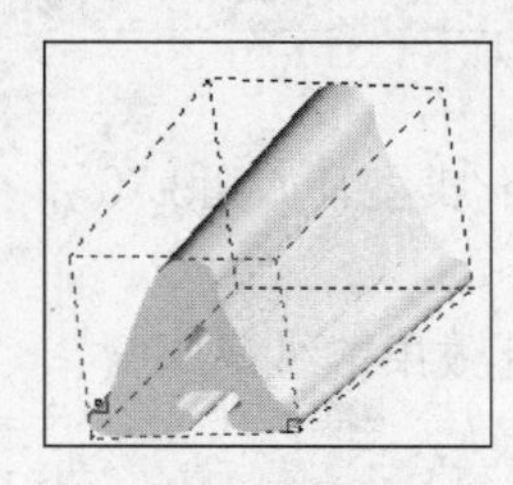

使用对象填充

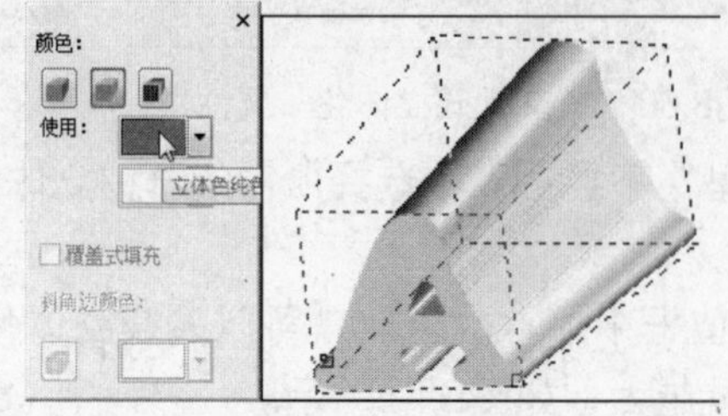

使用纯色填充

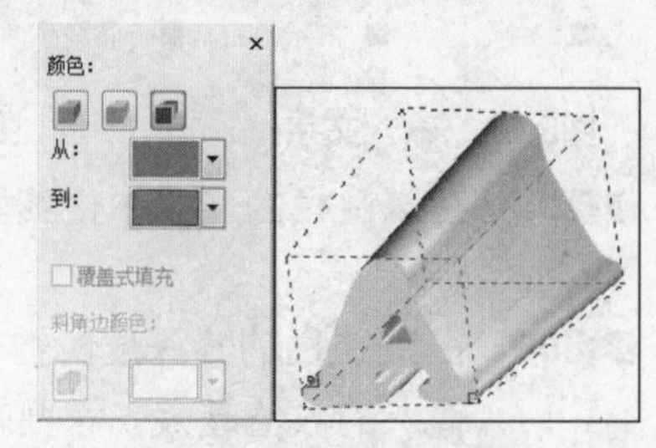

使用递减的颜色填充

图8.74　设置颜色

步骤10 在属性栏的“斜角修饰边”下拉列表中勾选“使用斜角修饰边”复选框，然后在“斜角修饰边深度”和“斜角角度”文本框中输入数值，设置斜角的深度和角度值（如图8.75所示）；勾选“只显示斜角修饰边”复选框，则隐藏对象的其他立体化表面，如图8.76所示。

步骤11 在属性栏的“照明”下拉列表中调整立体化的灯光效果，如图8.77所示。

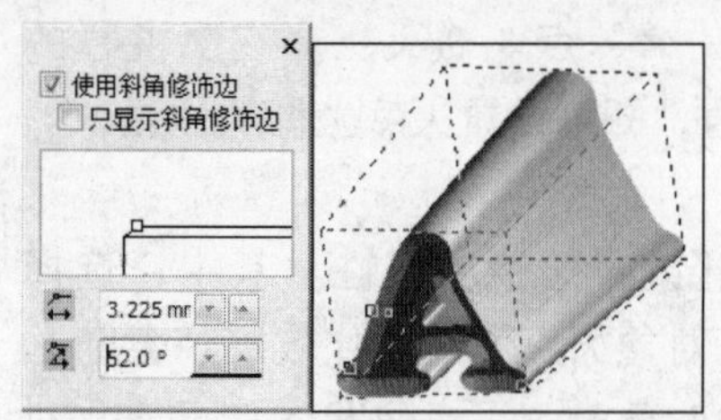

图8.75　设置斜角修饰边

图8.76　立体化表面效果

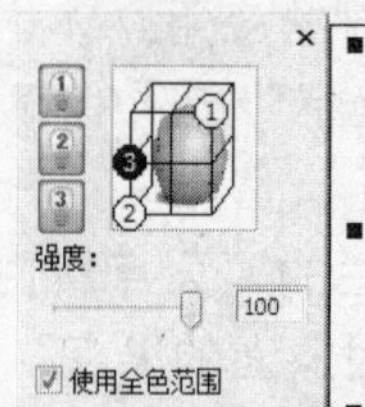

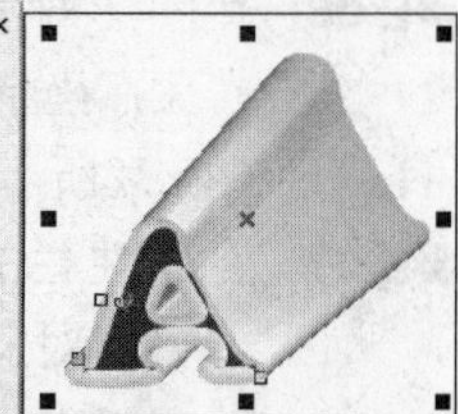

图8.77　设置照明

注意

在“照明”下拉列表中单击“光源”按钮，在其右侧的显示框中将显示出光源的标记，然后使用鼠标拖动该标记至新的位置，可以改变光照的方向；拖动“强度”滑块，可以设置光照的强度；勾选“使用全色范围”复选框，则可以创建出更加逼真的阴影效果。

步骤12 在属性栏中单击“清除立体化”按钮，即可将图形对象恢复成应用立体化效果前的状态。

除了应用属性栏设置立体化效果的图形对象外，还可以在菜单栏中单击“窗口”→“泊坞窗”→“立体化”命令，在弹出的“立体化”泊坞窗中进行设置，如图8.78所示。

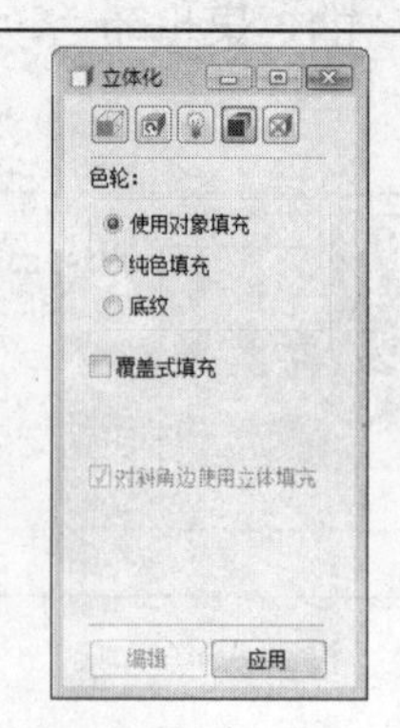

图8.78　泊坞窗

3. 透明效果

使用交互式透明工具可以为位图和矢量图添加透明效果。在CorelDRAW X4中，创建交互式透明效果的具体操作步骤如下所示。

步骤01 导入一张素材图片“01.jpg”，然后在图像上绘制一个矩形，并填充颜色，如图8.79所示。

步骤02 在工具箱中单击“交互式透明工具”按钮，在属性栏（如图8.80所示）的“透明度类型”下拉列表中选择需要的选项，然后设置其参数，如图8.81所示。

图8.79　导入素材

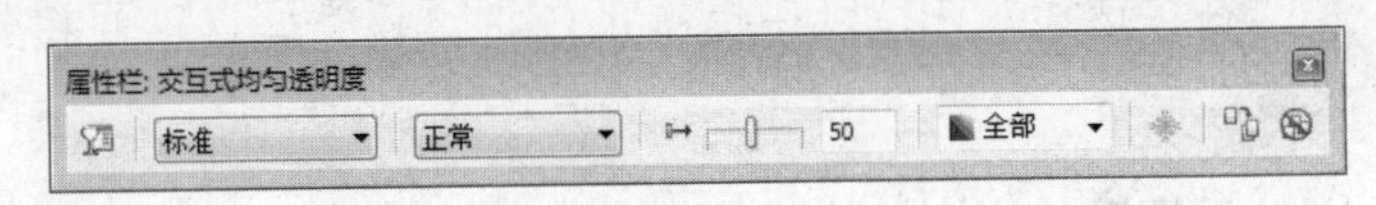

图8.80　“交互式均匀透明度”属性栏

标准透明效果

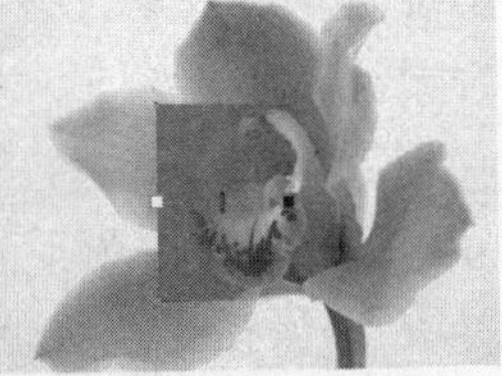

渐变透明效果

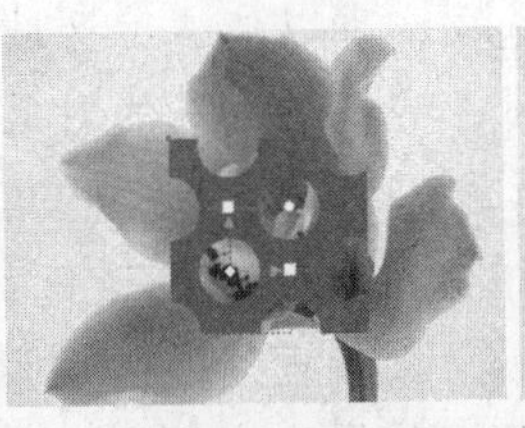

图样透明效果

底纹透明效果

图8.81　各种类型的透明效果

用户如果要编辑透明效果，就可以根据所选择的透明度类型的不同来设置不同的参数选项。

4. 透镜效果

在CorelDRAW X4中，所有的透镜效果都可以通过“透镜”泊坞窗来实现。透镜效果用于改变对象的视觉效果，但不改变对象本身。

创建透镜效果

创建透镜效果的具体操作步骤如下所示。

步骤01 导入素材图片“02.jpg”，然后在图像上绘制一个图形对象并填充颜色，如图8.82所示。

步骤02 在菜单栏中单击“效果”→“透镜”命令，在弹出的“透镜”泊坞窗中选择“透镜类型”，这里选择“使明亮”选项，如图8.83所示。

在“透镜”泊坞窗中设置完成后，如果“应用”按钮处于锁定状态，则表示所做的透镜效果将直接应用于对象上；如果处于解锁状态，则需要单击“应用”按钮将所做的透镜效果应用到对象上。

图8.82　导入素材

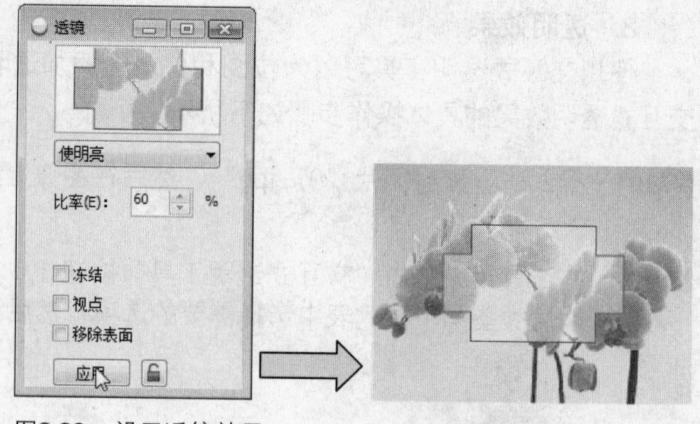

图8.83　设置透镜效果

透镜类型

在“透镜”泊坞窗中提供了12种透镜类型，下面将分别介绍这些透镜的作用和参数设置。

- **无透镜效果：**该选项用于取消当前应用的透镜效果。
- **使明亮：**选择该选项，可以使透镜区域下的对象变亮或变暗，其中，在“比率”数值框中输入正值时，透镜区域下的对象将变亮；输入负值时，透镜区域下的对象将变暗，如图8.84所示。
- **颜色添加：**选择该选项，可以将透镜的颜色与透镜区域下对象的颜色进行混合显示。其中，“比率”数值框用于控制颜色的添加程度，数值为“0”时，无颜色添加，透镜显示无色；数值为“100”时，颜色添加到最大程度。在“颜色”下拉列表中选择添加到透镜的颜色，如图8.85所示。

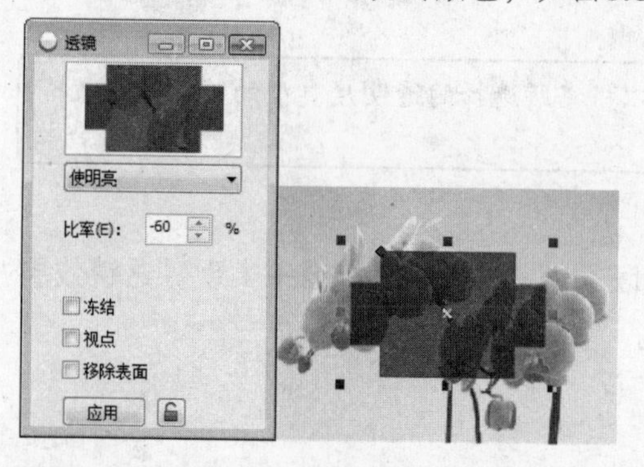

图8.84　“使明亮”透镜效果

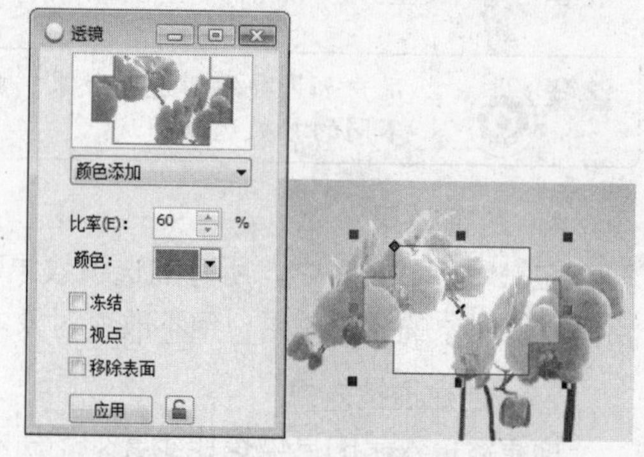

图8.85　“颜色添加”透镜效果

- **色彩限度：**选择该选项，将只允许黑色和透镜本身的颜色通过，透镜区域下对象中的白色和其他颜色将被转换为透镜颜色。在“比率”数值框中输入数值，可以指定透镜的浓度；可在“颜色”下拉列表中选择透镜的限制颜色，如图8.86所示。
- **自定义彩色图：**选择该选项，可以将透镜下方对象区域的所有颜色设置为指定的两种颜色范围之间的颜色。在“直接调色板”下拉列表中可以选择颜色变化的路径；在“从”和“到”下拉列表中可以选择颜色范围的起始色和结束色，如图8.87所示。

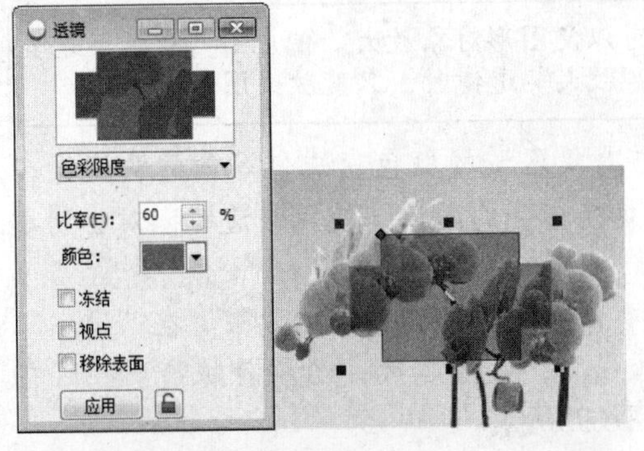

图8.86 “色彩限度”透镜效果

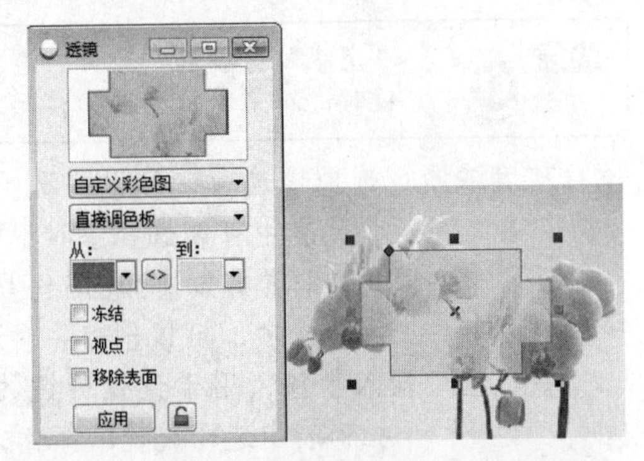

图8.87 “自定义彩色图”透镜效果

- **鱼眼**：选择该选项，可以根据指定的百分比例放大或缩小透镜下方的对象区域。在“比率”数值框中输入0~100之间的数值，可以放大对象区域；输入-1~-100之间的数值，可以缩小对象区域，如图8.88所示。
- **热图**：选择该选项，可以通过在透镜下方对象区域模仿颜色的冷暖等级来创建红外图像的效果。可在“调色板旋转”数值框中输入数值，用于控制颜色的冷暖程度。数值为“0”或“100”时，透镜下的冷色显示白色或青色；数值为“50”时，透镜下的冷色显示为红色，如图8.89所示。

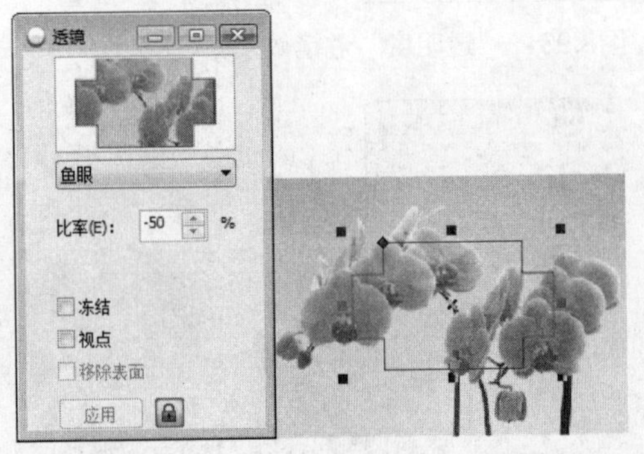

图8.88 “鱼眼”透镜效果

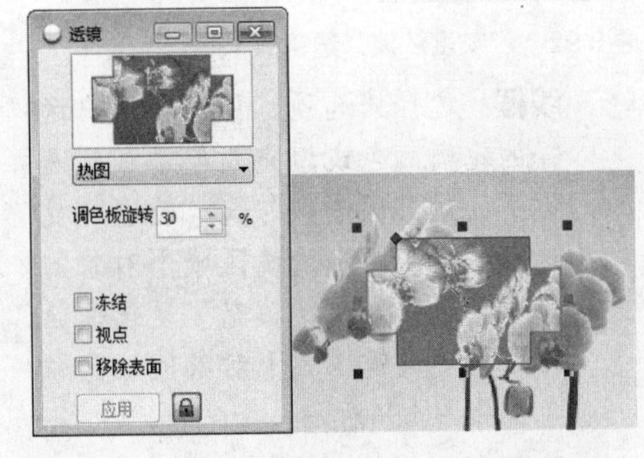

图8.89 “热图”透镜效果

- **反显**：选择该选项，可以将透镜下的颜色变成其互补的CMYK颜色，如图8.90所示。
- **放大**：选择该选项，可以按指定的数量放大对象上的某个区域。在“数量”数值框中输入数值，可以用于设置对象放大的倍数，如图8.91所示。

图8.90 “反显”透镜效果

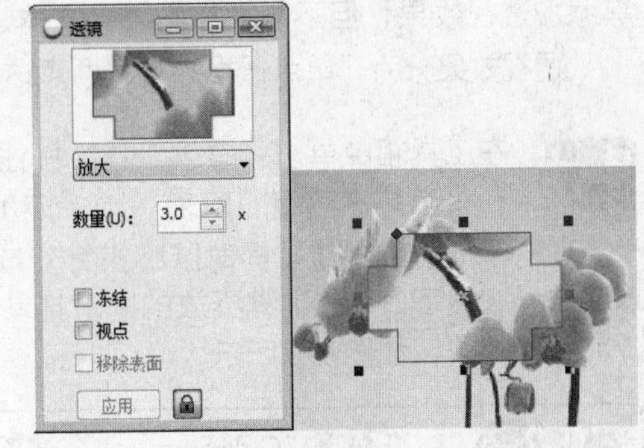

图8.91 “放大”透镜效果

"鱼眼"透镜和"放大"透镜都可以使图形对象放大。但应用"鱼眼"透镜时，对象会产生变形；而应用"放大"透镜时，只能放大图形对象。

- **灰度浓淡**：选择该选项，可以将透镜下方对象区域的颜色变成其等值的灰度。在"颜色"下拉列表中可以选择一种颜色来替换透镜的颜色，使用该透镜，对于创建深褐色色调效果非常有效，如图8.92所示。
- **透明度**：选择该选项，可以创建一种透过有色胶片或玻璃看图的效果。在"比率"数值框中输入数值，用于设置透镜的透明程度，数值越大，透镜就越透明。可在"颜色"下拉列表中选择透镜的颜色，如图8.93所示。

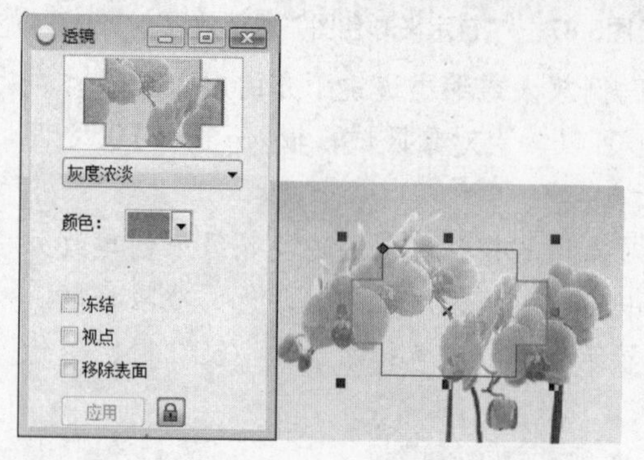

图8.92 "灰度浓淡"透镜效果

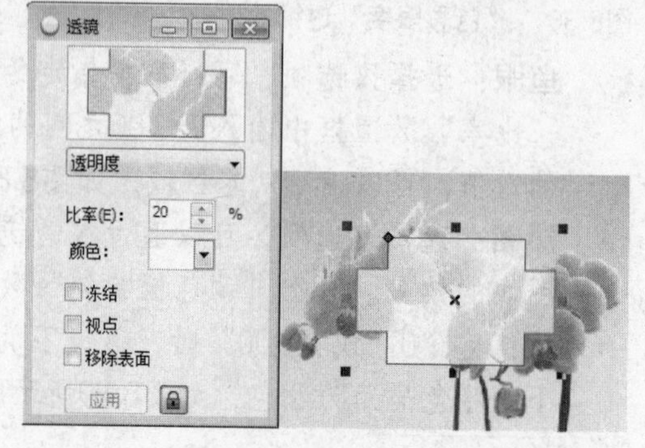

图8.93 "透明度"透镜效果

- **线框**：选择该选项，可以将用户选择的轮廓颜色或填充颜色添加到透镜下的对象区域。勾选"轮廓"复选框，可以指定透镜区域下对象的轮廓颜色；勾选"填充"复选框，可以指定透镜区域下对象的填充颜色，如图8.94所示。

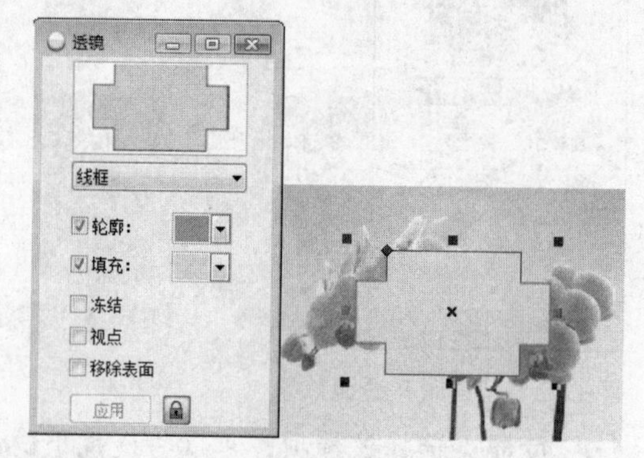

图8.94 "线框"透镜效果

5. 透视效果

在CorelDRAW X4中可以为图形对象创建透视效果，从而使图像产生距离感和深度感。透视效果可以添加到对象或群组对象，还可以为轮廓图、调和、立体化图形等添加透视效果，但不能添加到段落文本、位图和符号中。

透视效果分为"单点透视"和"两点透视"。创建透视效果的具体操作方法如下所示。

步骤01 在工具箱中单击"螺纹工具"按钮，在绘图窗口中绘制螺纹，如图8.95所示。

步骤02 在菜单栏中单击"效果"→"添加透视"命令，这时图形对象的四周将显示带4个节点的网格，同时鼠标指针变成形状，如图8.96所示。

步骤03 在按下"Ctrl"键不放的同时拖动节点，沿水平或垂直方向移动，创建单点透视效果，如图8.97所示。

在按下"Ctrl+Shift"组合键不放的同时移动节点，可以使对应的节点沿相反的方向移动相同的距离，从而创建等距的单点透视效果，如图8.98所示。

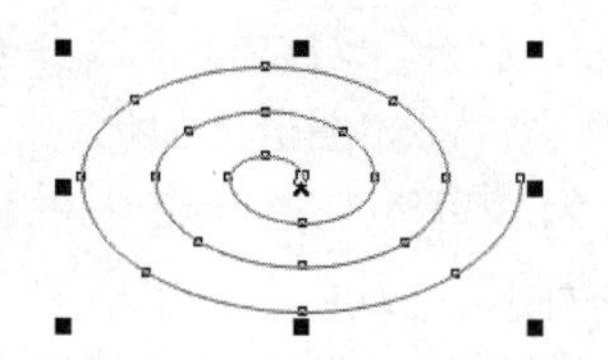

图8.95　绘制螺纹

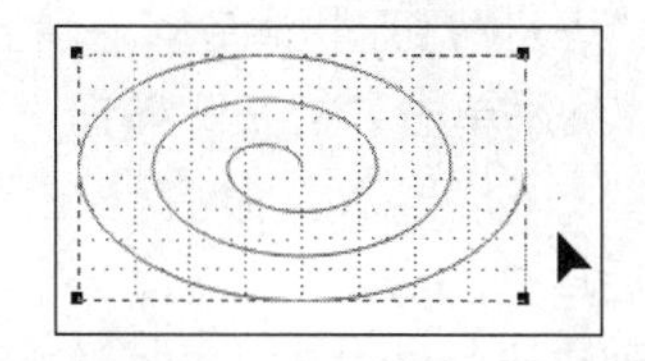

图8.96　显示网格

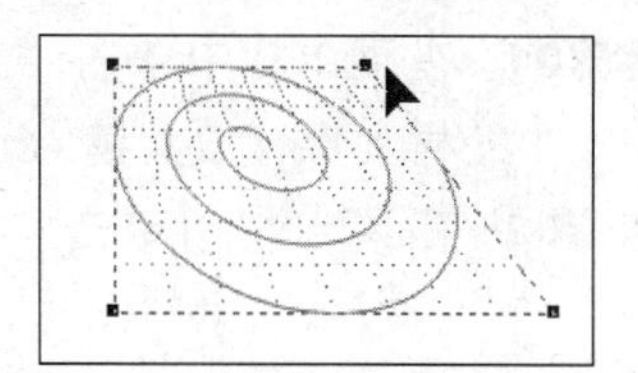

图8.97　创建单点透视效果

步骤04　将鼠标指针移动到网格的节点上，按住鼠标左键不放并任意拖动，释放鼠标后即可创建两点透视效果，如图8.99所示。

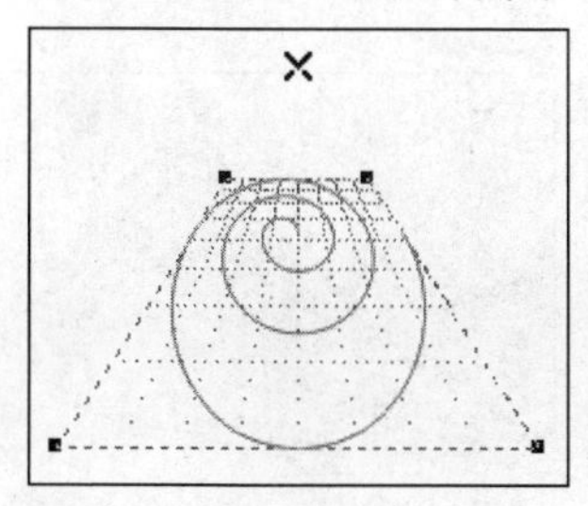

图8.98　创建等距的单点透视效果

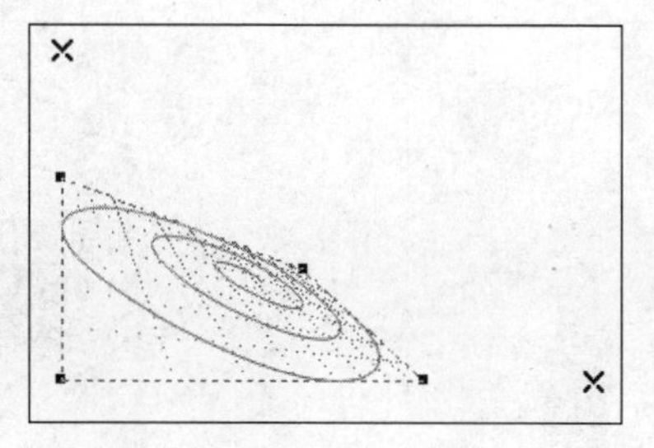

图8.99　创建两点透视效果

步骤05　在工具箱中单击“形状工具”按钮，单击应用透视效果的对象，然后在透视网格上移动节点，即可编辑图形的透视效果。

步骤06　在工具箱中单击“挑选工具”按钮，选择透视对象，在菜单栏中单击“效果”→“清除透视点”命令即可清除透视效果。

8.2.2　典型案例——制作放大效果

案例目标

本案例将制作放大的效果，主要练习“透镜”泊坞窗中“放大”透镜类型的使用方法和技巧。制作完成后的最终效果如图8.100所示。

图8.100　最终效果图

素材位置：\素材\第8课\放大镜.cdr、报纸.jpg

效果图位置：\源文件\第8课\放大效果.cdr

操作思路：

步骤01　打开素材图片。
步骤02　取消群组，然后执行“放大”透镜效果。

操作步骤

其具体操作步骤如下所示。

步骤01 在菜单栏中单击“文件”→“打开”命令，在弹出的“打开”对话框中选择素材文件“放大镜.cdr”，然后单击“打开”按钮，打开文件，如图8.101所示。

步骤02 在菜单栏中单击“文件”→“导入”命令，在弹出的“导入”对话框中选择“报纸”素材图片，然后单击“导入”按钮，导入素材图片，如图8.102所示。

步骤03 将“放大镜.cdr”移动到该素材图片的上方，如图8.103所示，单击鼠标右键，在弹出的快捷菜单中选择“顺序”→“置于此对象前”命令，然后单击该素材图片，并进行旋转、移动操作。

图8.101 放大镜

图8.102 素材图片

图8.103 移动放大镜

步骤04 选择放大镜图形，单击鼠标右键，在弹出的快捷菜单中选择“取消群组”命令，然后选择放大镜中白色的区域（镜片区域），如图8.104所示。

步骤05 在菜单栏中单击“效果”→“透镜”命令，将弹出“透镜”泊坞窗，在“透镜类型”下拉列表中选择“放大”选项，在“数量”数值框中设置数值为“2”，如图8.105所示。

步骤06 取消选择后，得到的最终效果如图8.106所示。

图8.104 选择放大镜镜片

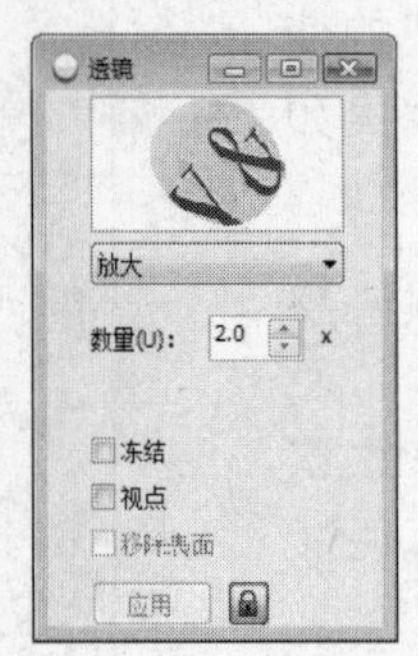

图8.105 “透镜”泊坞窗

图8.106 放大效果

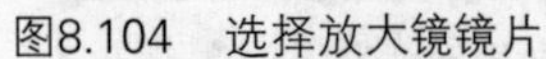

案例小结

本案例主要通过“放大”透镜来制作放大的效果。对于透镜效果中未练习到的知识，读者可以根据“知识讲解”部分自行练习。

8.3 上机练习

8.3.1 绘制底片效果

本次上机练习将制作底片效果，主要练习“反显”透镜的使用方法和技巧。制作完成后的最终效果如图8.107所示。

素材位置：\素材\第8课\03.jpg

效果图位置：\源文件\第8课\底片效果.cdr

操作思路：

步骤01 导入素材图片。

步骤02 使用矩形工具绘制与素材图片同样大小的矩形，填充为白色。

步骤03 打开“透镜”泊坞窗，执行“反显”透镜命令。

8.3.2 绘制质感按钮

本次上机练习将制作质感按钮，主要练习矩形工具、形状工具、交互式调和工具、交互式透明工具和交互式阴影工具的使用方法和技巧。制作完成后的最终效果如图8.108所示。

图8.107 底片效果

图8.108 质感按钮

效果图位置：\源文件\第8课\按钮.cdr

操作思路：

步骤01 使用矩形工具绘制矩形。

步骤02 使用形状工具将图形对象调整为圆角矩形。

步骤03 复制两个圆角矩形，选择其中一个复制的圆角矩形，调整其大小，设置原图形的颜色为“绿松石”，缩小后的图形对象颜色为“朦胧绿”，移除轮廓线。

步骤04 使用交互式调和工具，在原图形对象和缩小的图形对象之间进行调和。

步骤05 选择另外一个圆角矩形，然后绘制矩形，框选两个图形对象，然后单击“移除前面对象”按钮。

步骤06 填充为白色并移除轮廓线，然后使用交互式透明工具绘制效果。

步骤07 使用文本工具输入文字，并设置字体为“Arial Black”，字体大小为“48pt”，然后框选所有的图形对象，进行群组。

步骤08 使用交互式阴影工具为绘制的图形对象添加阴影效果。

8.4 疑难解答

问：在调和对象时，可以将调和对象的顺序进行反转吗?

答：可以。对图形对象执行调和操作后，选择该对象，单击鼠标右键，在弹出的快捷菜单中选择“顺序”→“反转顺序”命令，即可将调和的对象进行反转。

问：执行交互式变形工具后，属性栏中的“添加新的变形”按钮具有什么作用?

答：在对对象执行变形效果后，单击属性栏中的“添加新的变形”按钮，则可以将当前选中的图形对象作为一个新的图形对象进行变形。

问：在编辑封套效果时，为什么不能对节点进行编辑?

答：使用交互式封套工具选择带有封套的对象，在属性栏中单击“封套的非强制模式”按钮后，才可以对节点进行编辑操作。

8.5 课后练习

选择题

1 使用（ ）工具可以让矢量图形之间产生形状、颜色、轮廓以及尺寸上的平滑变化。

A. 交互式调和　　B. 交互式轮廓图

C. 交互式封套　　D. 交互式变形

2 在CorelDRAW X4中，变形效果包括（ ）。

A. 推拉变形　　B. 自由变换变形

C. 拉链变形　　D. 扭曲变形

3 下面的( )类型在“透镜”泊坞窗中提供。

A. 反显　　B. 鱼眼

C. 使明亮　　D. 颜色限度

4 使用“透视”命令可以使图形对象产生（ ）效果。

A. 单点透视　　B. 两点透视

C. 三点透视　　D. 四点透视

问答题

1 简述如何为图形对象添加阴影效果。

2 创建好封套效果后，应该如何编辑封套效果?

3 简述如何对图形对象添加渐变透明效果。

上机题

1 使用文本工具、“透视”命令、交互式立体化工具绘制立体字，制作完成后的最终效果如图8.109所示。

效果图位置：\源文件\第8课\立体字.cdr

操作思路：

步骤01 使用文本工具绘制文本，并设置文本的字体和字体大小。

步骤02 使用“透视”命令绘制透视效果。

步骤03 使用交互式立体化工具创建立体效果，并设置立体字的颜色和照明。

2 任意绘制一个图形对象，然后对其执行标准透明、渐变透明、图样透明和底纹透明的透明效果。

图8.109 绘制立体字

第9课

位图和滤镜处理

▼ 本课要点

导入位图的方法

编辑位图

调整位图的颜色和色调

特效滤镜的使用

▼ 具体要求

掌握位图转换成矢量图的方法

掌握位图颜色和色调的调整方法

掌握滤镜的使用方法

▼ 本课导读

在CorelDRAW X4中同样可以对位图进行特殊效果的处理，且毫不逊色于专业的图像处理软件。通过对本课的学习，读者不仅可以掌握位图的导入、编辑以及调整方法，还可以使用滤镜制作出各种特殊的效果，为平面设计添加很多艺术色彩。

9.1 导入位图

在CorelDRAW X4中，对位图进行编辑之前，必须将位图导入到绘图窗口中，然后才能对其进行编辑和处理。

9.1.1 知识讲解

在CorelDRAW X4中，可以方便地将矢量图转换为位图，并对位图进行调整。下面将详细讲解位图的导入和转换。

1．导入位图

导入位图的方法主要有两种，一种是在菜单栏中单击“文件”→“导入”命令来导入位图，另一种是直接单击工具栏中的“导入”按钮导入位图。导入位图的具体操作步骤如下。

步骤01 在菜单栏中单击“文件”→“导入”命令，弹出“导入”对话框。

步骤02 在弹出的“导入”对话框中选择需要导入的位图，然后单击“导入”按钮，即可将选择的整幅位图导入到页面中，如图9.1所示。

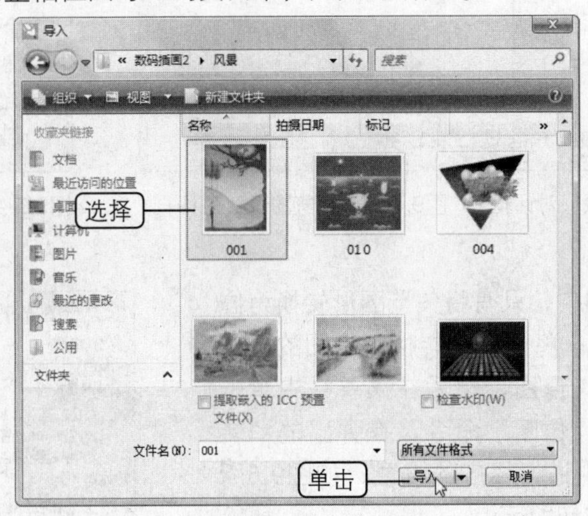

图9.1 “导入”对话框

单击“导入”按钮右侧的黑色小三角，在打开的下拉菜单中包含5个选项，分别是“导入”、“导入为外部链接的图像”、“使用OPI将输出导入为高分辨率文件”、“重新取样并装入”和“裁剪并装入”，如图9.2所示。这5个选项的具体含义如下。

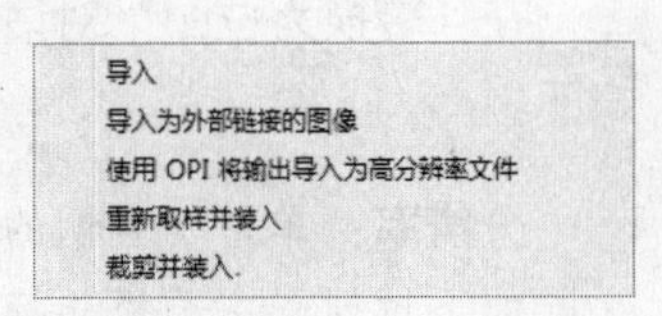

图9.2 下拉选项

- **导入：**选择该选项，可以导入全部位图。
- **导入为外部链接的图像：**选择该选项，可以从外部链接位图，而不是将它嵌入到文件中。
- **使用OPI将输出导入为高分辨率文件：**选择该选项，可以将低分辨率版本的TIFF文件或Scitex连续色调插入到文档中。低分辨率版本的文件使用高分辨率的图像链接，此图像位于开放式预印界面（OPI）服务器。

- **重新取样并装入：**选择该选项，即可弹出“重新取样图像”对话框，如图9.3所示。在该对话框中可以对图形进行重新取样。
- **裁剪并装入：**选择该选项，即可弹出“裁剪图像”对话框，如图9.4所示。在该对话框中可以对图像进行裁剪。在该对话框中可以通过直接拖动节点对图像进行裁剪，如图9.5所示，也可以在数值框中输入数值来进行裁剪，设置完成后，单击“确定”按钮即可得到裁剪后的图像。

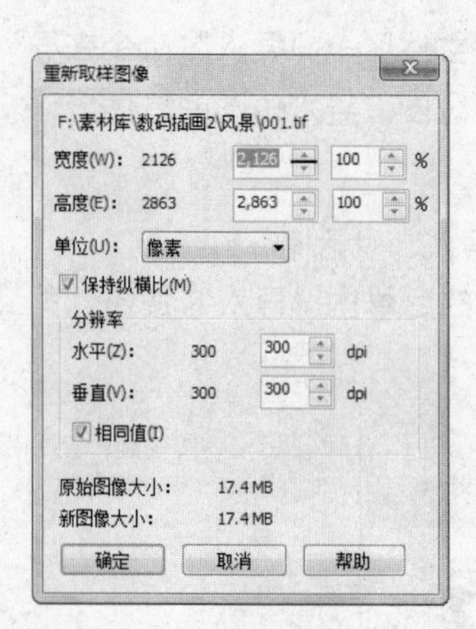

图9.3 “重新取样图像”对话框　图9.4 “裁剪图像”对话框　图9.5 拖动节点

2. **转换为位图**

在CorelDRAW X4中，只有将矢量图形转换为位图后才能使用滤镜 。将矢量图转换为位图的方法很简单，只须选择矢量图，然后在菜单栏中单击“位图”→“转换为位图”命令，在弹出的“转换为位图”对话框中进行相应的设置，如图9.6所示，单击“确定”按钮即可。

在“转换为位图”对话框中，各项参数的含义如下。

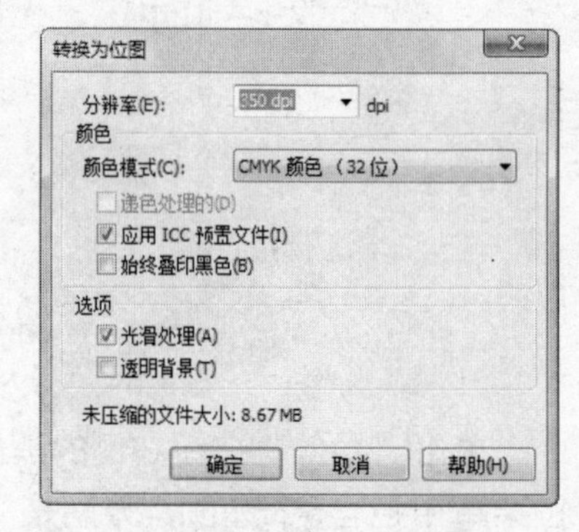

图9.6 “转换为位图”对话框

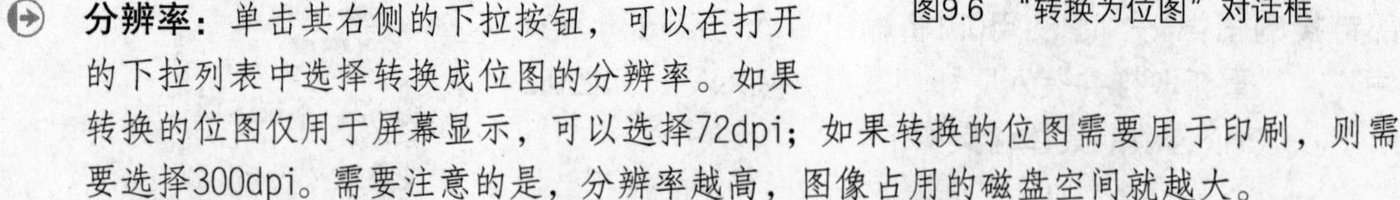

- **分辨率：**单击其右侧的下拉按钮，可以在打开的下拉列表中选择转换成位图的分辨率。如果转换的位图仅用于屏幕显示，可以选择72dpi；如果转换的位图需要用于印刷，则需要选择300dpi。需要注意的是，分辨率越高，图像占用的磁盘空间就越大。
- **颜色模式：**单击其右侧的下拉按钮，即可在打开的下拉列表中选择转换成位图的颜色模式和颜色位数。
- **递色处理的：**勾选该复选框，可以增强色彩的转换，提高颜色的转换效果。
- **应用ICC预置文件：**勾选该复选框，将应用国际颜色委员会（ICC）预置文件，使设备与颜色空间的颜色标准化。

- **光滑处理**：勾选该复选框，可以将转换后的位图边缘更平滑。
- **透明背景**：勾选该复选框，可以将转换后的位图背景透明。

3. 变换位图的颜色模式

CorelDRAW X4中预置了多种颜色模式，在菜单栏中单击“位图”→“模式”命令，打开如图9.7所示的子菜单，在此可以选择需要转换的颜色模式。

黑白

黑白模式可以将图像转换成两种颜色，即白色和黑色，没有灰度级。在该模式下可以清楚地显示位图的线条，这种模式比较适用于艺术线条和一些层次简单的图形。将位图转换为黑白模式，其具体操作步骤如下所示。

步骤01 在菜单栏中单击“位图”→“模式”→“黑白（1位）”命令，弹出如图9.8所示的“转换为1位”对话框。

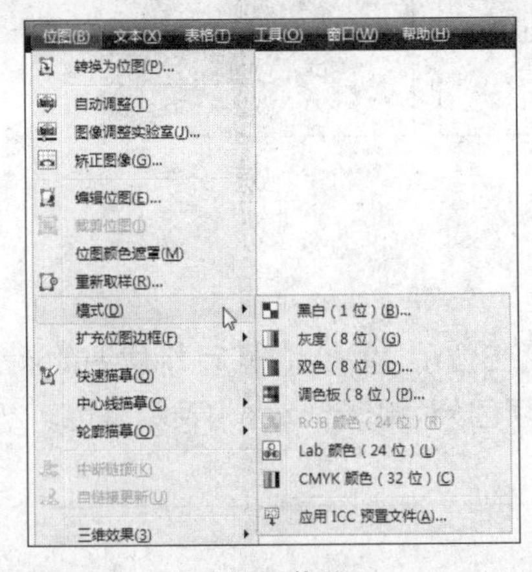

图9.7 “模式”子菜单

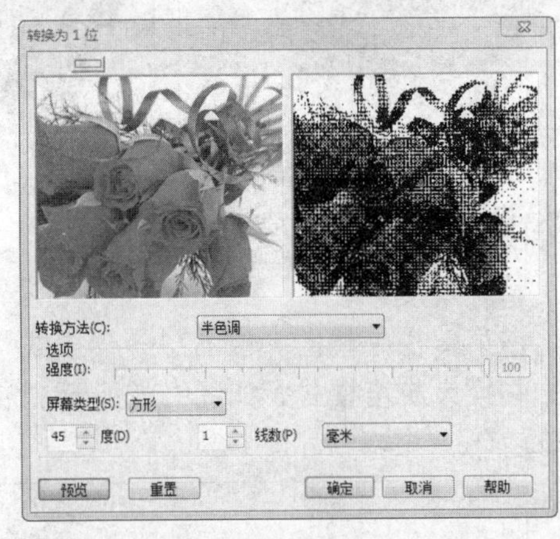

图9.8 “转换为1位”对话框

步骤02 在“转换方法”下拉列表框中选择“线条图”选项，然后拖动“阈值”滑块设置预置参数，如图9.9所示。

步骤03 设置完参数后，单击“确定”按钮即可。位图转换为黑白模式后的效果如图9.10所示。

图9.9 设置参数

图9.10 设置后的效果

在“转换方法”下拉列表框中选择不同的转换方式，位图的黑白效果各有不同。选择不同的转换方法后显示的黑白效果如图9.11所示。

顺序

Jarvis

Stucki

Floyd-Steinberg

半色调

基数分布

图9.11　不同转换方法的效果

灰度

在菜单栏中单击“位图”→“模式”→“灰度（8位）”命令，即可将位图的颜色模式转换为灰度模式，如图9.12所示。灰度模式将颜色分为0~256级，0表示黑色，256表示白色。

图9.12　转换为灰度模式

双色

双色模式包括单色调、双色调、三色调和四色调4种类型，用户可以使用1~4种颜色创建图像色彩。在菜单栏中单击“位图”→“模式”→“双色（8位）”命令，即可弹出如图9.13所示的“双色调”对话框。在“类型”下拉列表框中，可以选择双色模式的类型，如图9.14所示。

“双色调”对话框中包括“曲线”和“叠印”两个选项卡，在“曲线”选项卡中可以设置灰度级的色调类型和色调曲线弧度，其中各选项参数的含义如下。

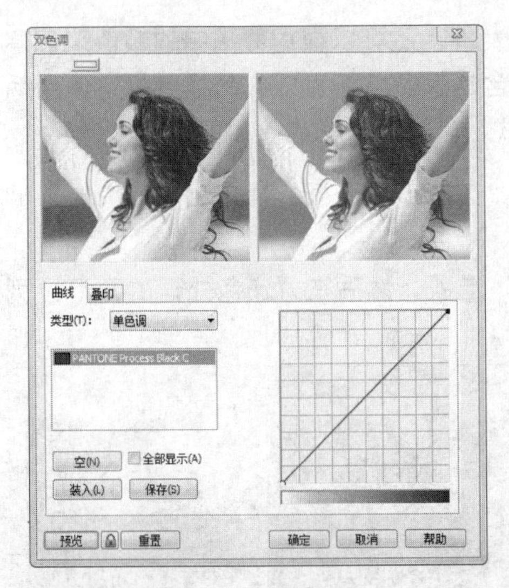

图9.13 “双色调”对话框

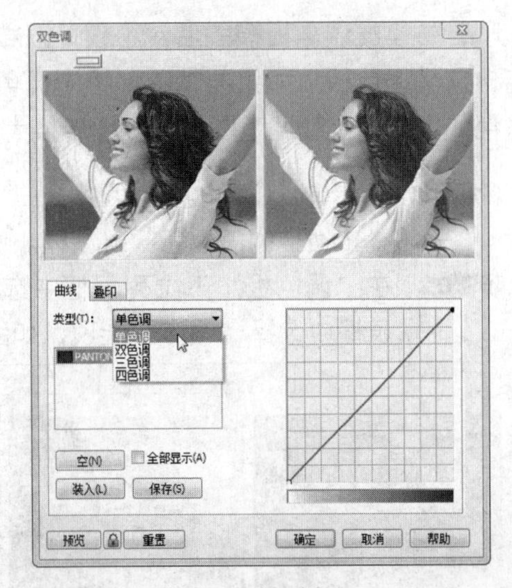

图9.14 “类型”下拉列表

- **空：**单击该按钮，可以使色调曲线编辑窗口中保持模式的未编辑状态。
- **全部显示：**勾选该复选框，可以显示目前色调类型中的所有色调曲线。
- **装入：**单击该按钮，即可弹出“加载双色调文件”对话框，在该对话框中可以选择程序为用户提供的双色调设置样本。
- **保存：**单击该按钮，可以保存目前的双色调设置。
- **预览：**单击该按钮，可以在“双色调”对话框中预览图像效果。
- **重置：**单击该按钮，可以恢复对话框的默认状态。

在“双色调”对话框中设置好所有的参数后，如图9.15所示，单击“确定”按钮，图像效果如图9.16所示。

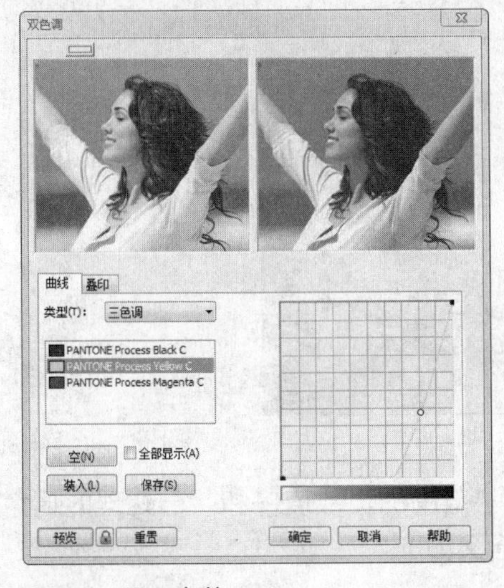

图9.15 设置参数

图9.16 设置“三色调”后的效果

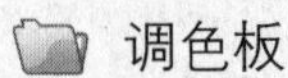 调色板

调色板模式最多能使用256种颜色来保存和显示图像。系统提供了不同的调色板类

型，转换成调色板模式后，不仅可以减少文件的大小，还可以根据位图中的颜色来创建自定义调色板。如果要精确地控制调色板中所包含的颜色，还可以在转换时指定使用颜色的数量和灵敏度范围。将位图转换为调色板模式，其具体操作步骤如下所示。

步骤01 在菜单栏中单击“位图”→“模式”→“调色板”命令，弹出如图9.17所示的“转换至调色板色”对话框。

步骤02 在“调色板”下拉列表框中选择“黑体”选项，然后在“递色处理的”下拉列表框中选择“顺序”选项，如图9.18所示。

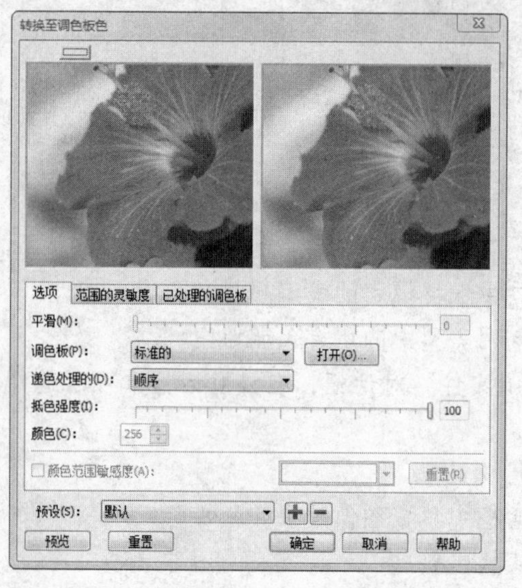

图9.17 “转换至调色板色”对话框

图9.18 设置参数

步骤03 设置完成后单击“确定”按钮，选择“调色板”模式后，图像效果的前后对比如图9.19所示。

图9.19 图像前后效果对比

“转换至调色板色”对话框包含“选项”、“范围的灵敏度”和“已处理的调色板”3个选项卡。其中，“选项”选项卡的各选项含义如下。

- **平滑**：拖动滑块，可以设置颜色过渡的平滑程度。
- **调色板**：在其下拉列表框中，可以选择调色板的类型。
- **递色处理的**：在其下拉列表框中，可以选择图像抖动的处理方式。

- **颜色：** 在该数值框中可以设置位图的颜色数量。只有在“调色板”下拉列表框中选择“适应性”或“优化”类型时，该数值框才可用。

切换到“范围的灵敏度”选项卡，可以在该选项卡中设置转换过程中某种颜色的灵敏度，如图9.20所示。切换到“已处理的调色板”选项卡，可以查看目前调色板中所包含的颜色，如图9.21所示。

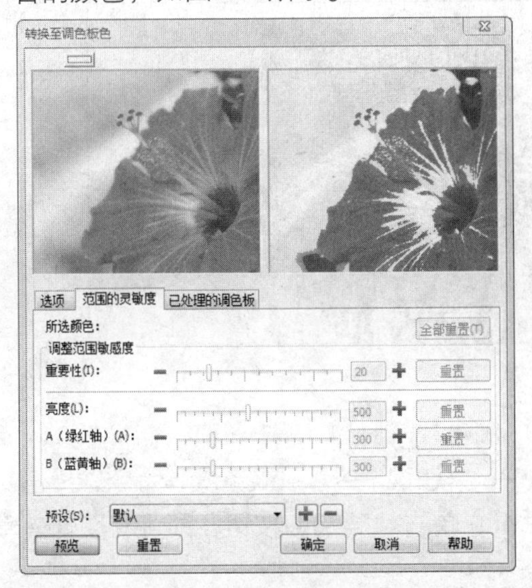

图9.20 “范围的灵敏度”选项卡

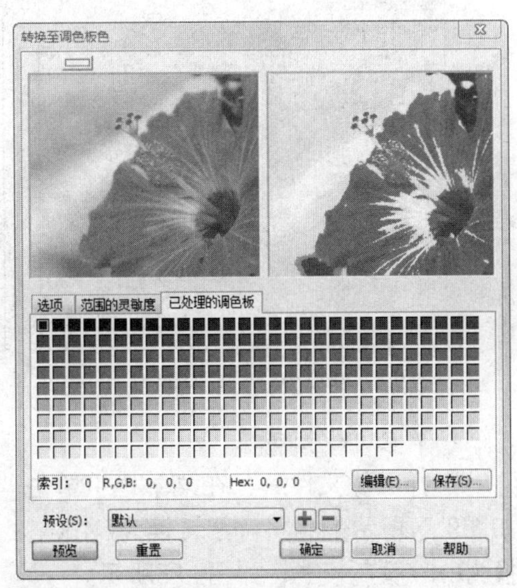

图9.21 “已处理的调色板”选项卡

RGB颜色

在菜单栏中单击“位图”→“模式”→“RGB颜色”命令，可以将CMYK色彩模式的图像转换为RGB颜色模式，如图9.22所示。

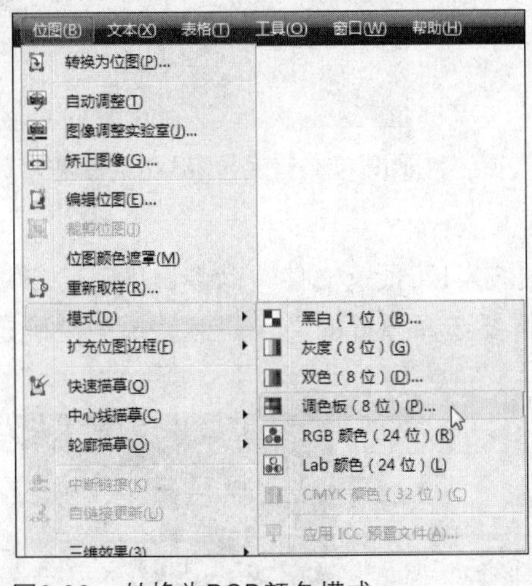

图9.22 转换为RGB颜色模式

如果导入的位图文件为RGB格式，则不能执行转换为RGB颜色模式的命令。同理，其他的颜色模式也是一样。

Lab颜色

在菜单栏中单击“位图”→“模式”→“Lab颜色”命令，可以将图像转换为Lab颜色模式，如图9.23所示。

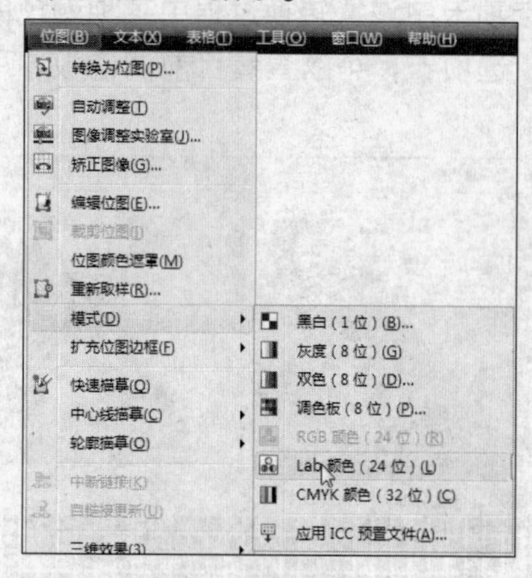

图9.23　转换为Lab颜色模式

CMYK颜色

选择图像文件后，在菜单栏中单击“位图”→“模式”→“CMYK颜色”命令，弹出如图9.24所示的“将位图转换为CMYK格式”对话框，单击“确定”按钮，即可将图像转换为CMYK颜色模式，如图9.25所示。

图9.24　“将位图转换为CMYK格式”对话框

图9.25　转换为CMYK颜色模式

应用ICC预置文件

在菜单栏中单击“位图”→“模式”→“应用ICC预置文件”命令，即可弹出“应用ICC预置文件”对话框，如图9.26所示，根据需要选择预置的文件，然后单击“确定”按钮即可，效果如图9.27所示。

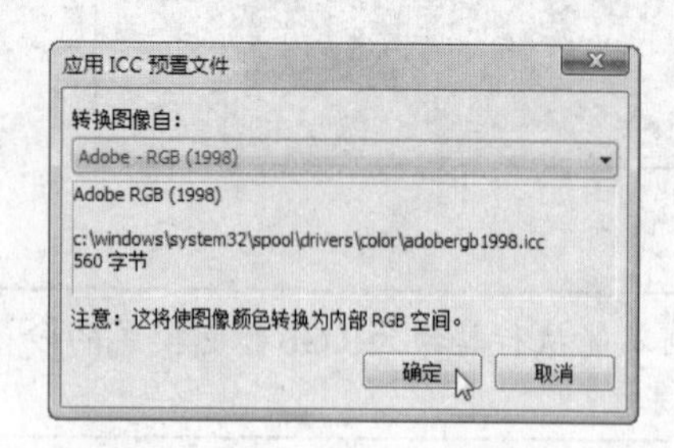

图9.26　“应用ICC预置文件”对话框

图9.27　为对象应用ICC预置文件

ICC预置文件是国际颜色委员会制定的使设备与色彩空间的颜色标准化的文件。

9.1.2 典型案例——导入位图并变换其颜色模式

案例目标

本案例将在绘图窗口中导入一幅位图，然后使用“模式”子菜单下的相应命令，改变位图的颜色模式。

素材位置：\素材\第9课\降落伞.jpg

效果图位置：\源文件\第9课\变换颜色模式.cdr

操作思路：

步骤01 将位图导入到绘图窗口中。

步骤02 单击“调色板”命令，改变位图的颜色模式。

操作步骤

导入位图并变换其颜色模式的具体操作如下所示。

步骤01 在菜单栏中单击“文件”→“导入”命令，弹出“导入”对话框，然后在该对话框中选择需要导入的位图文件，并单击“导入”按钮，如图9.28所示。

步骤02 在绘图窗口中，按住鼠标左键进行拖动，绘制位图导入区域，然后释放鼠标左键，将位图导入到绘图窗口中，如图9.29所示。

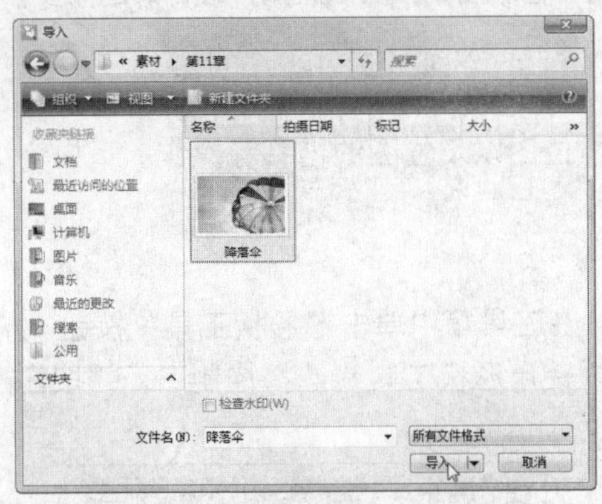

图9.28 “导入”对话框

图9.29 导入位图

步骤03 选择导入的位图，单击“位图”→“模式”→“调色板”命令，弹出“转换至调色板色”对话框。

步骤04 在“调色板”下拉列表框中选择“黑体”选项，然后在“递色处理的”下拉列表框中选择“Jarvis”选项，如图9.30所示。

步骤05 参数设置完成后，单击“确定”按钮，改变位图颜色模式后的效果如图9.31所示。

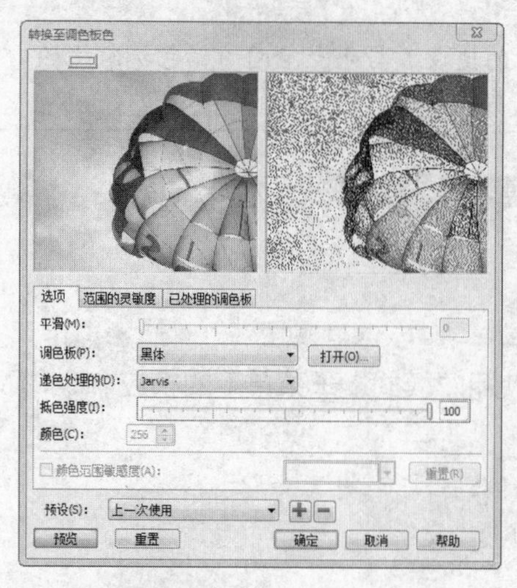

图9.30　设置参数

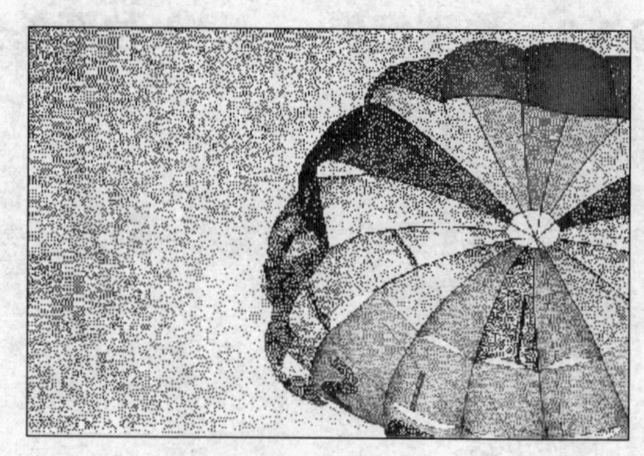

图9.31　改变颜色模式后的效果

案例小结

本案例讲解了在CorelDRAW X4中导入位图，然后使用变换位图颜色模式命令，改变位图的颜色模式。在案例的制作过程中，要注意各个参数的含义，以及参数设置后的效果，从而达到举一反三的效果。

9.2 编辑位图

将位图导入到CorelDRAW X4中后，需要对其进行一些编辑，使其满足用户设计时的需要。

9.2.1 知识讲解

对位图的编辑主要包括裁切位图、重新取样位图以及位图的描摹等操作。下面介绍位图的编辑操作。

1. 裁切位图

裁切位图是指将位图中不需要的部分移除。在工具箱中单击“形状工具”按钮，此时位图的周围出现4个控制点，如图9.32所示。使用形状工具选择控制点，并按住控制点进行拖动，这样即可裁切位图，如图9.33所示。

图9.32　显示控制点

图9.33　拖动控制点

使用形状工具可以为位图添加控制点或删除控制点，从而改变裁切位图的形状。在拖动控制点时，按住“Ctrl”键，可以沿直线拖动节点。

2. 重新取样位图

重新取样是指通过改变位图的大小、分辨率等属性，重新设置位图的属性。重新取样的具体操作步骤如下所示。

步骤01 单击工具箱中的“挑选工具”按钮，选择需要重新取样的位图，如图9.34所示。

步骤02 在菜单栏中单击“位图”→“重新取样”命令，弹出“重新取样”对话框。

步骤03 在该对话框中设置位图的大小和分辨率，如图9.35所示。这里设置“宽度”为“100.0”，“分辨率”为“100”，然后单击“确定”按钮。

图9.34 选择位图

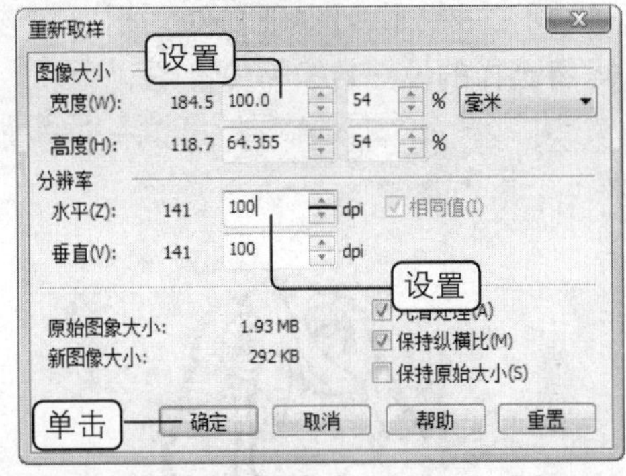

图9.35 设置取样参数

位图的大小和分辨率都变小了，因此位图的质量也降低了。放大位图可以观察到有明显的锯齿状。

3. 描摹位图

使用CorelDRAW除了可以将矢量图转换为位图外，还可以将位图转换为矢量图。

快速描摹

使用“快速描摹”命令，可以将位图按不同的方式转换为矢量图。在实际工作中，使用描摹位图功能，可以帮助用户提高工作效率。

选择需要描摹的位图后，在菜单栏中单击“位图”→“快速”描摹命令，或单击属性栏中的“描摹位图”按钮，在弹出的下拉列表中选择“快速描摹”命令，即可将选择的位图转换为矢量图，如图9.36所示。

图9.36 快速描摹位图

中心线描摹

中心线描摹是指使用未填充的封闭和开放曲线来描摹位图。该方式适用于描摹线条图纸、施工图和线条画等。

中心线描摹的方式主要有两种：一种是技术图解，另一种是线条画。用户可以根据实际需要选择合适的描摹方式。

- **技术图解**：选择该方式，可以很细地描摹出线条的黑白图解。
- **线条画**：选择该方式，可以使用很粗并且很突出的线条描摹黑白草图。

选择需要描摹的位图，然后在菜单栏中单击“位图”→“中心线描摹”命令，在打开的子菜单中选择所需的预设样式即可。这里以选择“线条画”方式为例，弹出如图9.37所示的“PowerTRACE”对话框。在该对话框中调节好参数后，单击“确定”按钮，即可将选择的位图转换为矢量图。

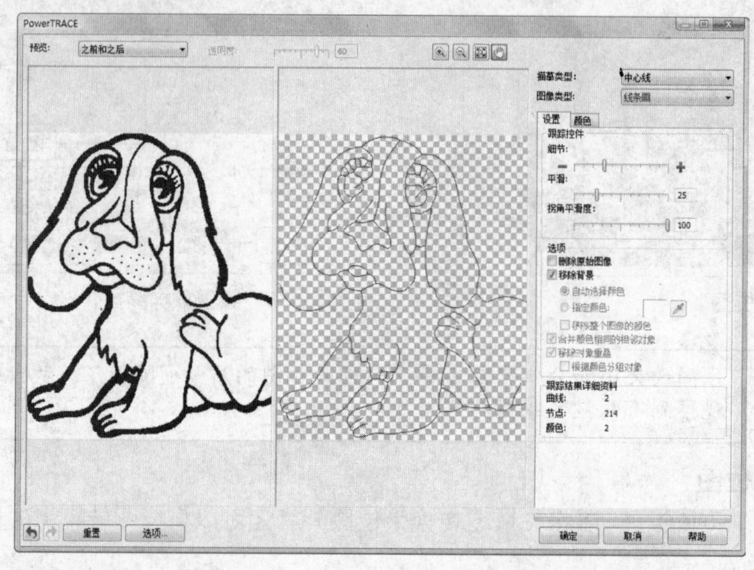

图9.37　“PowerTRACE”对话框

轮廓描摹

轮廓描摹是指使用无轮廓的曲线对象来描摹对象。该方式主要用于描摹剪贴画、徽标及低质量和高质量的图像等。

系统预设了6种描摹的方式，包括线条图、徽标、详细徽标、剪贴画、低质量图像和高质量图像，如图9.38所示。

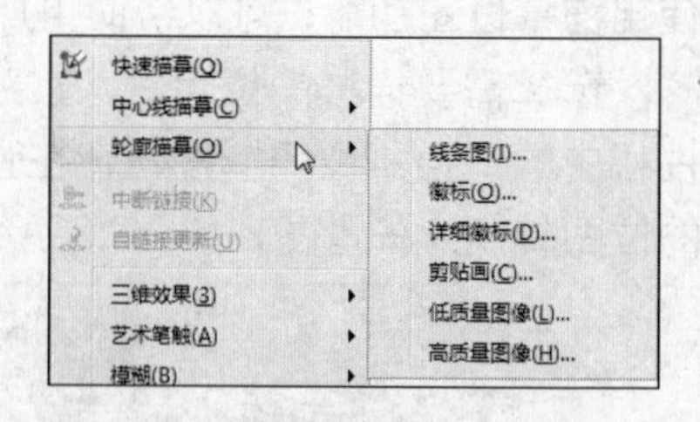

图9.38　“轮廓描摹”子菜单

- **线条图**：描摹黑白草图和图解。
- **徽标**：描摹细节和颜色都较少的简单徽标。
- **详细徽标**：描摹含精细细节和许多颜色的徽标。
- **剪贴画**：描摹根据细节量和颜色数而不同的现成图形。
- **低质量图像**：描摹细节不足的图形。

➔ **高质量图像：** 描摹高质量、超精细的图形。

选择需要描摹的位图，然后在菜单栏中单击“位图”→“轮廓描摹”命令，在弹出的子菜单中选择需要的预设样式，在弹出的“PowerTRACE”对话框中设置好参数后，单击“确定”按钮即可，如图9.39所示。

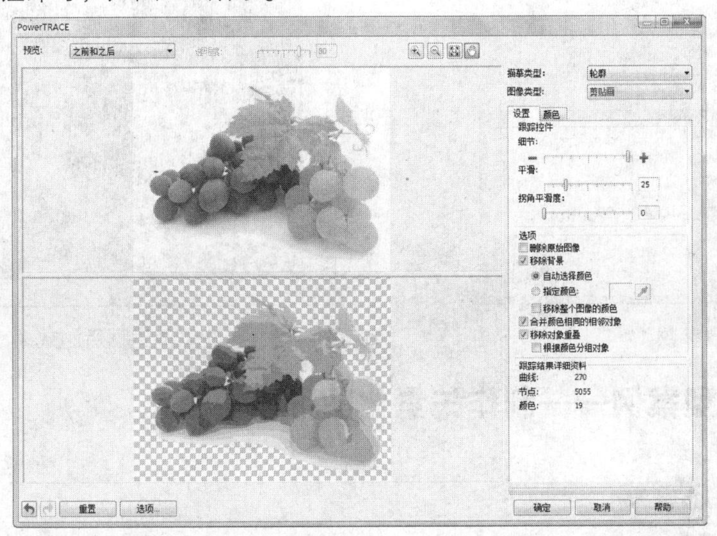

图9.39　“PowerTRACE”对话框

4. 扩充位图边框

在CorelDRAW X4中，可以扩充位图的边框。位图边框被扩充后，原图的周围将扩展出白色的区域。扩充位图边框分为自动和手动两种，具体如下所示。

自动扩充位图边框

使用挑选工具选择需要扩充边框的位图，然后单击“位图”→“扩充位图边框”→“自动扩充位图边框”命令，即可为位图自动扩充边框。

手动扩充位图边框

单击“手动扩充位图边框”命令，可以在弹出的“手动扩充位图边框”对话框中进行设置，具体操作步骤如下所示。

步骤01 使用挑选工具选择需要扩充边框的位图，如图9.40所示。

步骤02 单击“位图”→“扩充位图边框”→“手动扩充位图边框”命令，弹出“位图边框扩充”对话框，如图9.41所示。

图9.40　选择位图

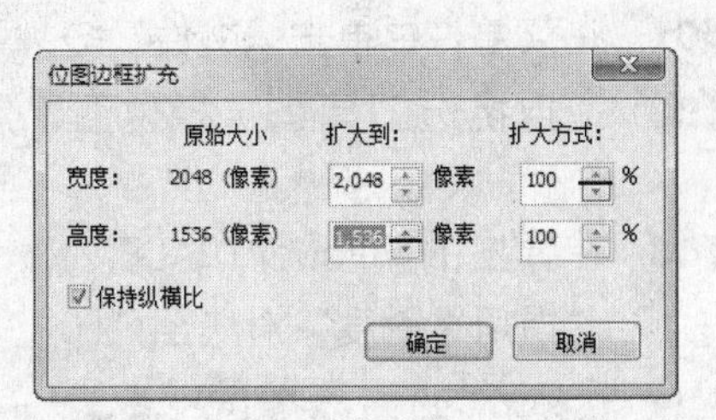

图9.41　“位图边框扩充”对话框

步骤03 在该对话框中勾选“保持纵横比”复选框，在“扩大到”栏的“宽度”数值框中输入“2273”，如图9.42所示。

步骤04 单击“确定”按钮扩充位图边框，效果如图9.43所示。

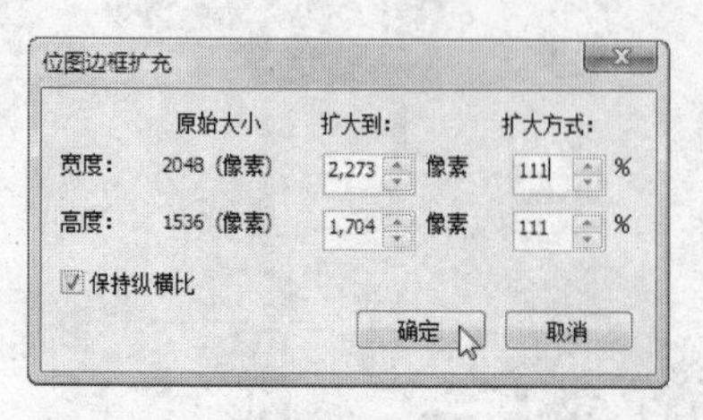

图9.42　设置参数

图9.43　扩充位图边框后的效果

9.2.2　典型案例——制作矢量化图形

案例目标

本案例将位图转化为矢量图，从而得到矢量化图形，主要练习描摹位图的方法。制作好的矢量化图形如图9.44所示。

素材位置：\素材\第9课\女生.jpg

效果图位置：\源文件\第9课\矢量化图形.cdr

操作思路：

步骤01 将位图导入到绘图窗口中。

步骤02 执行“轮廓描摹”命令。

步骤03 在“PowerTRACE”对话框中设置参数。

图9.44　最终效果

制作矢量化图形的具体操作步骤如下所示。

步骤01 在菜单栏中单击“文件”→“导入”命令，导入位图，如图9.45所示。

步骤02 使用挑选工具选择位图，然后单击“位图”→“轮廓描摹”→“高质量图像”命令。

步骤03 在弹出的“PowerTRACE”对话框中，拖动“平滑”滑块至“50”，然后拖动“拐角平滑度”滑块至“50”，如图9.46所示。

图9.45　导入位图

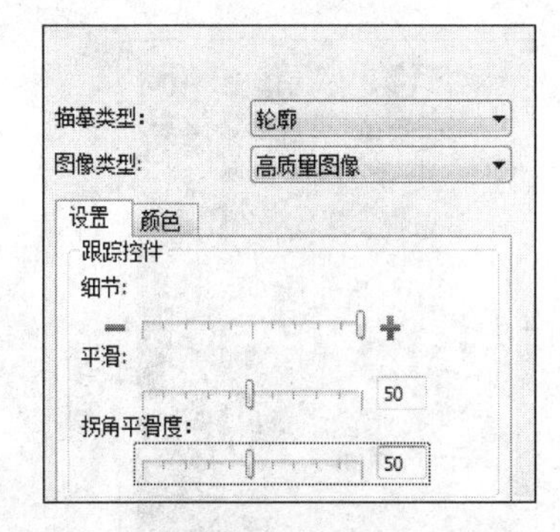

图9.46　设置参数

步骤04　单击"确定"按钮，即可得到矢量化图形，最终效果如图9.44所示。

9.3 调整位图的颜色和色调

调整位图的颜色包括调整图像的色度、亮度、对比度和饱和度等。通过对位图颜色的调整可以恢复阴影或高光中丢失的细节等，从而提高位图的质量。

9.3.1 知识讲解

在菜单栏中单击"效果"→"调整"命令，弹出如图9.47所示的子菜单。在此子菜单中列出了用于调整位图颜色的命令，具体如下所示。

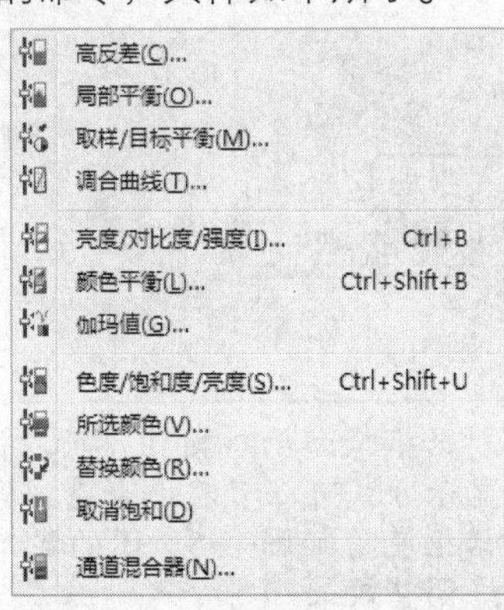

图9.47　"调整"子菜单

1. 高反差

使用"高反差"命令可以通过从最暗区域到最亮区域重新分布颜色的浓淡来调整阴影区域、中间区域和高光区域，而且能够在调整图像的亮度、对比度和强度时保证高光区域和阴影区域的细节不丢失。使用"高反差"命令的具体操作步骤如下所示。

步骤01　使用挑选工具选择需要调整高反差的位图，如图9.48所示。

步骤02　单击"效果"→"调整"→"高反差"命令，弹出"高反差"对话框，如图9.49

所示。

图9.48　选择位图

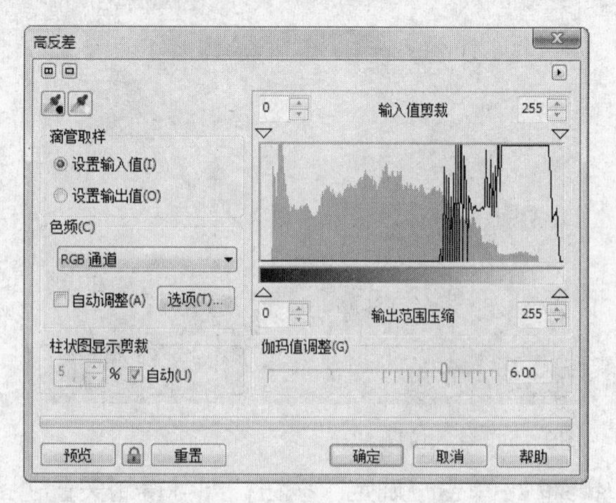

图9.49　“高反差”对话框

步骤03 在“色频”下拉列表框中选择“红色通道”，然后拖动“输入值剪裁”栏中的滑块，设置颜色的反差，如图9.50所示。

步骤04 设置完成后，单击“确定”按钮，调整后的效果如图9.51所示。

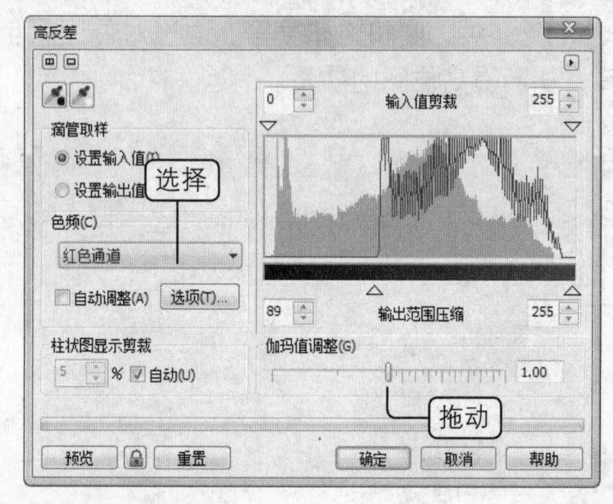

图9.50　调整参数

图9.51　调整后的效果

单击“高反差”对话框顶端的□按钮，可以使得对话框变为如图9.52所示的显示方式，该显示方式可以直观地查看图像调整前后的变化。单击□按钮，可以使得对话框变为如图9.53所示的显示方式，该显示方式可以直观地查看图像的最终调整效果。

2. 局部平衡

使用“局部平衡”命令，可以调整图像边缘附近的对比度，以显示明亮区域和暗色区域的细节。使用“局部平衡”命令的具体操作步骤如下所示。

步骤01 使用挑选工具 选择需要调整局部平衡的位图，如图9.54所示。

步骤02 单击“效果”→“调整”→“局部平衡”命令，弹出“局部平衡”对话框。在该对话框中，拖动“宽度”和“高度”的滑块至“42”，如图9.55所示。

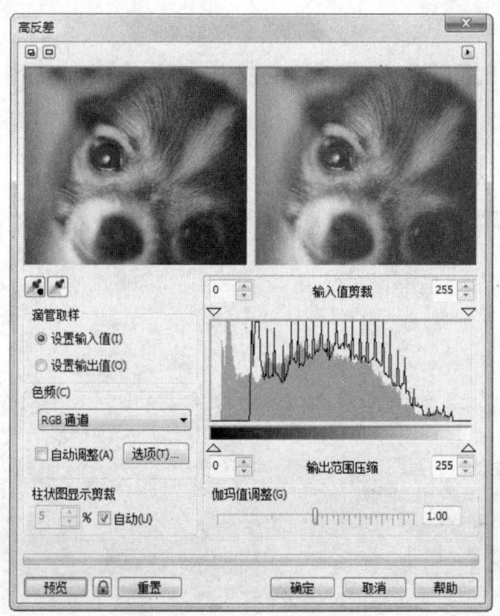

图9.52　预览前后对比效果

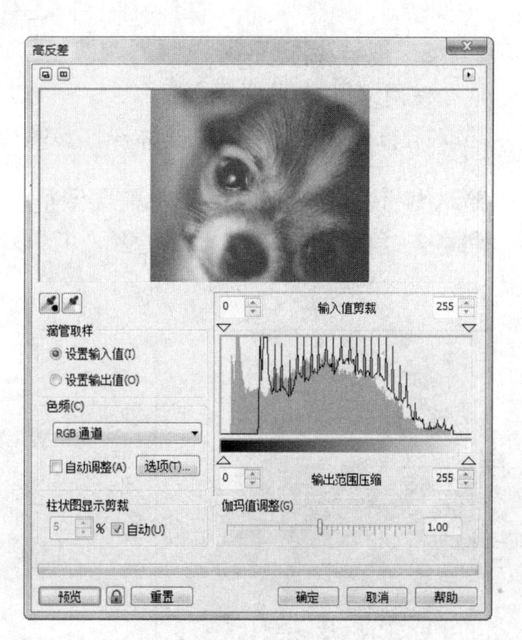

图9.53　预览最终效果

图9.54　选择位图

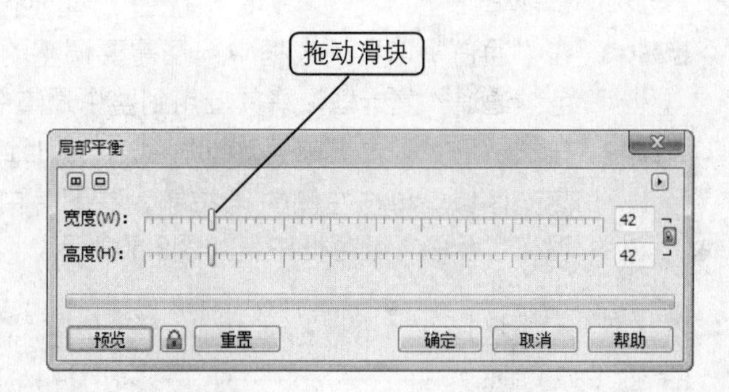

图9.55　设置参数

步骤03　单击“确定”按钮，得到局部平衡的效果，如图9.56所示。

图9.56　调整后的效果

3. 取样/目标平衡

使用"取样/目标平衡"命令，可以从图像中选取色样来调整位图中的颜色值。使用"取样/目标平衡"命令的具体操作步骤如下所示。

步骤01 使用挑选工具选择需要调整局部平衡的位图，如图9.57所示。

步骤02 单击"效果"→"调整"→"取样/目标平衡"命令，弹出"样本/目标平衡"对话框，如图9.58所示。

图9.57 选择位图

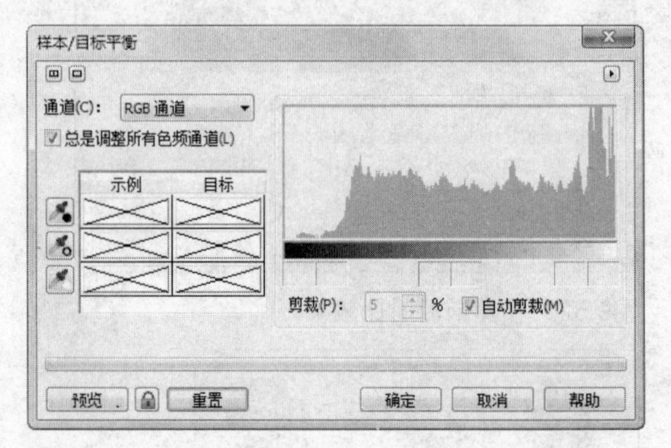

图9.58 "样本/目标平衡"对话框

步骤03 在"通道"下拉列表框中选择需要调整的色频通道，然后勾选"总是调整所有色频通道"复选框，将其应用到整个通道中，如图9.59所示。

步骤04 在"示例"列表框中有3个颜色块，从上到下分别代表阴影区域、中间色区域和高光区域。单击左侧的按钮，在图片中选取要调整的颜色，选取的颜色将出现在"示例"颜色框中，如图9.60所示。

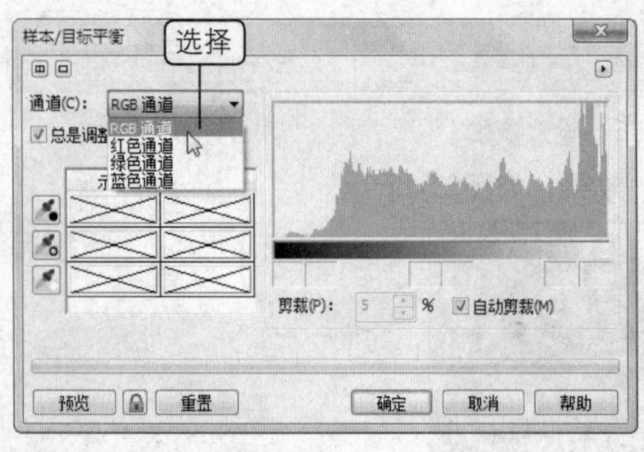

图9.59 选择色频通道

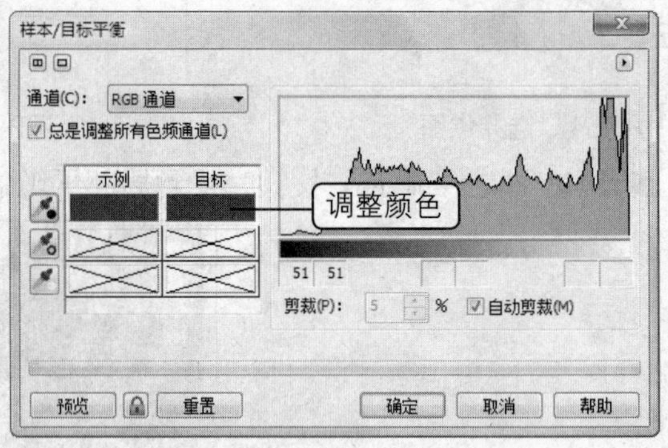

图9.60 选择要调整的颜色

步骤05 单击"目标"颜色框，在弹出的"选择颜色"对话框中设置调整的目标颜色，然后单击"确定"按钮返回"样本/目标平衡"对话框，如图9.61所示。

步骤06 在"样本/目标平衡"对话框中单击"确定"按钮，得到调整后的效果，如图9.62所示。

图9.61　选择颜色

图9.62　调整后的效果

4. 调和曲线

使用“调和曲线”命令可以控制单个像素值以精确地校正颜色。通过改变像素亮度值，可以改变阴影、中间色和高光。使用“调和曲线”命令的具体操作步骤如下所示。

步骤01 使用挑选工具选择需要调整局部平衡的位图，如图9.63所示。

步骤02 单击“效果”→“调整”→“调和曲线”命令，弹出“调和曲线”对话框，如图9.64所示。

图9.63　选择位图

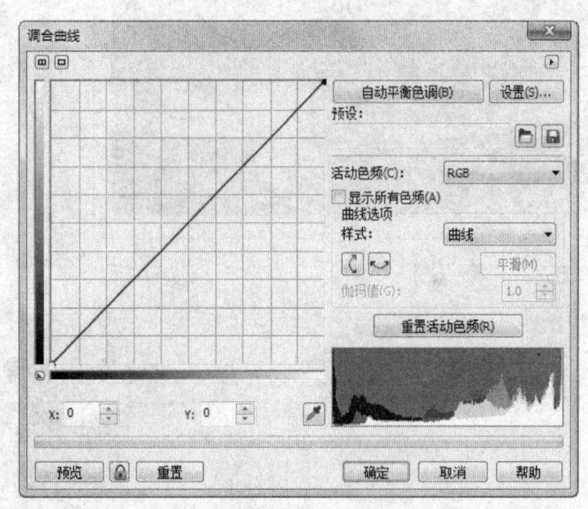

图9.64　“调和曲线”对话框

步骤03 在“活动色频”下拉列表框中选择“绿”选项，然后在左侧窗口中按住鼠标左键，调整曲线，如图9.65所示。

步骤04 设置完参数后，单击“确定”按钮得到调整后的效果，如图9.66所示。

5. 亮度/对比度/强度

使用“亮度/对比度/强度”命令，可以调整图像中所有颜色的亮度、对比度和强度。调整亮度可以增加或降低图像的亮度值，从而使所有的颜色变深或变浅；调整对比度可以增加或减少图像中最深和最浅像素之间的对比效果；调整强度可以加亮图像的浅色区域。使用“亮度/对比度/强度”命令的具体操作步骤如下所示。

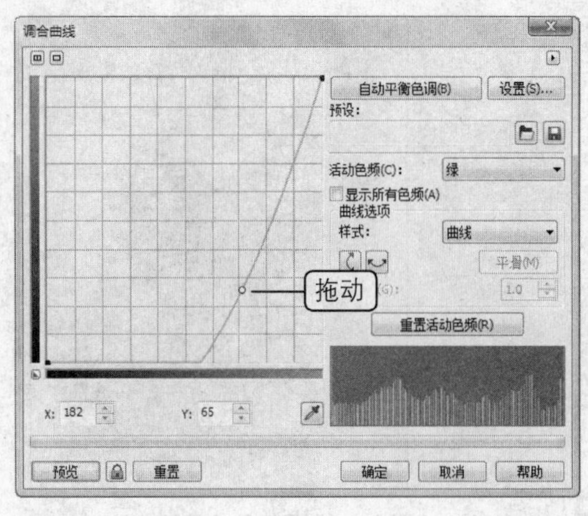

图9.65　调整曲线

图9.66　调整后的效果

步骤01　使用挑选工具选择需要调整的位图，如图9.67所示。

步骤02　单击“效果”→“调整”→“亮度/对比度/强度”命令，在弹出的“亮度/对比度/强度”对话框中设置所需的参数，如图9.68所示。

图9.67　选择位图

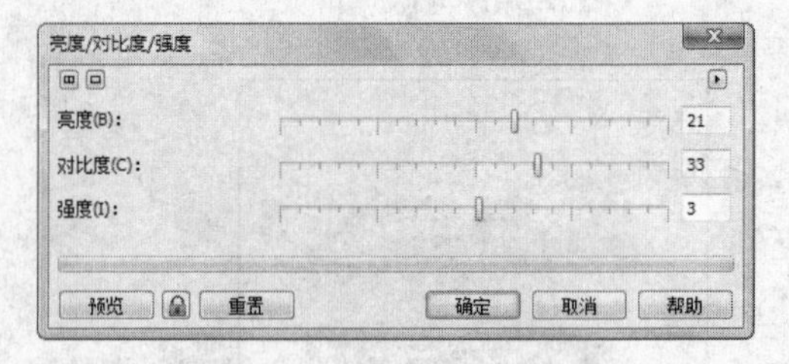

图9.68　设置参数

步骤03　设置完成后，单击“预览”按钮可以预览到调整后的效果，效果满意后单击“确定”按钮完成亮度、对比度和强度的调整，效果如图9.69所示。

图9.69　调整后的效果

6. 颜色平衡

使用“颜色平衡”命令可以在位图所选的色调中添加青色或红色、品红或绿色、黄色或蓝色等颜色，还可以设置图像的“阴影”、“中间色调”以及“高光”等参数。使用“颜色平衡”命令的具体操作步骤如下所示。

步骤01 使用挑选工具选择需要调整的位图，如图9.70所示。

步骤02 单击“效果”→“调整”→“颜色平衡”命令，弹出“颜色平衡”对话框，如图9.71所示。

图9.70 选择位图

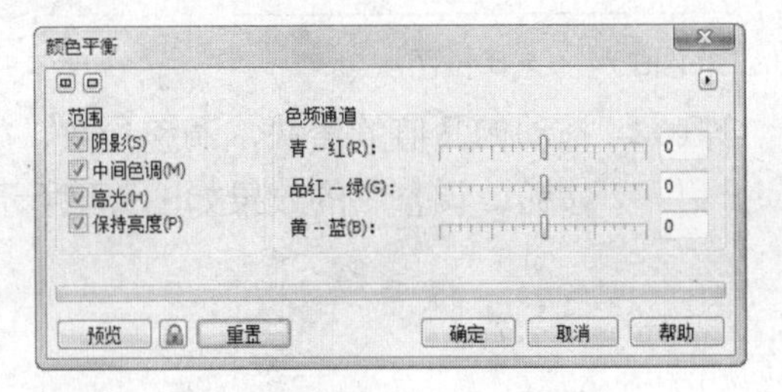

图9.71 “颜色平衡”对话框

步骤03 拖动“色频通道”栏中的滑块，控制各个通道的数值，如图9.72所示。

步骤04 参数设置完成后，单击“确定”按钮得到调整后的效果，如图9.73所示。

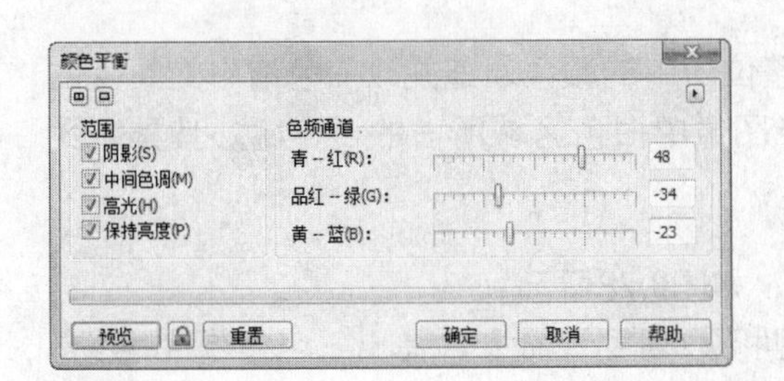

图9.72 设置参数

图9.73 调整后的效果

在“色频通道”栏中拖动滑块，当数值为负数时，颜色调整增加到这一颜色的补色，当数值为正值时则相反。

7. 伽玛值

伽马值是一种校色方式，用于在较低对比度区域内强化细节，但不影响阴影或高光。使用“伽马值”命令的具体操作步骤如下所示。

步骤01 使用挑选工具选择需要调整的位图，如图9.74所示。

步骤02 选择“效果”→“调整”→“伽马值”命令，弹出“伽马值”对话框，如图9.75所示。

图9.74　选择位图

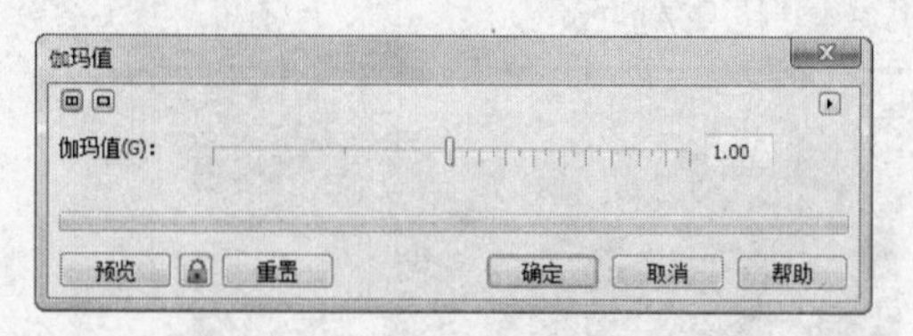

图9.75　“伽马值”对话框

步骤03　拖动伽马值的滑块，调整参数，如图9.76所示。参数设置完成后，单击“确定”按钮，调整后的效果如图9.77所示。

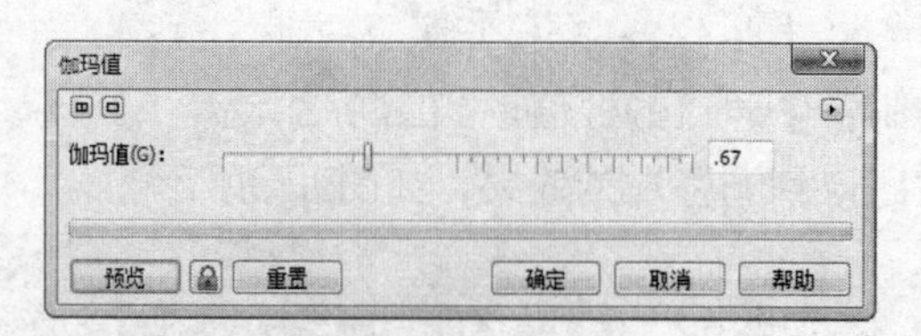

图9.76　调整参数

图9.77　调整后的效果

8. 色度/饱和度/亮度

使用“色度/饱和度/亮度”命令，可以调整位图中的颜色通道并改变色谱中的颜色位置，还可以改变图像的颜色和颜色浓度，以及图像中白色区域所占的百分比。其具体操作步骤如下所示。

步骤01　使用挑选工具选择需要调整的位图，如图9.78所示。

步骤02　单击“效果”→“调整”→“色度/饱和度/亮度”命令，弹出“色度/饱和度/亮度”对话框，如图9.79所示。

图9.78　选择位图

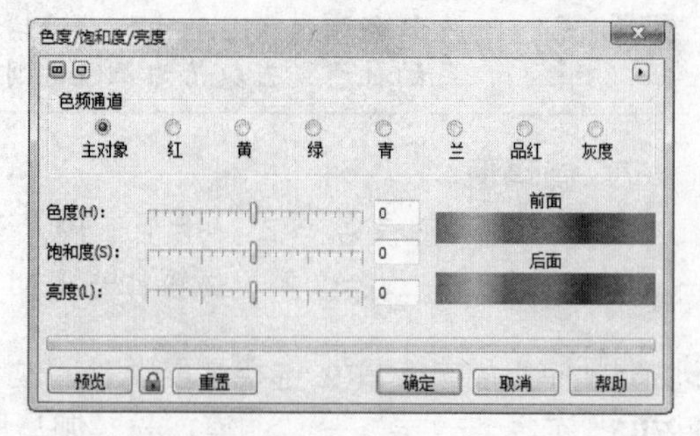

图9.79　“色度/饱和度/亮度”对话框

步骤03　在“色频通道”栏中选中“黄”单选项，然后拖动滑块，设置色度、饱和度以及亮度，如图9.80所示。

步骤04 参数设置完成后，单击“确定”按钮，可得到如图9.81所示的效果。

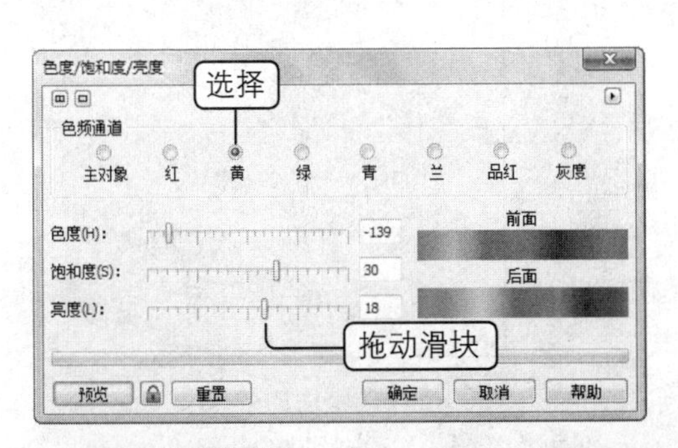

图9.80 设置参数

图9.81 调整后的效果

按下“Ctrl+Shift+U”组合键，可以快速打开“色度/饱和度/亮度”对话框并可进行相应的参数设置。

9. 所选颜色

使用“所选颜色”命令，可以通过减少图像中CMYK的百分比来改变图像的颜色，其具体操作步骤如下所示。

步骤01 使用挑选工具选择需要调整的位图，如图9.82所示。

步骤02 单击“效果”→“调整”→“所选颜色”命令，弹出“所选颜色”对话框，如图9.83所示。

图9.82 选择位图

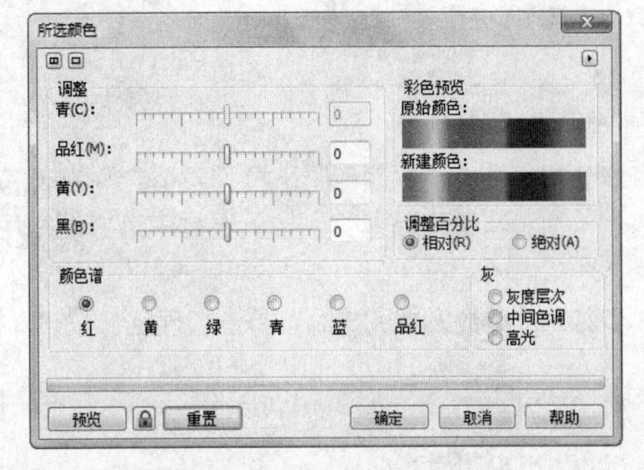

图9.83 “所选颜色”对话框

步骤03 在“颜色谱”栏中选择“红”单选项，然后在“调整”栏中拖动滑块调整颜色的百分比，如图9.84所示。

步骤04 参数设置完成后，单击“确定”按钮完成所选颜色的调整，如图9.85所示。

10. 替换颜色

使用“替换颜色”命令，可以将位图中的颜色进行替换，其具体操作步骤如下所示。

步骤01 使用挑选工具选择需要调整的位图，如图9.86所示。

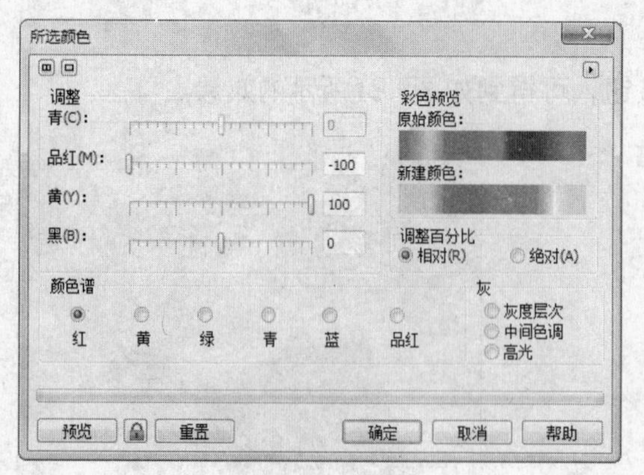

图9.84　设置参数

图9.85　调整后的效果

步骤02　单击“效果”→“调整”→“替换颜色”命令，弹出“替换颜色”对话框，如图9.87所示。

图9.86　选择位图

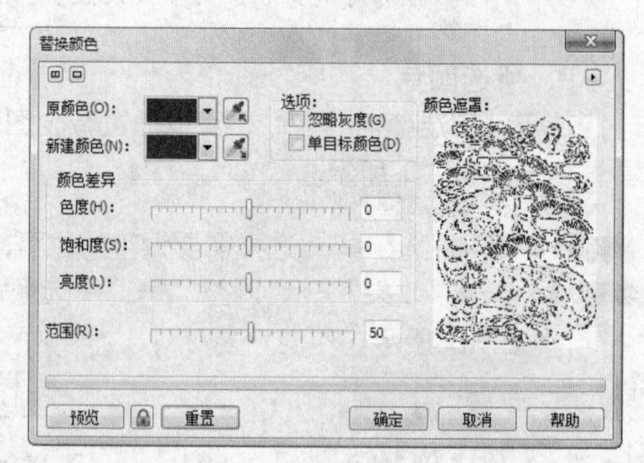

图9.87　“替换颜色”对话框

步骤03　单击“原颜色”下拉列表框右侧的按钮，在位图上选择需要替换的颜色，然后在“新建颜色”下拉列表框中选择“绿色”，并勾选“忽略灰度”复选框，如图9.88所示。

步骤04　参数设置完成后，单击“确定”按钮，将图像中的红色替换为绿色，如图9.89所示。

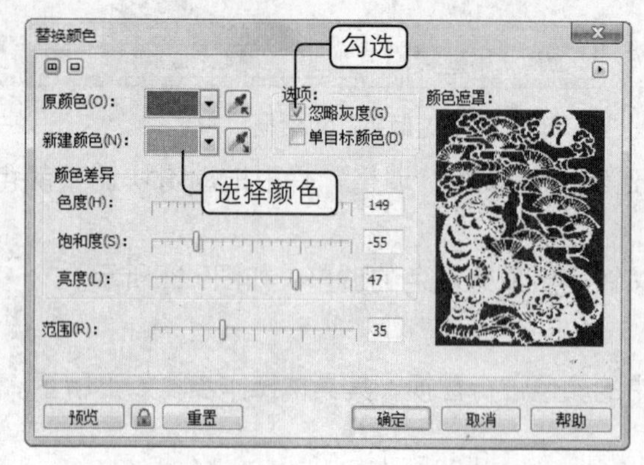

图9.88　设置参数

图9.89　调整后的效果

11. 取消饱和

使用“取消饱和”命令，可以将位图中每种颜色的饱和度降低到零。通过该命令可以将彩色图像转换成灰度图像，其具体操作步骤如下所示。

步骤01 使用挑选工具 选择需要调整的位图，如图9.90所示。

步骤02 单击“效果”→“调整”→“取消饱和”命令，即可将图像转换成灰度，如图9.91所示。

图9.90 选择位图

图9.91 取消饱和的效果

12. 通道混合器

使用“通道混合器”命令，可以通过改变不同颜色通道的数值来改变位图的色调，其具体操作步骤如下所示。

步骤01 使用挑选工具 选择需要调整的位图，如图9.92所示。

步骤02 单击“效果”→“调整”→“通道混合器”命令，弹出“通道混合器”对话框，如图9.93所示。

图9.92 选择位图

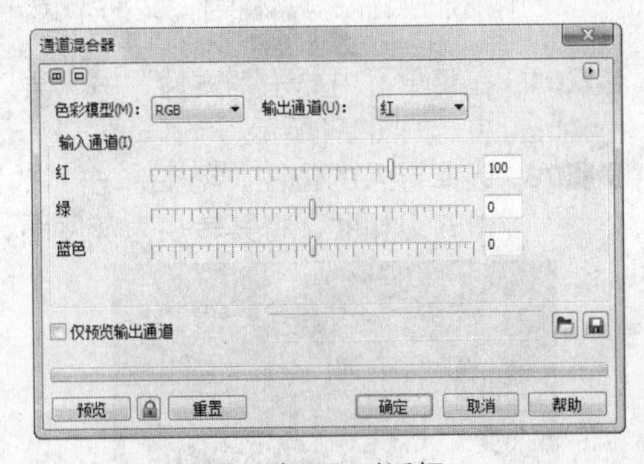

图9.93 “通道混合器”对话框

步骤03 可在“色彩模型”下拉列表框中选择色彩模式，在“输出通道”下拉列表框中选择需要调整的通道，然后在“输入通道”栏中拖动滑块进行调整，如图9.94所示。

步骤04 参数设置完成后，单击“确定”按钮，调整后的效果如图9.95所示。

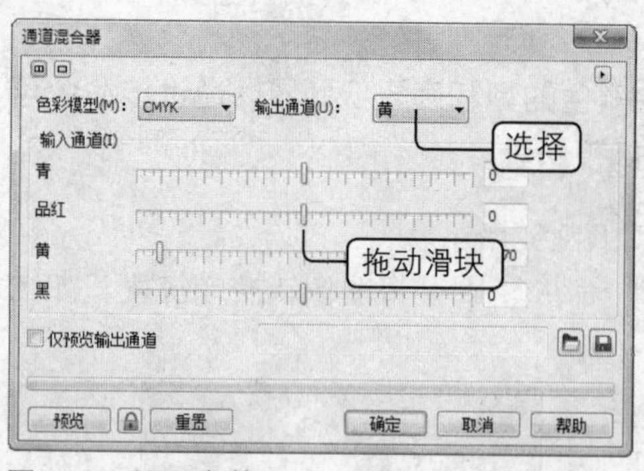

图9.94　设置参数

图9.95　调整后的效果

9.3.2　典型案例——制作怀旧照片

案例目标

本案例将利用位图的导入命令及调整命令等将照片制作成怀旧、复古的效果，制作完成后将其保存。

素材位置：\素材\第9课\老年生活.jpg

效果图位置：\源文件\第9课\怀旧照片.cdr

操作思路：

步骤01　将位图导入到绘图窗口中。

步骤02　使用“取消饱和”命令，取消位图的饱和度。

步骤03　使用“颜色平衡”命令，调整图像的颜色。

操作步骤

制作怀旧照片的具体操作如下所示。

步骤01　在菜单栏中单击“文件”→“导入”命令，将一幅位图素材文件导入到绘图窗口中，如图9.96所示。

步骤02　选择导入的位图，然后单击“效果”→“调整”→“取消饱和”命令，取消位图的饱和度，将其转换为灰度图，如图9.97所示。

图9.96　导入位图文件

图9.97　取消饱和

步骤03 选择取消饱和度的位图，单击“位图”→“调整”→“颜色平衡”命令，弹出“颜色平衡”对话框。

步骤04 在“色谱通道”栏中，拖动“青--红”滑块至“-10”，拖动“品红--绿”滑块至“-40”，然后拖动“黄--蓝”滑块至“-90”，如图9.98所示。

步骤05 参数设置完成后，单击“确定”按钮，完成怀旧照片的制作，效果如图9.99所示。

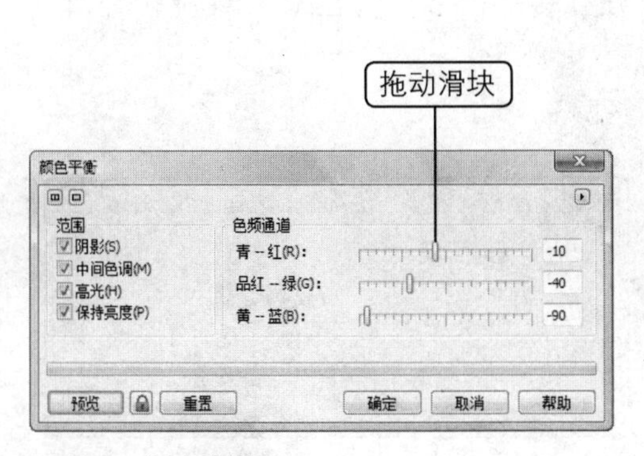

图9.98　设置参数

图9.99　怀旧照片的效果

案例小结

本案例主要讲解了在CorelDRAW X4中制作怀旧照片的方法。一般情况下处理照片的操作是在Photoshop中完成的，但在CorelDRAW X4中也能完成一些图片的处理，这可以方便平面设计人员在创作的过程中随时处理照片并查看处理后的效果。在制作本案例的照片时，要注意参数的调整方法，这可能需要较多的时间，以达到满意的效果。

9.4 特效滤镜

CorelDRAW X4提供了强大的滤镜功能，可以为位图添加各种各样的特殊效果。在菜单栏中单击“位图”命令，在弹出的子菜单中有10组滤镜选项，包括“三维效果”、“艺术笔触”、“模糊”、“相机”、“颜色转换”、“轮廓图”、“创造性”、“扭曲”、“杂点”和“鲜明化”。

9.4.1 知识讲解

在CorelDRAW X4中，每组滤镜都包含了多种效果。通过这些滤镜可以很方便地为位图添加效果，具体如下所示。

1. 三维效果

使用“三维效果”滤镜组，可以为位图添加各种模拟的3D效果。该滤镜包含了7种滤镜类型，在菜单栏中单击“位图”→“三维效果”命令，即可显示如图9.100所示的“三维效果”子菜单。

下面以创建三维旋转效果为例进行讲解，其具体操作步骤如下所示。

图9.100　“三维效果”子菜单

步骤01 选择需要进行三维旋转的位图，如图9.101所示。

步骤02 单击“位图”→“三维效果”→“三维旋转”命令，弹出“三维旋转”对话框，如图9.102所示。

图9.101　选择位图

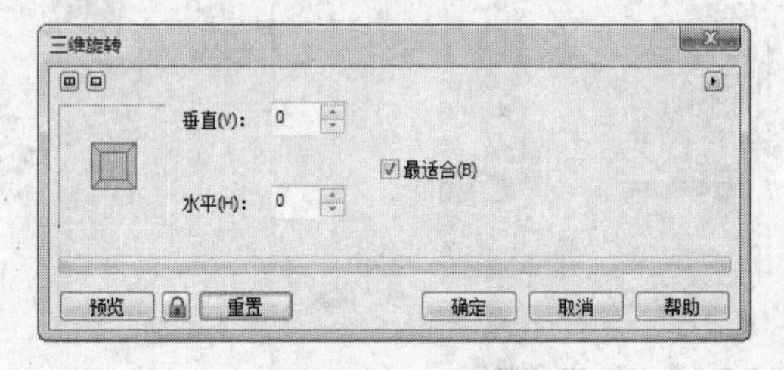

图9.102　“三维旋转”对话框

步骤03 在“垂直”数值框中输入“30”，在“水平”数值框中输入“10”，然后勾选“最适合”复选框，如图9.103所示。

步骤04 参数设置完成后，单击“确定”按钮，得到如图9.104所示的效果。

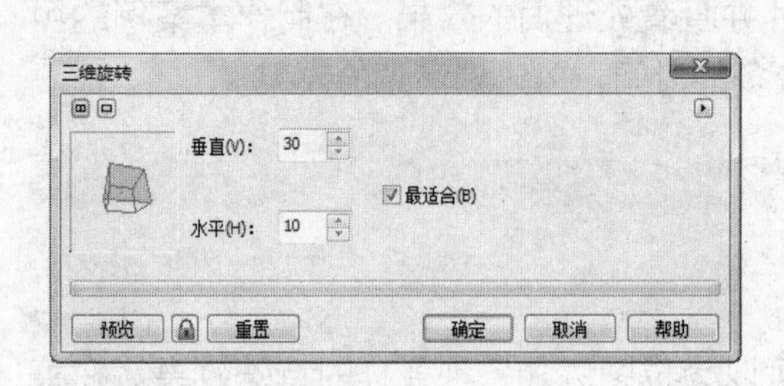

图9.103　设置参数

图9.104　三维旋转效果

2. 艺术笔触效果

使用“艺术笔触”滤镜组，可以为位图添加一些特殊的美术效果。该滤镜组中包括“炭画笔”、“单色蜡笔画”、“蜡笔画”、“立体派”、“印象派”、“调色刀”、“彩色蜡笔画”、“钢笔画”、“点彩派”、“木版画”、“素描”、“水彩画”、“水印画”和“波纹纸画”共14种滤镜效果。在菜单栏中单击“位图”→“艺术笔触”命令，弹出如图9.105所示的“艺术笔触”子菜单。

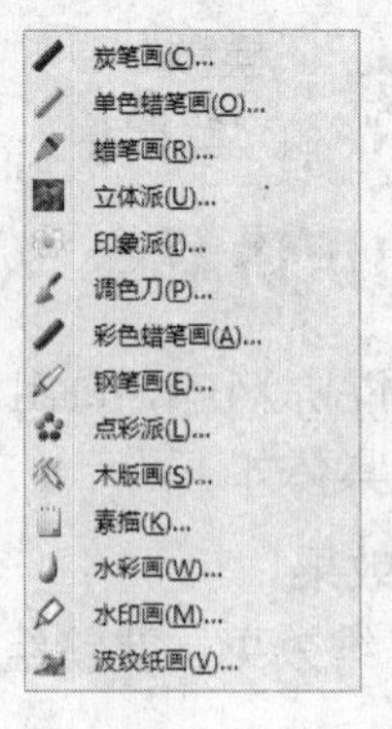

图9.105　“艺术笔触”子菜单

下面以创建炭笔画效果为例进行讲解，其具体操作步骤如下所示。

步骤01 选择需要创建炭笔画效果的位图，如图9.106所示。

步骤02 单击“位图”→“艺术笔触”→“炭笔画”命令，弹出“炭笔画”对话框，如图9.107所示。

图9.106　选择位图

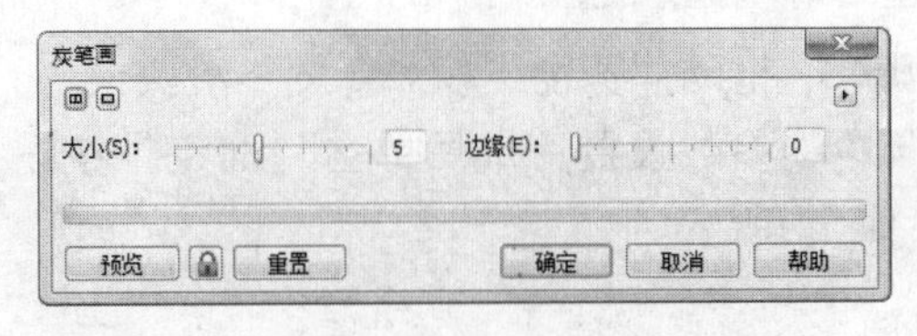

图9.107　“炭笔画”对话框

步骤03 拖动“大小”滑块至“6”，拖动“边缘”滑块至“3”，如图9.108所示。

步骤04 参数设置完成后，单击“确定”按钮，得到炭笔画效果，如图9.109所示。

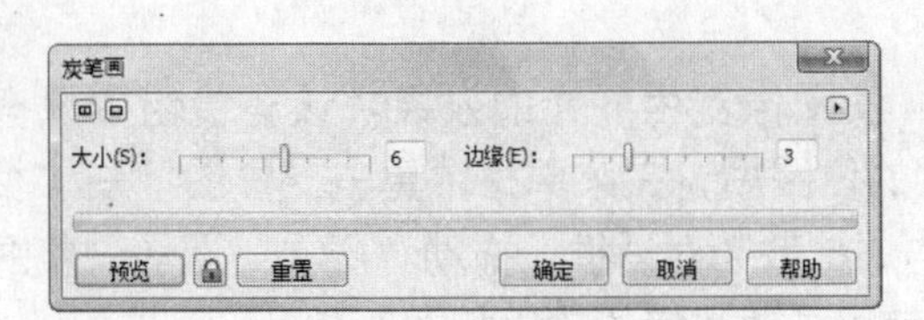

图9.108　设置参数

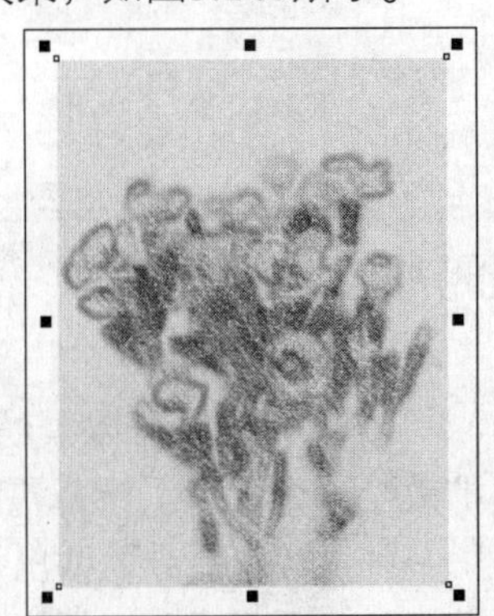

图9.109　炭笔画效果

3. 模糊效果

使用“模糊”滤镜组，可以使位图产生具有动感的画面效果。该滤镜组中包含了“定向平滑”、“高斯式模糊”、“锯齿状模糊”、“低通滤波器”、“动态模糊”、“放射式模糊”、“平滑”、“柔和”与“缩放”共9种功能滤镜。在菜单栏中单击“位图”→“模糊”命令，即可显示如图9.110所示的“模糊”子菜单。

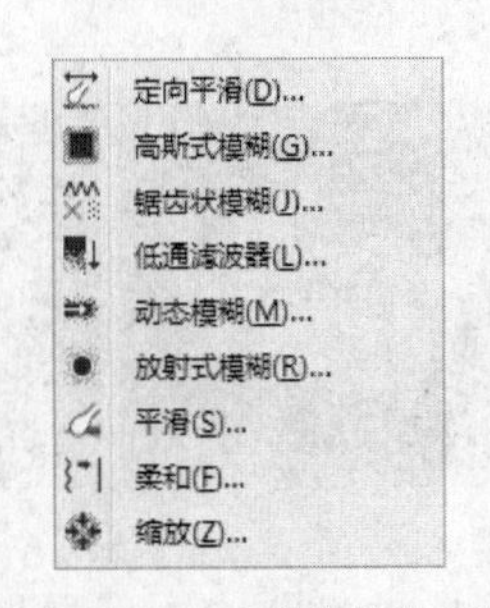

图9.110　“模糊”子菜单

下面以添加锯齿状模糊效果为例进行讲解，其具体操作步骤如下所示。

步骤01 选择需要添加锯齿状模糊的位图，如图9.111所示。

步骤02 单击“位图”→“模糊”→“锯齿状模糊”命令，弹出“锯齿状模糊”对话框，如图9.112所示。

图9.111　选择位图

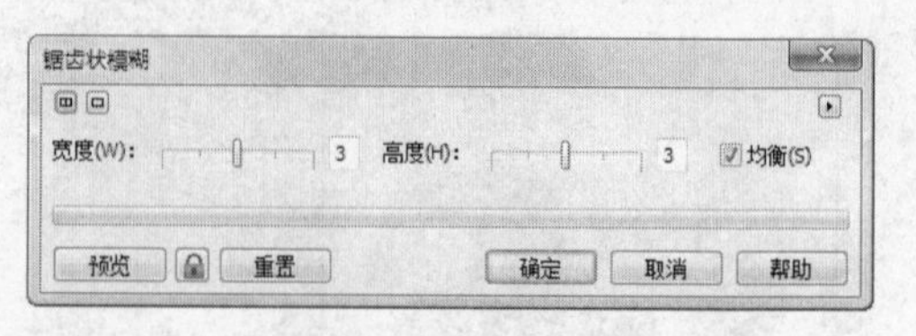

图9.112　“锯齿状模糊”对话框

步骤03 拖动“宽度”和“高度”滑块至“5”，如图9.113所示。

步骤04 参数设置完成后单击“确定”按钮，使用锯齿状模糊滤镜后的效果如图9.114所示。

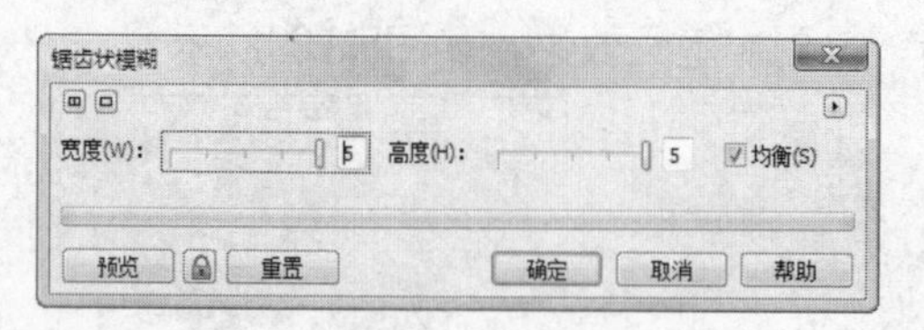

图9.113　设置参数

图9.114　锯齿状模糊效果

4. 相机效果

“相机”滤镜可以模仿照相机的原理，使图像产生散光的效果。该滤镜组中只有“扩散”一个命令。选择需要使用扩散效果的位图后，在菜单栏中单击“位图”→“相机”→“扩散”命令，弹出如图9.115所示的“扩散”对话框，拖动“层次”滑块调整图像扩散的程度后，单击“确定”按钮即可。使用扩散滤镜的效果如图9.116所示。

图9.115　“扩散”对话框

图9.116　扩散滤镜效果

5. 颜色转换效果

使用“颜色转换”滤镜组，可以改变图像原有的颜色。该滤镜组中包括“位平面”、“半色调”、“梦幻色调”和“曝光”共4种功能滤镜。在菜单栏中单击“位图”→“颜色转换”命令，即可显示如图9.117所示的“颜色转换”子菜单。

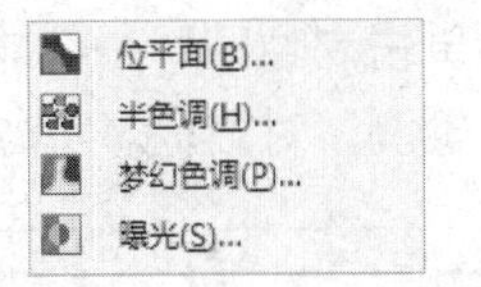

图9.117　“颜色转换”子菜单

下面以添加位平面效果为例进行讲解，其具体操作步骤如下所示。

步骤01　选择需要添加位平面效果的位图，如图9.118所示。

步骤02　单击“位图”→“颜色转换”→“位平面”命令，弹出“位平面”对话框，如图9.119所示。

图9.118　选择位图

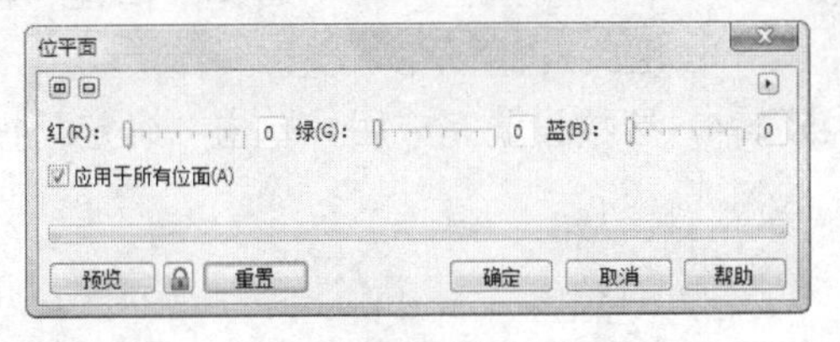

图9.119　“位平面”对话框

步骤03　在该对话框中拖动“红”、“绿”和“蓝”滑块，设置红、绿和蓝3种颜色在色块平面中的比例，如图9.120所示。

步骤04　参数设置完成后，单击“确定”按钮完成颜色的转换，效果如图9.121所示。

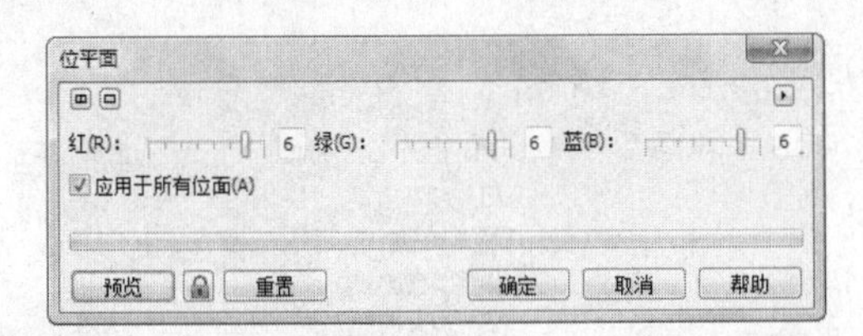

图9.120　设置参数

图9.121　位平面滤镜效果

6. 轮廓图效果

使用“轮廓图”滤镜组，可以根据图像的对比度，使图像的轮廓变成特殊的线条效果。该滤镜组包括“边缘检测”、“查找边缘”和“描摹轮廓”共3种滤镜效果。在菜单栏中单击“位图”→“轮廓图”命令，即可显示如图9.122所示的“轮廓图”子菜单。

图9.122　“轮廓图”子菜单

下面以添加边缘检测效果为例进行讲解，其具体操作步骤如下所示。

步骤01　选择需要添加边缘检测效果的位图，如图9.123所示。

步骤02 单击“位图”→“轮廓图”→“边缘检测”命令，弹出如图9.124所示的“边缘检测”对话框。

图9.123 选择位图

图9.124 “边缘检测”对话框

步骤03 在“背景色”栏中选择“白色”单选项，然后拖动“灵敏度”滑块至“2”，如图9.125所示。

步骤04 参数设置完成后，单击“确定”按钮，得到的效果如图9.126所示。

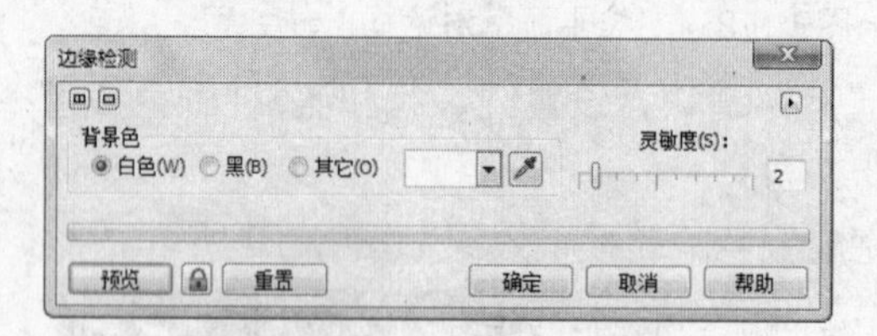

图9.125 设置参数

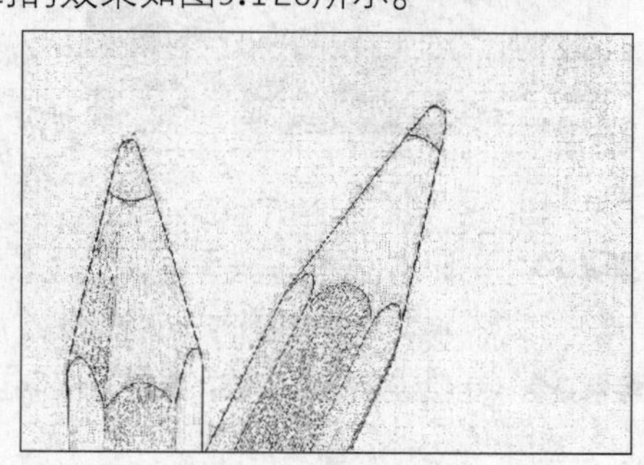

图9.126 边缘检测滤镜效果

7. 创造性效果

使用“创造性”滤镜组，可以为图像添加具有创意的各种画面效果。该滤镜组中包括“工艺”、“晶体化”、“织物”、“框架”、“玻璃砖”、“儿童游戏”、“马赛克”、“粒子”、“散开”、“茶色玻璃”、“彩色玻璃”、“虚光”、“旋涡”和“天气”共十余种滤镜。在菜单栏中单击“位图”→“创造性”命令，即可显示如图9.127所示的“创造性”子菜单。

图9.127 “创造性”子菜单

下面以添加马赛克效果为例进行讲解，其具体操作步骤如下所示。

步骤01 选择需要添加马赛克滤镜效果的位图，如图9.128所示。

步骤02 单击“位图”→“创造性”→“马赛克”命令，弹出“马赛克”对话框，如图9.129所示。

图9.128　选择位图

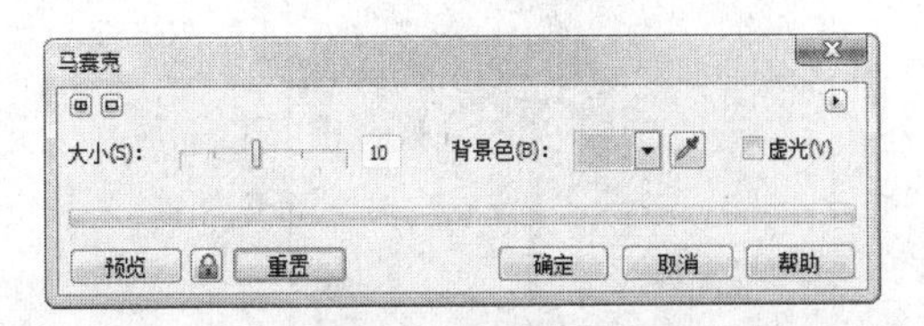

图9.129　“马赛克”对话框

步骤03　拖动“大小”滑块设置马赛克的大小，然后单击“背景色”下拉按钮，在弹出的下拉列表中选择“黄色”作为背景色，如图9.130所示。

步骤04　参数设置完成后，单击“确定”按钮，得到的效果如图9.131所示。

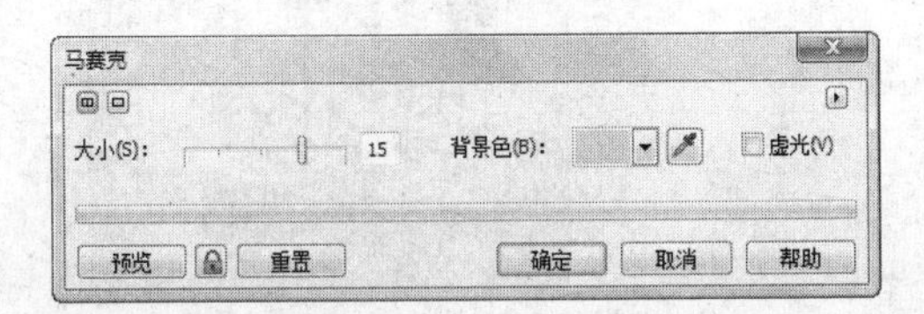

图9.130　设置参数

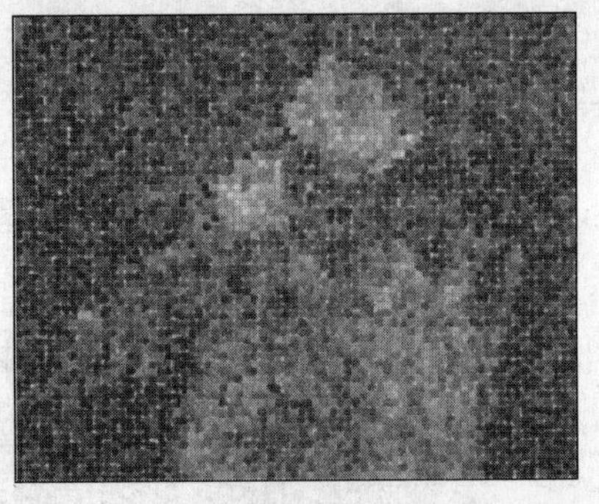

图9.131　马赛克滤镜效果

8. 扭曲效果

使用“扭曲”滤镜组，可以为图像添加各种扭曲变形的效果。该滤镜组中包括“块状”、“置换”、“偏移”、“像素”、“龟纹”、“旋涡”、“平铺”、“湿笔画”、“涡流”和“风吹效果”共10种滤镜。在菜单栏中单击“位图”→“扭曲”命令，可以显示如图9.132所示的“扭曲”子菜单。

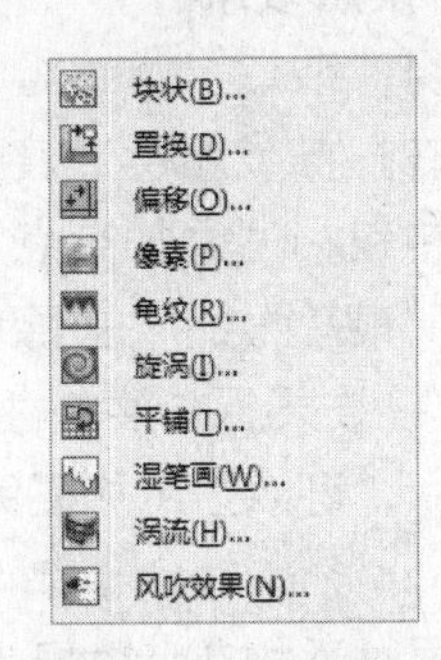

图9.132　“扭曲”子菜单

下面以添加风吹效果为例进行讲解，其具体操作步骤如下所示。

步骤01　选择需要添加风吹效果的位图，如图9.133所示。

步骤02　单击“位图”→“扭曲”→“风吹效果”命令，弹出“风吹效果”对话框，如图9.134所示。

步骤03　拖动“浓度”和“不透明”滑块至“100”，然后在“角度”数值框中输入“180”，如图9.135所示。

步骤04　参数设置完成后，单击“确定”按钮，得到的效果如图9.136所示。

图9.133　选择位图

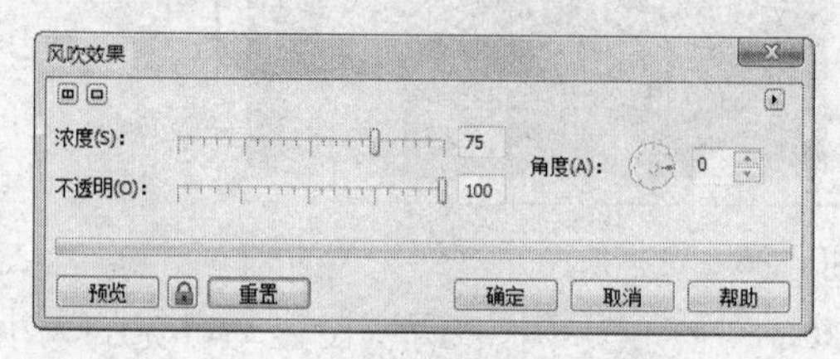

图9.134　“风吹效果”对话框

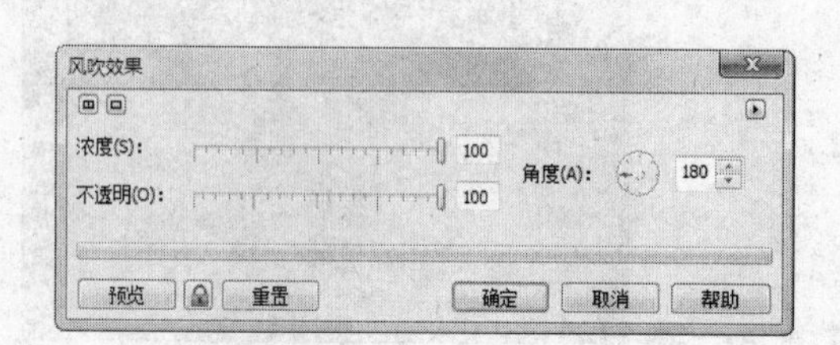

图9.135　设置参数

图9.136　风吹效果

9. 杂点效果

使用“杂点”滤镜组，可以在图像中模拟或者消除在扫描或颜色过渡时产生的颗粒效果。该滤镜组中包括“添加杂点”、“最大值”、“中值”、“最小”、“去除龟纹”和“去除杂点”共6种滤镜效果。在菜单栏中单击“位图”→“杂点”命令，可以显示如图9.137所示的“杂点”子菜单。

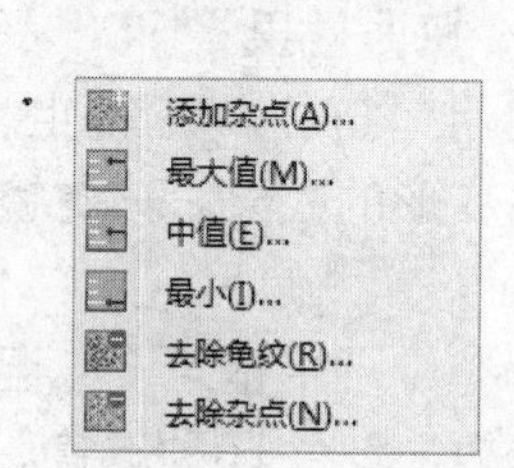

图9.137　“杂点”子菜单

下面以添加杂点效果为例进行讲解，其具体操作步骤如下所示。

步骤01 选择需要添加杂点效果的位图，如图9.138所示。

步骤02 单击“位图”→“杂点”→“添加杂点”命令，弹出“添加杂点”对话框，如图9.139所示。

步骤03 在“杂点类型”栏中选择“均匀”单选项，拖动“层次”滑块至“100”，拖动“密度”滑块至“50”，然后在“颜色模式”栏选择“随机”单选项，如图9.140所示。

步骤04 参数设置完成后，单击“确定”按钮，得到的效果如图9.141所示。

图9.138　选择位图

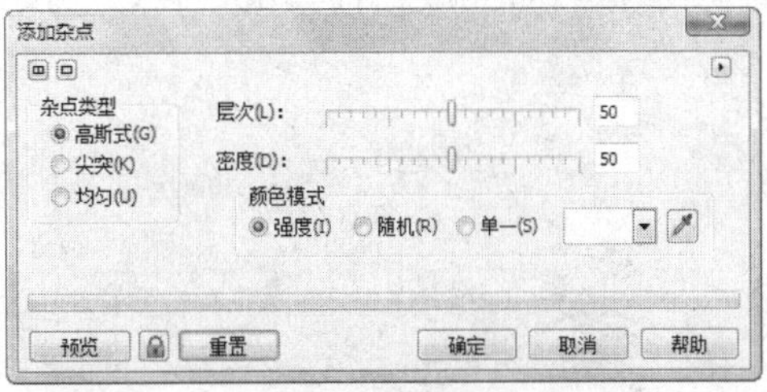

图9.139　“添加杂点”对话框

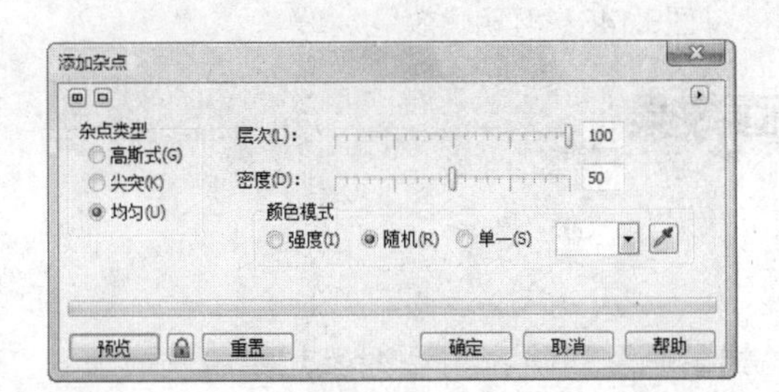

图9.140　设置参数

图9.141　添加杂点效果

10. 鲜明化效果

使用“鲜明化”滤镜组，可以改变图像中相邻色素的色度、亮度和对比度，从而增强图像的锐度，使图像的颜色更加鲜艳。该滤镜组中包括“适应非鲜明化”、“定向柔化”、“高通滤波器”、“鲜明化”和“非鲜明化遮罩”共5种滤镜效果。在菜单栏中单击“位图”→“鲜明化”命令，可以显示如图9.142所示的“鲜明化”子菜单。

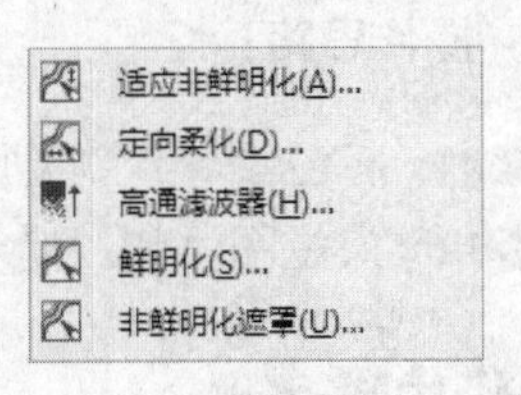

图9.142　“鲜明化”子菜单

下面以添加鲜明化滤镜效果为例进行讲解，其具体操作步骤如下所示。

步骤01　选择需要添加鲜明化滤镜效果的位图，如图9.143所示。

步骤02　单击“位图”→“鲜明化”→“鲜明化”命令，弹出“鲜明化”对话框，如图9.144所示。

图9.143　选择位图

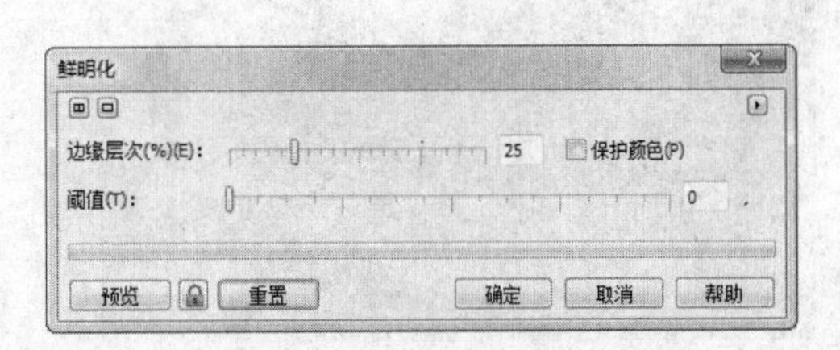

图9.144　“鲜明化”对话框

步骤03 拖动“边缘层次”滑块至“100”，设置边缘层次的丰富程度，然后拖动“阈值”滑块至“130”，设置鲜明化效果的临界值，如图9.145所示。

步骤04 参数设置完成后，单击“确定”按钮，得到的效果如图9.146所示。

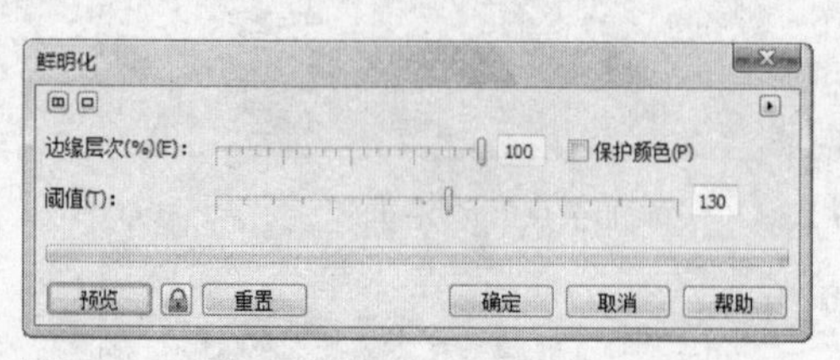

图9.145 设置参数

图9.146 鲜明化效果

9.4.2 典型案例——制作蜡笔画效果

案例目标

本案例使用“艺术笔触”滤镜组中的“蜡笔画”滤镜，为位图添加蜡笔画效果。

素材位置：\素材\第9课\狮子.jpg

效果图位置：\源文件\第9课\蜡笔画.cdr

操作思路：

步骤01 将位图导入到绘图窗口中。

步骤02 为位图添加“蜡笔画”滤镜效果。

操作步骤

为位图添加蜡笔画效果的具体操作步骤如下所示。

步骤01 在菜单栏中单击“文件”→“导入”命令，将位图素材文件导入到绘图窗口中，如图9.147所示。

步骤02 选择导入的位图，然后单击“位图”→“艺术笔触”→“蜡笔画”命令，弹出“蜡笔画”对话框，如图9.148所示。

图9.147 导入位图

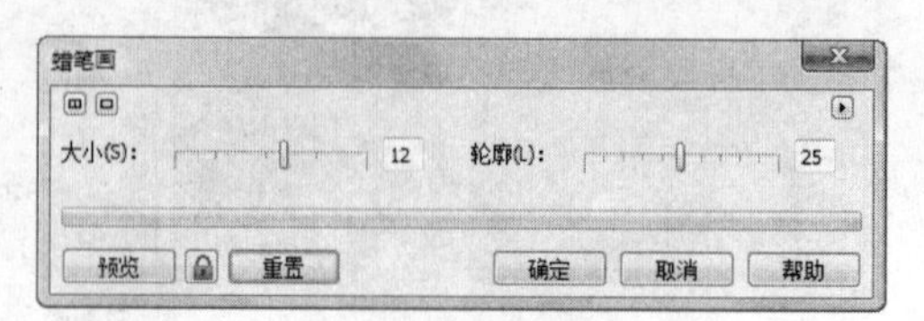

图9.148 “蜡笔画”对话框

步骤03 拖动“大小”滑块至“15”，然后拖动“轮廓”滑块至“30”，如图9.149所示。

步骤04 单击“预览”按钮，查看设置的效果。满足设计需要后，单击“确定”按钮，得到的效果如图9.150所示。

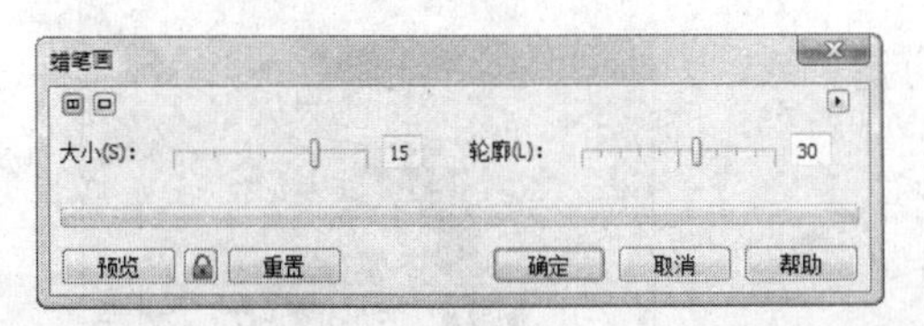

图9.149　设置参数

图9.150　蜡笔画效果

案例小结

本案例主要讲解了使用CorelDRAW X4提供的滤镜制作蜡笔画效果的方法。在制作本案例时，要注意参数的设置，用户可以通过拖动滑块设置参数，也可以直接在文本框中指定参数。

9.5 上机练习

9.5.1 制作卷页效果

本次练习将为照片添加卷页效果，如图9.151所示，主要练习位图的导入以及“三维效果”滤镜等操作。

图9.151　制作卷页效果

素材位置：\素材\第9课\花.jpg

效果图位置：\源文件\第9课\卷页效果.cdr

操作思路：

步骤01 单击“文件”→“导入”命令，将位图导入到绘图窗口中。

步骤02 单击“位图”→“三维效果”→“卷页”命令，弹出“卷页”对话框，然后对其参数进行设置，为位图添加卷页效果。

9.5.2 为照片添加边框

本次练习将为照片添加艺术边框，效果如图9.152所示，主要练习照片的导入和“创造性”滤镜的使用方法。

素材位置：\素材\第9课\儿童.jpg

效果图位置：\源文件\第9课\添加边框.cdr

操作思路：

步骤01 单击“文件”→“导入”命令，将位图导入到绘图窗口中。

步骤02 单击“位图”→“创造性”→“框架”命令，弹出“框架”对话框，然后选择一种框架样式，并进行参数设置。

图9.152 添加边框

9.6 疑难解答

问：在CorelDRAW X4中将位图转换为灰度模式后，再将其转换为RGB模式，怎样才能恢复位图的颜色呢？

答：当位图转换为灰度模式后，如果再将其转换为RGB模式，原来位图的颜色将丢失，不能恢复。

问：在对位图添加“滤镜”效果时，电脑的速度会变得很慢，这是为什么呢？

答：在对话框中调整参数后单击“预览”按钮，即可预览滤镜效果。如果“预览”按钮旁边的🔒呈按下状态，每一次调整参数后都会发生变化，所以速度就会变慢。

9.7 课后练习

选择题

1 除了可以使用裁剪位图命令裁剪位图外，还可以通过（　）工具来裁剪位图。

A. 刻刀工具　　B. 手绘工具

C. 挑选工具　　D. 形状工具

2 (　)命令可以将位图周围扩展出白色的区域。

A. 扩充位图工具　　B. 裁剪位图

C. 描摹工具　　D. 重新取样

3 (　)滤镜可以根据图像的对比度，使图像的轮廓变成特殊的线条效果。

A. 位平面　　B. 散开

C. 查找边缘　　D. 定向平滑

问答题

1 将位图转换成矢量图形，主要有哪几种方法?

2 简述如何使用调整位图颜色和色调命令，调整位图曝光不足的情况。

上机题

1 使用调整命令调整位图的饱和度，效果如图9.153所示。

素材位置：\素材\第9课\桃花.jpg

效果图位置：\源文件\第9课\调整饱和度.cdr

- 使用“导入”命令，将位图导入到绘图窗口中。
- 使用“色度/饱和度/亮度”命令，对位图的“饱和度”和“亮度”进行调整。

2 使用颜色调整命令对位图进行调整，然后制作下雪的效果，如图9.154所示。

素材位置：\素材\第9课\小路.jpg

效果图位置：\源文件\第9课\下雪效果.cdr

- 使用“导入”命令，将位图导入到绘图窗口中。
- 使用“调整”命令对图形的颜色和色调进行调整。
- 使用“天气”滤镜为位图添加下雨的效果。

图9.153　调整饱和度

图9.154　下雪的效果

第10课

打印、输出作品

本课要点

作品输出

打印作品

拼贴打印

制作条形码

具体要求

掌握图形文件的输出方法

掌握设置打印参数的方法

掌握拼贴打印的方法

掌握条形码的制作方法

本课导读

将设计的平面作品进行打印输出，将直接关系到作品的效果。因此，打印和输出的过程是非常重要的。本课将详细介绍打印输出前需要做的准备工作，以及打印输出的方法和技巧。

10.1 作品输出

将制作完成的作品印刷输出是一个复杂的过程，在印刷前需要在输出中心将作品输出为菲林，然后才能印刷。此外，在CorelDRAW X4中设计好作品后，也可以通过输出功能将其发布到网上或输出为PDF格式。

10.1.1 知识讲解

将作品送到彩色输出中心输出为菲林时，需要做如下一些准备工作。

1. 为彩色输出中心做准备

为彩色输出中心做准备的具体操作步骤如下所示。

步骤01 打开制作完成的作品，单击“文件”→“为彩色输出中心做准备”命令，弹出“配备‘彩色输出中心’向导”对话框，在该对话框中选择“收集与文档关联的所有文件”单选项，然后单击“下一步”按钮，如图10.1所示。

步骤02 弹出如图10.2所示的对话框，勾选“生成PDF文件”复选框，然后单击“下一步”按钮。

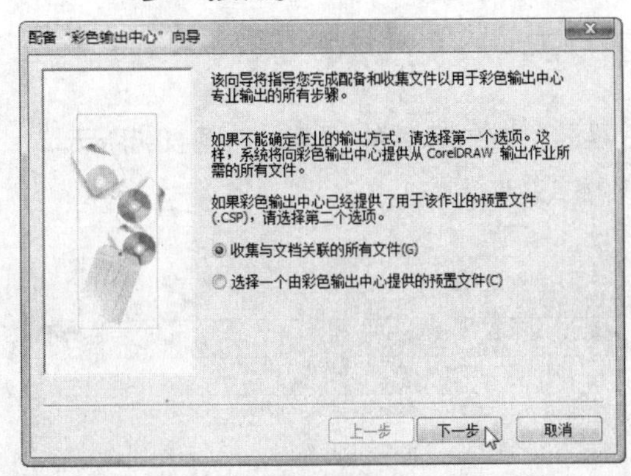

图10.1 “配备‘彩色输出中心’向导”对话框

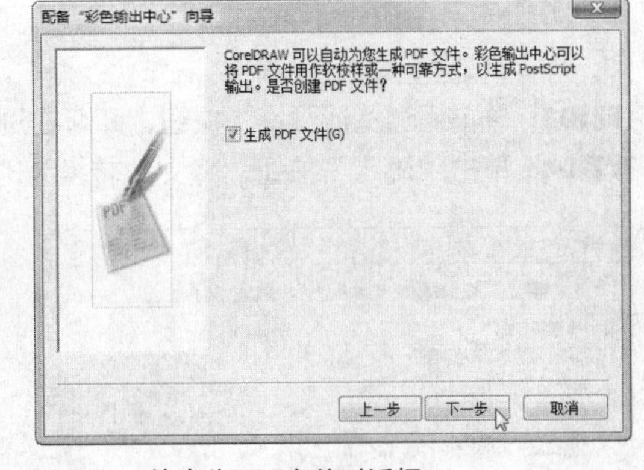

图10.2 输出为PDF文件对话框

“配备‘彩色输出中心’向导”对话框中的两个选项含义如下：选择“收集与文档关联的所有文件”单选项，可以在输出文件的过程中收集可能用到的文件信息；选择“选择一个由彩色输出中心提供的预置文件”单选项，可以在随后出现的对话框中选择由输出中心提供的预置文件。

步骤03 弹出如图10.3所示的对话框，在该对话框中显示了默认的路径。如果需要重新设置文件位置，则单击“浏览”按钮。

步骤04 设置好路径后，单击“下一步”按钮，系统将自动开始收集与作品有关的文件。操作完成后，弹出如图10.4所示的对话框，其中显示了收集的文件名和位置等情况。

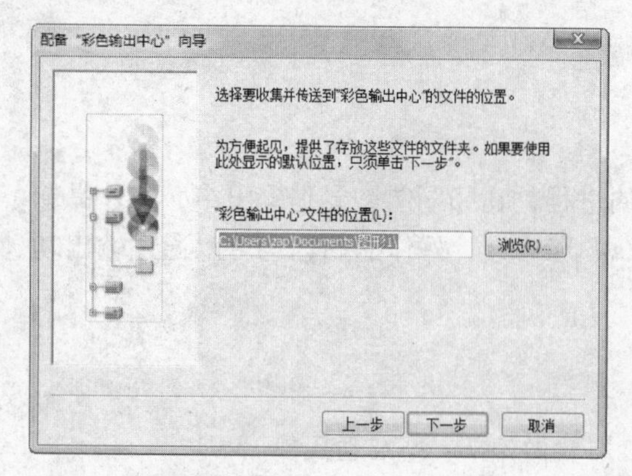

图10.3　设置文件路径

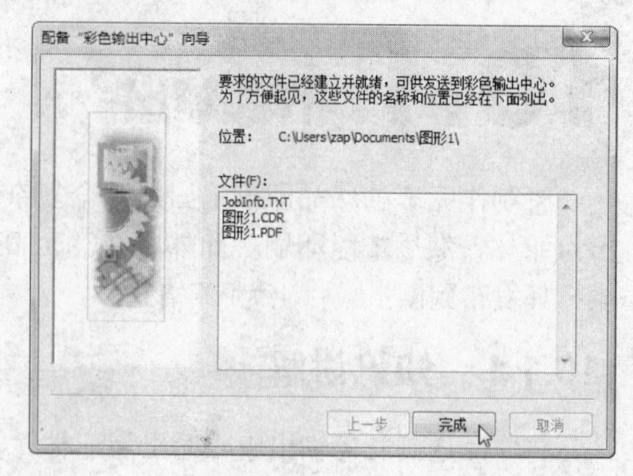

图10.4　完成准备工作

2. 发布至Web

在CorelDRAW X4中可以将文档输出为HTML格式，然后发布到因特网上。将文档输出为HTML格式后，可以确保文档内容在浏览器中显示，文件中的图像将会以JPG或GIF格式输出。将文档输出为HTML格式的具体操作步骤如下所示。

步骤01　打开需要输出为HTML格式的文件。

步骤02　单击"文件"→"发布到Web"→"HTML"命令，弹出"发布到Web"对话框，在该对话框中切换到"常规"选项卡，设置好排版方式和路径，如图10.5所示。

步骤03　单击"浏览器预览"按钮，即可在浏览器中预览转换后的效果，如图10.6所示。

步骤04　单击"确定"按钮，将文件转换为HTML格式。

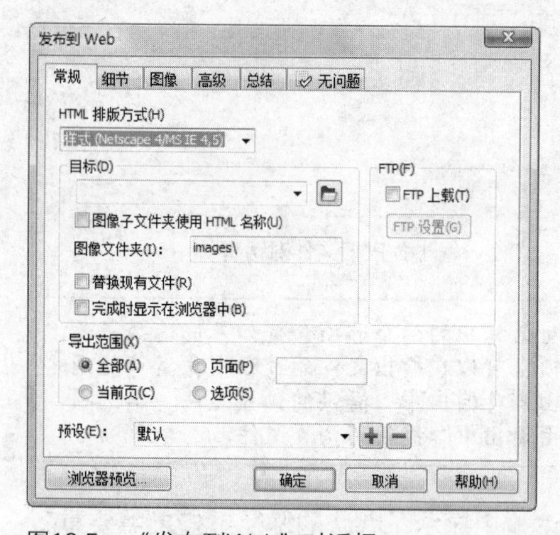

图10.5　"发布到Web"对话框

图10.6　在浏览器中预览

在CoerlDRAW X4中，还可以将文档发布为嵌入HTML的Flash文件。

3. 发布至PDF

在CorelDRAW X4中还可以将文件输出为PDF格式的文件，这样就可以很方便地制作电子文档，并上传到网上。发布至PDF的操作步骤如下。

步骤01 打开需要发布至PDF的文件。

步骤02 单击“文件”→“发布至PDF”命令，弹出“发布至PDF”对话框，在该对话框中设置好存储路径、文件名，如图10.7所示。

步骤03 单击“确定”按钮即可将文件发布至PDF。

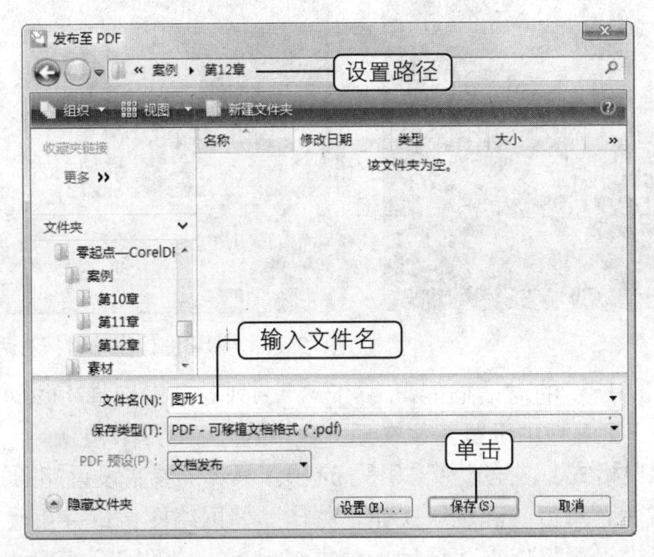

图10.7　“发布至PDF”对话框

10.1.2　典型案例——优化图像

案例目标

将文件发布到Web前，需要对文件中的图像进行优化处理，以减少文件的大小，提高图像的上传和下载速度。本例将以第9课制作的怀旧照片为例进行讲解。

素材位置：\源文件\第9课\怀旧照片.cdr

效果图位置：\源文件\第10课\怀旧照片.gif

操作思路：

步骤01 打开怀旧照片.cdr。

步骤02 对文件中的图像进行优化。

优化图像的具体操作如下所示。

步骤01 单击“文件”→“打开”命令，打开“怀旧照片.cdr”文件，如图10.8所示。

步骤02 单击“文件”→“发布到Web”→“Web图像优化程序”命令，弹出“网络图像优化器”对话框，如图10.9所示。

图10.8　打开文件

图10.9　“网络图像优化器”对话框

步骤03　在如图10.9所示的对话框的 14.4K 列表框中选择Modem的传输速度；在 100 % 列表框中设置图像在预览框中的显示比例；在 原始 列表框中设置图像的输出格式，这里选择“Gif”选项。具体的参数设置如图10.10所示。

步骤04　设置完成后，单击“确定”按钮，弹出“将网络图像保存至硬盘”对话框，在该对话框中设置好保存路径后，单击“保存”按钮即可将优化后的图像保存到硬盘中，如图10.11所示。

图10.10　设置参数

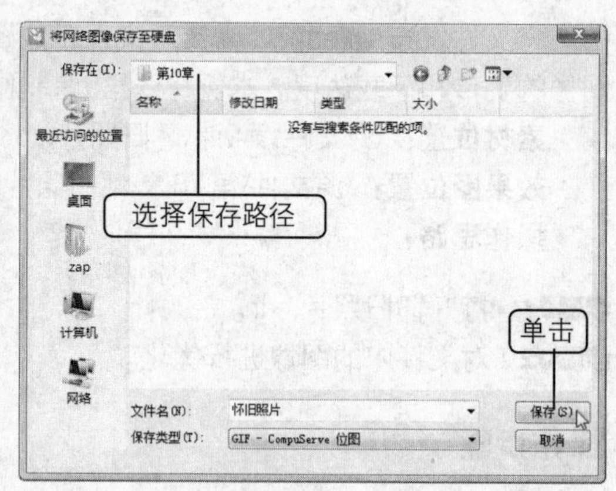

图10.11　设置保存路径

案例小结

本案例主要讲解了优化图像的方法，将图像文件发布到Web前建议对文件中的图像进行优化，这样可以方便图像在网页中快速地显示。

10.2 打印作品

在完成图形的绘制后，可以将这些文件进行打印输出。下面讲解打印方面的知识。

10.2.1 知识讲解

要对图形文件进行打印，首先需要对打印参数进行详细的设置。

1. 设置打印机

在打印文件前，需要对打印机进行相应的设置，其具体操作步骤如下所示。

步骤01 单击“文件”→“打印设置”命令，弹出“打印设置”对话框，如图10.12所示，该对话框中涵盖了所选打印机的状态、类型和位置等信息。

步骤02 如果系统安装了多台打印机，可以在“名称”下拉列表框中选择需要的打印机。

步骤03 单击“属性”按钮，弹出如图10.13所示的对话框，在该对话框中可以设置打印方向以及纸张类型等。

图10.12 “打印设置”对话框

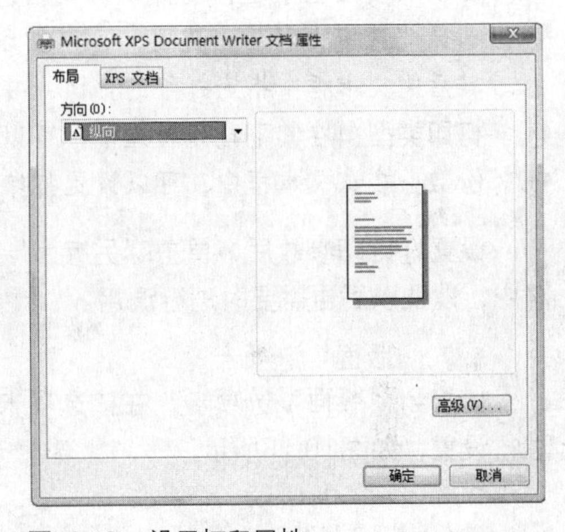

图10.13 设置打印属性

说明 由于打印机不同，在设置打印机参数时打开的对话框也不相同，某些参数设置也不一样，这就需要用户根据实际情况进行设置。

2. 打印设置

在打印图像之前，用户可以根据实际情况设置打印范围和打印份数。在菜单栏中单击“文件”→“打印”命令，弹出如图10.14所示的“打印”对话框。该对话框中包含了如下几个选项卡，下面将对各选项卡中的内容进行详细讲解。

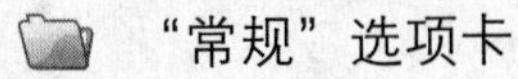

“常规”选项卡

在“常规”选项卡中可以设置打印的基本参数，其中各项参数的含义如下。

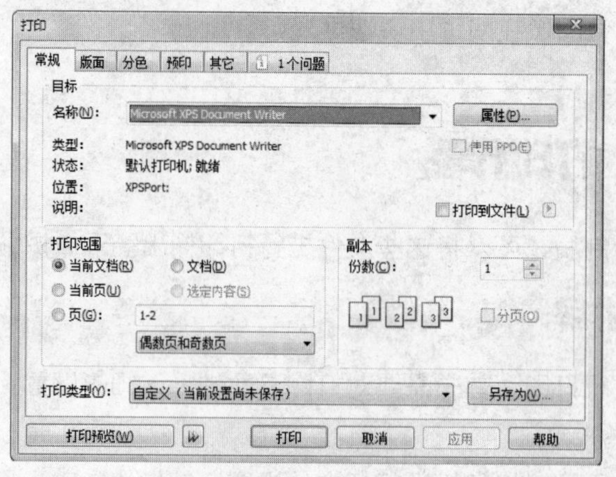

图10.14 “打印”对话框

- **名称**：单击其下拉按钮，可以在打开的下拉列表中选择合适的打印机。
- **属性**：单击该按钮，可以打开“文档属性”对话框，在该对话框中可以设置打印机的属性。
- **打印范围**：选择“当前文档”单选项，可以打印当前文件；选择“文档”单选项，可以从列表框中选择要打印的文档；选择“当前页”单选项，可以打印当前页面；选择“选定内容”单选项，可以打印用户选择的对象；选择“页”单选项，可以在其后的文本框中指定打印的页面，并在下拉列表框中选择奇偶页。
- **打印类型**：在其下拉列表框中，可以设置打印样式。
- **份数**：在该文本框中，可以设置打印分数。

设置好打印参数后，单击“另存为”按钮，可以将当前的打印设置保存到CorelDRAW X4中，以便以后再需要时进行调用。

“版面”选项卡

切换到“版面”选项卡，在该选项卡中可以为图像的位置、大小以及出血线等参数进行设置，如图10.15所示。

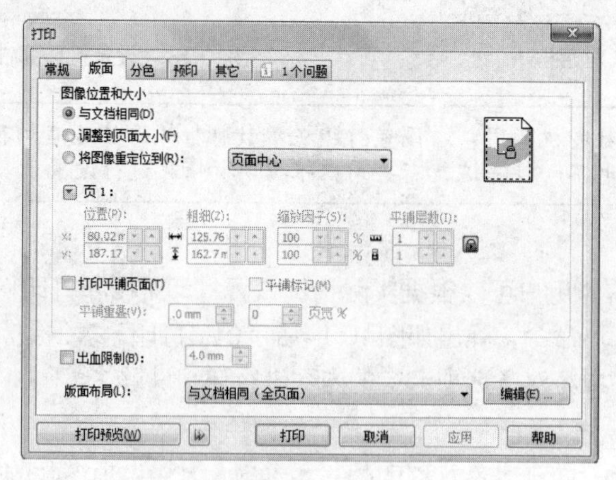

图10.15 切换到“版面”选项卡

- **图像位置和大小**：在该选项组中可以设置每个绘图页面的拼接数目，通过该功能可以在较小输出尺寸的输出设备上，输出较大尺寸的图形。选择“与文档相同”单选项，可以按照对象在绘图页面中的当前位置进行打印；选择“调整到页面大小”单选项，可以快速地将绘图尺寸调整到输出设备所能打印的最大范围；选择“将图像重定位到”单选项，可以在其后的下拉列表框中选择图形在打印页面的位置。
- **打印平铺页面**：勾选该复选框，可以将一个大的图形打印在多张纸上进行拼接。
- **平铺重叠**：在该数值框中，可以设置拼接页面相互交叠的尺寸。
- **出血限制**：勾选该复选框，可以在其后的数值框中设置出血尺寸。
- **版面布局**：在该下拉列表框中，可以选择版面布局的方案。

“分色”选项卡

在CorelDRAW X4中，可以将图像按照4色创建CMYK颜色分离的页面文档，并且可以指定颜色分离顺序。单击“打印”对话框中的“分色”选项卡标签，即可切换到“分色”选项卡，如图10.16所示。

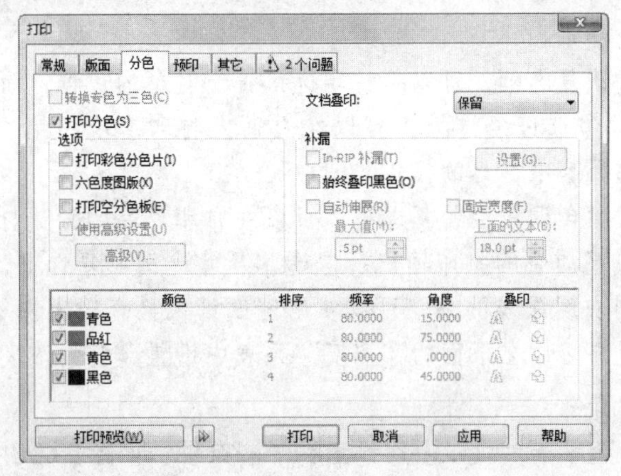

图10.16　切换到“分色”选项卡

- **打印分色**：勾选该复选框，可以在“选项”栏中设置颜色分离打印的选项。
- **六色度图版**：勾选该复选框，可以使用六色度图版进行打印。六色度图版是指在CMYK模式的基础上再加入橙色和绿色，它可以产生更广泛的颜色区域，创作出逼真的色彩。该选项只有部分打印机才能支持。
- **始终叠印黑色**：勾选该复选框，可以使任何含有95%以上黑色的对象与其下的对象叠印在一起。

“预印”选项卡

切换到“预印”选项卡，可以对纸张/胶片、文件信息、对象标记以及调校栏等进行设置，如图10.17所示。

- **纸片/胶片设置**：勾选“反显”复选框，可以打印负片图像；勾选“镜像”复选框，可以打印图像的镜像效果。
- **文件信息**：勾选“打印文件信息”复选框，可以在页面底部打印出文件名、当前日期和时间等信息；勾选“打印页码”复选框，可以打印页码；勾选“在页面内的位置”复选框，可以在页面中打印文件信息。

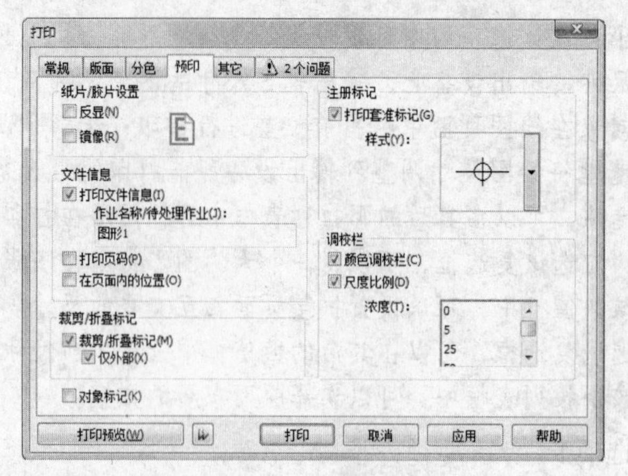

图10.17　切换到“预印”选项卡

- **裁剪/折叠标记**：勾选“裁剪/折叠标记”复选框，可以让裁剪线标记在输出的胶片上，作为装订的参照；勾选“仅外部”复选框，可以在同一张纸上打印多个面，并将其分割成各个单张。
- **对象标记**：勾选该复选框，可以将打印标记置于对象的边框，而不是页面的边框。
- **打印套准标记**：勾选该复选框，可以在页面上打印套准标记。可以在其后的“样式”列表框中选择套准标记的样式。
- **调校栏**：勾选“颜色调校栏”复选框，可以在打印作品的旁边打印包括6种基本颜色的色条，用于较高质量的打印输出；勾选“尺寸比例”复选框，可以在每个分色版上打印一个不同灰度深浅的条，可以使用密度计来检查输出内容的精确性、质量程度和一致性。用户可以在下面的“浓度”列表中设置颜色的浓度值。

“其它”选项卡

切换到“其它”选项卡，可以设置输出的一些杂项，如图10.18所示。

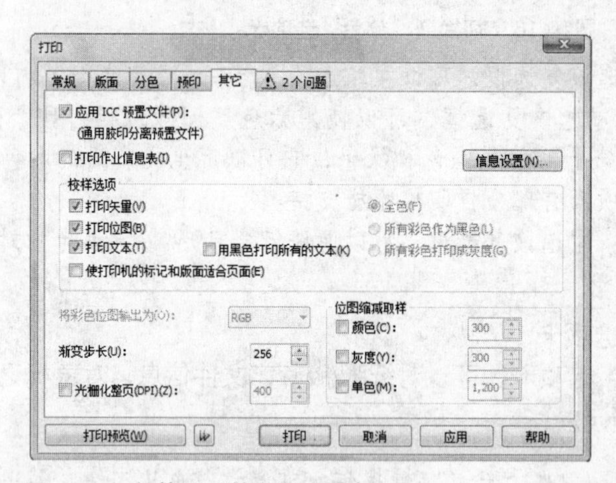

图10.18　切换到“其它”选项卡

- **应用ICC预置文件**：勾选该复选框，可以使用普通的CMYK印刷机按照ICC颜色精确地印刷颜色。
- **打印作业信息表**：勾选该复选框，可以打印出相关的作业信息。

- **校样选项**：在该选项组中，可以设置用于校样的项目。
- **光栅化整页**：勾选该复选框，可以在普通的设备上输出复杂的PostScript图形。
- **位图缩减取样**：在该选项组中，可以为客户提供优质的彩色输出胶片。

印前检查

切换到“无问题”选项卡，在该选项卡中显示了CorelDRAW X4自动检查到的绘图页面存在的打印错误或打印冲突信息，并在下面的列表框中提供了解决问题的方案。勾选“以后不检查该问题”复选框，再次出现该问题时系统将不再进行检查和提示，如图10.19所示。

设置完成后单击“打印”按钮，即可打印图形对象。

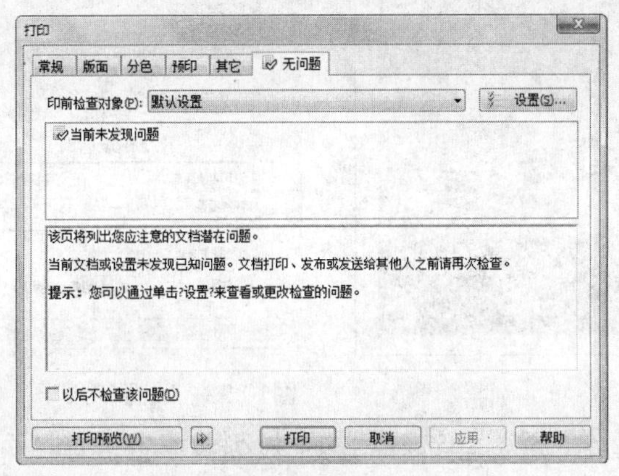

图10.19　切换到“无问题”选项卡

3. 打印预览

在打印输出前需要对打印的图像文件进行打印预览，查看打印设置是否合理。单击“文件”→“打印预览”命令，打开“打印预览”窗口，在该窗口中可以查看到打印的效果，如图10.20所示。

图10.20　“打印预览”窗口

4. 拼贴打印

当文件尺寸大于页面时，就可以使用拼贴打印将图形进行分开打印。使用拼贴打印可以在被分割处设置重叠部分，这样就避免了粘贴时不好衔接的问题。将文件进行拼贴打印的具体操作步骤如下所示。

步骤01 打开需要进行拼贴打印的文件，如图10.21所示，单击“文件”→“打印”命令，在弹出的“打印”对话框中切换到“版面”对话框。

步骤02 勾选“打印平铺页面”复选框，然后在“平铺重叠”数值框中输入数值“10.0mm”，如图10.22所示。

图10.21　打开文件

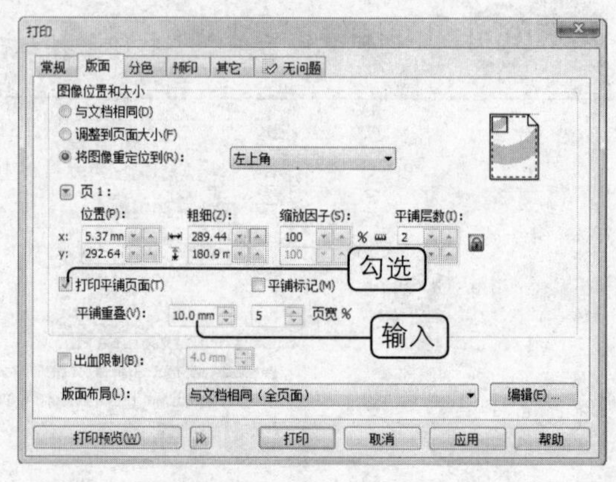

图10.22　设置参数

步骤03 在“将图像重定位到”单选项后的下拉列表框中选择“页面中心”选项，单击⏩按钮，在右侧打开的对话框预览框中显示了拼贴打印的分割效果，如图10.23所示。

步骤04 参数设置完成后，单击“打印”按钮进行打印。

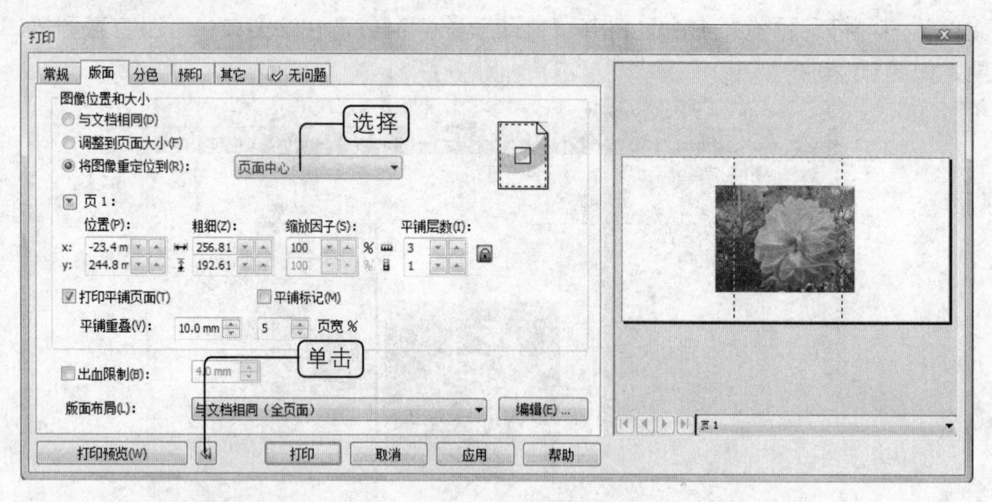

图10.23　显示拼贴打印效果

10.2.2 典型案例——设置出血线

案例目标

在打印平面设计作品时，常常需要设置出血线。本例将以第5课的“招贴排版设计.cdr”为例，介绍如何设置打印出血线。

素材位置：\源文件\第5课\招贴排版设计.cdr

操作思路：

步骤01 打开需要设置出血线的文件。

步骤02 在“版面”选项卡中，设置出血线。

操作步骤

设置出血线的具体操作如下所示。

步骤01 打开需要设置打印出血线的文件，如图10.24所示。

步骤02 单击“文件”→“打印”按钮，在弹出的“打印”对话框中切换到“版面”选项卡。

步骤03 勾选“出血限制”复选框，然后在数值框中输入“3.0mm”，如图10.25所示。

步骤04 参数设置完成后，单击“打印”按钮进行打印即可。

图10.24 打开文件

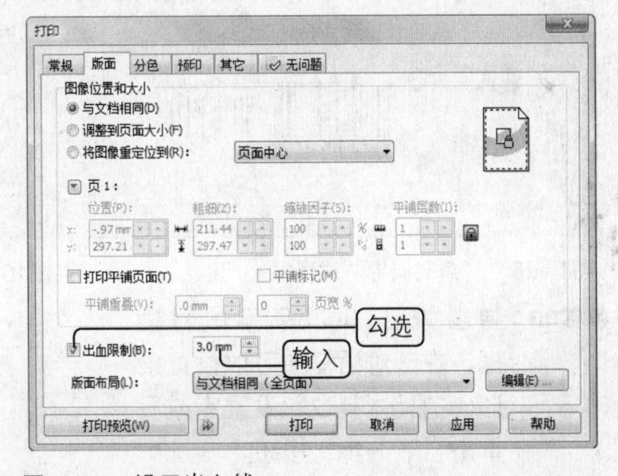

图10.25 设置出血线

案例小结

本例详细讲解了出血线的设置方法。一般情况下出血线的大小为3mm，用户也可以根据自己的需要设置出血线。

10.3 制作条形码

条形码是一种自动识别技术，在很多商品上都需要印刷条形码，使用条形码还可以快速地采集到商品的信息。

10.3.1 知识讲解

在菜单栏中单击“编辑”→“插入条形码”命令，即可方便地插入条形码。下面详细介绍创建条形码和编辑条形码的相关知识。

1. 创建条形码

创建条形码的具体操作步骤如下所示。

步骤01 单击“编辑”→“插入条形码”命令，弹出“条码向导”对话框，如图10.26所示。

步骤02 在“从下列行业标准格式中选择一个”下拉列表框中选项一种行业标准，这里选择“EAN-13”，在下面的文本框中输入数值，如图10.27所示，然后单击“下一步”按钮。

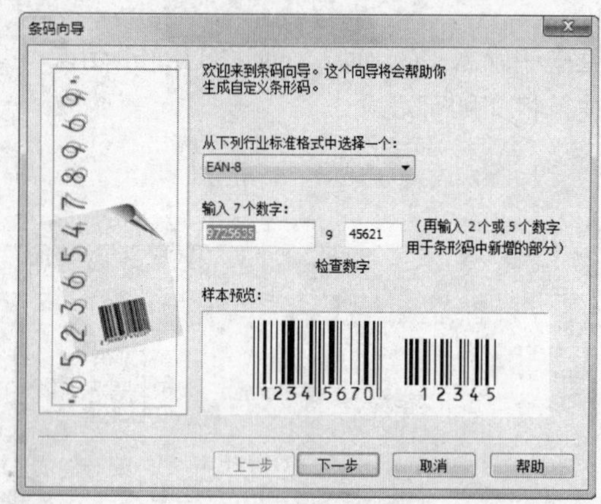

图10.26 “条码向导”对话框

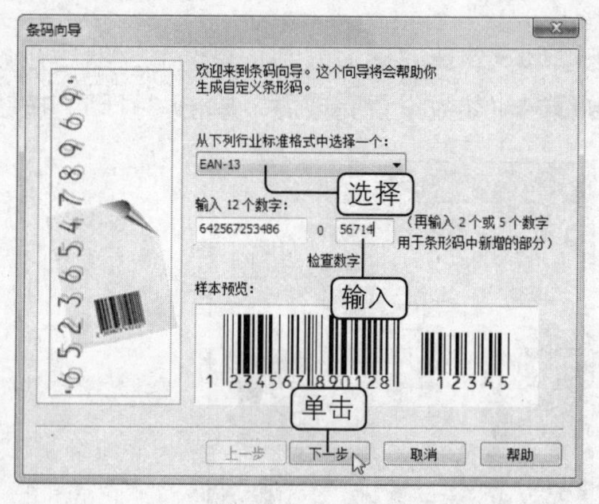

图10.27 设置参数

步骤03 弹出如图10.28所示的对话框，在该对话框中可以设置条形码的具体参数，设置完成后单击“下一步”按钮。

步骤04 弹出如图10.29所示的对话框，在该对话框中可以设置条形码的字体和对齐方式等参数，设置完成后单击“完成”按钮。创建好的条形码如图10.30所示。

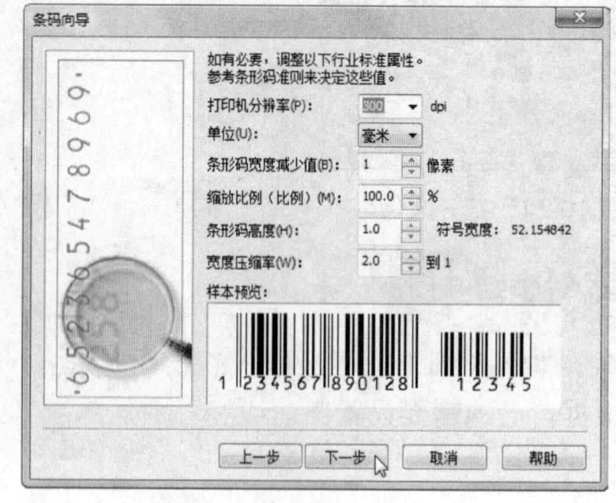

图10.28 设置具体参数

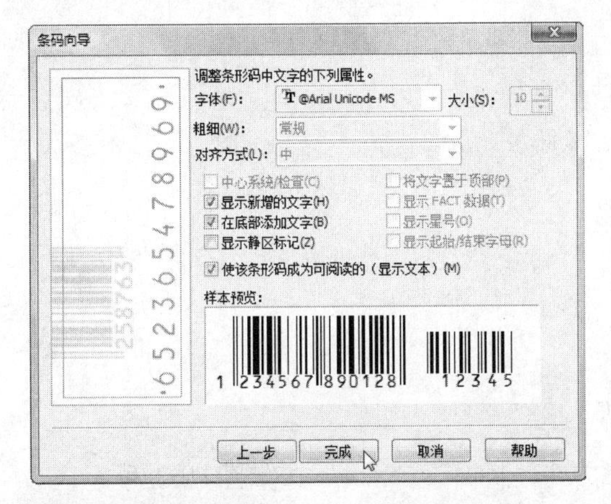

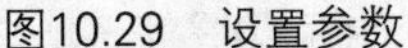

图10.29　设置参数

图10.30　创建完成的条形码

说明　各个行业的条形码标准不一样，因此在创建条形码时，需要对产品和行业进行一定的了解。

2. 编辑条形码

如果需要对创建的条形码进行更改，则使用鼠标左键双击所创建的条形码，然后在弹出的“条码向导”对话框中，重新设置参数即可。

10.3.2　典型案例——制作书籍条形码

案例目标

本例将为书籍封面制作一个条形码，主要练习条形码的制作方法。完成后的效果如图10.31所示。

图10.31　最终效果

素材位置：\素材\第10课\封面设计.cdr

效果图位置：\源文件\第10课\书籍条形码.cdr

操作思路：

步骤01 打开需要添加条形码的文件。

步骤02 创建条形码。

制作书籍条形码的具体操作步骤如下所示。

步骤01 单击“文件”→“打开”命令，打开文件“封面设计.cdr”，如图10.32所示。

步骤02 单击“编辑”→“插入条形码”命令，弹出“条码向导”对话框，如图10.33所示。

图10.32　打开文件

图10.33　“条码向导”对话框

步骤03 在“从下列行业标准格式中选择一个”下拉列表框中选项一种行业标准，这里选择“ISBN”，在下面的文本框中输入数值，如图10.34所示，然后单击“下一步”按钮。

步骤04 弹出如图10.35所示的对话框，在该对话框中设置条形码的具体参数，设置完成后单击“高级”按钮。

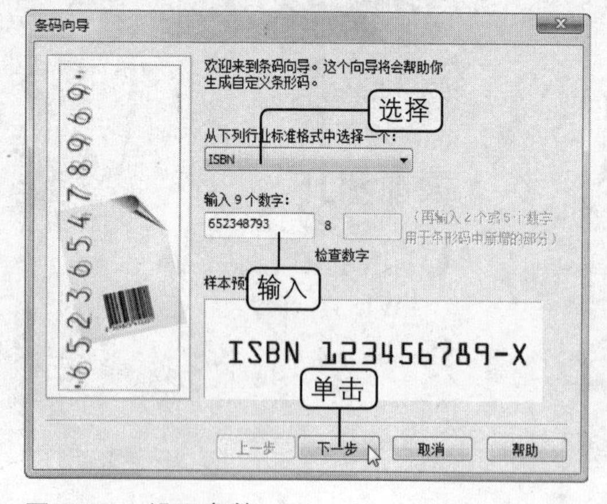

图10.34　设置参数

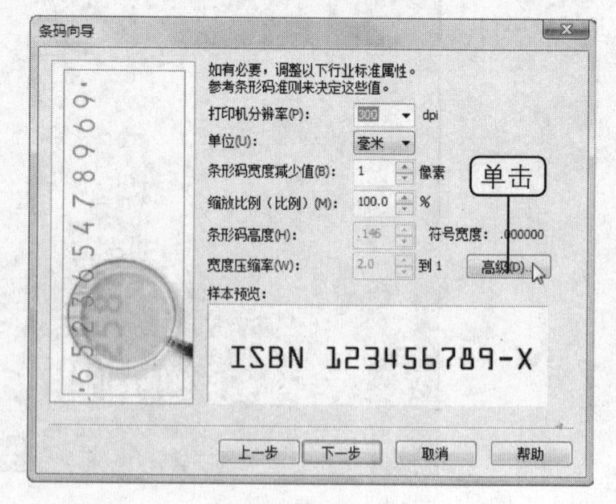

图10.35　单击“高级”按钮

步骤05 弹出“高级选项”对话框，选择“附加978”单选项，然后单击“确定”按钮，如图10.36所示。

步骤06 返回到“条码向导”对话框，单击“下一步”按钮，如图10.37所示。

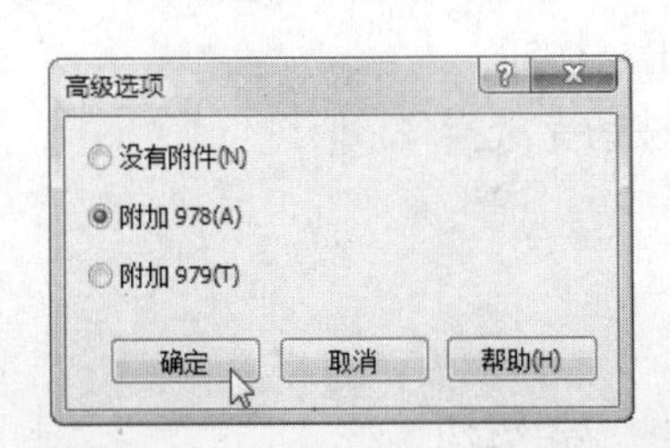

图10.36 高级设置

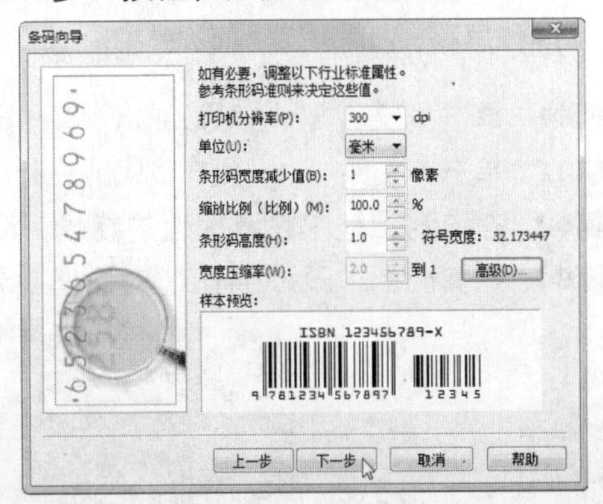

图10.37 单击“下一步”按钮

步骤07 弹出如图10.38所示的对话框，在该对话框中设置条形码的字体和对齐方式等参数，设置完成后单击“完成”按钮得到条形码，如图10.39所示。

步骤08 将条形码放置到封底上，完成为书籍添加条形码的操作，如图10.31所示。

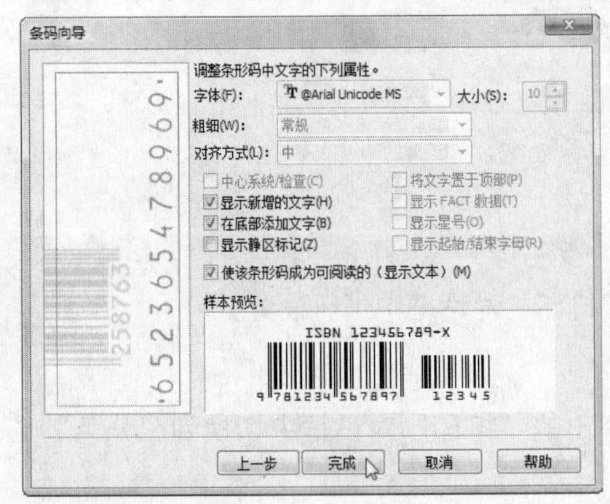

图10.38 设置参数

图10.39 得到条形码

案例小结

本例主要讲解了为书籍添加条形码的方法。单击“插入条形码”命令的实质是打开一个小程序；直接在CorelDRAW X4安装目录下找到该软件也可以完成条形码的制作。

10.4 上机练习

10.4.1 发布到Web

本次练习将根据前面所学的内容，将图片内容发布为嵌入网页的Flash文件，主要练习文件的发布方法，效果如图10.40所示。

素材位置：\素材\第10课\摩托车.jpg

效果图位置：\源文件\第10课\摩托车.htm

操作思路：

步骤01 单击“文件”→“导入”命令，导入位图。

步骤02 单击“文件”→“发布到Web”→“嵌入HTML的Flash”命令，弹出“导出”对话框。

步骤03 在该对话框中设置相应的参数，然后单击“导出”按钮。

步骤04 在弹出的“Flash导出”对话框中单击“确定”按钮完成操作。

图10.40 发布的网页

10.4.2 设置分色打印

本次练习将打印分色片，该操作需要在“打印”对话框中进行设置。

操作思路：

步骤01 单击“文件”→“打印”命令，在弹出的“打印”对话框中切换到“分色”选项卡。

步骤02 勾选“打印分色”复选框，在下面的列表框中选择需要打印的分色片即可，如图10.41所示。

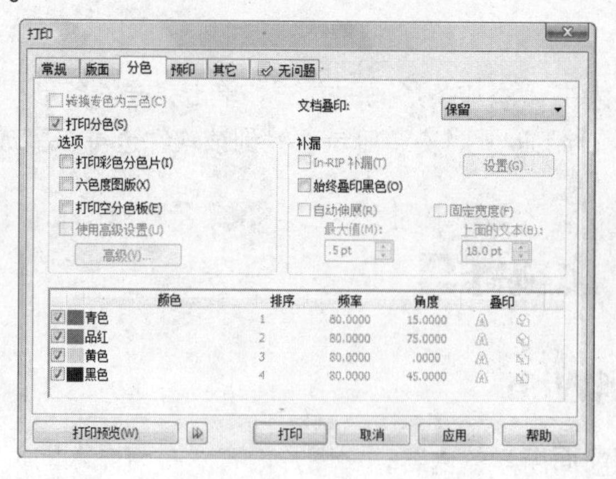

图10.41 设置分色打印

10.5 疑难解答

问：作品设计完成后，位图和图形的颜色模式都必须转换成CMYK模式才能进行印刷吗?

答：是的。如果不转换成CMYK模式，就不能分色出片，也不能印刷。

问：怎样才能打印出超出绘图区域的图形?

答：在打印预览时，可以对图形进行缩小操作，也可以使用拼贴打印的方式来打印图形文件。

10.6 课后练习

选择题

1 将文件输出为（　　）后，可以确保文件内容在浏览器中显示，文件中的图形会输出为JPG或GIF格式。

A. TIF　　B. PNG

C. PDF　　D. HTML

2 为了方便制作电子文档，可以将文件输出为（　　）格式。

A. TIF　　B. PNG

C. PDF　　D. HTML

3 使用（　　）方法可以减少文件的大小，提高图像的上传和下载速度。

A. 另存图形　　B. 优化图形

C. 调整图像颜色　　D. 缩放图形

4 当设计的作品很大，超出了打印范围时，可以使用（　　）将图像分开进行打印。

A. 分色打印　　B. 拼贴打印

C. 正常打印　　D. 缩放打印

问答题

1 如何设置打印机?

2 简述如何设置打印范围和打印分数。

3 怎样设置拼贴打印?

上机题

1 在CorelDRAW X4中打开绘制的图形，设置打印参数进行预览，最后将作品打印出来。

2 为包装盒添加条形码，效果如图10.42所示。

素材位置：\素材\第10课\包装盒.jpg

效果图位置：\源文件\第10课\添加条形码.cdr

- 单击“编辑”→“插入条形码”命令，创建条形码。
- 使用挑选工具，对创建的条形码进行调整，并放置于包装盒的侧面。

图10.42　给包装盒添加条形码

第11课

综合应用实例

本课要点

标志设计

工作证设计

信封、信笺纸设计

员工制服设计

具体要求

掌握各种绘图工具的使用

掌握文本的输入与设置方法

掌握交互式调和工具的使用

掌握图形的填充方法

本课导读

本课主要讲解使用CorelDRAW X4制作作品的一些综合实例，包括标志设计、工作证设计、信封设计、信笺纸设计和员工制服设计等。通过这些实例，读者可对CorelDRAW X4的基本知识有一个更加直观的了解，有利于读者全面掌握CorelDRAW X4的基本操作和使用技巧。

11.1 VI设计

通过前面的学习，相信读者已对CorelDRAW X4的功能有了一个比较全面的了解。在平面设计中，CorelDRAW是一个应用非常广泛的平面设计软件，通过它可以方便地设计各类平面作品，如海报、书籍封面、VI以及包装盒等。

本课将综合全书所讲解的知识，制作一个VI设计。VI全称Visual Identity，即企业视觉识别，是指企业识别的视觉化。企业可以通过VI设计将企业的信息传达给受众，通过视觉符码，不断地强化受众的意识，从而获得认同。

11.1.1 标志设计

案例目标

标志是VI中的核心部分，是一种系统化的形象归纳和形象的符号化提炼，经过抽象和具象的结合与统一，最后创造出高度简洁的图形符号。它既要能展示公司的经营理念，又要能在实际应用中方便适用，保持一致。本例将结合前面所介绍的知识，制作一个化妆品公司的标志，效果如图11.1所示。

图11.1 最终效果

效果图位置：\源文件\第11课\标志设计.cdr

操作思路：

步骤01 新建一个图形文档。

步骤02 使用椭圆形工具绘制椭圆形作为标志的主体。

步骤03 对绘制的椭圆形进行填充，并添加交互式调和效果。

步骤04 输入文本，然后对文本进行填充。

标志设计的具体操作步骤如下所示。

步骤01 单击“文件”→“新建”命令，新建一个文档，新建的文档默认为A4大小。

步骤02 在工具箱中单击“椭圆形工具”按钮，然后在绘图窗口中绘制一个椭圆形，如图11.2所示。

步骤03 单击“挑选工具”按钮，然后有间隔地单击鼠标左键两次，并按住鼠标左键对椭圆形进行旋转，如图11.3所示。

步骤04 使用同样的方法，绘制如图11.4所示的椭圆形。

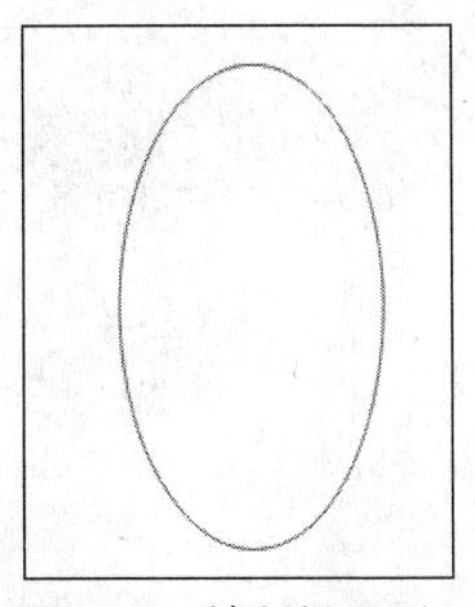
图11.2　绘制椭圆形

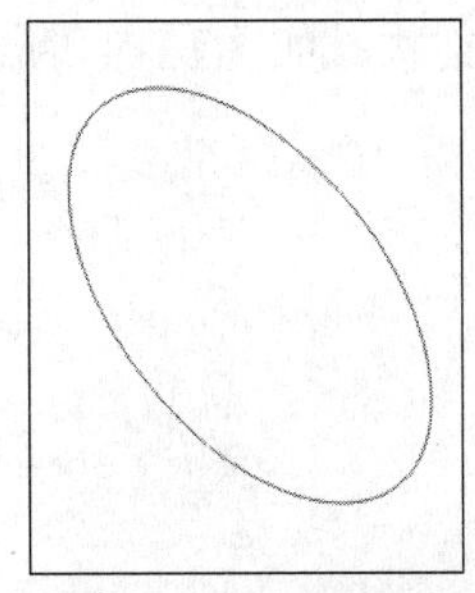
图11.3　旋转椭圆形

图11.4　绘制多个椭圆形

步骤05　选择绘制的椭圆形，然后在绘图窗口的右侧单击相应的色块，对绘制的椭圆形进行填充，效果如图11.5所示。

步骤06　选中所有的椭圆形，然后在绘图窗口右侧的⊠色块上单击鼠标右键，删除轮廓线，效果如图11.6所示。

图11.5　填充椭圆形

图11.6　删除轮廓线

步骤07　选择所有填充后的椭圆形，然后按下“+”键进行复制，并按住“Shift”键进行等比例缩放。

步骤08　选择复制得到的椭圆形，然后将其填充为白色，效果如图11.7所示。

步骤09　在工具箱中单击“交互式调和工具”按钮，为椭圆形添加调和效果，如图11.8所示。

图11.7　填充椭圆形

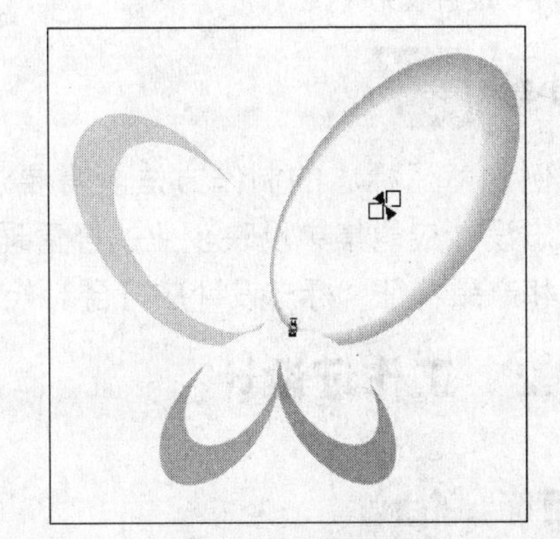
图11.8　添加调和效果（一）

步骤10　使用同样的方法，为其他椭圆形添加调和效果，如图11.9所示。

步骤11 在工具箱中单击“文本工具”按钮字，在其属性栏中设置“字体”为“Bauhaus 93”，字号为“36pt”，输入文本，如图11.10所示。

图11.9 添加调和效果（二）

BUTTERFLY

图11.10 输入文本

步骤12 选择输入的文本，然后按下“F11”快捷键，在弹出的“渐变填充”对话框中，设置填充颜色，如图11.11所示。

步骤13 参数设置完成后，单击“确定”按钮对文字进行填充，效果如图11.12所示。标志制作完成后的最终效果如图11.1所示。

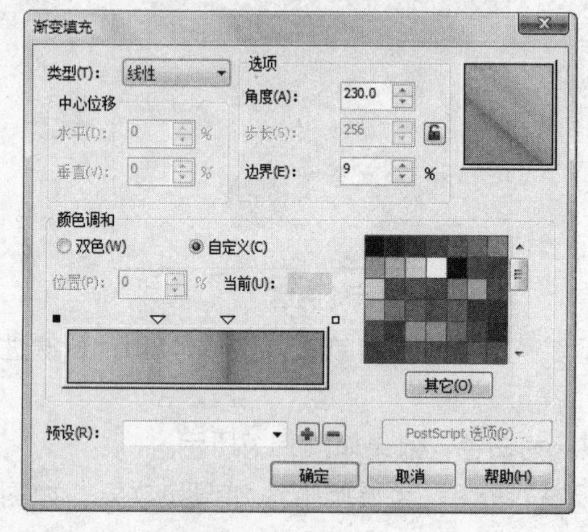

图11.11 设置填充参数

图11.12 填充后的效果

案例小结

本例讲解了标志的制作方法。需要注意的是，在进行标志设计时都应遵循以下原则：标志设计应能集中反映企业的经营理念，突出企业形象；标志设计应结合企业的行业特征和产品特征；标志设计应符合时代的审美特征。

11.1.2 工作证设计

工作证设计属于VI应用要素系统中的办公用品设计。本例将使用前面设计的标志来

制作工作证，效果如图11.13所示。

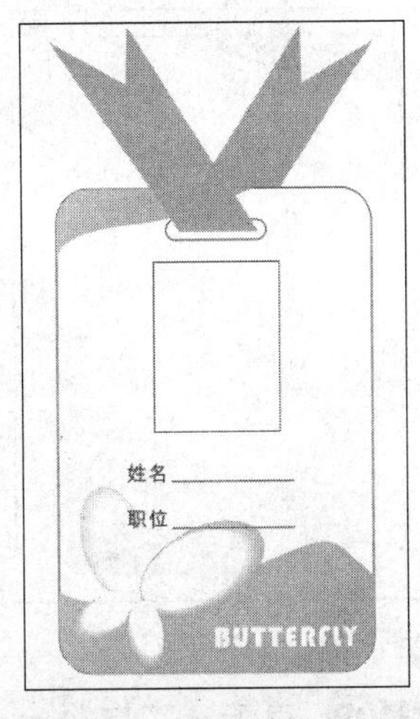

图11.13　最终效果

效果图位置：\源文件\第11课\工作证.cdr

操作思路：

步骤01　绘制一个圆角矩形。

步骤02　绘制图形并进行相交操作，然后对图形进行填充。

步骤03　将标志导入到所绘制的工作证中，并放置到合适的位置。

步骤04　制作工作证的带子。

操作步骤

制作工作证的具体操作步骤如下所示。

步骤01　单击“文件”→“新建”命令，新建一个文档，新建的文档默认为A4大小。

步骤02　在工具箱中单击“矩形工具”按钮，然后在属性栏中设置边角圆滑度为“20”，并按住鼠标左键在绘图窗口中绘制矩形，如图11.14所示。

步骤03　在工具箱中单击“贝济埃工具”按钮，绘制如图11.15所示的图形。

步骤04　选择所有绘制的图形，在属性栏中单击“相交”按钮，得到如图11.16所示的图形。

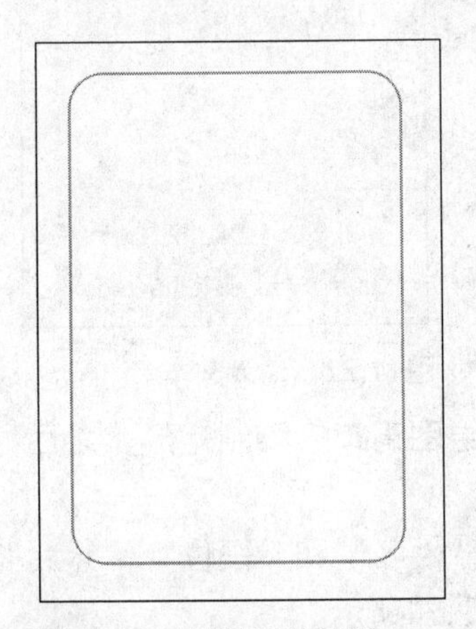
图11.14　绘制圆角矩形

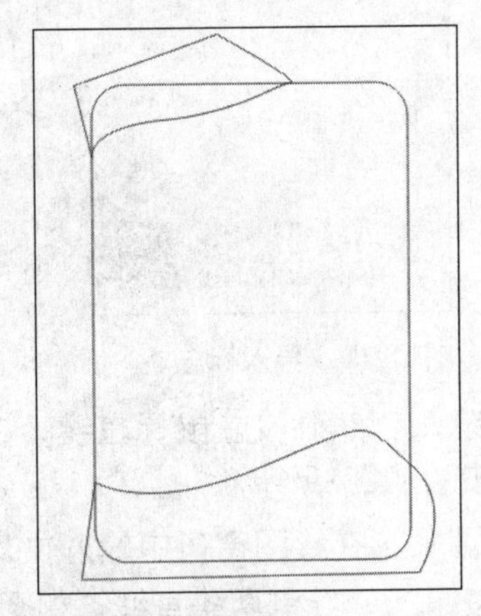
图11.15　绘制图形

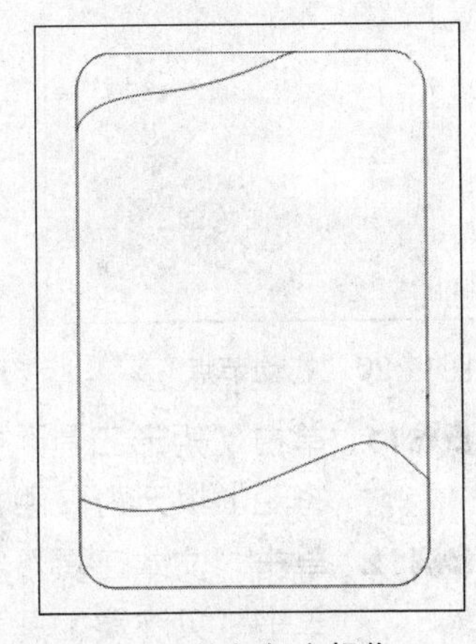
图11.16　执行相交操作

步骤05　选择相交得到的图形，然后按下“F11”快捷键，在弹出的“渐变填充”对话框中设置填充参数，填充图形，效果如图11.17所示。

步骤06　选择填充后的图形，然后在绘图窗口右侧的☒色块上单击鼠标右键，删除轮廓线，效果如图11.18所示。

步骤07　在工具箱中单击“矩形工具”按钮，然后按住鼠标左键，在绘图窗口中绘制矩形，如图11.19所示。

步骤08　单击“形状工具”按钮，选择并按住矩形的节点进行拖动，效果如图11.20所示。

图11.17　填充图形

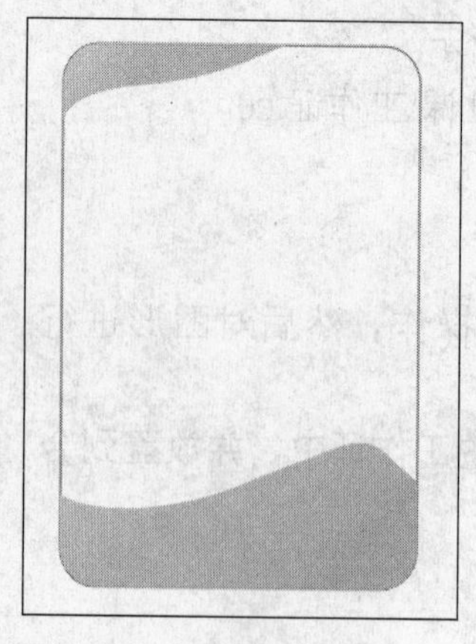
图11.18　删除轮廓线

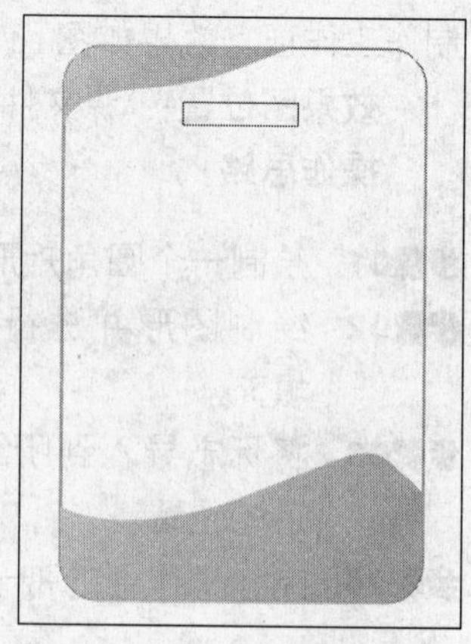
图11.19　绘制矩形

步骤09　单击“文件”→“导入”命令，将绘制的标志导入到图形文件中，然后进行旋转并放置到合适的位置，如图11.21所示。

步骤10　在工具箱中单击“文本工具”按钮字，在其属性栏中设置“字体”为“Bauhaus 93”，字号为“36pt”，输入文本，如图11.22所示。

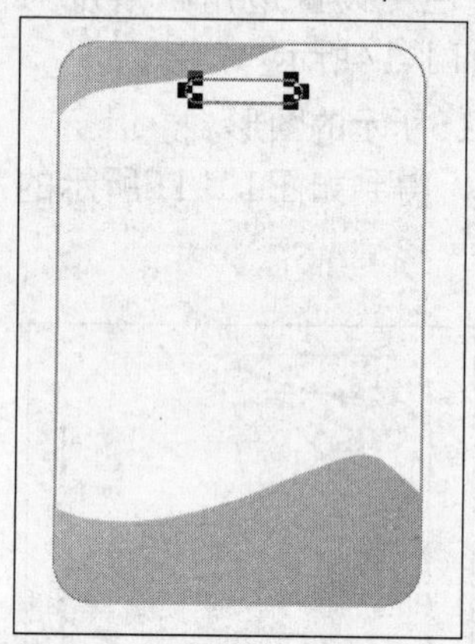
图11.20　拖动节点

图11.21　导入标志

图11.22　输入文本

步骤11　单击“矩形工具”按钮□，然后按住鼠标左键，在绘图窗口中绘制矩形，之后将矩形填充为白色，如图11.23所示。

步骤12　单击“文本工具”按钮字，在绘图窗口中输入文本“姓名”和“职位”，然后单击“贝济埃工具”按钮，绘制两条直线，如图11.24所示。

步骤13　单击“贝济埃工具”按钮，在绘图窗口中绘制如图11.25所示的图形。

步骤14　选择绘制的图形，然后在调色板中单击，将图形填充为“C：40，M：0，Y：0，K：0”，并删除轮廓线，效果如图11.26所示。

步骤15　选择填充后的图形，按下“+”键进行复制，然后单击属性栏中的“水平镜像”按钮，效果如图11.27所示。

步骤16　选择镜像后的图形，然后单击“排列”→“顺序”→“到图层后面”命令，将图形放置到图层底部，如图11.28所示。工作证制作完成后，最终效果如图11.13所示。

图11.23 绘制矩形

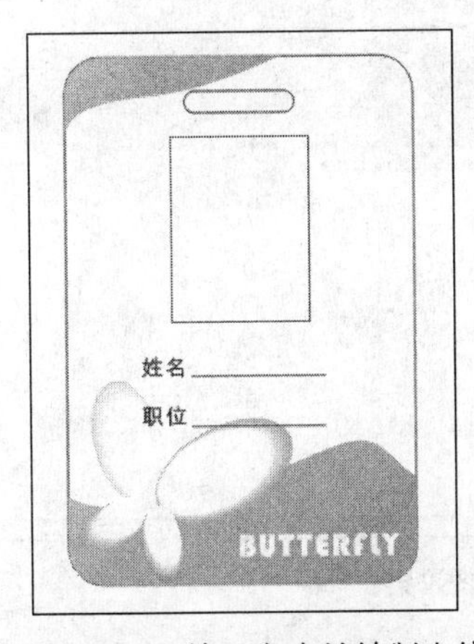

图11.24 输入文本并绘制直线

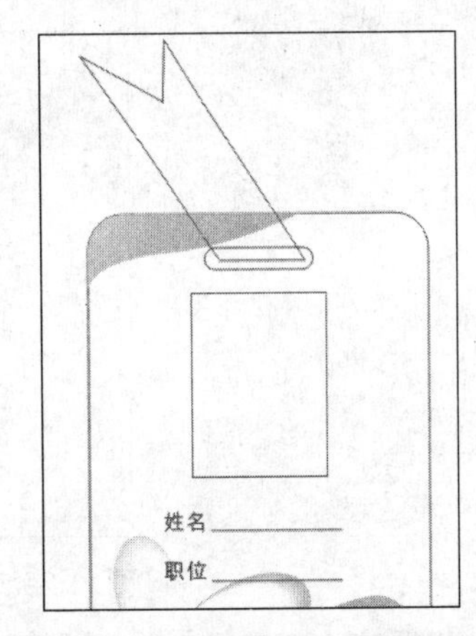

图11.25 绘制图形

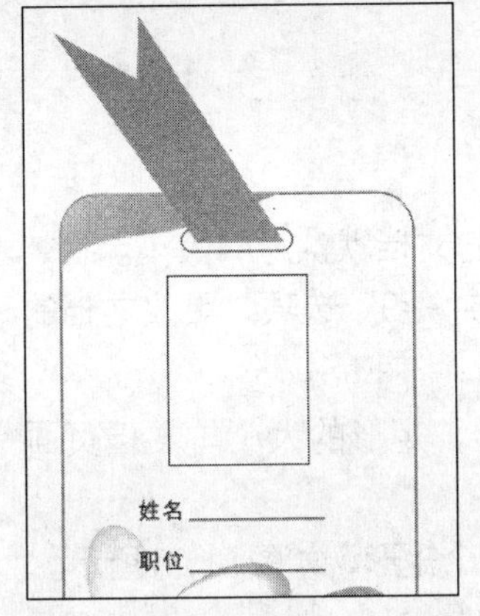

图11.26 填充图形并删除轮廓线

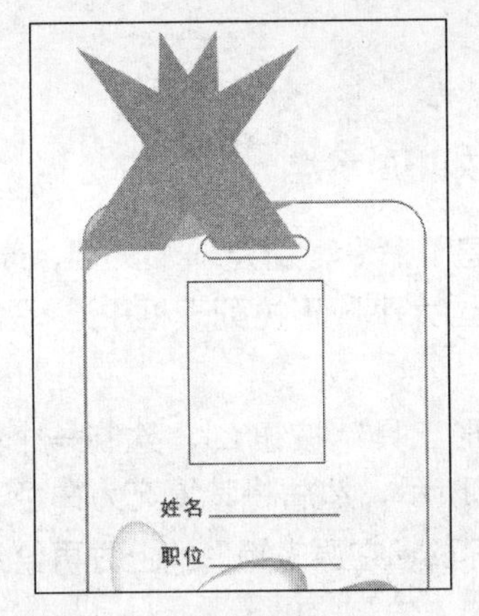

图11.27 镜像图形

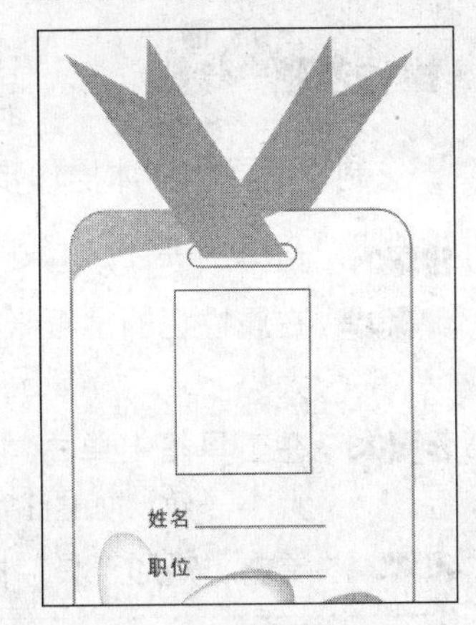

图11.28 调整图层顺序

案例小结

工作证不仅可以证明工作人员的身份，还可以使企业员工具有归属感。在设计工作证时，要注意其中所包含的元素。通过本例的讲解，希望读者可以在实际绘制过程中举一反三，灵活运用所学的知识。

11.1.3 信封设计

信封设计属于VI应用要素系统中的办公用品设计，且在日常办公中非常实用。本例将使用前面设计的标志来制作信封，效果如图11.29所示。

效果图位置：\源文件\第11课\信封.cdr

操作思路：

步骤01 新建一个图形文档。

步骤02 使用“矩形工具”绘制信封以及信封的封口处。

步骤03 制作邮政编码框和邮票框。

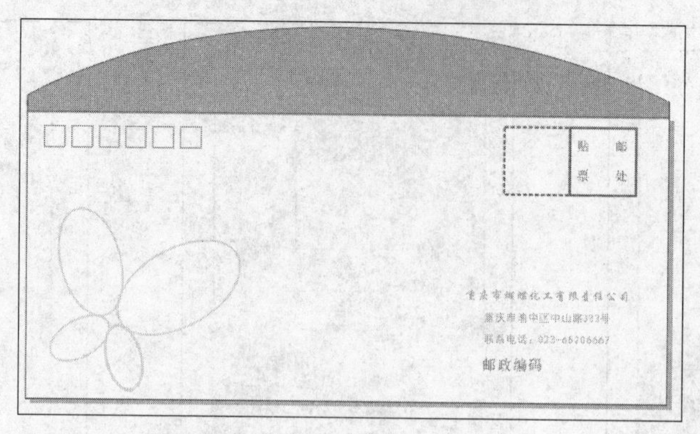

图11.29 最终效果

步骤04 制作信封的细节部分。

操作步骤

制作信封的具体操作步骤如下所示。

步骤01 单击“文件”→“新建”命令，新建一个文档，新建的文档默认为A4大小。

步骤02 在属性栏的“纸张类型/大小”下拉列表框中选择“信封 #9”选项，更改文档的大小。

步骤03 在工具箱中单击“矩形工具”按钮□，绘制一个矩形，矩形的大小与文档页面大小一致，如图11.30所示，然后将其填充为白色。

步骤04 单击“矩形工具”按钮□，在原来矩形的上方再绘制一个矩形，如图11.31所示。

图11.30 绘制矩形

图11.31 绘制另一个矩形

步骤05 选择绘制的矩形，按下“Ctrl+Q”组合键，将其转换为曲线。

步骤06 单击“形状工具”按钮，将矩形调整为如图11.32所示的图形。

步骤07 选择调整后的图形，将其填充为“C：40，M：0，Y：0，K：0”，如图11.33所示。

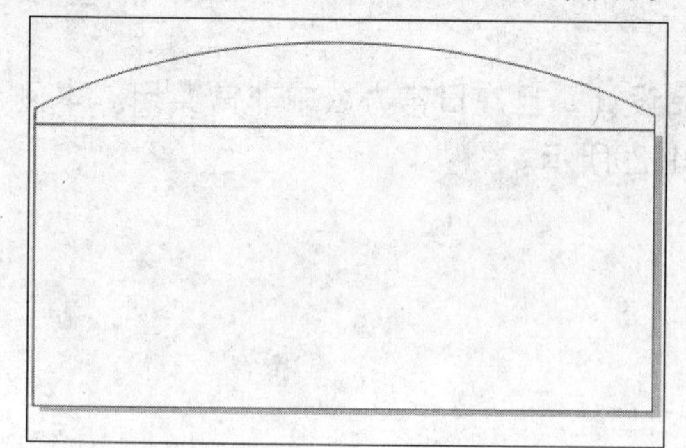

图11.32 调整图形

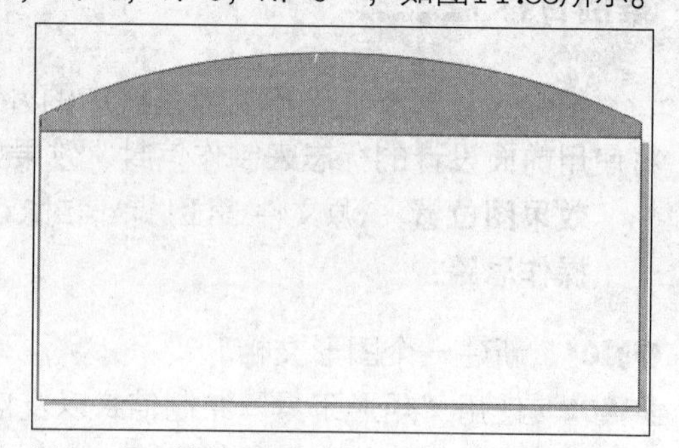

图11.33 填充图形

步骤08 单击“矩形工具”按钮，然后按住“Ctrl”键在绘图窗口中绘制正方形，选择绘制的矩形，在属性栏中设置轮廓线的宽度为“1.5pt”，并将轮廓线填充为红色，如图11.34所示。

步骤09 选择绘制的正方形，按住鼠标左键拖动到合适的位置后单击鼠标右键进行复制，然后按下“Ctrl+D”组合键，再制正方形，效果如图11.35所示。

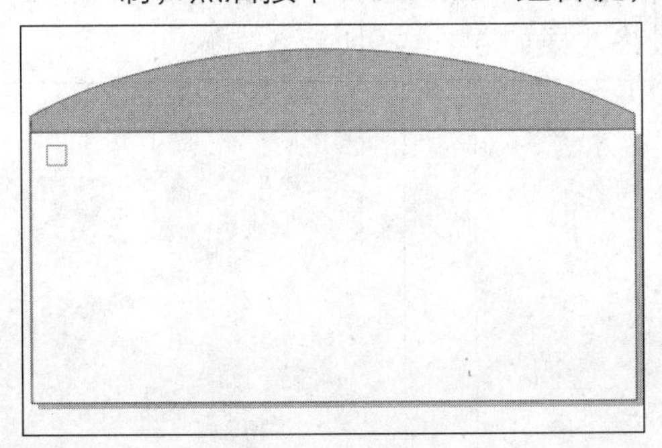

图11.34 绘制正方形

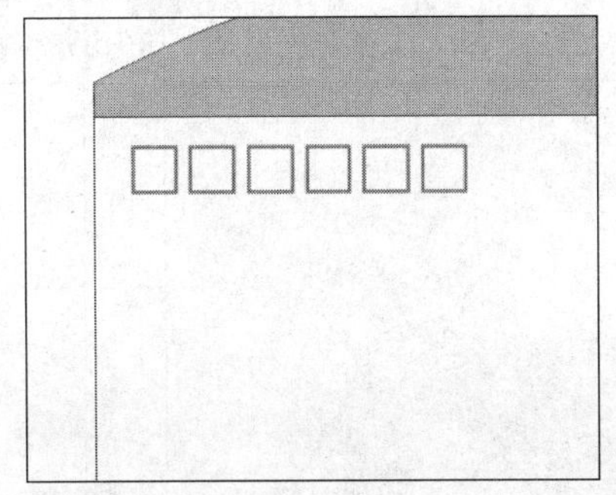

图11.35 再制正方形

步骤10 使用同样的方法，在信封的右上角绘制正方形，如图11.36所示。

步骤11 选择绘制的正方形，按下“F12”快捷键，在弹出的“轮廓笔”对话框中设置轮廓线的“样式”为虚线，如图11.37所示。

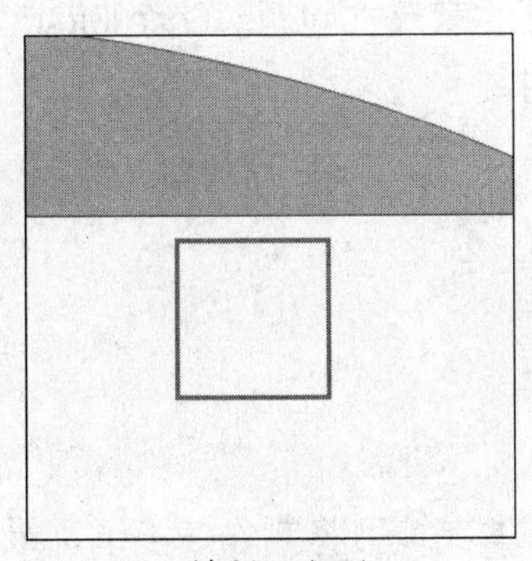

图11.36 绘制正方形

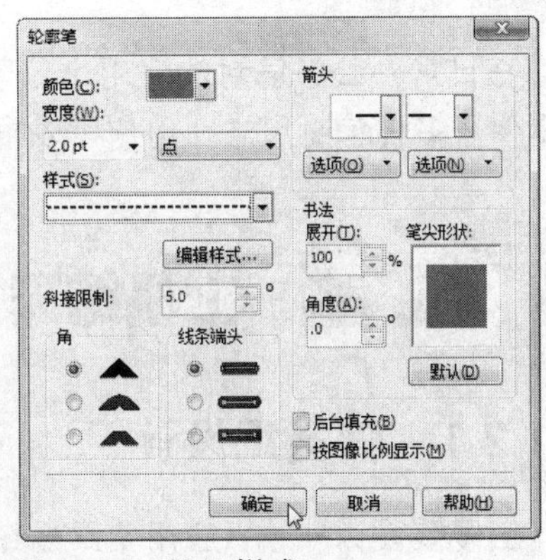

图11.37 设置样式

步骤12 参数设置完成后，单击“确定”按钮，效果如图11.38所示。

步骤13 使用同样的方法，绘制一个样式为实线的正方形，如图11.39所示。

步骤14 单击“文本工具”按钮字，在绘制的实线正方形中输入文本“贴邮票处”，如图11.40所示。

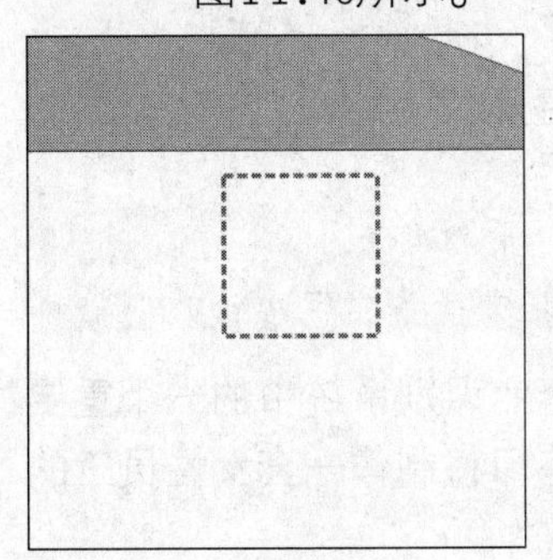

图11.38 虚线正方形

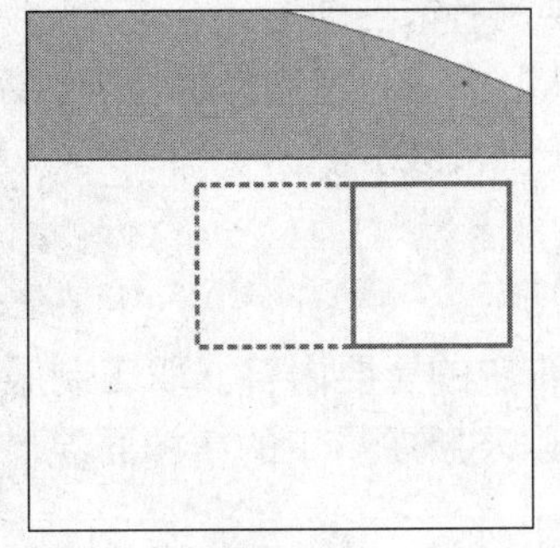

图11.39 实线正方形

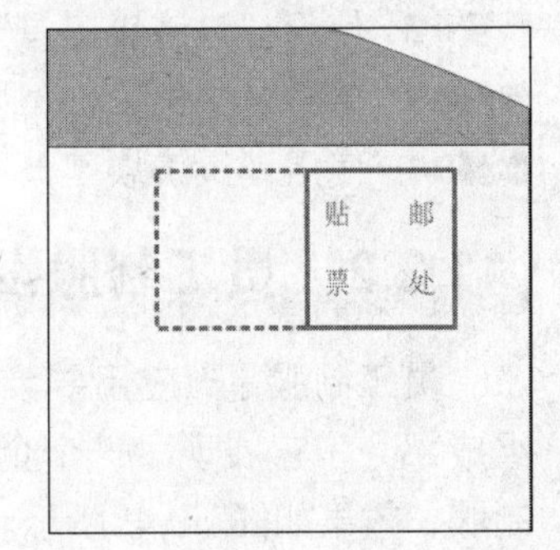

图11.40 输入文本

步骤15 单击“文本工具”按钮字，在信封的右下角输入公司信息、地址、联系电话以及邮政编码等信息，如图11.41所示。

步骤16 单击“文件”→“导入”命令，将制作的标志导入到绘图窗口中，然后将其缩放，并放置到合适的位置，如图11.42所示。

步骤17 选择导入的标志，然后删除标志的填充颜色，之后设置轮廓线的颜色为“10%黑”，效果如图11.43所示。信封的最终效果如图11.29所示。

图11.41　输入文本信息

图11.42　导入标志

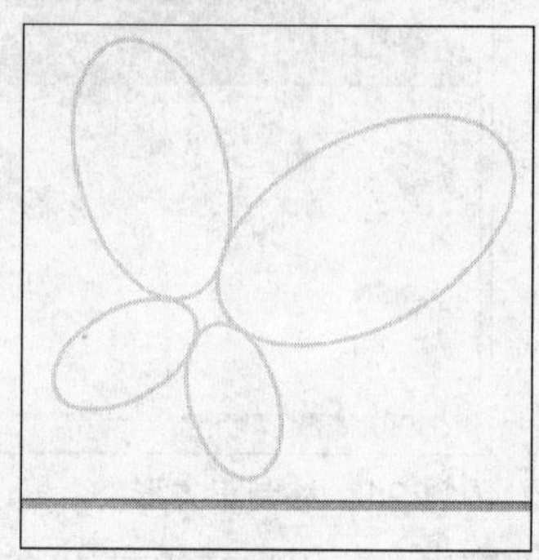

图11.43　编辑标志

案例小结

在日常办公中信封的使用十分普遍，在制作信封时要注意尺寸问题。CorelDRAW X4中提供了多种信封尺寸，用户可以根据自己的需要进行选择。

11.2 上机练习

11.2.1　信笺纸设计

信笺纸设计属于VI应用要素系统中的办公用品设计，本次练习将制作信笺纸，最终效果如图11.44所示。

效果图位置：\源文件\第11课\信笺纸.cdr

操作思路：

步骤01 使用“矩形工具”绘制信笺纸的外形。

步骤02 使用“贝济埃工具”绘制装饰性图形。

步骤03 单击“文件”→“导入”命令，将制作的标志导入到图形文件中。

步骤04 使用“贝济埃工具”绘制横线。

11.2.2　员工制服设计

员工制服是VI应用要素系统中的重要内容。职工制服是企业识别系统中的一个重要组成部分，它展现了一个企业以及所属员工的精神面貌。本练习将制作一套女性员工的制服，效果如图11.45所示。

效果图位置：\源文件\第11课\员工制服.cdr

操作思路：

步骤01 使用“贝济埃工具”绘制制服的大致形状。

步骤02 对绘制的制服进行填充。

步骤03 绘制员工制服的细节部分，如扣子等。

图11.44 信笺纸

图11.45 员工制服

11.3 课后练习

问答题

1 简述VI的基本概念和作用。

2 简述标志在VI中的地位和作用。

上机题

1 根据11.2.2节所给出的操作思路，绘制出一套男性员工制服，效果如图11.46所示。

效果图位置：\源文件\第11课\男性员工制服.cdr

- 使用“贝济埃工具”绘制制服的大致形状。
- 对绘制的制服进行填充。
- 注意男性员工制服与女性员工制服的区别。

2 根据自己所学的知识，绘制圆珠笔VI设计。圆珠笔VI设计的最终效果如图11.47所示。

效果图位置：\源文件\第11课\圆珠笔.cdr

- 绘制圆珠笔的外形。
- 使用渐变色填充圆珠笔。
- 将标志放置到圆珠笔的笔杆上。

图11.46　男性员工制服

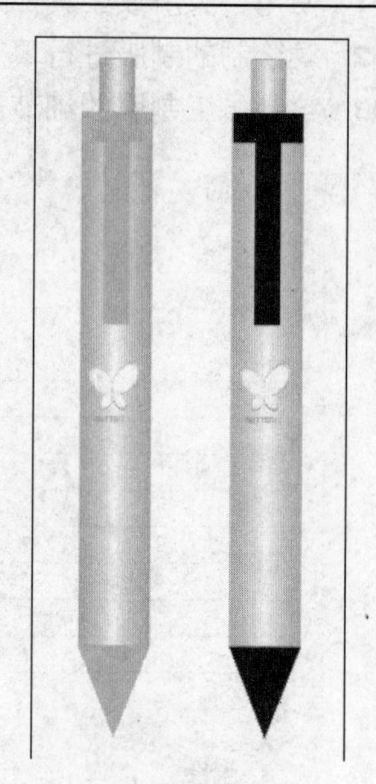

图11.47　圆珠笔

参考答案

第1课

1. 选择题

（1）B　（2）A　（3）BD

2. 问答题

（1）参见1.1.2节的典型案例

（2）参见1.2.1节的第5小节

（3）参见1.2.1节的第1小节

（4）参见1.3.1节的第1小节

3. 上机题

（1）参见1.3.1节的第4小节

（2）参见1.4.1节的第3小节

第2课

1. 选择题

（1）ABCD　（2）AC　（3）AB　（4）D

2. 问答题

（1）参见2.1.1节的第1小节

（2）参见2.2.1节的第3小节

（3）参见2.2.1节的第8小节

3. 上机题

（1）参见2.1.1节的第7小节

（2）参见2.1.1节的第1、7小节和2.2.1节的第6小节

第3课

1. 选择题

（1）C　（2）ABCD　（3）B

2. 问答题

（1）参见3.1.1节的第1小节

（2）参见3.3.1节的第1小节

（3）参见3.3.1节的第5小节

3. 上机题

（1）参见3.4.1节的第1小节

（2）参见3.1.1节的第1、2小节和3.4.1节的第3小节

第4课

1. 选择题

（1）C （2）ABCD （3）ABCD （4）A

2. 问答题

（1）参见4.1.1节的第1、2小节

（2）参见4.3.1节的第3小节

（3）参见4.4.1节的第2小节

3. 上机题

（1）参见4.3.1节的第2小节

（2）参见4.3.1节的第1、2、3、4小节

第5课

1. 选择题

（1）AB （2）ABCD （3）B

2. 问答题

（1）参见5.2.1节的第2小节

（2）参见5.2.1节的第4小节

（3）参见5.3.1节的第2小节

（4）参见5.4.1节的第1、2小节

3. 上机题

（1）参见5.1.1节的第1小节

（2）参见5.1.1节的第1小节和5.2.1节的第4小节

第6课

1. 选择题

（1）A （2）ABCD （3）D

2. 问答题

（1）参见6.2.1节的第1小节

（2）参见6.2.1节的第2小节

（3）参见6.4.1节的第1小节

3. 上机题

（1）参见6.1.2节的典型案例

（2）参见6.3.1节的第1小节

第7课

1. 选择题

(1) ABCD　　(2) A　　(3) B

2. 问答题

(1) 参见7.1.1节的第1小节

(2) 参见7.4节的疑难解答

(3) 参见7.2.1节的第1小节

3. 上机题

(1) 参见7.1.1节的第1、2、3小节和7.2.1节的第1、2小节

(2) 参见7.1.1节的第3小节

第8课

1. 选择题

(1) A　　(2) ACD　　(3) ABCD　　(4) AB

2. 问答题

(1) 参见8.1.1节的第4小节

(2) 参见8.2.1节的第1小节

(3) 参见8.2.1节的第3小节

3. 上机题

(1) 参见8.2.1节的第2小节

(2) 参见8.2.1节的第3小节

第9课

1. 选择题

(1) D　　(2) A　　(3) C

2. 问答题

(1) 参见9.2.1节的第3小节

(2) 参见9.3.1节的第5、6、8小节

3. 上机题

(1) 参见9.3.1节的第8小节

(2) 参见9.4.1节的第7小节

第10课

1. 选择题

(1) D　　(2) C　　(3) B　　(4) B

2. 问答题

（1）参见10.2.1节的第1小节

（2）参见10.2.1节的第2小节

（3）参见10.2.1节的第4小节

3. 上机题

（1）略

（2）参见10.3.1节的第1小节

第11课

1. 问答题

（1）参见11.1节

（2）参见11.1.1节

2. 上机题（略）